Zschenderlein
Kompakt-Training
Buchführung 1 – Grundlagen

Kompakt-Training
Praktische Betriebswirtschaft

Herausgeber Prof. Dipl.-Kfm. Klaus Olfert

Kompakt-Training

Buchführung 1 – Grundlagen

von

Oberstudienrat
Dipl.-Hdl. Oliver Zschenderlein

5. Auflage

kiehl

Herausgeber:

Prof. Dipl.-Kfm. Klaus Olfert
Postfach 13 26
69141 Neckargemünd

ISBN: 978 3 470 52235 7 · 2009

Druck: Druckpartner Rübelmann, Hemsbach – mü

Kompakt-Training Praktische Betriebswirtschaft

Das *Kompakt-Training Praktische Betriebswirtschaft* ist aus der Notwendigkeit entstanden, dass Wissen immer häufiger unter erheblichem Zeit- und Erfolgsdruck erworben oder reaktiviert werden muss. Den vielfältigen betriebswirtschaftlichen Fakten und Zusammenhängen, die aufzunehmen sind, stehen eng begrenzte Zeitbudgets gegenüber.

Die vorliegende Fachbuchreihe ist darauf ausgerichtet, die Leser darin zu unterstützen, rasch und fundiert in die verschiedenen betriebswirtschaftlichen Themenbereiche einzudringen sowie diese aufzufrischen. Sie eignet sich in besonderer Weise für:

- ❑ Studierende an Fachhochschulen, Akademien und Universitäten
- ❑ Fortzubildende an öffentlichen und privaten Bildungsinstitutionen
- ❑ Fach- und Führungskräfte in Unternehmen und sonstigen Organisationen

Das *Kompakt-Training Praktische Betriebswirtschaft* ist auch zum Selbststudium sehr gut geeignet, nicht zuletzt wegen seiner herausragenden Gestaltungsmerkmale. Jeder einzelne Band der Fachbuchreihe zeichnet sich u. a. aus durch:

- ❑ Kompakte und praxisbezogene Darstellung
- ❑ Systematischen und lernfreundlichen Aufbau
- ❑ Viele einprägsame Beispiele, Tabellen, Abbildungen
- ❑ 50 praxisbezogene Übungen mit Lösungen
- ❑ MiniLex mit 150 - 200 Stichworten

Für Anregungen, die der weiteren Verbesserung dieses Lernkonzeptes dienen, bin ich dankbar.

Prof. Klaus Olfert

Vorwort

Jeder Kaufmann ist nach § 238 HGB verpflichtet, Bücher zu führen und in diesen seine Geschäfte und die Lage seines Vermögens nach den Grundsätzen ordnungsmäßiger Buchführung ersichtlich zu machen, sofern keine Befreiung von dieser Verpflichtung nach § 241a HGB n. F. vorliegt.

Die gesetzliche Verpflichtung zur Buchführung macht Kenntnisse dieses Themengebietes in der betrieblichen Praxis unverzichtbar. Das Erlernen der hinter dem System der Buchführung stehenden Logik und der Technik des Buchens stellt deshalb in jeder kaufmännischen Ausbildung einen festen Bestandteil dar.

Mit dem vorliegenden Titel soll ein komprimierter Überblick zu dem Themengebiet der Buchführung gegeben werden. Die inhaltliche Zusammenstellung orientiert sich an den in der Praxis alltäglich vorkommenden Problemstellungen. Auf Themen, die den Jahresabschluss betreffen, wurde bewusst verzichtet. Hierzu wird auf das Buch *Kompakt-Training Bilanzen* hingewiesen, welches den Abschluss der Buchführung und die Erstellung des Jahresabschlusses behandelt.

Das vorliegende Buch eignet sich für Praktiker, die sich in das Themengebiet der Buchführung einarbeiten oder bereits früher erworbene Kenntnisse auffrischen und aktualisieren möchten, für Studenten in den ersten Semestern eines wirtschaftswissenschaftlichen Studiengangs, für Schüler, die einen kaufmännischen Ausbildungsberuf absolvieren, aber auch für Lernende in Umschulungslehrgängen, an Volkshochschulen und anderen Bildungseinrichtungen.

Bei der Aufbereitung der Inhalte wurde darauf geachtet, dass ein hohes Maß an Realitätsbezug und Verständlichkeit gewährleistet wird. Dies geschieht insbesondere dadurch, dass nahezu alle Problemstellungen anhand von Beispielen dargestellt werden, die aus der betrieblichen Realität abgeleitet sind. Die exemplarische Darstellungsform erleichert das Nachvollziehen und Lernen dieses oft als „trocken“ bezeichneten Lerngebietes.

Nachdem die 4. Auflage vergriffen war und zahlreiche für die Buchführung relevante Rechtsänderungen verabschiedet wurden, ist es notwendig geworden, das Buch neu aufzulegen. Es wurde vollständig durchgesehen, erweitert und dem aktuellen Rechtsstand angepasst.

Im Hinblick auf zukünftige Überarbeitungen sind Verfasser und Verlag für konstruktive Kritik, Hinweise auf Fehler (die sich trotz mehrfacher und gewissenhafter Korrektur leider nicht ganz vermeiden lassen) und Verbesserungsvorschläge stets dankbar; gern auch auf elektronischem Wege an die folgende E-Mail-Adresse: ***buchkompakt@aol.com***.

Koblenz, im August 2009

Oliver Zschenderlein

Inhaltsverzeichnis

Abkürzungsverzeichnis*

A	Aktiva
Abschn.	Abschnitt
AB	Anfangsbestand
Abs.	Absatz
AfA	Absetzung für Abnutzung
AG	Aktiengesellschaft
AK	Anschaffungskosten
AktG	Aktiengesetz
a LuL	aus Lieferungen und Leistungen
AM	Automatik
AN	Arbeitnehmer
ANK	Anschaffungsnebenkosten
AO	Abgabenordnung
ArblV	Arbeitslosenversicherung
Art.	Artikel
AV	Anlagevermögen
BdF, BMF	Bundesministerium der Finanzen
BFH	Bundesfinanzhof
BGA	Betriebs- und Geschäftsausstattung
BGB	Bürgerliches Gesetzbuch
BGBl	Bundesgesetzblatt
BilMoG	Bilanzrechtsmodernisierungsgesetz
BNK	Bezugsnebenkosten
BStBl	Bundessteuerblatt
BV	Betriebsvermögen
DATEV, Datev	Datenverarbeitungsorganisation des steuerberatenden Berufes in der Bundesrepublik Deutschland eG
e.G., eG	eingetragene Genossenschaft
e.K.	eingetragener Kaufmann
EK	Eigenkapital
EStDV	Einkommensteuer-Durchführungsverordnung
EStG	Einkommensteuergesetz
EStH	Amtliches Einkommensteuer-Handbuch
EStR	Einkommensteuer-Richtlinien
EU	Europäische Union
EUR	Euro
EUSt	Einfuhrumsatzsteuer
e.V.	eingetragener Verein
FA	Finanzamt
FK	Fremdkapital
Ford. a. LuL	Forderungen aus Lieferungen und Leistungen
GKR	Gemeinschaftskontenrahmen der Industrie
GmbH	Gesellschaft mit beschränkter Haftung
GoB	Grundsätze ordnungsmäßiger Buchführung
GuVK	Gewinn- und Verlustkonto
GuVR	Gewinn- und Verlustrechnung
GWG	geringwertiges Wirtschaftsgut
H	Hinweis, Haben
HGB	Handelsgesetzbuch
HGB n. F.	Handelsgesetzbuch neuer Fassung
HK	Herstellungskosten
IKR	Industriekontenrahmen
KG	Kommanditgesellschaft
KiSt	Kirchensteuer
Kj.	Kalenderjahr
KV	Krankenversicherung
LSt	Lohnsteuer
LStDV	Lohnsteuer-Durchführungsverordnung
LStR	Lohnsteuerrichtlinien
LuL	Lieferungen und Leistungen
NWB	Neue Wirtschafts-Briefe

* Nicht berücksichtigt sind allgemeine, im Duden aufgeführte Abkürzungen

OHG	offene Handelsgesellschaft
P	Passiva
p.a.	per anno (= pro Jahr)
PublG	Publizitätsgesetz
PV	Pflegeversicherung
R	Richtlinie
RV	Rentenversicherung
Rz.	Randziffer/Randzahl
S	Soll
SachbezV	Sachbezugsverordnung
SB	Schlussbestand
SBK	Schlussbilanzkonto
SKR	Standardkontenrahmen
SolZ	Solidaritätszuschlag
StGB	Strafgesetzbuch
SV	Saldovortrag
Tz.	Textziffer/Textzahl
USt	Umsatzsteuer
UStDV	Umsatzsteuer-Durchführungsverordnung
UStG	Umsatzsteuergesetz
USt-IdNr.	Umsatzsteuer-Identifikationnummer
UStR	Umsatzsteuerrichtlinien
UV	Umlaufvermögen
Verb. a LuL	Verbindlichkeiten aus Lieferungen und Leistungen
VermBG	Vermögensbildungsgesetz
VoSt	Vorsteuer
vwL	vermögenswirksame Leistung
VZ	Veranlagungszeitraum
Wj.	Wirtschaftsjahr
WoPG	Wohnungsbau-Prämiengesetz

Bearbeitungshinweis

Das vorliegende Buch ist so konzipiert, dass jeder Buchführungslernende – unabhängig von dem in der Praxis verwendeten Kontenrahmen – den Stoff erarbeiten und vertiefen kann.

Aufgrund der mittlerweile in allen Berufs- und Industriezweigen weiten Verbreitung der DATEV-Kontenrahmen SKR 03 und SKR 04 sind zusätzlich zu den neutralen Kontobezeichnungen die Kontonummern des SKR 03 und des SKR 04 angegeben. Die vollständigen Kontenrahmen finden Sie im Anhang des Buches ab S. 291 .

A. Grundlagen

1. Buchführung als Teil des Rechnungswesens

Das betriebliche Rechnungswesen befasst sich mit der zahlenmäßigen Abbildung der im Betrieb auftretenden Geld- und Leistungsströme. Diese sollen dokumentiert, zusammengefasst und ausgewertet werden.

Im Hinblick auf seine Funktionen kann es in die folgenden Teilbereiche untergliedert werden (vgl. *Falterbaum / Bolk / Reiß*, S. 43):

- **Buchführung** (Zeitraumrechnung),
- **Kosten- und Leistungsrechnung** (Betriebsabrechnung und Kalkulation),
- **Statistik** (Vergleichsrechnung),
- **Planung** (Vorschaurechnung).

Damit überhaupt Daten zur Verfügung stehen, müssen die Vermögensgegenstände und Schulden und die auftretenden Geschäftsvorfälle lückenlos **dokumentiert** (aufgezeichnet) werden. Diese Funktion wird der Buchführung zugeordnet.

Die anderen Teilgebiete des Rechnungswesens sind dann mit der Aufbereitung, Weiterverarbeitung und Auswertung der in der Buchführung gewonnenen Daten beschäftigt.

In einer weiten Definition schließt die Buchführung auch die Zusammenfassung und Darstellung der gewonnenen Daten, also den **Jahresabschluss**, mit ein. Die besonderen Inhalte und Problemstellungen dieses Spezialgebietes der Buchführung sind im *Kompakt-Training Bilanzen* dargestellt.

2. Aufgaben der Buchführung

Die Buchführung bildet die Grundlage für die unterschiedlichsten Steuerungsinstrumente eines Unternehmens.

Großes Interesse an Daten, die das Unternehmensgeschehen abbilden, haben zunächst die Entscheidungsträger des Unternehmens. Hieraus leiten sich die so genannten **internen** Aufgaben der Buchführung her.

Der **Unternehmer** benötigt Informationen über die Zusammensetzung und Veränderung des Vermögens, den Stand der Schulden und über die Finanz- und Ertragslage, damit er die Lage und Entwicklung des Unternehmens verfolgen und steuern kann. Diese als **Selbstinformation** bezeichnete Aufgabe der Buchführung ist wohl die wichtigste interne Aufgabe.

Auch **Betriebs- oder Abteilungsleiter** brauchen Daten der Unternehmensentwicklung zur Beurteilung ihrer getroffenen Entscheidungen. Sie müssen beispielsweise wissen, wie sich eine bestimmte Investitionsentscheidung auf die Produktionskosten und die erbrachten Leistungen auswirkt (**Effizienz- und Wirtschaftlichkeitskontrolle**). Hieraus können dann Erkenntnisse für die in die Zukunft gerichteten Entscheidungen abgeleitet werden.

Außerhalb des Unternehmens gibt es auch zahlreiche Informationsinteressen. Aus diesen leiten sich die **externen** Aufgaben der Buchführung her.

Eine externe Aufgabe besteht darin, **die für die Besteuerung notwendigen Daten** (z. B. Gewinn oder Verlust aus Gewerbebetrieb) zur Verfügung zu stellen. Bei kleinen bis mittelgroßen Unternehmen steht dieser Aspekt der Buchführung oftmals derart im Vordergrund, dass andere Ziele verdrängt oder zumindest zurückgedrängt werden.

Bei größeren Unternehmen (insbesondere bei Kapitalgesellschaften) haben die **Kapitalgeber** Interesse an **Informationen über die Vermögens-, Finanz- und Ertragslage des Unternehmens**, in welches sie investiert haben. Sie möchten wissen, wie sicher ihr Kapital angelegt ist und wie sich das Gesamtkapital des Unternehmens verzinst. Vergleiche mit Konkurrenzunternehmen, dem Branchendurchschnitt und alternativen Anlagemöglichkeiten verschaffen dann einen Eindruck über den relativen Erfolg der getätigten Investition.

Ähnliche Informationsinteressen sind potentiellen, also (möglichen) **zukünftigen Investoren** und natürlich auch den **Fremdkapitalgebern (insbesondere Banken)** zuzuschreiben. Bevor diese in ein Unternehmen investieren oder Kredite gewähren, möchten sie detaillierte Daten über das Unternehmen.

Weiterhin finden die Unterlagen der Finanzbuchhaltung bei Rechtsstreitigkeiten (z. B. als Beweismittel) und bei Vermögensauseinandersetzungen (z. B. im Erbfall) Verwendung.

Als Aufgaben der Buchführung können also insbesondere genannt werden (vgl. *Kliewer / Zschenderlein*, S. 308):

- **Information** des Unternehmers bzw. der Unternehmensleitung,
- **Rechenschaftslegung** gegenüber Dritten (Gesellschafter, Gläubiger, Banken etc.),
- Bereitstellung von Daten **für die Besteuerung** und
- Zurverfügungstellung von Daten und Unterlagen **für Rechtsstreitigkeiten und Vermögensauseinandersetzungen**.

3. Gesetzliche Buchführungspflicht

3.1 Handelsrechtliche Buchführungspflicht

Nach § 238 Handelsgesetzbuch (HGB) ist grundsätzlich jeder **Kaufmann** verpflichtet, Bücher zu führen und in diesen seine Handelsgeschäfte und die Lage seines Vermögens nach den Grundsätzen ordnungsmäßiger Buchführung ersichtlich zu machen.

Die handelsrechtliche Buchführungspflicht knüpft also zunächst am Vorliegen der **Kaufmannseigenschaft** an.

Das HGB nennt in den §§ 1-6 vier unterschiedliche Kaufmannsarten:

- **Istkaufmann** (§ 1),
- **Kannkaufmann** (§ 2),
- **Scheinkaufmann** (§ 5) und
- **Formkaufmann** (§ 6).

Istkaufmann ist, wer ein **Handelsgewerbe** betreibt (vgl. § 1 Abs. 1 HGB).

Unter einem Handelsgewerbe ist jeder **Gewerbebetrieb** zu verstehen, der einen **in kaufmännischer Weise eingerichteten Geschäftsbetrieb**, also eine kaufmännische Organisation, benötigt (vgl. § 1 Abs. 2 HGB).

Nach § 15 Abs. 2 Einkommensteuergesetz (EStG) liegt ein Gewerbebetrieb vor, wenn die folgenden Merkmale erfüllt sind:

- **Selbstständigkeit** (keine Arbeitnehmertätigkeit),
- **Nachhaltigkeit** (mit Wiederholungsabsicht),
- **Gewinnerzielungsabsicht**,
- **Beteiligung am allgemeinen wirtschaftlichen Verkehr** und
- **keine Ausübung von Land- und Forstwirtschaft** nach § 13 EStG, **keine freie Berufstätigkeit** und **keine andere selbstständige Arbeit** nach § 18 EStG.

Beispiele für Gewerbebetriebe:

- Einzelhandelsunternehmen,
- Großhandelsunternehmen,
- Gastwirtschaft,
- Handelsverstreter (§ 84 Abs. 1 HGB).

Ein nach Art und Umfang **in kaufmännischer Weise eingerichteter Geschäftsbetrieb** ist in der Regel dann erforderlich, wenn bestimmte Größenmerkmale erfüllt sind (aus der Rechtsprechung abgeleitet):

- **Umsatz**: z. B. Einzelhandel, Handwerk, Dienstleistungsgewerbe mehr als 250.000 Euro/Jahr; industrielle Produktion mehr als 500.000 Euro/Jahr; Handelsvertreter mehr als 100.000 Euro/Jahr;
- **Zahl der Mitarbeiter**: z. B. mehr als 10 Arbeitnehmer;
- **Warenangebot**: z. B. großes Warensortiment;
- **Kundenkreis**: z. B. großer Kundenkreis, Absatz auch im Ausland.

Entscheidend ist aber **nicht** das Überschreiten **einer** der genannten „Grenzen", sondern das **Gesamtbild** der tatsächlichen Verhältnisse.

Sofern die **Gesamtabwägung** zu dem Ergebnis gelangt, dass ein in kaufmännischer Weise eingerichteter Geschäftsbetrieb erforderlich ist, liegt ein Handelsgewerbe mit der Folge vor, dass dann die Kaufmannseigenschaft und damit auch die handelsrechtliche Buchführungspflicht – unabhängig von der Eintragung der Firma in das Handelsregister – gegeben sind.

Wenn **kein** in kaufmännischer Weise eingerichteter Geschäftsbetrieb erforderlich ist, liegt **kein** Handelsgewerbe, sondern ein **„Kleingewerbebetrieb"** vor. Kleingewerbetreibende sind **keine** Kaufleute im Sinne des § 1 HGB.

Kleingewerbetreibende können aber durch freiwillige Eintragung in das Handelsregister Kaufmannseigenschaft erwerben (Eintragungsoption nach § 2 HGB).

Die Eintragungsoption gilt auch für ein **land- und forstwirtschaftliches Unternehmen**, welches einen in kaufmännischer Weise eingerichteten Geschäftsbetrieb erfordert (vgl. § 3 Abs. 2 HGB). Durch die Eintragung werden solche Land- und Forstwirte zu Kaufleuten. Sie unterliegen dann auch der Buchführungspflicht nach § 238 HGB.

Kaufleute im Sinne des HGB sind auch die so genannten **Scheinkaufleute** nach § 5 HGB. Diese Vorschrift besagt, dass jeder, dessen Firma im Handelsregister eingetragen ist, sich nicht darauf berufen kann, dass er kein Kaufmann sei. § 5 HGB dient der Rechtssicherheit und betrifft insbesondere Gewerbetreibende, die im Handelsregister eingetragen sind, ihr Gewerbebetrieb aber nicht oder nicht mehr einen in kaufmännischer Weise eingerichteten Geschäftsbetrieb erfordert („Kleingewerbebetrieb").

Buchführungspflichtig nach Handelsrecht sind ferner die **Kaufleute kraft Rechtsform** nach § 6 Abs. 2 HGB (so genannte **Formkaufleute**). Hierzu gehören:

- die Aktiengesellschaft (AG),
- die Kommanditgesellschaft auf Aktien (KGaA),
- die Gesellschaft mit beschränkter Haftung (GmbH) und
- die eingetragene Genossenschaft (e.G.).

Formkaufleute sind unabhängig von der Art und dem Umfang des Geschäftsbetriebs **immer Kaufleute** ab dem Zeitpunkt der Eintragung in das Handelsregister (vgl. *Sorg*, S. 15).

Kaufleute im Sinne des Handelsgesetzbuchs

Istkaufmann (§ 1)	**Kannkaufmann (§§ 2 und 3)**	**Scheinkaufmann (§ 5)**	**Formkaufmann (§ 6)**
Kaufmann kraft **Gewerbebetrieb,** der nach Art und Umfang einen in kaufmännischer Weise eingerichteten Geschäftsbetrieb **(kaufmännische Organisation) erfordert**. **Beachte**: Kleingewerbetreibende sind **keine** Kaufleute nach § 1.	Kaufmann kraft **gewählter (berechtigter) Eintragung:** • **Kleingewerbetreibende** nach § 2 Satz 2 oder • **Land- und Forstwirte** nach § 3.	Kaufmann kraft **(faktischer) Eintragung im HR** Ob die Eintragung berechtigt oder unberechtigt ist, spielt keine Rolle (der Eingetragene wird wie ein Kaufmann behandelt). § 5 gilt **nicht** für fälschlicherweise im HR eingetragene Freiberufler (z. B. Ärzte, Steuerberater, die kein Gewerbe betreiben).	Kaufmann kraft **Rechtsform** Hierunter fallen Unternehmen, die aufgrund ihrer Rechtsform Kaufmannseigenschaft erlangen. Dies sind Kapitalgesellschaften (z.B. GmbH oder AG) und Genossenschaften (e.G.).

❑ Befreiung von der Buchführungspflicht nach § 241a HGB n. F.

Durch das Bilanzrechtsmodernisierungsgesetz (BilMoG) vom 25. Mai 2009 wurde § 241a in das HGB eingefügt, der **Einzelkaufleute** rückwirkend ab 2008 von der Buchführungspflicht befreit, wenn **am Ende von zwei aufeinander folgenden Geschäftsjahren** von dem betrachteten Unternehmen

- nicht mehr als **500.000 Euro Umsatzerlöse** und
- nicht mehr als **50.000 Euro Jahresüberschuss**

erzielt wurden. Im Fall der **Neugründung** tritt die Befreiung bereits ein, wenn die vorgenannten Werte **am ersten Abschlussstichtag** nach der Neugründung nicht überschritten werden.

Beachte: Diese Erleichterung gilt **nicht** für Personen- und Kapitalgesellschaften!

3.2 Steuerrechtliche Buchführungspflicht

Die steuerrechtliche Buchführungspflicht geht aus den §§ 140 und 141 Abgabenordnung (AO) hervor.

§ **140 AO** bezieht sich auf die bereits bestehende Verpflichtung zur Führung von Büchern nach anderen Gesetzen (z.B. nach dem HGB): „Wer nach anderen Gesetzen Bücher und Aufzeichnungen zu führen hat, die für die Besteuerung von Bedeutung sind, hat die Verpflichtungen, die ihm nach den anderen Gesetzen obliegen, auch für die Besteuerung zu erfüllen."

Weil diese Buchführungspflicht aus anderen Gesetzen abgeleitet ist, wird sie als **derivative (= abgeleitete)** Buchführungspflicht bezeichnet. Sie gilt vor allem für die Gewerbetreibenden, die in ihrer Eigenschaft als Kaufmann bereits nach dem HGB verpflichtet sind, Bücher zu führen (vgl. *Falterbaum / Bolk / Reiß*, S. 46).

Viele Gewerbetreibende sind als **„Kleingewerbetreibende"** keine Kaufleute im Sinne des HGB (siehe S. 16). Sie sind somit **nicht** buchführungspflichtig **nach Handelsrecht**. Da die Besteuerung jedoch möglichst gleichmäßig durchgeführt werden soll, verpflichtet das **Steuerrecht** viele dieser Gewerbetreibenden durch die **originäre (= ursprüngliche)** Buchführungspflicht des Steuerrechts nach § 141 AO dennoch zur Buchführung.

Nach § **141 AO** sind **Gewerbetreibende** und **Land- und Forstwirte** zur Buchführung verpflichtet, wenn sie nach den Feststellungen der Finanzbehörde für den einzelnen Betrieb **eine** der folgenden Grenzen im **vergangenen** Kalenderjahr bzw. Wirtschaftsjahr **überschritten** haben (hier verkürzt wiedergegeben – siehe im Einzelnen § 141 Abs. 1 AO):

• **Umsatz**	**500.000 Euro**
• **Gewinn aus Gewerbebetrieb**	**50.000 Euro**
• **Wirtschaftswert** (Land- und Forstwirte)	**25.000 Euro**
• **Gewinn aus Land- und Forstwirtschaft**	**50.000 Euro**

Diese steuerrechtliche Buchführungspflicht ist aber erst vom Beginn desjenigen Wirtschaftsjahres an zu erfüllen, welches dem Jahr folgt, in dem die Finanzbehörde den Steuerpflichtigen auf die Buchführungspflicht **hingewiesen** hat (vgl. § 141 Abs. 2 Satz 1 AO). Es ist also eine Mitteilung der Finanzbehörde an den Steuerpflichtigen notwendig.

Zu beachten ist, dass die originäre Buchführungspflicht des § 141 AO nur für **Gewerbetreibende** und für **Land- und Forstwirte**, nicht jedoch für Freiberufler und andere selbstständig Tätige mit Einkünften aus selbstständiger Arbeit nach § 18 EStG gilt.

Gesetzliche Buchführungspflicht

nach Handelsrecht

Kaufleute im Sinne der §§ 1-6 HGB sind grundsätzlich verpflichtet, Bücher zu führen und Abschlüsse zu erstellen (§ 238 Abs. 1 HGB).

Dies sind

- **Istkaufleute** (§ 1 HGB),
- **Kannkaufleute** (§§ 2 und 3 HGB),
- **Scheinkaufleute** (§ 5 HGB),
- **Formkaufleute** (§ 6 HGB).

Befreiung für Einzelkaufleute, wenn am Ende von zwei aufeinander folgenden Geschäftsjahren

- nicht mehr als **500.000 Euro Umsatzerlöse** und
- nicht mehr als **50.000 Euro Jahresüberschuss**

erzielt wurden; im Fall der **Neugründung** bereits dann, wenn diese Grenzen **am ersten Abschlussstichtag** nach der Neugründung nicht überschritten werden.

nach Steuerrecht

abgeleitete Buchführungspflicht des Steuerrechts **(§ 140 AO)**

Wer nach anderen Gesetzen (z. B. nach dem HGB) Bücher zu führen hat, muss diese Verpflichtung auch für die Besteuerung erfüllen.

ursprüngliche Buchführungspflicht des Steuerrechts **(§ 141 AO)**

Gewerbetreibende und **Land- und Forstwirte**

sind zur Buchführung verpflichtet, wenn sie **eine** der folgenden Grenzen im **vergangenen** Kalender- bzw. Wirtschaftsjahr **überschritten** haben (verkürzt dargestellt):

- **Umsatz 500.000 Euro**
- **Gewinn 50.000 Euro**
- **Wirtschaftswert** (nur Land- u. Forstw.) **25.000 Euro**

Beginn der Buchführungspflicht erst mit dem Beginn desjenigen Wirtschaftsjahres, das dem Jahr folgt, in dem die Finanzverwaltung den Steuerpflichtigen auf diese Verpflichtung hingewiesen hat (§ 141 Abs. 2 Satz 1 AO).

Nicht buchführungspflichtig sind nach diesen Vorschriften

- **Freiberufler**, weil bei diesen in der Regel kein Gewerbebetrieb vorliegt;
- **Kleingewerbetreibende** (Gewerbetreibende, deren Unternehmen **keine** kaufmännische Organisation erfordert und die auch nicht nach § 2 HGB in das Handelsregister eingetragen sind und keine der in § 141 AO genannten Grenzen überschritten haben).

01

Entscheiden Sie, ob die folgenden Personen buchführungspflichtig sind oder nicht. Begründen Sie Ihre Antworten jeweils kurz und geben sie die zutreffende(n) Gesetzesgrundlage(n) mit an!

1. Carina Hofmann betreibt in Montabaur ein Großhandelsunternehmen für Dachdeckerbedarf. Sie beschäftigt insgesamt 15 Arbeitnehmerinnen und Arbeitnehmer, von denen 2 für die eigene kaufmännische Organisation zuständig sind. Der Umsatz des unternehmens beträgt jährlich rund 1 Mio. Euro.
2. Dietmar Fölbach betreibt in Koblenz eine Druckerei. Er beschäftigt einen Offsetdrucker sowie eine Aushilfskraft für die Weiterverarbeitung der Druckerzeugnisse. Sein Jahresumsatz beträgt rund 300.000 Euro, sein Gewinn rund 55.000 Euro im Wirtschaftsjahr.
3. Simone Kleinert ist selbstständige Tierärztin. Sie betreibt in Koblenz eine Praxis, mit der sie jährlich einen Umsatz von rund 400.000 Euro und einen Gewinn von rund 50.000 Euro erzielt. Sie beschäftigt eine angestellte Tierärztin und zwei weitere Arbeitnehmerinnen ganztags, von denen eine ausschließlich kaufmännische Arbeiten (Abrechnungen, Zahlungsverkehr, Buchhaltung usw.) erledigt.

Seite 235

3.3 Sanktionen bei Verstößen gegen die Buchführungspflicht

Ein Verstoß gegen die Buchführungspflicht besteht beispielsweise darin, dass der Gewerbetreibende oder Land- und Forstwirt **keine** Bücher führt, obwohl er nach Handels- oder Steuerrecht dazu verpflichtet ist.

Für diesen Fall sieht das **HGB keine** unmittelbaren Sanktionen vor. Dies bedeutet, dass ein Kaufmann durch das Handelsrecht **nicht** zur Erfüllung der Buchführungspflicht gezwungen werden kann (vgl. *Bornhofen*, S. 12).

Eine **Bestrafung** kann jedoch nach den §§ **283 und 283b Strafgesetzbuch (StGB)** erfolgen, wenn der Buchführungspflichtige, der keine Bücher führt, seine Zahlungen eingestellt hat oder über sein Vermögen das Insolvenzverfahren eröffnet oder der Eröffnungsantrag mangels Masse abgewiesen worden ist (vgl. *Falterbaum / Bolk / Reiß*, S. 62). Mögliche Folge ist dann eine **Geld- oder Freiheitsstrafe**.

Im Gegensatz zum Handelsrecht sieht das **Steuerrecht** bei Verstößen gegen die steuerlichen Buchführungs- und Aufzeichnungsvorschriften **direkte Sanktionen** vor.

Die Finanzbehörde kann gegen denjenigen, der trotz Verpflichtung keine Bücher führt, ein **Zwangsgeld** in Höhe von **bis zu 25.000 Euro** festsetzen (vgl. §§ 328-329 AO). Vor der Festsetzung muss die Finanzbehörde diese Maßnahme jedoch androhen (vgl. § 332 AO), wodurch der „Erziehungscharakter" dieser Maßnahme deutlich wird. Dem Steuerpflichtigen wird die Möglichkeit eingeräumt, seine Verpflichtung doch noch zu erfüllen und die Zwangsmaßnahme dadurch abzuwenden.

Wenn der Steuerpflichtige dennoch **keine** Bücher führt und Aufzeichnungen macht, die für die Besteuerung notwendig sind, hat das Finanzamt die Besteuerungsgrundlagen zu **schätzen** (vgl. § 162 AO).

Von dem völligen Fehlen von Buchführungsunterlagen ist die **fehlerhafte Führung** von Büchern zu unterscheiden, die in bestimmten Fällen auch als Verstoß gegen die Buchführungspflicht gewertet werden kann. Hierbei ist zwischen formellen und sachlichen (materiellen) Mängeln zu unterscheiden (vgl. *Bornhofen*, S. 12; *Kliewer / Zschenderlein*, S. 314).

Formelle Mängel liegen dann vor, wenn die Aufzeichnungen zwar inhaltlich richtig, aber hinsichtlich ihrer Form nicht den gesetzlichen Vorgaben oder den allgemein gültigen Koventionen entsprechen. Formelle Mängel liegen beispielsweise vor, wenn Abkürzungen, Ziffern oder Buchstaben nicht eindeutig und nachvollziehbar verwendet werden oder wenn Buchungen nicht in der tatsächlichen zeitlichen Abfolge, sondern zeitlich ungeordnet vorgenommen werden.

Sofern die formellen Mängel so gering sind, dass die sachliche Richtigkeit nicht beeinträchtigt wird, ist die Ordnungsmäßigkeit der Buchführung grundsätzlich nicht zu beanstanden (vgl. R 5.2 Abs. 2 Satz 1 EStR).

Enthält die Buchführung dagegen **schwere und gewichtige formelle Mängel**, kann dies die **Verwerfung der Buchführung** zur Folge haben, die zu einer **Vollschätzung** der Besteuerungsgrundlagen nach § 162 AO führen würde. Denkbar ist beispielsweise der Fall, bei dem die Buchführung durch vielzählige Stornobuchungen, Umbuchungen und Nachtragsbuchungen so unübersichtlich ist, dass ein sachverständiger Dritter innerhalb einer angemessenen Frist keinen Überblick über die Geschäftsvorfälle und die Vermögenslage gewinnen kann.

Sachliche Mängel liegen dann vor, wenn die Buchführung in inhaltlicher (materieller) Hinsicht nicht das tatsächliche Geschehen wiedergibt. Dies ist beispielsweise dann der Fall, wenn buchungspflichtige Geschäftsvorfälle nicht oder falsch gebucht wurden oder wenn die Buchführung fingierte Geschäftsvorfälle enthält, die nicht stattgefunden haben (vgl. *Bornhofen*, S. 12).

Wenn es sich um **unwesentliche (geringe) sachliche Mängel** handelt (z. B. die Buchführung enthält eine überschaubare Zahl von Falschbuchungen oder es fehlen einige wenige Buchungen), wird die Ordnungsmäßigkeit der Buchführung dadurch nicht berührt. Die **Fehler** sind zu **berichtigen**, oder das Buchführungsergebnis ist durch eine **Zuschätzung** zu korrigieren (vgl. R 5.2 Abs. 2 Satz 3 EStR).

Bei **schwerwiegenden materiellen Mängeln** ist der Gewinn unter Berücksichtigung der Verhältnisse des Einzelfalls **vollständig zu schätzen** (vgl. R 5.2 Abs. 2 Satz 4 i. V. mit R 4.1 Abs. 2 Satz 3 EStR).

Werden buchungs- oder aufzeichnungspflichtige Geschäftsvorfälle leichtfertig nicht oder falsch gebucht, kann der Tatbestand der **Steuergefährdung** (§ 379 Abs. 1 AO) gegeben sein. Diese Ordnungswidrigkeit kann mit einer **Geldbuße von bis zu 5.000 Euro** bestraft werden (vgl. § 379 Abs. 4 AO). Bei einer leichtfertigen **Steuerverkürzung** nach § 378 AO (z.B. durch fehlende Buchungen oder Aufzeichnungen, die zu einer Verkürzung der Steuern oder zu ungerechtfertigten Steuervorteilen führt) kann die **Geldbuße bis zu 50.000 Euro** betragen.

In den Fällen der **Steuerhinterziehung** nach § 370 AO können **Geld- oder Freiheitsstrafen** von bis zu 5 Jahren, in besonders schweren Fällen sogar bis zu 10 Jahren, verhängt werden (vgl. § 370 Abs. 1 und Abs. 3 AO).

02

Peter Sailer ist selbstständiger Handelsvertreter für Baumaschinen. Er ist buchführungspflichtig nach §§ 238 HGB und 140 AO. Die Erstellung einer Buchführung findet er überflüssig. Er zeichnet deshalb nur seine Betriebseinnahmen und Betriebsausgaben auf (keine Buchführung). Die Aufzeichnungen sind außerdem lückenhaft.

Geben Sie Auskunft darüber, welche Sanktionen in diesem Fall möglich sind. Begründen Sie Ihre Antwort und geben Sie die zutreffende(n) Gesetzesgrundlage(n) mit an!

Seite 235

4. Steuerliche Aufzeichnungspflichten

Der Begriff Buchführung ist von dem Begriff Aufzeichnungen abzugrenzen.

Eine **Buchführung** ist **umfassender** als Aufzeichnungen im steuerlichen Sinn. Sie erfasst **alle** Geschäftsvorfälle nach einem bestimmten **System**.

Aufzeichnungen erfassen dagegen nur **bestimmte** bedeutsame Sachverhalte. Sie sind so vorzunehmen, dass der Zweck erreicht wird, den sie erfüllen sollen. Das Steuerrecht enthält vielzählige Aufzeichnungspflichten, die über verschiedene Einzelsteuergesetze verstreut sind. Es sollte sichergestellt werden, dass diese Pflichten im Rahmen der Buchführung beachtet bzw. mit erfüllt werden.

Beispiele für steuerliche Aufzeichnungspflichten:

- Pflicht zur **Aufzeichnung des Wareneingangs** (§ 143 AO):
  - Tag des Wareneingangs oder Datum der Rechnung,
  - Namen oder Firma und die Anschrift des Lieferers,
  - handelsübliche Bezeichnung der Ware(n),
  - Preis der Ware(n),
  - Hinweis auf den Beleg;
- Pflicht zur **Aufzeichnung des Warenausgangs** (§ 144 AO):
  - Tag des Warenausgangs oder Datum der Rechnung,
  - Namen oder Firma und die Anschrift des Abnehmers,
  - handelsübliche Bezeichnung der Ware(n),
  - Preis der Ware(n),
  - Hinweis auf den Beleg;
- Pflicht zur gesonderten **Aufzeichnung bestimmter Betriebsausgaben** (§ 4 Abs. 7 EStG), z.B.
  - Aufwendungen für Geschenke an Geschäftsfreunde,
  - Aufwendungen für die Bewirtung von Geschäftsfreunden;
- **besondere Aufzeichnungspflichten**, die sich **aus dem Umsatzsteuergesetz** ergeben (siehe §§ 22 UStG und 63-68 UStDV sowie Kapitel Umsatzsteuer in diesem Buch);
- Pflicht zur **täglichen** Aufzeichnung von **Kasseneinnahmen und -ausgaben** (§ 146 Abs. 1 Satz 2 AO).

5. Grundsätze ordnungsmäßiger Buchführung

Buchführungspflichtige müssen bei der Führung ihrer Bücher die Grundsätze ordnungsmäßiger Buchführung (GoB) beachten (vgl. § 238 Abs. 1 HGB und §§ 140, 141 AO).

Eine Buchführung gilt dann als ordnungsgemäß, wenn die für die kaufmännische Buchführung erforderlichen Bücher geführt werden, die Bücher **förmlich in Ordnung** und der **Inhalt sachlich richtig** ist (vgl. H 5.2 (Grundsätze ordnungsgemäßer Buchführung) EStH 2008).

Bei den GoB ist also zwischen **formeller** und **materieller** (sachlicher) Ordnungsmäßigkeit zu unterscheiden (vgl. *Grefe*, S. 36-37).

Die **formelle** Ordnungsmäßigkeit betrifft die **Art und Weise** der Dokumentation, d.h. die **Klarheit und Übersichtlichkeit** der Buchführung. Hierbei sind die folgenden Aspekte zu beachten (vgl. *Grefe*, S. 37):

- **Verständlichkeit**

  Die Buchführung muss so beschaffen sein, dass sie einem sachverständigen Dritten innerhalb einer angemessenen Zeit einen Überblick über die Geschäftsvorfälle und die Geschäftslage des Unternehmens vermitteln kann (vgl. § 238 Abs. 1 Satz 2 HGB).

  Die Führung der Bücher und der sonst erforderlichen Aufzeichnungen muss deshalb in einer **lebenden Sprache** vorgenommen werden (vgl. § 239 Abs. 1 Satz 1 HGB; § 146 Abs. 3 AO).

  Sofern **Abkürzungen** verwendet werden, müssen diese **eindeutig und nachvollziehbar** sein (vgl. § 239 Abs. 1 Satz 2 HGB).

- **Unveränderlichkeit der Aufzeichnungen**

  Buchungen und sonst erforderliche Aufzeichnungen dürfen nicht in der Weise verändert werden, dass der ursprüngliche Inhalt nicht mehr festgestellt werden kann (vgl. § 239 Abs. 3 HGB; § 146 Abs. 4 AO).

  Radieren, Rasieren, Überkleben, Löschen, Überspielen usw. sind deshalb unzulässig (vgl. *Kliewer / Zschenderlein*, S. 312). Fehlerhafte Buchungen dürfen somit nicht entfernt bzw. gelöscht werden. Sie sind durch Stornierungen und Neubuchungen bzw. durch Umbuchungen zu berichtigen.

- **Beachtung der Aufbewahrungsfristen**

  Bücher, Konten, Buchungsbelege und die sonstigen erforderlichen Aufzeichnungen (z.B. Arbeitspapiere) müssen **10 Jahre**, Handels-/Geschäftsbriefe und sonstige für steuerliche Zwecke bedeutsame Unterlagen müssen **6 Jahre** aufbewahrt werden (vgl. § 257 HGB; § 147 AO; zu Einzelheiten siehe Kapitel 6 Aufbewahrungsfristen).

Die **materielle** Ordnungsmäßigkeit betrifft den **Inhalt** der Aufzeichnungen. Hierbei sind insbesondere die folgenden Aspekte zu beachten (vgl. *Grefe*, S. 36):

- **systematischer Aufbau der Buchführung**

  Die Buchführung muss eine formal korrekte Erfassung und Dokumentation aller buchungspflichtigen Vorgänge gewährleisten, also systematisch aufgebaut sein. Im System der doppelten Buchführung muss deshalb ein systematisch angeordneter **Kontenrahmen** zu Grunde gelegt werden (siehe Anhang zu diesem Buch), aus dem der betriebsindividuelle **Kontenplan** abgeleitet wird; siehe S. 63 ff.).

❑ **Vollständigkeit und Richtigkeit**

Die Aufzeichnungen müssen vollständig und richtig vorgenommen werden (vgl. § 239 Abs. 2 HGB und § 146 Abs. 1 AO).

Vollständigkeit bedeutet, dass alle buchungsrelevanten Geschäftsvorfälle aufgezeichnet werden müssen (quantitativer Aspekt). Nicht stattgefundene Vorgänge dürfen natürlich nicht aufgezeichnet werden (**Verbot fiktiver Buchungen**).

Der Grundsatz der **Richtigkeit** bezieht sich auf den **Inhalt** der erfassten Vorgänge. Es muss gewährleistet sein, dass die Buchungen bzw. Aufzeichnungen den tatsächlichen Inhalt der ihnen zu Grunde liegenden Sachverhalte wiedergeben (Erfassung auf den richtigen Konten mit den richtigen Beträgen).

❑ **zeitnahe und geordnete Eintragungen**

Die Eintragungen in den Büchern bzw. auf den Datenträgern und die sonst erforderlichen Aufzeichnungen müssen zeitgerecht und geordnet vorgenommen werden (vgl. § 239 Abs. 2 HGB).

Dies bedeutet, dass eine zeitnahe Erfassung grundsätzlich nur dann als gewährleistet angesehen werden kann, wenn sie „unverzüglich", d. h. **ohne schuldhafte Verzögerung**, vorgenommen wird.

Die Frage der zeitlichen Nähe ist allerdings **vom jeweiligen Sachverhalt abhängig** (vgl. *Grefe*, S. 36). Die Erfassung der Anschaffung eines Pkw innerhalb eines Zeitraums von 1-2 Monaten ab der Anschaffung wird wohl noch als zeitnah anzusehen sein, wohingegen die Erfassung von **Kassenbewegungen täglich** erfolgen soll (vgl. 146 Abs. 1 Satz 2 AO).

❑ **Belegprinzip**

Buchungen und Aufzeichnungen erfolgen auf der Grundlage vorliegender Belege. Es gilt der Grundsatz: **„Keine Buchung ohne Beleg!"** (vgl. § 238 Abs. 1 Satz 3 HGB).

Die Ordnungsmäßigkeit einer EDV-gestützten Buchführung ist grundsätzlich nach den gleichen Prinzipien zu beurteilen wie die einer manuellen Buchführung. Spezielle Aspekte, die bei EDV-Buchführungen jedoch zusätzlich zu beachten sind, gehen aus dem Schreiben des Bundesfinanzministeriums vom 7.11.1995 hervor (siehe dort).

03

Fritz Bleibtreu ist Buchhalter des Einzelunternehmens „Druck & Text Rainer Müller e.K.“

Prüfen Sie, ob bei den folgenden Vorgängen, die Grundsätze ordnungsmäßiger Buchführung eingehalten wurden oder ob ggf. Verstöße gegen einzelne Grundsätze vorliegen.

Begründen Sie Ihre Antworten jeweils kurz.

1. Herr Bleibtreu verwendet bei der Buchung der Geschäfsvorfälle viele Abkürzungen, wie z. B. „Ba“ für „Bank“ oder „K“ für „Kasse“. Er verwendet diese Abkürzungen einheitlich, und er hat alle Abkürzungen in einer Liste erfasst und erläutert (Abkürzungsverzeichnis).
2. Sachverhalt wie zuvor, jedoch mit dem Unterschied, dass Herr Bleibtreu die Abkürzungen nicht einheitlich verwendet (z. B. „Ba“ bedeutet einmal „Bank“, an anderer Stelle jedoch „Barzahlung“ oder „Büroausstattung“).
3. Die Aufzeichnung der Kasseneinnahmen und -ausgaben nimmt Herr Bleibtreu jeweils am Monatsende für den abgelaufenen Monat nach den vorliegenden Belegen vor. Er schreibt diese mit Bleistift in ein Kassenbuch, damit er, wenn er sich verschrieben hat, die Eintragung wegradieren und neu eintragen kann.
4. Damit der Kassenbestand keine Negativbeträge aufweist, erfasst Herr Bleibtreu in regelmäßgen Abständen Privateinlagen des Firmeninhabers Rainer Müller. Ob diese jeweils stattgefunden haben, ist nicht nachzuvollziehen (keine Belege).
5. Herr Müller hatte seinem Geschäftsfreund Schröder für 5.000 Euro Ware geliefert. Die Forderung soll später mit einer Lieferung von Herrn Schröder an Herrn Müller verrechnet werden. Weil sich die Forderung und die Verbindlichkeit aus den Lieferungen dann gegenseitig ausgleichen werden, erfasst Herr Bleibtreu diese Vorgänge nicht.

Seite 236

6. Aufbewahrungsfristen

Sowohl nach Handels- als auch nach Steuerrecht müssen Buchführungs- und Aufzeichnungsunterlagen aufbewahrt werden. Die Dauer der Aufbewahrung ist in den §§ 257 HGB und 147 AO gesetzlich geregelt.

Die Aufbewahrungsfristen betragen:

- **10 Jahre** für
  - Bücher und Aufzeichnungen,
  - Inventare,
  - Eröffnungsbilanzen,
  - Jahresabschlüsse,
  - Lageberichte,
  - die zum Verständnis der oben genannten Unterlagen erforderlichen Arbeitsanweisungen und sonstigen Organisationsunterlagen,
  - Buchungsbelege (Rechnungen, Lieferscheine, Quittungen, Bankauszüge usw.).
- **6 Jahre** für
  - empfangene Geschäftsbriefe (Originale oder bildliche Wiedergaben),
  - Wiedergaben (Kopien, Duplikate oder Dateien) der verschickten Geschäftsbriefe,
  - sonstige Unterlagen, soweit sie für die Besteuerung von Bedeutung sind.

Die Aufbewahrungsfrist **beginnt** mit dem **Schluss des Kalenderjahrs** in dem das Schriftgut entstanden ist (vgl. § 257 Abs. 5 HGB; § 147 Abs. 4 AO).

Beispiel:

Die Eingangsrechnung mit dem Datum 1.3.2009 ist bis zum 31.12.2019 um 24:00 Uhr aufzubewahren (Beginn der Frist ist am 31.12.2009 um 24:00 Uhr; die Frist läuft 10 Jahre, also bis zum 31.12.2019 um 24:00 Uhr).

04

Der buchführungspflichtige Gewerbetreibende Friedolin Kurz sichtet die von ihm archivierten Unterlagen. Er möchte wissen, bis wann er die nachfolgend aufgeführten Schriftstücke aufbewahren muss. Nennen Sie zu jeder Textziffer das Beginn- und Enddatum der Aufbewahrungsfrist.

1. Buchungsbelege des Kalenderjahres 2005.
2. Geschäftskorrespondenz (Briefe, Telefaxe etc.) des Monats März 2006.
3. Eröffungsbilanz des Kalenderjahres 2000, aufgestellt am 20.03.2000.
4. Ausgangsrechnungen des Monats Oktober 2003.
5. Jahresabschluss zum 31.12.2006, aufgestellt am 15.04.2007.

Seite 236

Seit dem 1.1.2002 hat die Finanzverwaltung das Recht auf Datenzugriff, wenn die Unterlagen der Buchführung mithilfe eines Datenverarbeitungssystems, also per EDV, erstellt wurden (vgl. § 147 Abs. 6 AO). Es ist deshalb nicht mehr ausreichend, dass die mithilfe eines Computerprogramms erstellten Daten allein in ausgedruckter Form („auf Papier") aufbewahrt werden. Vielmehr müssen die ursprünglichen Daten auf Datenträgern archiviert werden, die maschinell verwertbar und von der Finanzverwaltung im Bedarfsfall ausgewertet werden können (vgl. *Fleischmann*, S. 2262).

B. Inventar und Bilanz

1. Inventur

Jeder Kaufmann ist nach § 240 Abs. 1 und 2 HGB verpflichtet, zu Beginn seines Handelsgewerbes und zum Ende jedes Geschäftsjahres eine **Bestandsaufnahme** (Inventur) aller Vermögensgegenstände und Schulden durchzuführen. Diese Verpflichtung gilt auch für Gewerbetreibende und Land- und Forstwirte, die nur nach Steuerrecht buchführungspflichtig sind, weil die Vorschrift des Handelsrechts nach § 141 Abs. 1 Satz 2 AO auch für sie bindend ist. **Buchführungspflichtige sind also auch immer inventurpflichtig** (vgl. *Bornhofen*, S. 23).

Die **Inventur** ist also der **Vorgang**, bei dem die Vermögensgegenstände und die Schulden **mengen- und wertmäßig** erfasst werden. Dies geschieht grundsätzlich durch **körperliche** Bestandsaufnahme, also durch Zählen, Wiegen oder Messen. Vermögensgegenstände, die sich nicht durch eine körperliche Bestandsaufnahme erfassen lassen (z.B. Forderungen und Schulden) werden durch eine **buchmäßige** Bestandsaufnahme anhand von Belegen und Aufzeichnungen (**Buchinventur**) erfasst.

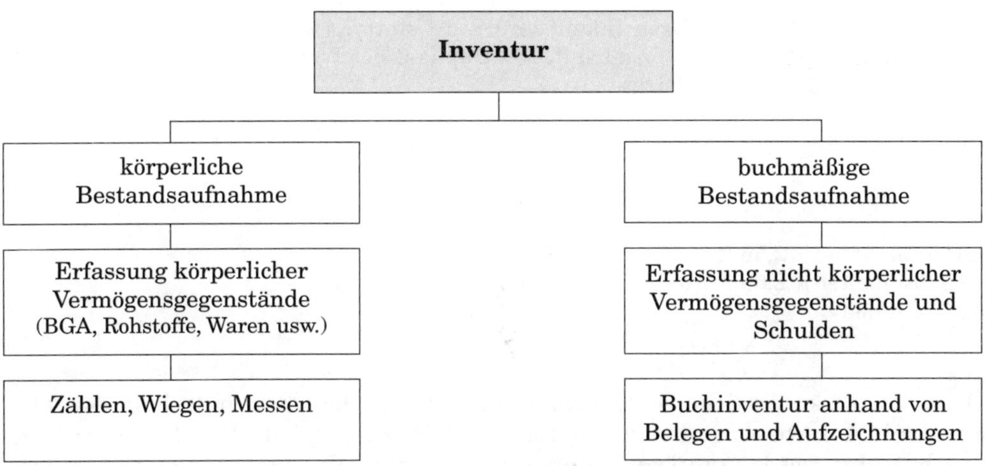

Der Bestand der Vermögensgegenstände darf in bestimmten Fällen, wie z.B. bei Warenbeständen großer Menge oder Anzahl, auch **aufgrund von Stichproben** ermittelt werden (vgl. § 241 Abs. 1 HGB). Bei dieser Vorgehensweise, die als **Stichprobeninventur** bezeichnet wird, muss aber gewährleistet sein, dass anerkannte mathematisch-statistische Methoden angewendet werden und dass der Aussagewert der Ergebnisse dem einer vollständigen körperlichen Bestandsaufnahme gleichkommt.

Wird keine Inventur durchgeführt oder enthalten die dazugehörigen Aufzeichnungen erhebliche Mängel, so ist die Buchführung als nicht ordnungsgemäß anzusehen (vgl. R 5.3 Abs. 4 EStR).

In zeitlicher Hinsicht ist zwischen den folgenden Inventurverfahren zu unterscheiden:

- **Stichtagsinventur**,
- **zeitverschobene Inventur** und
- **permanente Inventur**.

Die **Stichtagsinventur** wird am Bilanzstichtag selbst – zum Beispiel am 31.12. – oder zeitnah (innerhalb eines Zeitraums von bis zu 10 Tagen vor oder nach diesem Termin) durchgeführt. Sie wird deshalb auch als **zeitnahe Inventur** bezeichnet (vgl. Bussiek/Ehrmann, S. 24). Bei der Inventur einige Tage vor oder nach dem Bilanzstichtag muss aber sichergestellt sein, dass die Bestandsveränderungen zwischen dem Bilanzstichtag und dem Tag der Bestandsaufnahme **mengen- und wertmäßig** anhand von Belegen oder Aufzeichnungen ordnungsgemäß berücksichtigt werden (vgl. R 5.3 Abs. 1 EStR).

Beispiel:

Der Warenbestand der Ware A wird am 22.12. durch körperliche Bestandsaufnahme aufgenommen. Hierbei wird festgestellt, dass 1.156 Einheiten vorhanden sind. Der Wert je Einheit beträgt 2,50 Euro.

Am 28.12. findet noch ein Wareneinkauf der Ware A statt. Es werden 2.000 Einheiten zum Preis von 2,60 Euro/Einheit eingekauft. Ein Duplikat des Wareneingangsbelegs wird bei den Inventurunterlagen abgelegt.

Der Warenbestand der Ware A beträgt am 31.12. somit:

Menge	**Wert**
1.156 Einheiten x 2,50 Euro	2.890 Euro
2.000 Einheiten x 2,60 Euro	5.200 Euro
3.156 Einheiten	8.090 Euro

Die jährliche körperliche Bestandsaufnahme kann aber auch innerhalb der letzten **drei Monate** vor oder der ersten **zwei Monate nach** dem Bilanzstichtag durchgeführt werden (**zeitverschobene Inventur**). Voraussetzung ist aber, dass die ordnungsgemäße Bewertung zum Inventurstichtag durch ein Fortschreibungs- oder Rückrechnungsverfahren sichergestellt ist (vgl. § 241 Abs. 3 HGB; R 5.3 Abs. 2 EStR).

Bei der zeitverschobenen Inventur wird ein **besonderes Verzeichnis** auf den Bilanzstichtag aufgestellt. In dieses Verzeichnis werden nicht mehr die mengenmäßigen Bestände, sondern nur deren Werte, aufgenommen. Die Veränderungen zwischen dem Zeitpunkt der körperlichen Bestandsaufnahme und dem Bilanzstichtag werden **nur wertmäßig durch Wertfortschreibung bzw. -rückrechnung** berücksichtigt (vgl. *Kliewer / Zschenderlein*, S. 320 f.).

Bei der zeitlich **vorverlegten** Inventur (z.B. körperliche Bestandsaufnahme am 30.11.) erfolgt die Wert**fortschreibung** auf den Bilanzstichtag (z. B. 31.12.) nach der folgenden Formel:

	Wert des Bestandes zum Aufnahmezeitpunkt
+	Wert des Zugangs vom Aufnahmezeitpunkt bis zum Abschlusszeitpunkt
–	Wert des Abgangs vom Aufnahmezeitpunkt bis zum Abschlusszeitpunkt (zu Einstandspreisen)
=	Wert des Bestandes zum Abschlusszeitpunkt (Bilanzstichtag)

Bei der zeitlich **nachverlegten** Inventur (z. B. körperliche Bestandsaufnahme am 2.2.) erfolgt die Wert**rückrechnung** nach der folgenden Formel:

	Wert des Bestandes zum Aufnahmezeitpunkt
./.	Wert des Zugangs vom Abschlussstichtag bis zum Aufnahmezeitpunkt
+	Wert des Abgangs vom Abschlussstichtag bis zum Aufnahmezeitpunkt (zu Einstandspreisen)
=	Wert des Bestandes zum Abschlusszeitpunkt (Bilanzstichtag)

05

Der buchführungspflichtige Gewerbetreibende Friedhelm Kurz, der in Neuwied ein Großhandelsunternehmen für den Bürofachhandel betreibt, entscheidet sich aus betriebsorganisatorischen Gründen für die zeitverschobene Inventur. Bilanzstichtag ist der 31.12.

Ermitteln Sie für die folgenden Fallvarianten den Wert des Warenbestandes zum Bilanzstichtag.

Fallvariante 1:

Die körperliche Bestandsaufnahme erfolgt am 15.11.
Für die Ware A liegen die folgenden Daten vor:

Bestand am 15.11.	234 Stück x 55,00 Euro
Wareneinkauf 16.11.-31.12.	300 Stück x 55,00 Euro
Warenabgang 16.11.-31.12.	355 Stück x 55,00 Euro

Fallvariante 2:

Die körperliche Bestandsaufnahme erfolgt am 31.1.
Für die Ware B liegen die folgenden Daten vor:

Bestand am 31.1.	157 Stück x 36,10 Euro
Wareneinkauf 1.1.-31.1.	250 Stück x 36,10 Euro
Warenabgang 1.1.-31.1.	188 Stück x 36,10 Euro

Seite 237

Bei der nach § 241 Abs. 2 HGB zulässigen **permanenten Inventur** können die Bestände des Abschlussstichtags **anhand von Lagerbüchern (Lagerkarteien)** festgestellt werden, ohne dass zu diesem Zeitpunkt eine körperliche Bestandsaufnahme stattfindet. Es muss dann aber sichergestellt sein, dass die Feststellung der Bestände nach Art, Menge und Wert auch ohne die körperliche Bestandsaufnahme am Abschlussstichtag realistisch möglich ist.

Für die Zulässigkeit der permanenten Inventur müssen bestimmte Voraussetzungen erfüllt sein. Beispielsweise muss für jeden Bestand des Vorratsvermögens mindestens einmal je Wirtschaftsjahr durch körperliche Bestandsaufnahme geprüft werden, ob der in den Lagerbüchern oder -karteien ausgewiesene Bestand mit dem tatsächlichen Bestand übereinstimmt. Zu den einzelnen Voraussetzungen siehe H 5.3 (Permanente Inventur) EStH 2008.

2. Inventar

Die durch Inventur ermittelten Vermögensgegenstände und Schulden werden in einem **Verzeichnis**, dem Inventar, dargestellt.

Das Inventar ist somit das **Verzeichnis aller betrieblichen Vermögensgegenstände und Schulden nach Art, Menge und Wert zu einem bestimmten Stichtag**.

Das **besondere** Inventar der **zeitlich verlegten** Inventur enthält die Vermögensgegenstände und Schulden nur nach Art und Wert.

Die Werte der Vermögensgegenstände und der Schulden sind jeweils zu addieren (Summe des Vermögens und Summe der Schulden). Die Differenz zwischen der Summe des Vermögens und der Summe der Schulden wird als **Reinvermögen** (**Eigenkapital**) bezeichnet.

	Vermögen
–	Schulden
=	**Reinvermögen (Eigenkapital)**

Ist die Summe der Schulden größer als die Summe des Vermögens, so liegt eine buchmäßige Überschuldung vor.

Für das Inventar gibt es **keine gesetzlichen Gliederungsvorschriften**. Es ist jedoch üblich, das Inventar in der auf Seite 34 dargestellten Form – also staffelförmig – aufzubauen und übersichtlich zu untergliedern.

Das Vermögen ist dabei sinnvollerweise in **Anlagevermögen** und **Umlaufvermögen** zu untergliedern.

Zum **Anlagevermögen** gehören diejenigen Vermögensgegenstände, die dazu bestimmt sind, dem Geschäftsbetrieb **dauernd** (länger als 1 Jahr) zu dienen. Die folgenden betrieblichen Gegenstände gehören beispielsweise im Normalfall zum Anlagevermögen:

- Grundstück,
- Maschine,
- Lkw,
- Pkw,
- Schreibtisch,
- Computer.

Sollen die Gegenstände hingegen nur **kurzfristig (vorübergehend)** dem Geschäftsbetrieb dienen, so gehören sie zum **Umlaufvermögen**. Typischerweise gehören hierzu beispielsweise

- Rohstoffe,
- Waren,
- Forderungen aus Lieferungen und Leistungen,
- Bankguthaben und Kassenbestände.

Ausschlaggebend für die Zuordnung zum Anlage- oder Umlaufvermögen ist die **Zweckbestimmung** der Gegenstände und nicht deren tatsächliche Verweildauer im Unternehmen. So gehören beispielsweise die Maschinen eines Produktionsunternehmens zum Anlagevermögen, hingegen die zum Verkauf bestimmten Maschinen eines Maschinenhändlers zum Umlaufvermögen (auch dann, wenn sie länger als 1 Jahr im Lager liegen).

Die **Schulden** werden üblicherweise nach ihrer Fälligkeit in langfristige und kurzfristige Schulden unterteilt (vgl. Bornhofen, S. 26; Sorg, S. 23 f.), obwohl diese Unterteilung vom Gesetzgeber nicht gefordert wird (vgl. Korth, S. 314).

Für Kapitalgesellschaften (z.B GmbH, AG) gelten gem. § 268 Abs. 5 und § 284 Nr. 1 HGB Vermerkpflichten zu den Restlaufzeiten der Verbindlichkeiten. Diese werden üblicherweise im Anhang in einem so genannten **„Verbindlichkeitenspiegel“** angegeben (vgl. *Korth*, S. 314 f.).

Langfristige Schulden haben eine Laufzeit von **mehr als 90 Tagen**. Hierzu gehören insbesondere Schulden gegenüber Kreditinstituten (Darlehen).

Kurzfristige Schulden, also solche Verbindlichkeiten, die in der Regel **innerhalb von 90 Tagen fällig** werden, sind z. B. Lieferantenverbindlichkeiten oder Steuerschulden.

Der Aufbau eines Inventars sei an dem folgenden Beispiel vereinfacht und verkürzt dargestellt:

Inventar
des Sportgeschäfts „Meddys Laufladen e.K." für den 31. Dezember 20..

			Euro	Euro
I.	**Vermögen**			
1.	**Anlagevermögen**			
1.1	**Grundstücke und Bauten**			
	Grundstück Markenbildchenweg 21		100.000	
	Gebäude Markenbildchenweg 21		600.000	700.000
1.2	**Betriebs- und Geschäftsausstattung**			
	1	Pkw VW Sharan KO-ML 123	18.000	
	30	Warenregale zu je 250 Euro	7.500	
	1	Verkaufstheke	4.400	
	1	Kasse	900	
	1	Computer	1.200	
	1	Büroschrankwand	3.350	
	1	Schreibtisch	440	
	2	Bürostühle	344	36.134
2.	**Umlaufvermögen**			
2.1	**Waren**			
	Laufschuhe gemäß Anlage 1 (Einzelauflistung)		25.155	
	Laufkleidung gemäß Anlage 2 (Einzelauflistung)		13.122	
	sonstige Waren gemäß Anlage 3 (Einzelauflistung)		4.333	42.610
2.2	**Forderungen**			
	Forderungen gegenüber Kunden gemäß Anlage 4 (Einzelauflistung)			2.135
2.3	**Bankguthaben und Kassenbestand**			
	Sparkasse Koblenz		426	
	Postbank Ludwigshafen		1.112	
	Kassenbestand		371	1.909
Summe des Vermögens				**782.788**
II.	**Schulden**			
1.	**Langfristige Schulden**			
	Hypothek Sparkasse Koblenz		323.450	
	Darlehen Volksbank Mittelrhein eG		225.540	548.990
2.	**Kurzfristige Schulden**			
	Dispositionskredit Volksbank Mittelrhein eG		5.628	
	Lieferantenverbindlichkeiten gemäß Anlage 5 (Einzelauflistung)		26.144	
	sonstige Verbindlichkeiten gemäß Anlage 6 (Einzelauflistung)		3.897	35.669
Summe der Schulden				**584.659**
III.	**Ermittlung des Reinvermögens**			
	Summe des Vermögens			782.788
./.	Summe der Schulden			584.659
=	**Reinvermögen (Eigenkapital)**			**198.129**

Koblenz, 1. Januar 20..

Seit 1977 ist es nicht mehr erforderlich, dass der Kaufmann das Inventar unterzeichnet (vgl. *Bornhofen*, S. 27).

Zu beachten ist die Ansicht der Finanzverwaltung, dass die Buchführung insgesamt als nicht ordnungsgemäß anzusehen ist, wenn kein Inventar aufgestellt wird oder wenn das Inventar hinsichtlich der Form oder des Inhalts wesentliche Mängel aufweist (vgl. R 5.3 Abs. 4 EStR).

06

Der buchführungspflichtige Gewerbetreibende Michael Schoor betreibt in Köln das Fahrradgeschäft „FahrRad e.K.“. Er hat durch Inventur am 31.12.20.. folgende Bestände ermittelt:

	Euro
• Guthaben bei der Postbank (Girokonto)	5.628
• Schulden bei der Sparkasse Köln auf dem Girokonto	2.355
• Darlehensschuld bei der Volksbank Köln	85.300
• Schulden gegenüber Lieferanten lt. Verzeichnis 6	34.335
• Forderungen gegenüber Kunden lt. Verzeichnis 5	14.680
• Fahrräder und Roller lt. Verzeichnis 2	76.897
• Fahrradbekleidung lt. Verzeichnis 4	13.463
• 1 Pkw VW Passat	18.500
• 1 Ladeneinrichtung	22.350
• Sonstige Betriebs- und Geschäftsausstattung lt. Verzeichnis 1	15.112
• Kassenbestand	535
• Fahrradzubehör und Ersatzteile lt. Verzeichnis 3	4.825

Erstellen Sie nach dem Muster auf S. 34 das Inventar zum 31.12.20..

Seite 237

3. Bilanz

3.1 Inhalt und Form

Jeder buchführungspflichtige Gewerbetreibende und Land- und Forstwirt ist verpflichtet, zu Beginn seines Handelsgewerbes und für den Schluss eines jeden Geschäftsjahres eine **Bilanz** aufzustellen (vgl. §§ 242 Abs. 1 HGB, 141 Abs. 1 Satz 2 AO).

Die Bilanz ist eine kurz gefasste **wertmäßige Gegenüberstellung des Vermögens** einerseits **und des Kapitals** andererseits. In ihr werden die Daten des Inventars in zusammengefasster Form dargestellt. Summenmäßig müssen die Werte der Bilanz mit denen des Inventars übereinstimmen.

In der Bilanz wird das Vermögen als **Aktiva** und das Kapital als **Passiva** bezeichnet. Das **Kapital** setzt sich aus dem **Eigenkapital** und dem **Fremdkapital** (Schulden, Verbindlichkeiten) zusammen.

In stark verkürzter und vereinfachter Form hat die Bilanz die folgende Struktur:

Aktiva Bilanz zum ...	**Passiva**
Anlagevermögen	Eigenkapital
Umlaufvermögen	Verbindlichkeiten (Fremdkapital)

Die **rechte** Seite der Bilanz (Passiva bzw. Passivseite) stellt die **Mittelherkunft** dar. Aus ihr ist ersichtlich,

- wie viel Kapital die Eigentümer aus eigenen Mitteln zur Finanzierung des Betriebs aufgebracht haben (**Eigenkapital**) und
- wie viel Kapital dem Betrieb von fremden Kapitalgebern (z. B. von Kreditinstituten oder Lieferanten) zur Verfügung gestellt wurde (**Fremdkapital**).

Die **linke** Seite der Bilanz (Aktiva bzw. Aktivseite) stellt die **Mittelverwendung** dar. Sie zeigt, in welche Vermögensformen das Eigen- und Fremdkapital investiert wurde.

Auf der linken Seite stehen also – bis auf wenige Ausnahmen – **konkret vorhande Vermögensgüter**, während auf der rechten Seite die **Eigentumsverhältnisse als Kapitalangabe** abgebildet werden.

Für Bilanzen gilt, dass die Summe der Aktiva gleich groß der Summe der Passiva sein muss. Hieraus lassen sich die folgenden Gleichungen ableiten:

Aktiva	**=**	**Passiva**
Vermögen	**=**	**Eigenkapital + Fremdkapital**
Eigenkapital	**=**	**Vermögen – Fremdkapital**

Das **Eigenkapital** ist somit die **rechnerische Differenz zwischen dem Vermögen und dem Fremdkapital**, also streng genommen eine Rechengröße, die durch unterschiedliche Bewertung des Vermögens und des Fremdkapitals entsprechend unterschiedlich ausfallen kann.

Aus dem Inventar, das auf S. 34 abgebildet ist, lässt sich die folgende Bilanz ableiten:

Aktiva	**Bilanz zum 31.12.20..**		Passiva
	Euro		Euro
I. Anlagevermögen		**I. Eigenkapital**	198.129
1. Grundstücke und Bauten	700.000		
2. Betriebs- und Geschäftsausstattung	36.134	**II. Verbindlichkeiten**	
		1. Verbindlichkeiten gegenüber Kreditinstituten	554.618
II. Umlaufvermögen		2. Verbindlichkeiten aus Lieferungen und Leistungen	26.144
1. Waren	42.610	3. sonstige Verbindlichkeiten	3.897
2. Forderungen aus Lieferungen und Leistungen	2.135		
3. Bankguthaben und Kassenbestand	1.909		
	782.788		782.788

Inventar und Bilanz unterscheiden sich also sowohl im Umfang als auch in der Form. Im **Inventar** oder den dazugehörigen Anlagen sind die Vermögensgegen-stände mit ihrer Bezeichnung und ihrem Wert einzeln aufgelistet. In der **Bilanz** sind gleichartige Vermögensgegenstände und Schulden **gebündelt** und **nur wertmäßig** ausgewiesen (keine Mengenangaben). Dadurch ist die Bilanz übersichtlicher, aber eben nicht so detailliert.

Im Gegensatz zum Inventar muss der Jahresabschluss (Bilanz und Gewinn- und Verlustrechnung) unter Angabe des Datums vom Kaufmann unterzeichnet werden (vgl. § 245 HGB).

3.2 Gliederung

Ein **allgemeiner Hinweis** zur Gliederung der Bilanz geht aus § **247 Abs. 1 HGB** hervor. Danach sind

- das Anlagevermögen,
- das Umlaufvermögen,
- das Eigenkapital,
- die Schulden sowie
- die Rechnungsabgrenzungsposten

gesondert auszuweisen und **hinreichend aufzugliedern**.

Für Gewerbetreibende und Land- und Forstwirte, die **keine Kapitalgesellschaft** sind (also Einzelunternehmung oder Personengesellschaft) enthält das Gesetz keine weitergehende Regelung zum Bilanzaufbau. Für diesen Personenkreis herrscht im Rahmen der Grundsätze ordnungsmäßiger Buchführung und Bilanzierung somit weitgehende Gestaltungsfreiheit bei der Gliederung der Bilanz.

Beim gesonderten Ausweis und der Gliederung ist allerdings von **allen** Kaufleuten der **Grundsatz der Klarheit und Übersichtlichkeit** zu beachten (vgl. § 243 Abs. 2 HGB).

Für **Kapitalgesellschaften** (z. B. GmbH und AG) enthält das HGB eine **strenge Vorgabe zur Gliederung der Bilanz** in § 266 (siehe dort). Die Anordnung und genaue Untergliederung der einzelnen Positionen ist genau vorgegeben. Nur in bestimmten Ausnahmefällen (z. B. größenabhängige Erleichterungen für kleine Kapitalgesellschaften) erlaubt das HGB ein Abweichen von der gesetzlichen Gliederungsvorgabe (siehe z. B. § 274a HGB).

Kapitalgesellschaften haben die Bilanz in **Kontoform** aufzustellen (vgl. § 266 Abs. 1 Satz 1 HGB). Einzelunternehmen und Personenhandelsgesellschaften wählen im Normalfall ebenfalls diese Darstellungsform, obwohl es für sie keine Rechtsvorschrift gibt, die ihnen die Form der Darstellung vorschreibt (vgl. *Grefe*, S. 68). Lediglich sehr große „Nichtkapitalgesellschaften", die dem Publizitätsgesetz unterliegen, müssen sich in dieser Hinsicht an die Vorschriften für Kapitalgesellschaften halten (vgl. § 5 Abs. 1 PublG).

Es ist allgemein üblich, dass sich Einzelunternehmen und Personengesellschaften bei der Gliederung der Bilanz an den Vorschriften für kleine Kapitalgesellschaften orientieren. Eine hieraus abgeleitete Gliederung könnte beispielsweise die folgende Gestalt haben:

Aktiva — **Bilanz zum ...**	**Passiva**
A. Anlagevermögen	**A. Eigenkapital**
I. Immaterielle Vermögensgegenstände	
II. Sachanlagen	**B. Rückstellungen**
1. Grundstücke und Bauten	1. Rückstellungen für Pensionen
2. technische Anlagen und Maschinen	2. Steuerrückstellungen
3. andere Anlagen, Betriebs- und Geschäftsausstattung	3. sonstige Rückstellungen
III. Finanzanlagen	**C. Verbindlichkeiten**
B. Umlaufvermögen	1. Verbindlichkeiten gegenüber Kreditinstituten
I. Vorräte	2. Verbindlichkeiten aus Lieferungen und Leistungen
1. Roh-, Hilfs- und Betriebsstoffe	3. sonstige Verbindlichkeiten
2. unfertige Erzeugnisse, Fertigerzeugnisse	
3. Waren	**D. Rechnungsabgrenzungsposten**
II. Forderungen und sonstige Vermögensgegenstände	
1. Forderungen aus Lieferungen und Leistungen	
2. sonstige Vermögensgegenstände	
III. Wertpapiere	
IV. Kassenbestand, Guthaben bei Kreditinstituten und Schecks	
C. Rechnungsabgrenzungsposten	

- Die **Aktivseite** der Bilanz ist nach **Flüssigkeit (Liquidität)** der Mittel gegliedert (**Liquiditätsgliederungsprinzip**).

  Dies bedeutet, dass Vermögensgegenstände, welche die geringste „Geldnähe" haben, d.h. bei denen es im Vergleich zu den anderen Vermögensgenständen am längsten dauert, bis sie für den Betrieb „wieder zu Geld werden", stehen auf der Aktivseite **oben**.

  Vermögensgegenstände mit starker „Geldnähe" (z. B. Forderungen oder Schecks) stehen auf der Aktivseite **unten**.

- Die **Passivseite** ist grundsätzlich nach der **Fälligkeit des Kapitals (Fälligkeitsprinzip)** gegliedert.

  Kapital, welches dem Betrieb sehr langfristig – im Extremfall unendlich – zur Verfügung steht (z. B. das Eigenkapital), steht auf der Passivseite **oben**.

  Kapital, welches dem Betrieb für einen kürzeren Zeitraum zur Verfügung steht (z. B. ein Darlehen eines Kreditinstituts oder ein Lieferantenkredit) stehen auf der Passivseite weiter **unten**.

07

Erstellen Sie zu dem Inventar der Übungsaufgabe 6 (S. 35) die dazugehörige Bilanz (siehe auch S. 37 und 38).

Seite 238

C. Systematik der Finanzbuchführung

1. Bilanzveränderungen

Eine Bilanz wird für einen bestimmten Zeitpunkt aufgestellt (z. B. 31.12. um 24:00 Uhr). Unmittelbar nach diesem Zeitpunkt ändern sich normalerweise die Bestände des Vermögens und der Schulden durch Geschäftsvorfälle.

Beispiel:

Die Bilanz des buchführungspflichtigen Steuerpflichtigen Christian Kimmel weist folgende Bestände auf (hier verkürzt):

Aktiva	**Bilanz zum 31.12. ...**		**Passiva**
	Euro		Euro
A. Anlagevermögen		A. Eigenkapital	90.000
I. Sachanlagen	84.000		
		B. Verbindlichkeiten	
B. Umlaufvermögen		I. Verbindlichkeiten gegenüber Kreditinstituten	130.000
I. Vorräte	26.000		
II. Kassenbestand und Guthaben bei Kreditinstituten	110.000		
	220.000		220.000

Am 2.1. kauft Herr Kimmel für sein Unternehmen ein Grundstück für 100.000 Euro gegen Bankscheck.

Das **Anlagevermögen erhöht** sich um 100.000 Euro (die Position Grundstücke und Bauten kommt neu hinzu). Gleichzeitig **vermindert** sich das **Umlaufvermögen** (Position Kassenbestand und Guthaben bei Kreditinstituten) um 100.000 Euro.

Würde unmittelbar nach diesem Geschäftsvorfall eine neue Bilanz aufgestellt, so hätte sie die folgende Gestalt:

Aktiva	**Bilanz zum 31.12. ...**		**Passiva**
	Euro		Euro
A. Anlagevermögen		A. Eigenkapital	90.000
I. Grundstücke und Bauten	100.000		
II. Sachanlagen	84.000	B. Verbindlichkeiten	
		I. Verbindlichkeiten gegenüber Kreditinstituten	130.000
B. Umlaufvermögen			
I. Vorräte	26.000		
II. Kassenbestand und Guthaben bei Kreditinstituten	10.000		
	220.000		220.000

Die **summenmäßige Übereinstimmung von Aktiva und Passiva** – das so genannte **Bilanzgleichgewicht** – bleibt auch nach den Bilanzveränderungen erhalten (die Summe der Aktiva muss immer gleich groß der Summe der Passiva sein).

Jede Änderung eines Bestandes wird also durch die Änderung eines anderen Bestandes ausgeglichen.

Die folgenden vier Arten der Bestandsveränderungen sind zu unterscheiden:

- **Aktiv-Tausch:**
  Erhöhung einer Aktiva-Position bei gleichzeitiger Verminderung einer anderen Aktiva-Position *(z. B. Kauf von Waren gegen Barzahlung   Erhöhung Vorräte und Verminderung Kassenbestand).*

- **Passiv-Tausch:**
  Erhöhung einer Passiva-Position bei gleichzeitiger Verminderung einer anderen Passiva-Position *(z. B. Bezahlung von Verbindlichkeiten gegenüber Lieferanten durch Aufnahme eines Bankkredits   Erhöhung Verbindlichkeiten gegenüber Kreditinstituten und Verminderung Verbindlichkeiten gegenüber Lieferanten).*

- **Aktiv-Passiv-Mehrung:**
  Erhöhung einer Aktiva-Position bei gleichzeitiger Erhöhung einer Passiva-Position *(z. B. Kauf eines Pkw gegen Kredit   Erhöhung Sachanlagen und Erhöhung Verbindlichkeiten).*

- **Aktiv-Passiv-Minderung:**
  Verminderung einer Aktiva-Position bei gleichzeitiger Verminderung einer Passiva-Position *(z. B. Bezahlung einer Lieferantenrechnung durch Barzahlung   Verminderung Verbindlichkeiten gegenüber Lieferanten und Verminderung Kassenbestand).*

08

Entscheiden Sie, um **welche Art** der Bestandsveränderung es sich bei den nachfolgend aufgeführten Geschäftsvorfällen jeweils handelt und beschreiben Sie stichwortartig, **in welcher Weise** sich die Bilanz durch den jeweiligen Geschäftsvorfall verändert (etwaige Umsatzsteuerbeträge bleiben unberücksichtigt):

1. Wareneinkauf gegen Rechnung (noch nicht bezahlt).
2. Kauf eines Computers gegen Bankscheck (Bankkonto im Guthaben).
3. Tilgung eines Bankkredits durch Banküberweisung vom Guthabenkonto.
4. Ein Kunde bezahlt unsere Forderung aus einer Warenlieferung bar.
5. Verrechnung einer Forderung aus einer Warenlieferung mit einer Verbindlichkeit aus einer erhaltenen Warenlieferung.

Seite 238

2. Erfassung der Bestandsveränderungen

2.1 Bestandskonten

2.1.1 Bildung von Bestandskonten

Im vorangegangenen Kapitel wurde dargestellt, dass die auftretenden Geschäftsvorfälle zur Veränderung der Bestände in der Bilanz führen. Die Bilanz müsste also nach jedem Geschäftsvorfall geändert werden, um das betriebliche Geschehen im Zeitablauf abbilden zu können. Die Buchführungspflicht nach §§ 238 HGB und 140 bzw. 141 AO beinhaltet nämlich nicht nur die **Darstellung des Vermögens und der Schulden** zu einem bestimmten Zeitpunkt, sondern **auch deren Veränderungen im Zeitablauf** sowie die Führung von Büchern, in denen die Geschäftsvorfälle als solche erkennbar sind (vgl. *Bussiek/Ehrmann*, S. 30.)

Die Aufstellung ständig neuer Bilanzen innerhalb eines Wirtschaftsjahres ist praktisch nicht realisierbar und vom Gesetzgeber auch nicht gewollt. Aus diesem Grund wurde ein Aufzeichnungssystem entwickelt, welches die Möglichkeit eröffnet, die Geschäftsvorfälle festzuhalten und zum Ende des Wirtschaftsjahres zum Jahresabschluss zusammenzuführen.

Hierzu wurden die **Konten** entwickelt. Sie sind **Einzelabrechnungen der Bilanzposten**.

Bestandskonten sind im Prinzip „kleine Bilanzen" einzelner Bilanzposten. Zur besseren Veranschaulichung werden die Konten deshalb in der manuellen Buchführung in der Form der Bilanz dargestellt. Sie haben die Form eines großen **T** und werden deshalb als **„T-Konten"** bezeichnet.

Beispiel:

Die Bilanz des Unternehmers Marcel Pohl enthält zum 31.12.09 die Bilanzposition Grund und Boden mit einem Wert von 100.000 Euro. Im Laufe des Jahres 10 kauft er für sein Unternehmen ein weiteres Grundstück für 100.000 Euro.

Auf dem Konto „Grund und Boden“ stellt sich diese Entwicklung im Jahr 10 wie folgt dar:

S	Konto Grund und Boden		H
Anfangsbestand (AB)	100.000	Schlussbestand	200.000
Zugang	100.000		
	200.000		200.000

Die Konten haben wie die Bilanz, aus der sie abgeleitet sind, zwei Seiten.

Die **linke** Seite heißt **Soll (S)**, die **rechte** Seite heißt **Haben (H)**.

Diese Begriffe haben nicht die Bedeutung, die sie in unserem Sprachgebrauch einnehmen. Ein Betrag im Haben eines Kontos bedeutet also **nicht**, dass der Unternehmer diesen Betrag „hat“. Soll und Haben sind in der Buchführung lediglich **Bezeichnungen für die Seiten der Konten** (sie könnten also auch „rot“ und „grün“ oder anders heißen).

Die Seitenbezeichnungen **Soll** und **Haben** entstammen dem Abrechnungsverkehr mit den Schuldnern und Gläubigern in den frühen Jahren der Buchführung. Heute lassen sie sich nur noch bei Kunden- und Lieferantenkonten erklären. Der Kunde **„soll”** zahlen. Deshalb wird die Forderung an ihn im **Soll** auf dem Konto „Forderungen a LuL” gebucht. Die Lieferanten **„haben”** gut bzw. wir **„haben”** zu bezahlen. Deshalb wird die Verbindlichkeit, die wir gegenüber einem Lieferanten haben, im **Haben** auf dem Konto „Verbindlichkeiten a LuL” gebucht (vgl. *Falterbaum / Bolk / Reiß*, S. 108).

Dieser Sinn für die Bezeichnung der Kontenseiten kann aber auf die anderen Konten nicht übertragen werden!

Konten, welche die Bestände der Bilanz aufnehmen, heißen **Bestandskonten**. Sie werden unterteilt in

- **Aktivkonten**, welche die Bestände der **Aktivseite** der Bilanz aufnehmen und
- **Passivkonten**, welche die Bestände der **Passivseite** der Bilanz aufnehmen.

Für jeden Posten der Bilanz wird mindestens ein Konto geführt. Die **Anfangsbestände** sind auf den Konten **auf der gleichen Seite wie in der Bilanz** aufzuzeichnen. Bei den **Aktivkonten** steht der Anfangsbestand (AB) also im **Soll** („links”) und bei den **Passivkonten** steht dieser im **Haben** („rechts”).

Beispiel:

Aktiva	Bilanz zum		Passiva
	Euro		Euro
A. Anlagevermögen		A. Eigenkapital	90.000
I. Sachanlagen	84.000	B. Verbindlichkeiten	
B. Umlaufvermögen		I. Verbindlichkeiten gegenüber Kreditinstituten	130.000
I. Vorräte	26.000		
II. Kassenbestand und Guthaben bei Kreditinstituten	110.000		
	220.000		220.000

Aktivkonten

S	Sachanlagen (Maschinen)	H
AB	84.000	

S	Vorräte (Waren)	H
AB	26.000	

S	Bank	H
AB	109.000	

S	Kasse	H
AB	1.000	

Passivkonten

S	Eigenkapital	H
	AB	90.000

S	Verb. gegenüber Kreditinst.	H
	AB	130.000

2.1.2 Buchen auf Bestandskonten

Geschäftsvorfälle verändern die Bestände auf den Bestandskonten. Diese Veränderungen müssen auf den Konten dokumentiert (gebucht) werden.

Für die Aufzeichnung der Geschäftsvorfälle auf den Konten gelten die folgenden Regeln, die ausnahmslos einzuhalten sind:

- jeder Geschäftsvorfall betrifft **mindestens zwei** Konten;
- auf einem Konto wird im **Soll**, auf dem zweiten Konto wird im **Haben** gebucht;
- die **Summe der Sollbuchungen** muss betragsmäßig gleich groß der **Summe der Habenbuchungen** sein.

Zu **Beginn** einer konkreten Buchführung sind alle Bestände der **Eröffnungsbilanz** auf den Konten als **Anfangsbestände** zu erfassen (zu buchen).

Weil jede Buchung auf einem Konto eine so genannte Gegenbuchung auf einem anderen Konto auf der jeweils „anderen Seite“ zur Folge hat, benötigt man für die Gegenbuchung der Anfangsbestände das **Gegenkonto „Saldenvorträge“**.

Beispiel:

Die Bilanz weist u.a. folgende Bestände aus (Auszug):

Aktiva	Bilanz zum		Passiva
	Euro		Euro
Grund und Boden	600.000	Eigenkapital	200.000
		Verbindlichkeiten gegenüber Kreditinstituten	400.000
		...	

Buchung der Anfangsbestände:

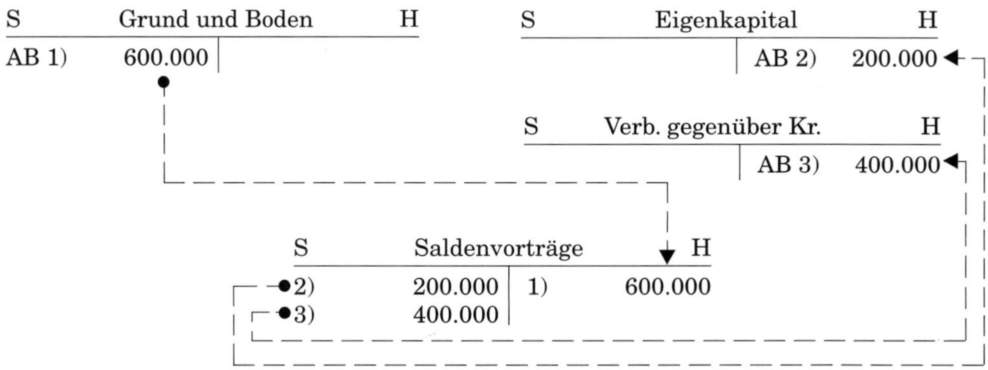

09

Lösen Sie die folgende Bilanz in Konten auf und buchen Sie die Anfangsbestände. Als Gegenkonto dient das Konto „Saldenvorträge".

Aktiva	Bilanz zum		Passiva
	Euro		Euro
Grund und Boden	200.000	Eigenkapital	161.000
Gebäude	400.000	Verbindlichkeiten gegenüber Kreditinstituten	365.000
Maschinen	100.000	Verbindlichkeiten aus Lieferungen und Leistungen	235.000
BGA	50.000		
Bank	10.000		
Kasse	1.000		
	761.000		761.000

Seite 238

Die weiteren Buchungsregeln hängen davon ab, um welche Kontenart es sich handelt.

Für **Aktivkonten**, die aus den Aktiva abgeleitet sind, gelten die folgenden Buchungsregeln:

- der **Anfangsbestand** wird im **Soll** (d. h. auf der Sollseite) erfasst;
- **Mehrungen**, also Zugänge zu dem Anfangsbestand, werden auch im **Soll** gebucht;
- **Minderungen**, also Abgänge, werden im **Haben** gebucht;
- der **Schlussbestand** (Saldo) wird im **Haben** gebucht.

S	Aktivkonto H
Anfangsbestand (AB) Zugänge (Mehrungen)	Abgänge (Minderungen) Schlussbestand (SB)

Beispiel:

Das Konto „Grund und Boden" hat einen Anfangsbestand von 600.000 Euro (drei Grundstücke). Im Laufe des Geschäftsjahres wird ein weiteres Grundstück für 200.000 Euro hinzugekauft. Einige Zeit später wird ein Grundstück verkauft. Der Wert des Abgangs beträgt 100.000 Euro.

Die Entwicklung des Kontos „Grund und Boden“ stellt sich nun wie folgt dar:

S	Grund und Boden		H
① AB	600.000	Abgang	100.000 ③
② Zugang	200.000	Schlussbestand	700.000 ④
	800.000		800.000

Für **Passivkonten**, die aus den Passiva abgeleitet sind, gelten die folgenden Buchungsregeln:

- der **Anfangsbestand** wird im **Haben** (d. h. auf der Habenseite) gebucht;
- **Mehrungen**, also Zugänge zu dem Anfangsbestand, werden auch im **Haben** gebucht;
- **Minderungen**, also Abgänge, werden im **Soll** gebucht;
- der **Schlussbestand** (Saldo) wird im **Soll** gebucht.

S	Passivkonto H
Abgänge (Minderungen)	Anfangsbestand (AB)
Schlussbestand (SB)	Zugänge (Mehrungen)

Beispiel:

Das Konto „Verbindlichkeiten gegenüber Kreditinstituten“ hat einen Anfangsbestand von 100.000 Euro. Im Laufe des Geschäftsjahres wird ein weiterer Kredit in Höhe von 20.000 Euro aufgenommen. Außerdem erfolgt eine Tilgung (Rückzahlung) in Höhe von 50.000 Euro.

Die Entwicklung des Kontos „Verbindlichkeiten gegenüber Kreditinstituten“ stellt sich nun wie folgt dar:

S	Verbindlichkeiten gegenüber Kreditinstituten		H
③ Abgang	50.000	AB	100.000 ①
④ Schlussbestand (SB)	70.000	Zugang	20.000 ②
	120.000		120.000

10

Erstellen Sie auf den Konten, die Sie bei der Übungsaufgabe 9 gebildet haben, die Buchungen zu den folgenden Geschäftsvorfällen:

1. Kauf einer Maschine für 10.000 Euro auf Ziel. Die Umsatzsteuer bleibt hier unberücksichtigt.
2. Barabhebung 1.000 Euro vom Bankkonto (Einzahlung in die Kasse).
3. Kauf eines Büroregals für 1.000 Euro gegen Barzahlung.
4. Bezahlung einer Verbindlichkeit a LuL in Höhe von 600 Euro durch Banküberweisung.
5. Aufnahme eines Bankkredits in Höhe von 5.000 Euro; Gutschrift der Kreditsumme auf dem Bankkonto.

Schließen Sie die Konten noch **nicht** ab.

Seite 239

2.1.3 Abschluss der Bestandskonten

Zum Ende jedes Abrechnungszeitraums (z. B. 31.12. ..) werden alle Konten abgeschlossen. Dies geschieht dadurch, dass die Buchungen auf den Konten zunächst betragsmäßig addiert werden. Anschließend wird die Summe der Sollseite jedes Kontos mit der Summe der Habenseite dieses Kontos saldiert (verrechnet): die kleinere Summe wird von der größeren Summe abgezogen; das Ergebnis ist dann der Saldo, der den Schlussbestand (SB) dieses Kontos bildet.

Beispiel 1: Kassenkonto mit Anfangsbestand und drei laufenden Buchungen

S	Kasse		H
AB	500,00	2)	580,00
1)	400,00	3)	110,00

Der **Schlussbestand** wird bei diesem Konto wie folgt ermittelt (siehe auch nachfolgende Abbildung):

1. Bildung der Summen (betragsmäßige Summe der Sollseite und betragsmäßige Summe der Habenseite);
2. Notierung der größeren Summe (hier: Summe der Sollseite) als Summe des Kontos auf beiden Seiten (Summe der Sollseite = Summe der Habenseite);
3. Subtraktion der Summe der Habenbuchungen (ohne Schlussbestand) von der Summe der Sollbuchungen; die Differenz ist dann der Schlussbestand;
4. Buchung (Eintragung) des Schlussbestandes auf der summenmäßig noch nicht ausgeglichenen Seite (hier die Habenseite).

	S	Kasse		H	
❶ 900,00	AB	500,00	2)	580,00	❶ 690,00
	1)	400,00	3)	110,00	
			Saldo = SB ❹	**210,00**	
	Summe ❷	900,00	Summe ❷	900,00	

❸ Summe der Sollseite minus Summe der Habenseite ohne Saldo = Saldo (SB)
900,00 Euro – 690,00 Euro = **210,00 Euro**.

Beispiel 2:

S	Verbindlichkeiten a LuL		H
2)	30.000,00	AB	30.000,00
3)	5.000,00	1)	5.000,00
		4)	25.000,00
		5)	11.000,00

Der Schlussbestand wird bei diesem Konto wie folgt ermittelt:

1. Bildung der Summen (betragsmäßige Summe der Sollseite und betragsmäßige Summe der Habenseite);
2. Notierung der größeren Summe (hier: Summe der Habenseite) als Summe des Kontos auf beiden Seiten (Summe der Sollseite = Summe der Habenseite);
3. Subtraktion der Summe der Sollbuchungen (ohne Schlussbestand) von der Summe der Habenbuchungen; die Differenz ist dann der Schlussbestand;
4. Buchung (Eintragung) des Schlussbestandes auf der summenmäßig noch nicht ausgeglichenen Seite (hier die Sollseite).

	S	Verbindlichkeiten a LuL		H	
❶ 35.000,00	2)	30.000,00	AB	30.000,00	❶ 71.000,00
	3)	5.000,00	1)	5.000,00	
	Saldo = SB ❹	**36.000,00**	4)	25.000,00	
			5)	11.000,00	
	Summe ❷	71.000,00	Summe ❷	71.000,00	

❸ Summe der Habenseite minus Summe der Sollseite ohne Saldo = Saldo (SB)
71.000,00 Euro – 35.000,00 Euro = **36.000,00 Euro**.

Die Eintragung einer Zahl auf einem Konto ist eine Buchung. Somit ist die Eintragung des Schlussbestandes (SB) ebenfalls eine Buchung, die eine Gegenbuchung auf einem anderen Konto erfordert (keine Buchung ohne Gegenbuchung!).

Die Gegenbuchung der Schlussbestände der Bestandskonten erfolgt auf dem **„Schlussbilanzkonto"**. Für die oben dargestellten Konten „Kasse" und „Verbindlichkeiten a LuL" stellt sich der Abschluss der Konten somit wie folgt dar:

S	Kasse		H
AB	500,00		580,00
	400,00		110,00
		SB	**210,00**
	900,00		900,00

S	Verb. a LuL		H
	30.000,00	AB	30.000,00
	5.000,00		5.000,00
SB	**36.000,00**		25.000,00
			11.000,00
	71.000,00		71.000,00

S	Schlussbilanzkonto (SBK)		H
⋮		⋮	
Kasse	210,00	Verb. a LuL	36.000,00

Das Schlussbilanzkonto ist ein **Abschlusskonto**. Es hat die Aufgabe, alle **Schlussbestände der Bestandskonten zusammenfassen**.

Aus dem fertiggestellten Schlussbilanzkonto wird die Bilanz entwickelt. Hierbei werden in der Regel einzelne Bestände des Schlussbilanzkontos zu Bilanzposten zusammengefasst (vgl. *Bornhofen*, S. 53). Beispielsweise werden Guthaben auf Girokonten und Kassenbestände gemeinsam in dem Bilanzposten „Kassenbestand, Guthaben bei Kreditinstituten und Schecks" ausgewiesen. Wertmäßig muss das Schlussbilanzkonto aber mit der Bilanz übereinstimmen.

11 Schließen Sie die Konten der Übungsaufgabe 10 über das Schlussbilanzkonto ab. Seite 239

2.2 Buchungssatz

Wie wir bereits feststellen konnten, betrifft jeder Geschäftsvorfall in einer doppelten Buchführung mindestens **zwei** Konten und wird daher zweimal erfasst: zuerst auf der Sollseite eines bestimmten Kontos und dann auf der Habenseite eines bestimmten zweiten Kontos. Diese zweite Buchung wird in der praktischen Buchführung auch als **„Gegenbuchung"** bezeichnet.

Die Buchung eines Geschäftsvorfalls (Soll- und Habenbuchung) kann auch in Sprachform ausgedrückt werden. Die sprachlich ausgedrückte Vorgehensweise bei den Buchungen wird als **„Buchungssatz"** bezeichnet. Dieser gibt an, auf welchem Konto im **Soll**, auf welchem Konto im **Haben** und mit welchem **Betrag** zu buchen ist.

Zuerst wird das Konto, auf dem im **Soll** und **danach** das Konto, auf dem im **Haben** gebucht wird, genannt. Beide Konten sind mit dem Wort „an“ zu verknüpfen. Zusätzlich ist der zu erfassende Betrag anzugeben (vgl. *Sorg*, S. 40).

Beispiel:

Geschäftsvorfall: Barabhebung vom Bankkonto in Höhe von 200 Euro und Einzahlung in die Kasse.

Buchungssatz: „Kasse an Bank 200,00 Euro“

Buchung:

S	Kasse	H
200,00		

S	Bank	H
		200,00

In der praktischen Buchführung mit Computerprogrammen werden Buchungen kodiert erfasst. Die Kodierung der Geschäftsvorfälle wird auch als **„Buchungsanweisung“** (Anweisung an das Computerprogramm, bestimmte Buchungen vorzunehmen) bezeichnet.

Die Darstellung der Buchungssätze und Buchungsanweisungen kann auf unterschiedliche Weise erfolgen. Eine gut nachvollziehbare Darstellungsform ist die Auflistung der Buchungssätze in Spalten- bzw. Tabellenform (siehe hierzu *Bornhofen*, S. 56 oder *Kliewer / Zschenderlein*, S. 328 und S. 737 ff.).

Beispiel:

Der oben dargestellte Geschäftsvorfall kann in Tabellenform wie folgt dargestellt werden:

Sollkonto	**Betrag (EUR)**	**Habenkonto**
Kasse	200,00	Bank

In der Praxis erfolgt die Erfassung der Buchungssätze mithilfe von Kontonummern. Jedes Konto erhält eine Nummer. Beispielsweise könnte in einem bestimmten Buchhaltungsprogramm das Konto „Kasse“ mit der Nummer „1000“ und das Konto „Bank“ mit der Nummer „1200“ belegt werden. Dann würde der obige Geschäftsvorfall wie folgt erfasst:

Sollkonto	**Betrag (EUR)**	**Habenkonto**
1.000	200,00	1.200

Da es in der praktischen „Buchführungswelt“ eine Vielzahl von Buchführungsprogrammen gibt und diese zum Teil unterschiedliche Erfassungsformen haben, gibt es auch unterschiedliche Darstellungsformen für Buchungssätze und Buchungsanweisungen.

Bei den nachfolgenden Darstellungen wird aus Gründen der guten Nachvollziehbarkeit die obige Darstellungsform verwendet.

Ein Buchungssatz, der nur **ein** Sollkonto und auch nur **ein** Habenkonto enthält, wird als **„einfacher Buchungssatz“** bezeichnet.

In einer manuellen Buchführung ist es aber auch möglich, dass durch einen Geschäftsvorfall **zwei** Konten gleichzeitig im Soll oder Haben berührt werden.

Beispiel:

Barabhebung vom Bankkonto in Höhe von 500 Euro, von denen 300 Euro in die Kasse eingezahlt und 200 Euro bar an einen Lieferanten zur Begleichung einer Verbindlichkeit bezahlt werden.

Dieser Geschäftsvorfall ist auf dem Konto „Kasse“ mit 300 Euro im Soll, auf dem Konto „Verbindlichkeiten a LuL“ mit 200 Euro im Soll und auf dem Konto „Bank“ mit 500 Euro im Haben zu buchen.

Daraus kann dann der folgende Buchungssatz gebildet werden (so genannter **„zusammengesetzter Buchungssatz“**):

Kasse	300 Euro		
Verbindlichkeiten a LuL	200 Euro		
an		Bank	500 Euro

Aus Gründen der besseren Übersichtlichkeit werden zusammengesetzte Buchungssätze nachfolgend jeweils in einfache Buchungssätze aufgespalten (einzelne Buchungszeilen):

Kasse	an	Bank	500 Euro
Verbindlichkeiten a LuL	an	Kasse	200 Euro

Sollkonto	Betrag (EUR)	Habenkonto
Kasse	500,00	Bank
Verbindl. a LuL	200,00	Kasse

12

Bilden Sie zu den Geschäftsvorfällen der Übungsaufgabe 10 (S. 49) die Buchungssätze in **Sprachform <u>und</u>** in **Tabellenform** als Buchungsanweisungen.

Seite 240

2.3 Erfolgskonten

2.3.1 Eigenkapitalveränderungen durch Erfolgsvorgänge

Nicht alle Geschäftsvorfälle führen zu Bestandsveränderungen ohne Erfolgsauswirkung. Vergleichen wir beispielsweise die folgenden zwei Geschäftsvorfälle miteinander:

1. Kauf eines Grundstücks für 100.000 Euro (ohne USt) gegen Banküberweisung vom Bankkonto, welches 110.000 Euro Guthaben ausweist;
2. Bezahlung von Miete für die Geschäftsräume in Höhe von 2.000 Euro (ohne USt) durch Banküberweisung.

Im **ersten** Fall (Grundstückskauf) **erhöht** sich die Sollseite des Kontos „Grund und Boden“, somit die Aktivseite der Bilanz, um 100.000 Euro. Gleichzeitig **vermindert** sich der Bestand des Bankkontos um 100.000 Euro, mit der Folge, dass sich die Aktivseite der Bilanz wertmäßig um 100.000 Euro **verringert**. Es liegt also ein **Aktivtausch** vor (Erhöhung einer Aktivaposition bei gleichzeitiger Verminderung einer anderen Aktivaposition).

Im **zweiten** Fall (Mietzahlung) **vermindert** sich das Bankkonto um 2.000 Euro, mit der Folge, dass sich die Aktivseite der Bilanz um 2.000 Euro **verringert**. Durch diese Banküberweisung wird aber außer dem Bankkonto keine weitere Position des Vermögens und auch keine Position der Schulden verändert.

Würde unmittelbar nach der Banküberweisung eine Bilanz erstellt, dann hätte dies zur Folge, dass das **Eigenkapital** um 2.000 Euro **niedriger** wäre (im Vergleich zu der Situation vor der Überweisung), weil das Vermögen um 2.000 Euro niedriger ist und die Schulden gleich geblieben sind. Es hat also eine **Eigenkapitalminderung** stattgefunden.

Da das Konto „Eigenkapital“ ein Passivkonto ist und die Verminderung eines Passivkontos auf dessen **Sollseite** gebucht wird, kann die Eigenkapitalminderung infolge der Mietzahlung wie folgt gebucht werden:

Sollkonto	**Betrag (EUR)**	**Habenkonto**
Eigenkapital	2.000,00	Bank

S	Bank	H
		2.000,00

S	Eigenkapital	H
2.000,00		

Es ist aber auch denkbar, dass ein Geschäftsvorfall zu einer **Erhöhung** des Eigenkapitals führt.

Dies ist beispielsweise der Fall, wenn das Unternehmen eine **Zinsgutschrift** auf dem Bankkonto erhält (z. B. in Höhe von 500 Euro). In diesem Fall erhöht sich der Bestand des Bankkontos. Es wird aber gleichzeitig keine Aktivaposition vermindert oder eine Position der Schulden erhöht.Würde unmittelbar nach der Zinsgutschrift eine Bilanz erstellt, dann hätte dies zur Folge, dass das Eigenkapital um 500 Euro höher wäre (im Vergleich zu der Situation vor der Gutschrift). Es hat dann also eine **Eigenkapitalerhöhung** stattgefunden. Die Zinsgutschrift könnte somit wie folgt gebucht werden:

Sollkonto	**Betrag (EUR)**	**Habenkonto**
Bank	500,00	Eigenkapital

S	Bank	H
500,00		

S	Eigenkapital	H
		500,00

Die oben dargestellten Vorgänge werden, weil sie das Eigenkapital unmittelbar berühren (erhöhen oder vermindern), als **„erfolgswirksame Geschäftsvorfälle“** oder **„Erfolgsvorgänge“** bezeichnet (vgl. *Sorg*, S. 67).

- **Verminderungen** des Eigenkapitals, die nicht durch Privatentnahmen verursacht werden, nennt man **Aufwendungen**.

- **Erhöhungen** des Eigenkapitals, die nicht durch Privateinlagen verursacht werden, nennt man **Erträge**.

Beispiele für betrieblich verursachte Eigenkapitalveränderungen

Eigenkapital**verminderungen** **(Aufwendungen)**	Eigenkapital**erhöhungen** **(Erträge)**
• Zinsabbuchung (Zinsaufwand) • Mietzahlung (Mietaufwand) • Telefonentgelte (Telefonkosten) • Warenverbrauch (Aufwendungen für Waren)	• Zinsgutschrift (Zinsertrag) • Mieteinnahme (Mietertrag) • Provisionsgutschrift (Provisionsertrag) • Verkaufserlös

2.3.2 Bildung von Erfolgskonten

Würden alle Aufwendungen und Erträge direkt auf dem Eigenkapitalkonto gebucht, wäre in der Folge eine Vielzahl von Buchungen auf diesem Konto zu verzeichnen; denn Bewegungen wie Telefon-, Porto-, Lohn-, Zinszahlungen etc. kommen in einer laufenden Buchführung häufig vor. Ein sehr unübersichtliches Eigenkapitalkonto wäre die Folge.

Aus Gründen der **Übersichtlichkeit**, werden aus dem Eigenkapitalkonto die **Aufwands- und Ertragskonten** abgeleitet (Unterkonten).

- **Aufwandskonten** sind Unterkonten der **Sollseite** des Eigenkapitalkontos;
- **Ertragskonten** sind Unterkonten der **Habenseite** des Eigenkapitalkontos.

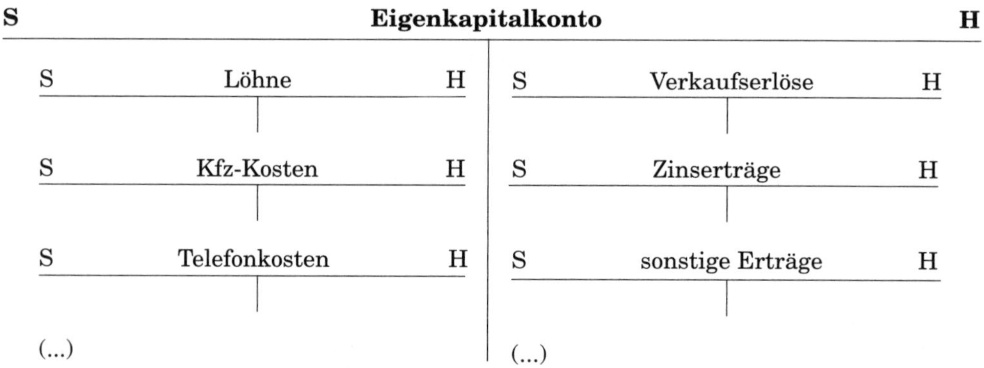

Die **Aufwands- und Ertragskonten** werden – weil sie die Teilbestandteile des Unternehmenserfolgs erfassen – als **Erfolgskonten** bezeichnet (vgl. *Schmolke/ Deitermann*, S. 41).

2.3.3 Buchen auf Erfolgskonten

Weil die Erfolgskonten aus dem Eigenkapitalkonto abgeleitet sind, gelten für sie die gleichen Buchungsregeln wie für das Eigenkapitalkonto.

Dies bedeutet, dass

- **Aufwendungen** auf den Aufwandskonten im **Soll**,
- **Erträge** auf den Ertragskonten im **Haben**

gebucht werden.

Buchung auf Erfolgskonten

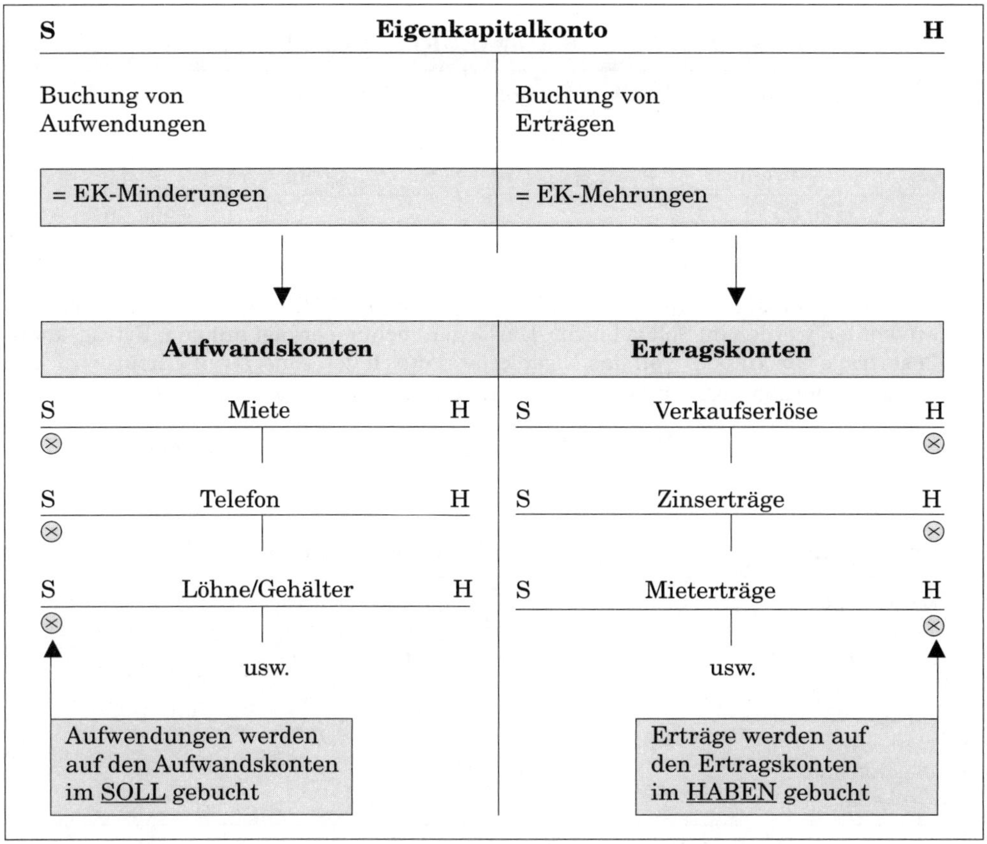

Beispiele:

1. Bezahlung von Miete in Höhe von 1.000 Euro durch Überweisung vom Girokonto (Guthabenkonto).

Sollkonto	Betrag (EUR)	Habenkonto
Miete	1.000,00	Bank

S	Miete	H
	1.000,00	

S	Bank	H
		1.000,00

Die Mietzahlung wird auf dem Aufwandskonto „Miete" im Soll gebucht, weil das Eigenkapital durch den Mietaufwand gemindert wird und Eigenkapitalminderungen auf dem Konto „Eigenkapital" im Soll gebucht werden. Die Habenbuchung erfolgt auf dem Konto „Bank", weil der Bankbestand durch die Überweisung vermindert wird (Minderungen von Aktivkonten werden im Haben gebucht).

2. Gutschrift von Zinsen in Höhe von 200 Euro auf dem Bankkonto (Guthabenkonto).

Sollkonto	Betrag (EUR)	Habenkonto
Bank	200,00	Zinserträge

S	Bank	H
200,00		

S	Zinserträge	H
		200,00

Der Zahlungseingang wird auf dem Konto „Bank“ im Soll erfasst (Erhöhungen von Aktivkonten werden im Soll gebucht). Die Gegenbuchung erfolgt auf dem Ertragskonto „Zinserträge“ im Haben, weil das Eigenkapital durch den Zinsertrag erhöht wird und Eigenkapitalerhöhungen auf dem Konto „Eigenkapital“ im Haben gebucht werden.

Häufig verwendete Aufwands- und Ertragskonten sind z. B. die folgenden Konten:

Aufwandskonten	Ertragskonten
• Löhne/Gehälter • Miete • Kfz-Kosten • Wareneinsatz • Zinsaufwendungen • Porto • Telefonkosten • Bürobedarf	• (Verkaufs-)Erlöse • Zinserträge • sonstige Erträge

13

Erstellen Sie zu den folgenden Geschäftsvorfällen die **Buchungssätze** <u>und</u> buchen Sie diese auf **T-Konten.**

1. Lohnzahlung 300 Euro in bar (aus der Kasse).
2. Gutschrift von Zinsen in Höhe von 100 Euro auf dem Bankkonto.
3. Abbuchung Kfz-Versicherung für das erste Halbjahr in Höhe von 400 Euro vom Bankkonto.
4. Abbuchung von Überziehungszinsen in Höhe von 50 Euro vom Bankkonto.
5. Kauf von Postwertzeichen für 150 Euro gegen Barzahlung.
6. Gutschrift in Höhe von 1.000 Euro auf dem Bankkonto für vermietete Räume (Mietertrag).

Seite 241

2.3.4 Abschluss der Erfolgskonten

Grundsätzlich gilt die Regel, dass ein Konto über das „Oberkonto" abzuschließen ist, von dem es abgeleitet wurde. Aufwands- und Ertragskonten sind also – weil sie vom Eigenkapitalkonto abgeleitet sind – über das Eigenkapitalkonto abzuschließen (vgl. *Bornhofen*, S. 69).

Zur besseren Übersicht und zum Zweck des differenzierten Ausweises der Gewinnkomponenten werden die Erfolgskonten aber nicht direkt über das Eigenkapitalkonto, sondern zunächst über das **„Gewinn- und Verlustkonto" (GuVK)** abgeschlossen:

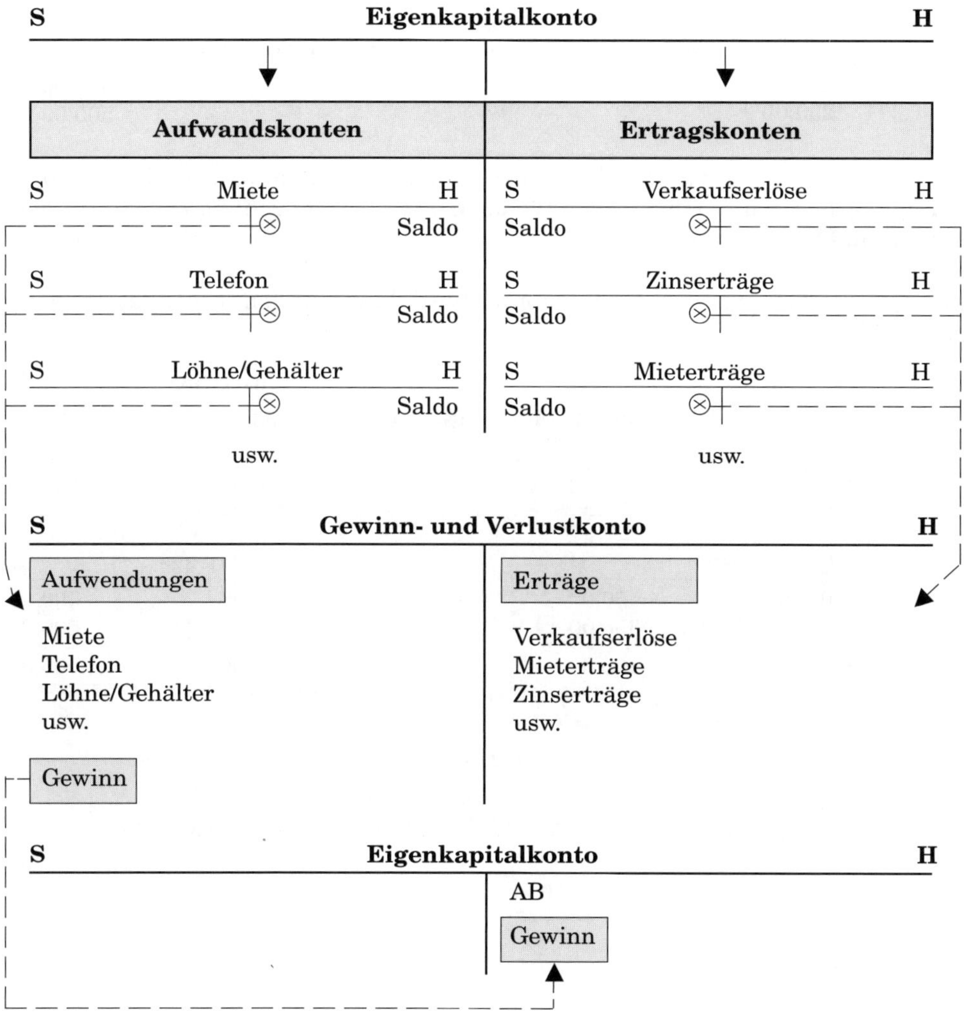

Das Gewinn- und Verlustkonto sammelt alle Salden der **Aufwandskonten** auf der **Sollseite** und die Salden der **Ertragskonten** auf der **Habenseite**. Der Saldo des Gewinn- und Verlustkontos weist den Gewinn oder Verlust der Abrechnungsperiode aus, der dann über das Eigenkapitalkonto abgeschlossen wird.

Die folgende Übersicht stellt diese Abschlussreihenfolge beispielhaft dar.

Ausgangssituation:

S	Löhne	H
200,00		
300,00		

S	Zinserträge	H
		200,00
		150,00

S	Telefonkosten	H
150,00		50,00
250,00		

S	Mieterträge	H
		500,00
		500,00

Zuerst werden die Summen der Buchungen gebildet. Danach wird auf jedem Konto der Saldo gebildet und eingetragen (gebucht). Die Gegenbuchung erfolgt auf dem Gewinn- und Verlustkonto.

Der Saldo des Gewinn- und Verlustkontos wird dann auf dem Eigenkapitalkonto gegengebucht.

S	Löhne		H
200,00	GuVK	500,00 ❶	
300,00			
500,00		500,00	

S	Zinserträge		H
❸ GuVK	350,00		200,00
			150,00
	350,00		350,00

S	Telefonkosten		H
150,00		50,00	
250,00	GuVK	350,00 ❷	
400,00		400,00	

S	Mieterträge		H
❹ GuVK	1.000,00		500,00
			500,00
	1.000,00		1.000,00

S	GuVK		H
❶ Löhne	500,00	Zinserträge	350,00 ❸
❷ Telefonkosten	350,00	Mieterträge	1.000,00 ❹
EK	500,00		
	1.350,00		1.350,00

❺

S	Eigenkapital		H
		AB	...
		GuVK (Gewinn)	500,00

Buchungssätze der Abschlussbuchungen:

Nr.	Sollkonto	Betrag	Habenkonto
1	GuVK	500,00	Löhne
2	GuVK	350,00	Telefonkosten
3	Zinserträge	350,00	GuVK
4	Mieterträge	1.000,00	GuVK
5	GuVK	500,00	EK

14

Schließen Sie die Erfolgskonten der Übungsaufgabe 13 über das Gewinn- und Verlustkonto ab und ermitteln Sie den Erfolg dieser Vorgänge.

Seite 241

Sofern sich auf dem Gewinn- und Verlustkonto ein **Negativsaldo (Verlust)** ergibt, weil die Summe der Aufwendungen größer als die Summe der Erträge ist, wird die Abschlussbuchung im **Gewinn- und Verlustkonto** im **Haben** und auf dem **Eigenkapitalkonto** im **Soll** vorgenommen.

2.3.5 Gewinnermittlung

Nach der vollständigen Erfassung der Aufwendungen und Erträge einer Abrechnungsperiode (z.B. Kalenderjahr) kann der Unternehmenserfolg ermittelt werden. In einer doppelten Buchführung wird der Gewinn/Verlust **doppelt** (auf zwei unterschiedlichen Wegen) berechnet.

Zunächst werden die Informationen des Gewinn- und Verlustkontos zu einer **Gewinn- und Verlustrechnung** verarbeitet. In ihr werden die Aufwendungen von den Erträgen der selben Abrechnungsperiode abgezogen. Das Ergebnis ist der Gewinn oder Verlust dieses Zeitraums.

Es ist aber auch möglich – sieht man zunächst von Privatentnahmen und Privateinlagen ab (diese werden später behandelt) – das Eigenkapital am Ende eines Abrechnungszeitraums mit dem Eigenkapital zu Beginn des Abrechnungszeitraums (= Ende des vorangegangenen Abrechnungszeitraums) zu vergleichen. Diese Form der Gewinnermittlung wird als **„Betriebsvermögensvergleich"** bezeichnet (vgl. *Falterbaum / Bolk / Reiß*, S. 41). Die Differenz aus den beiden EK-Beständen ist der Gewinn/Verlust der Abrechnungsperiode. Er muss mit dem in der Gewinn- und Verlustrechnung ermittelten Erfolg exakt übereinstimmen.

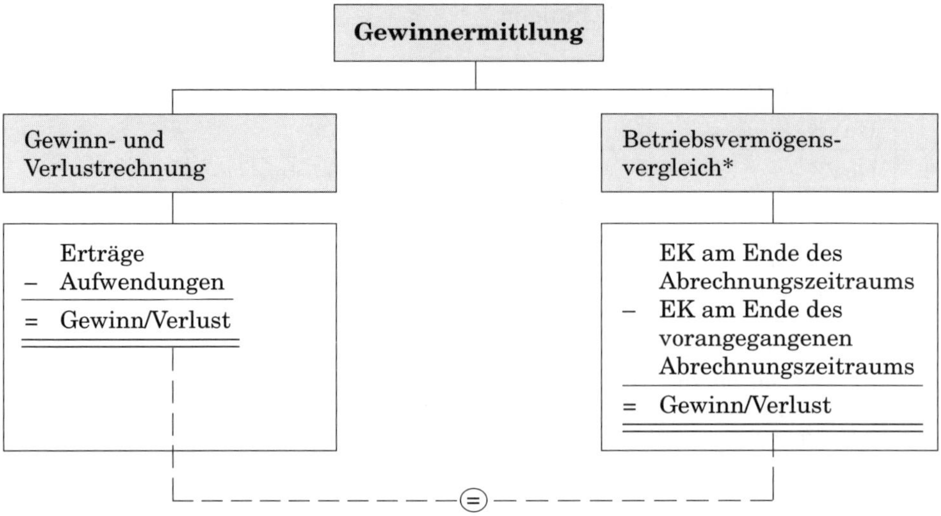

* hier noch ohne Berücksichtigung von Privatentnahmen und Privateinlagen

15

Ausgangssituation

Der Einzelunternehmer Rainer Böhm, Koblenz, hat durch Inventur folgende Bestände ermittelt:

	EUR
Pkw	70.000,00
Ladeneinrichtung	15.000,00
Bank (Girokonto)	20.000,00
Kasse	3.500,00
Eigenkapital	?
Verbindlichkeiten gegenüber Kreditinstituten	28.700,00
Verbindlichkeiten aLuL	17.800,00

Geschäftsvorfälle

[Die Umsatzsteuer bleibt hier bei allen Geschäftsvorfällen unberücksichtigt!]

a) Kauf einer Registrierkasse für 1.800 Euro auf Ziel.

b) Provisionsgutschrift auf Böhms Bankkonto in Höhe von 3.500 Euro.

c) Zinsen für ein kurzfristiges Bankdarlehen werden von Böhms Bankkonto abgebucht: 280 Euro.

d) Böhm bezahlt das Nettogehalt des Angestellten Maier in Höhe von 2.000 Euro bar.

e) Gutschrift auf dem Bankkonto in Höhe von 110 Euro für Guthabenzinsen.

f) Kauf eines Pkw für 14.000 Euro auf Ziel.

Aufgabenstellung

- Tragen Sie die durch Inventur ermittelten Anfangsbestände auf T-Konten ein.
- Buchen Sie die Geschäftsvorfälle a) - f) auf den T-Konten.

  Außer den Bestandskonten sind die folgenden Erfolgskonten zu führen:

  - Gehälter
  - Zinsaufwendungen
  - Provisionserlöse
  - Zinserträge
- Schließen Sie alle Konten ab.
- Erstellen Sie zu den Buchungen der Geschäftsvorfälle a) – f) die Buchungssätze.
- Ermitteln Sie den Erfolg (Gewinn/Verlust), der sich durch diese Geschäftsvorfälle ergibt.

Seite 242

3. Kontenrahmen und Kontenplan

3.1 Begriff und Bedeutung

In einer realen Buchführung kommen in der Regel viele Konten zur Anwendung. Je nach der Größe der Unternehmung und der Komplexität der Betriebsabläufe können es mehrere Dutzend, manchmal sogar mehrere Hundert Konten sein, die im Laufe eines Buchungsjahres angesprochen werden.

Eine **Vielzahl** von Konten bringt die **Gefahr der Unüberschaubarkeit** mit sich. Zur Ordnungsmäßigkeit einer Buchführung gehört es aber, dass die Konten **übersichtlich gegliedert** sind und dass einem sachverständigen Dritten innerhalb einer angemessenen Zeit ein Überblick über die Geschäftsvorfälle möglich ist (vgl. §§ 238 Abs. 1 HGB und 145 Abs. 1 AO).

Die Einrichtung der Konten darf also nicht planlos erfolgen. Sie muss **systematisch geordnet** und für sachkundige Dritte nachvollziehbar sein.

Diese Ordnungsfunktion erfüllen der **Kontenrahmen** und der **Kontenplan**.

- Der **Kontenrahmen** ist ein systematischer Organisations- und Gliederungsplan der Konten, der den spezifischen Bedürfnissen **einer Branche** (z. B. Großhandel oder Industrie) als **überbetrieblicher Rahmenplan** Rechnung trägt. Er bildet somit die Grundkonzeption für die Buchführung der Unternehmungen eines bestimmten **Wirtschaftszweigs** (vgl. *Bieg*, S. 209). Siehe hierzu die im **Anhang** abgedruckten Standardkontenrahmen SKR 03 und SKR 04 der Datenverarbeitungsorganisation des steuerberatenden Berufes (DATEV eG).

- Der **Kontenplan** ist der auf ein **einzelnes Unternehmen** zugeschnittene Gliederungsplan der für dieses Unternehmen **relevanten Konten** (vgl. *Bieg*, S. 210; *Bornhofen*, S. 78). Er wird aus dem zugrunde liegenden übergeordneten Kontenrahmen dadurch abgeleitet, dass nicht benötigte Konten des Kontenrahmens weggelassen und Konten, die zusätzlich benötigt werden, dort ergänzt werden, wo es die speziellen Verhältnisse der Unternehmung erforderlich machen (vgl. *Bieg,* S. 210).

3.2 Formaler Aufbau

Der Aufbau der Kontenrahmen und Kontenpläne kann nach unterschiedlichen Gliederungsprinzipien erfolgen. In der Praxis ist die Ordnung der Konten nach dem **dekadischen Prinzip** (numerische Gliederung) üblich.

Hierbei werden zunächst 10 Konten**klassen** (von 0 bis 9) gebildet. Diese werden dann in Konten**gruppen** (ebenfalls von 0 bis 9) untergliedert. Üblicherweise erfolgt dann eine Untergliederung in Konten**untergruppen**, in denen dann die einzelnen **Konten** stehen, die eine weitere Untergliederung der Kontenuntergruppen abbilden (vgl. *Bieg*, S. 210 f.; *Bornhofen*, S. 81 f.).

Beispiel für den formalen Aufbau eines Kontenrahmens:

Konten**klasse**:	4	Betriebliche Aufwendungen
Konten**gruppe**:	41	Löhne und Gehälter
Konten**untergruppen**:	411	Löhne
	412	Gehälter
	...	
spezielle **Konten**:	4125	Ehegattengehalt
	4127	Geschäftsführergehälter

Die Stellung eines einzelnen Kontos innerhalb des Gesamtsystems lässt sich mit Hilfe dieser Systematisierung exakt beschreiben. Eine **leichte Nachvollziehbarkeit** und **Auffindbarkeit** eines bestimmten Kontos ist somit im Einzelfall möglich.

In der EDV-Buchführung werden allen Konten **4-stellige Kontonummern** zugeordnet. Beispiele können den im **Anhang** abgedruckten **Kontenrahmen** entnommen werden.

3.3 Arten von Kontenrahmen und Gliederungsprinzipien

3.3.1 Überblick

Seit der Entwicklung der ersten allgemein anerkannten und in der Praxis verwendeten Kontenrahmen (**Reichskontenrahmen** von 1937 und **Gemeinschaftskontenrahmen** von 1949/50) wurden vielzählige branchenspezifische Kontenrahmen entwickelt.

Hinsichtlich des Aufbaus können die Kontenrahmen auf **zwei Grundprinzipien** zurückgeführt werden (vgl. *Bieg*, S. 212; *Bussiek/Ehrmann*, S. 49 f.). Sie entstammen entweder dem **Prozessgliederungsprinzip**, welches sich an den betrieblichen Leistungsprozessen orientiert oder dem **Abschlussgliederungsprinzip**, das die Systematisierung der Konten nach deren Anordnung im Jahresabschluss vornimmt.

3.3.2 Prozessgliederungsprinzip

Ein nach dem Prozessgliederungsprinzip aufgebauter Kontenrahmen orientiert sich an der Reihenfolge des Güter- und Geldkreislaufs innerhalb der Unternehmen (Gliederung nach dem **Leistungsprozess bzw. Betriebsablauf**).

- Die ersten Kontenklassen (0 und 1) erfassen die Vorgänge im Rahmen der **grundlegenden Leistungsvorbereitung** (Bereitstellung von **Anlagevermögen**, also von Maschinen, Betriebs- und Geschäftsausstattung etc. sowie deren Finanzierung durch **Kapital**, also durch Einlagen der Unternehmer und Kredite bei Banken, Lieferanten usw.).

- Anschließend erfolgt in der Kontenklasse 2 die Abbildung derjenigen unternehmerischen Vorgänge, die **nicht** durch den eigentlichen betrieblichen Leistungsprozess hervorgerufen werden und deshalb von diesem abgegrenzt werden sollen (**Abgrenzung** der sogenannten **„neutralen“** Aufwendungen und Erträge). Hierzu gehören beispielsweise Aufwendungen und Erträge aus der Vermietung eines Gebäudes von einem Unternehmen, dessen Unternehmenszweck die Produktion von Büchern und Zeitschriften ist (die Erträge und Aufwendungen aus der Vermietung gehören nicht zum eigentlichen Betriebszweck).

- Auf die Abgrenzungskonten folgen weitere Konten der **Leistungsvorbereitung** im **Umlaufvermögen** (Kontenklasse 3). Dies sind die Konten des Wareneinkaufs, der Warenbestände und der Roh-, Hilfs- und Betriebsstoffe (Aufwands- und Bestandskonten).

- Anschließend folgt in der Kontenklasse 4 die Abbildung der **betrieblich** verursachten **Aufwendungen** („Kostenarten"), die im Rahmen der **Leistungserstellung** anfallen (z. B. Löhne und Gehälter, Raum-, Kfz-, Werbe-, Reisekosten) und ggf. in den Kontenklassen 5 und 6 deren weitere Verrechnung (z. B. Zuordnung zu Kostenstellen, was heute jedoch unüblich ist, oder Abrechnung von Filialen).

- In weiteren Kontenklassen werden die **Ergebnisse** der betrieblichen Leistungsprozesse **(Kostenträger)** dokumentiert, und zwar in Form von unfertigen oder fertigen **Erzeugnissen**, die im Lager liegen (Kontenklasse 7) oder als **Erlöse** für bereits verkaufte Produkte (Kontenklasse 8).

- In der letzten Kontenklasse (Kontenklasse 9) befinden sich die **Abschlusskonten**.

Stark vereinfacht ist diese Kostensystematik auf der Seite 67 schematisch dargestellt.

Der Ansatz der Prozessgliederung geht auf Johann Friedrich Schär (1890 und 1914) sowie auf Eugen Schmalenbach (1927) zurück (vgl. *Bieg*, S. 209).

Die pragmatische Umsetzung erfolgte u. a. im **Reichskontenrahmen** von 1937, im **Gemeinschaftskontenrahmen** (GKR) von 1949/1950, seinen aktualisierten Versionen und den hieraus abgeleiteten Branchen- und Spezialkontenrahmen, z. B. **Kontenrahmen für den Groß- und Außenhandel** und **Standardkontenrahmen SKR 03** der Datenverarbeitungsorganisation des steuerberatenden Berufes in der Bundesrepublik Deutschland (DATEV eG), der im **Anhang** abgedruckt ist.

3.3.3 Abschlussgliederungsprinzip

Ein nach dem Abschlussgliederungsprinzip aufgebauter Kontenrahmen geht bei der Systematisierung der Konten von deren Anordnung im **Jahresabschluss** aus. Dieser wird in Teilbereiche zerlegt, denen die einzelnen Kontenklassen zugeordnet werden. Die Reihenfolge der Kontenklassen orientiert sich hierbei an der gesetzlich vorgeschriebenen Gliederung der Bilanz und der Gewinn- und Verlustrechnung (vgl. *Bieg*, S. 213; *Bornhofen* S. 80 f.).

In den ersten Kontenklassen bildet ein nach diesem Gliederungsprinzip aufgebauter Kontenrahmen die **Aktiva** der Bilanz, diffenziert in Anlage- und Umlaufvermögen, und in den nachfolgenden Kontenklassen die **Passiva** ab.

Anschließend werden die betrieblichen **Erträge** und **Aufwendungen**, wie sie in der Gewinn- und Verlustrechnung aufgeführt werden, weiteren Kontenklassen zugeordnet.

Kontensystematik des SKR 03:

0	1	2	3	4	5 / 6	7	8	9
Anlagevermögen und Kapitalausstattung sowie Sonderposten und Rückstellungen	Zahlungsverkehr, kurzfristige Forderungen und Verbindlichkeiten sowie Privatentnahmen und -einlagen	„neutrale" Aufwendungen und Erträge (Abgrenzung von den betrieblich verursachten Aufwendungen und Erträgen)	Einkäufe und Bestände von Waren und Stoffen	betrieblich verursachte Aufwendungen (Kostenarten)	frei für Kostenverrechnungen (z. B. Betriebsabrechnung) – im SKR 03 gesperrt –	Bestände an fertigen und unfertigen Erzeugnissen und Leistungen	Erlöse und andere betrieblich verursachte Erträge	Abschluss und Statistik
grundlegende Leistungsvorbereitung („**Input 1**")		Abgrenzung	Waren und Roh-, Hilfs-, Betriebsstoffe („**Input 2**")	Aufwendungen des betrieblichen Leistungsprozesses („**Input 3**")		Erträge des betrieblichen Leistungsprozesses („**Output**")		
Ablauf des betrieblichen Leistungsprozesses (Prozessgliederung)								

„Neutrale“ und **„außerordentliche“ Aufwendungen** und **Erträge**, die von den normalen (regulären) betrieblichen Geschehnissen abgegrenzt werden sollen, werden in einer separaten Kontenklasse dokumentiert.

Zum Schluss folgen **Abschlusskonten** und **Vortragskonten**, die als **Gegenkonten** für die Erfassung von Anfangsbeständen (Eröffnungsbuchungen) verwendet werden.

Das Abschlussgliederungsprinzip wurde u.a. im **Industriekontenrahmen (IKR)** umgesetzt, der 1971 erstmals veröffentlicht und 1986 neu gefasst wurde (vgl. *Bieg*, S. 221; *Schmolke/Deitermann*, S. 83 ff.).

Die Datenverarbeitungsorganisation des steuerberatenden Berufes in der Bundesrepublik Deutschland (DATEV eG) hat in Anlehnung an den IKR den **Standardkontenrahmen SKR 04** entwickelt, der im **Anhang** abgedruckt und in der Übersicht auf Seite 69 schematisch vereinfacht dargestellt ist.

In der Literatur gibt es keine einheitliche oder deutlich herrschende Meinung, die Klarheit darüber verschafft, welches Gliederungsprinzip und welcher Kontenrahmen gegenüber den anderen Alternaltiven „besser“ ist.

Statistisch gesehen kann aber festgestellt werden, dass sich bei den zur Wahl stehenden Kontenrahmen **SKR 03** (Prozessgliederungsprinzip) und **SKR 04** (Abschlussgliederungsprinzip) der DATEV eG eine **Mehrheit** der Anwender für den **SKR 03** entscheidet (vgl. *Bieg*, S. 219).

16

Übungsaufgabe zur Kontierung:

Ergänzen Sie die nachfolgende Liste um die **Kontonummern**, die den Konten in den Kontenrahmen SKR 03 und SKR 04 (siehe Kontenrahmen im Anhang) zugewiesen werden:

	SKR 03	SKR 04
Kasse		
Bank		
Maschinen		
Pkw		
Forderungen aus Lieferungen und Leistungen		
Verbindlichkeiten aus Lieferungen und Leistungen		
Unbebaute Grundstücke		
Bebaute Grundstücke		
Wareneinkauf		
Warenbestand		
laufende Kfz-Betriebskosten		
Werbekosten		

Seite 243

Kontensystematik des SKR 04:

0	1	2	3	4	5	6	7	8	9
Anlage-vermögen	**Umlauf-vermögen** und aktive Rech-nungs-abgren-zung	**Eigen-kapital** und Sonder-posten mit Rück-lage-anteil	**Fremd-kapital** (Verbind-lichkeiten), Rück-stellungen und passive Rechnungs-abgrenzung	**betrieb-liche Erträge** (Erlöse und andere betriebliche Erträge)	**Material-aufwand** (Aufwen-dungen für Waren, Roh-, Hilfs- und Be-triebsstoffe) und Auf-wendungen für Fremd-leistungen	**betrieb-liche Auf-wen-dungen** (ohne Mate-rialauf-wand)	**weitere Erträge und Auf-wendun-gen** (ins-besondere Zinserträ-ge und Zinsauf-wendun-gen und außer-ordentliche Erträge und Auf-wendungen)	frei	**Vortrags-konten** und sta-tistische Konten
Bilanzkonten (Beständerechnung)				Erfolgskonten (Ergebnisrechnung)					
Aktiva		Passiva		betriebliche Erträge	betriebliche Aufwendungen		neutrale und außerordentl. Aufw. und Erträge		

D. Umsatzsteuer

1. System der Umsatzsteuer

Die Umsatzsteuer (USt) ist eine **Verkehrsteuer**. Dies bedeutet, dass bestimmte Vorgänge des Wirtschafts**verkehrs** mit USt belastet werden.

Sofern die konkreten gesetzlichen Voraussetzungen im Einzelfall erfüllt sind, wird die entsprechende Leistung (z. B. der Verkauf einer Ware oder Dienstleistung durch einen Unternehmer) mit Umsatzsteuer belastet.

Dies geschieht dadurch, dass der Verkaufspreis **ohne** Umsatzsteuer (**Nettowert**), also der reine Waren- oder Leistungswert, mit dem Umsatzsteuersatz (z. B. 19 %) zu multiplizieren ist. Das Ergebnis hieraus ist dann die USt dieser Leistung. Der Verkaufspreis **einschließlich** USt wird dann als **Bruttowert** oder **Bruttoverkaufspreis** bezeichnet.

> Leistungswert <u>ohne</u> Umsatzsteuer („**netto**") x Steuersatz = Umsatzsteuer dieses Umsatzes
>
> Nettowert + Umsatzsteuer = Verkaufspreis <u>inklusive</u> Umsatzsteuer („**brutto**")

Der **Nettowert** der Leistung wird im Umsatzsteuergesetz als **Bemessungsgrundlage** bezeichnet (vgl. § 10 UStG). Es ist der Wert, der die **Grundlage für die Berechnung** (Bemessung) der Steuer bildet und auf den die Steuer aufzuschlagen ist.

Beispiel:

Der Unternehmer A verkauft Holzstühle. Nach seiner Kalkulation beträgt der Verkaufspreis eines bestimmten Stuhltyps 100 Euro (netto). Da der **Verkauf eines Gegenstandes** (Lieferung) durch einen **Unternehmer** im **Inland** gegen **Entgelt** der USt unterliegt (vgl. § 1 Abs. 1 Nr. 1 i. V. mit § 3 Abs. 1 UStG), muss der Unternehmer A einem Käufer 100 Euro + 19 Euro USt = 119 Euro berechnen und die USt (19 Euro) grundsätzlich an das Finanzamt abführen.

Der **allgemeine** Steuersatz der Umsatzsteuer beträgt **19 %**. Er wird auch als „**Regelsteuersatz**" bezeichnet, weil er „in der Regel" zur Anwendung kommt (vgl. § 12 Abs. 1 UStG).

Für bestimmte Waren und Dienstleistungen (z.B. Bücher, bestimmte Lebensmittel oder Bus- und Taxifahrten innerhalb des Gemeinde- bzw. Stadtgebietes) sieht das UStG aus wirtschafts- oder sozialpolitischen Gründen einen **ermäßigten** Steuersatz in Höhe von **7 %** vor (vgl. § 12 Abs. 2 UStG).

Das Besondere des Umsatzsteuersystems ist, dass auf jeder Wirtschaftsstufe, d. h. vom Urerzeuger, über den Weiterverarbeiter, den Groß- und Einzelhändler bis hin zum Endverbraucher jeweils nur die von dem jeweiligen Unternehmer durch ihn erbrachte **Wertschöpfung** (der so genannte „**Mehrwert**") besteuert werden soll.

Aus diesem Grund wird die Umsatzsteuer auch als **Mehrwertsteuer** bezeichnet.

Um dieses Ziel zu erreichen, darf ein zum Vorsteuerabzug berechtigter Unternehmer (= Normalfall), die ihm von einem anderen Unternehmer in Rechnung gestellte USt (**Vorsteuer**) grundsätzlich von seiner USt-Schuld gegenüber dem Finanzamt abziehen, also mit seiner USt-Verbindlichkeit verrechnen. Dies hat zur Folge, dass der einzelne Unternehmer nur den Steuerbetrag an das Finanzamt abführen muss, der auf den bei ihm erzeugten **Mehrwert** entfällt.

Beispiel:

Der Urerzeuger A verkauft an den Unternehmer B eine Ware für 100 Euro + 19 Euro USt. Der Unternehmer B verkauft diese Ware für 200 Euro + 38 Euro USt an den Endverbraucher C weiter.

Bei A unterliegt die Nettowertschöpfung (100 Euro) der USt, d. h. er muss 19 Euro an das Finanzamt abführen.

Bei B unterliegt ebenfalls nur die von ihm geschaffene Nettowertschöpfung der USt. Er vereinnahmt 38 Euro USt von C, die er grundsätzlich an das Finanzamt abführen muss (**USt-Traglast**). Er kann hiervon jedoch die ihm von A in Rechnung gestellt USt (19 Euro) als **Vorsteuer** abziehen, wodurch er dann 19 Euro an das Finanzamt zu zahlen hat (**USt-Zahllast**). Dieser Betrag ist die auf seine **Nettowertschöpfung** (100 Euro) entfallende Steuer (19 %).

Schematisch betrachtet ergibt sich somit das folgende Modell, welches die Überwälzung der Umsatzsteuer über die verschiedenen Wirtschaftsstufen bis zum Endverbraucher vereinfacht darstellt:

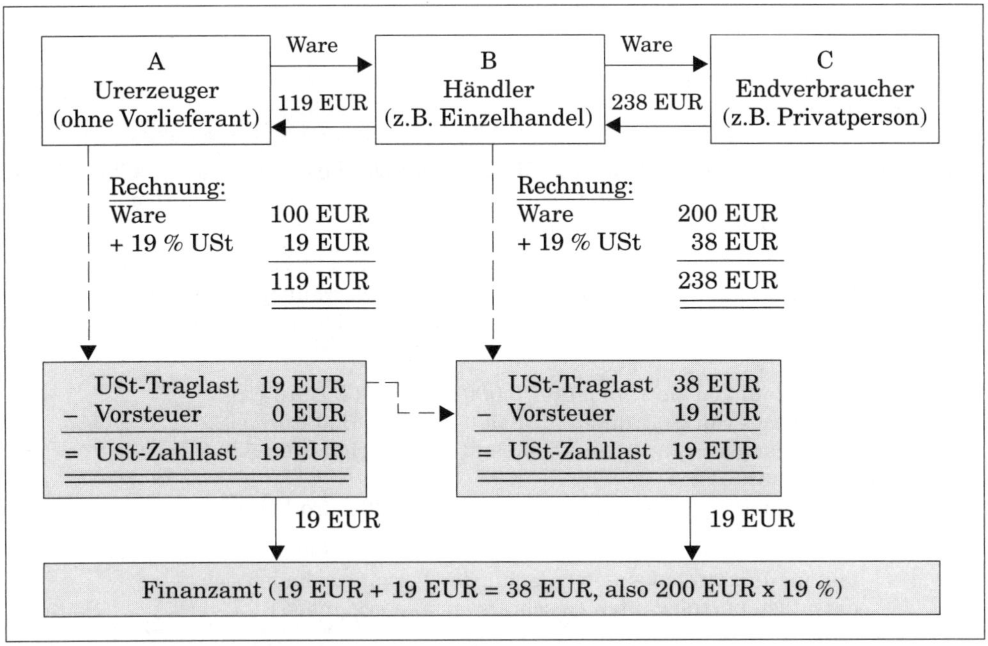

Bezieht man diese Betrachtungsweise auf einen gesamten Abrechnungszeitraum (z. B. Kalendermonat) dann ergibt sich hieraus das folgende **Abrechnungsschema**:

steuerpflichtige Umsätze (netto) x Steuersatz	**Umsatzsteuer-Traglast**
– von anderen Unternehmern für Leistungen des Unternehmens berechnete Umsatzsteuern	**– Vorsteuer***
= an das Finanzamt abzuführende Umsatzsteuer	**= Umsatzsteuer-Zahllast**

* Bestimmte, im Umsatzsteuergesetz genau aufgeführte Vorsteuern, sind jedoch vom Abzug ausgeschlossen (nicht abziehbare Vorsteuerbeträge). Auf diese speziellen Abzugsverbote wird bei den entsprechenden Themen, bei denen diese Ausschlüsse von Bedeutung sind, eingegangen.

Ein Umsatz, der grundsätzlich mit USt zu belasten ist, wird als **„steuerbarer Umsatz"** bezeichnet (vgl. § 1 UStG).

Das UStG kennt die folgenden **steuerbaren Umsätze** eines Unternehmers (vgl. *Kliewer / Zschenderlein*, S. 33):

- ❑ Lieferungen und sonstige Leistungen im Inland **gegen Entgelt**;
- ❑ Lieferungen und sonstige Leistungen **ohne Entgelt** für Zwecke außerhalb des Unternehmens (insbesondere für private Zwecke des Unternehmers); auch als **„Eigenverbrauch"** bezeichnet;

- ❑ Einfuhr aus dem „Drittlandsgebiet" (Gebiet ausserhalb der EU) in das Inland;
- ❑ Innergemeinschaftlicher Erwerb aus einem EU-Mitgliedsstaat in das Inland gegen Entgelt.

Es gibt jedoch auch steuerbare Umsätze, die nicht mit USt belastet werden, weil sie durch eine Spezialvorschrift von der Besteuerung befreit sind z. B. **steuerfreie** Umsätze gem. § 4 UStG. Auf diese Umsätze wird hier nicht eingegangen.

17

Bei dem zum Vorsteuerabzug berechtigten Getränkegroßhändler Theres, Bitburg, ereignen sich im Januar die folgenden Geschäftsvorfälle:

1. Einkauf von Getränken für 5.000 Euro + 950 Euro USt.
2. Verkauf von Getränken für 8.000 Euro + 1.520 Euro USt.
3. Eingangsrechnung für Telefonentgelte in Höhe von 500 Euro + 95 Euro USt.
4. Vermietung einer Theke für 200 Euro + 38 Euro USt.

Ermitteln Sie die **USt-Traglast**, die **Vorsteuer** und die **USt-Zahllast** für Januar (außer den aufgeführten Vorgängen haben sich keine umsatzsteuerrelevanten Geschäftsvorfälle ereignet).

Seite 244

2. Buchung der Umsatzsteuer

Die USt, die ein Unternehmer einem Abnehmer seiner Leistungen berechnet, **schuldet** er dem Staat. So lange er diese Steuer noch nicht an das Finanzamt abgeführt hat, besteht aus seiner Sicht also eine **Verbindlichkeit** gegenüber dem Finanzamt.

Lassen wir die Vorsteuer zunächst außer Betracht, dann entsteht aus **jedem** steuerpflichtigen Umsatz, den der Unternehmer ausführt, eine **Verbindlichkeit in Höhe der USt** gegenüber dem Finanzamt.

Gleichzeitig hat der Unternehmer gegenüber dem Empfänger der Leistung eine **Forderung** in Höhe des **Bruttobetrags** (Nettowert + USt).

Beispiel:

Der Unternehmer Brück vermietet dem Kunden Rieder einen Kopierer für monatlich 100 Euro (netto) + 19 Euro USt = 119 Euro.

Herr Brück hat aus diesem Vorgang monatlich zunächst eine Forderung gegenüber Herrn Rieder in Höhe von 119 Euro. Gleichzeitig hat Herr Brück monatlich eine Verbindlichkeit gegenüber dem Finanzamt in Höhe von 19 Euro (noch nicht abgeführte USt).

Wenn wir die **Bruttoforderung** in den **Nettobetrag** und die **USt** aufspalten, so hat der leistende Unternehmer aus buchhalterischer Sicht **zwei Forderungen** gegenüber dem Kunden: eine Forderung in Höhe des **Nettobetrags** und eine weitere Forderung in Höhe der **USt**. Die USt **schuldet** er dann dem Finanzamt.

Somit können aus dem vorangegangenen Beispiel die folgenden Buchungen abgeleitet werden:

Sollkonto – SKR 03 (SKR 04)	**Betrag (EUR)**	**Habenkonto** – SKR 03 (SKR 04)
Forderungen a LuL 1400 (1200) • Forderungen a LuL 1400 (1200)	100,00 19,00	Erlöse zu 19 % USt 8400 (4400) • Umsatzsteuer 19 % 1776 (3806)

Forderung in Höhe der USt gegenüber dem **Kunden**

Verbindlichkeit in Höhe der USt gegenüber dem **Finanzamt**

S	Forderungen a LuL	H
	100,00 19,00	

S	Erlöse zu 19 % USt	H
		100,00

S	Umsatzsteuer 19 %	H
		19,00

18

Bei dem umsatzsteuerpflichtigen Getränkegroßhändler Theres, Bitburg, ereignen sich die folgenden Geschäftsvorfälle:

1. Erlös aus der Vermietung einer Zapfanlage für 80 Euro + 19 % USt auf Ziel (gegen Rechnung).
2. Verkauf von Partybedarf gegen Barzahlung: 200 Euro + 19 % USt.
3. Erlös aus dem Verkauf von Getränken: 500 Euro + 95 Euro USt; Bezahlung durch Bankscheck.

Aufgabe:

Bilden Sie zu den oben aufgeführten Geschäftsvorfällen die Buchungssätze in Tabellenform und die dazugehörigen Buchungen auf den entsprechenden T-Konten.

Die Nettoerlöse sind hier aus Vereinfachungsgründen sämtlich auf dem Konto „Erlöse zu 19 % USt 8400 (4400)“ zu erfassen.

Seite 244

3. Buchung der Vorsteuer

Unternehmer im Sinne des Umsatzsteuergesetzes sind im Rahmen ihrer **unternehmerischen Tätigkeit** grundsätzlich berechtigt, die ihnen von anderen Unternehmern in Rechnung gestellten Umsatzsteuerbeträge als **Vorsteuer** von ihrer Umsatzsteuer-Traglast **abzuziehen** (siehe Seiten 72-73). [Ausnahmen von dieser Abzugsberechtigung bleiben hier aus Vereinfachungsgründen zunächst unberücksichtigt.]

Weil der Unternehmer die Vorsteuer „abziehen“ darf (vgl. § 15 Abs. 1 Satz 1 UStG), hat er einen **Anspruch** gegenüber dem Finanzamt. Wenn er ausnahmsweise keine Umsatzsteuer-Traglast, aber dennoch abziehbare Vorsteuerbeträge hat, dann hat er gegenüber dem Finanzamt einen **Erstattungsanspruch**. In diesem Fall hat der Unternehmer eine **Forderung gegenüber dem Finanzamt** in Höhe der zu erstattenden Vorsteuer.

Aber auch bei der Betrachtung des „Normalfalls“, also der **Verrechnung** der Vorsteuer mit der Umsatzsteuer-Traglast, wird klar, dass die **abziehbare Vorsteuer** eine **Forderung gegenüber dem Finanzamt** ist. Die Verrechnung mit der USt-Traglast ist in diesem Fall die Verrechnung einer Forderung (Vorsteuer) mit einer Verbindlichkeit (USt-Traglast).

Weil die von anderen Unternehmern in Rechnung gestellten Vorsteuerbeträge also gleichzeitig Forderungen gegenüber dem Finanzamt sind, werden sie auf dem **Forderungskonto „Abziehbare Vorsteuer“** erfasst.

In den DATEV-Kontenrahmen SKR 03 und SKR 04 werden u. a. die folgenden Vorsteuerkonten zur Verfügung gestellt:

- Abziehbare Vorsteuer 1570 (1400);
- Abziehbare Vorsteuer 7 % 1571 (1401);
- Abziehbare Vorsteuer 19 % 1576 (1406).

Beispiel:

Der Unternehmer Florian Kappus erhält von der Telefongesellschaft für seinen betrieblichen Telefonanschluss eine Monatsrechnung in Höhe von 150 Euro (netto) + 28,50 Euro USt = 178,50 Euro.

Herr Kappus hat aus diesem Vorgang zunächst eine Verbindlichkeit gegenüber der Telefongesellschaft in Höhe von 178,50 Euro. Gleichzeitig hat er eine Forderung gegenüber dem Finanzamt in Höhe von 28,50 Euro (abziehbare Vorsteuer).

Wenn wir den **Bruttobetrag** in den **Nettobetrag** und die **USt (Vorsteuer)** aufspalten, so hat der Unternehmer, der die Leistung erhalten hat (hier: Herr Kappus) aus buchhalterischer Sicht **zwei Verbindlichkeiten** gegenüber dem leistenden Unternehmer (eine Verbindlichkeit in Höhe des Nettobetrags und eine weitere Verbindlichkeit in Höhe der USt). Gleichzeitig hat er eine **Forderung** in Höhe der **Vorsteuer** gegenüber dem Finanzamt.

Aus dem obigen Beispiel können somit die folgenden Buchungen abgeleitet werden:

Sollkonto – SKR 03 (SKR 04)	**Betrag (EUR)**	**Habenkonto** – SKR 03 (SKR 04)
Telefon 4920 (6805)	150,00	Verbindl. a LuL 1600 (3300)
• Abziehbare Vorsteuer 19 % 1576 (1406)	28,50	• Verbindl. a LuL 1600 (3300)

Forderung in Höhe der Vorsteuer gegenüber dem **Finanzamt**

[Buchung der Vorsteuer im Soll, weil das Vorsteuerkonto ein **aktives** Bestandskonto ist und Erhöhungen von **Aktivkonten** im **Soll** erfasst werden.]

Verbindlichkeit in Höhe der Vorsteuer gegenüber dem **leistenden Unternehmer**

[Buchung im Haben, weil Erhöhungen von Passivkonten im **Haben** erfasst werden.]

S	Telefon	H
	150,00	

S	Verbindl. a LuL	H
		178,50

S	Abziehbare Vorsteuer	H
	28,50	

19

Bei dem zum Vorsteuerabzug berechtigten Unternehmer Stefan Schuth, Koblenz, ereignen sich die folgenden betrieblich veranlassten Geschäftsvorfälle:

1. Kauf von Büromaterial für 100 Euro + 19 Euro USt gegen Barzahlung.
2. Kauf eines Büroschreibtischs für 500 Euro + 95 Euro USt auf Ziel.
3. Eingang der Telefonrechnung in Höhe von 200 Euro + 38 Euro USt (noch nicht bezahlt).
4. Reparatur des betrieblichen Pkw für 600 Euro + 114 Euro USt gegen Bankscheck.
5. Bezahlung der Telefonrechnung (Tz. 3) durch Banküberweisung.

Aufgabe:

Bilden Sie zu den oben aufgeführten Geschäftsvorfällen die Buchungssätze in Tabellenform und die dazugehöhigen Buchungen auf den entsprechenden T-Konten. Ordnungsgemäße Belege liegen vor.

Seite 244

§ 15 Abs. 1 nennt insbesondere die folgenden Arten **abziehbarer** Vorsteuerbeträge:

1. die dem Leistungsempfänger von einem Unternehmer **in einer Rechnung** im Sinne **der §§ 14 oder 14a** berechnete und von diesem gesetzlich geschuldete Umsatzsteuer (Vorsteuer nach § 15 Abs. 1 **Nr. 1**),
2. die **entrichtete Einfuhrumsatzsteuer** nach § 15 Abs. 1 **Nr. 2**,
3. die **Steuer für den innergemeinschaftlichen Erwerb** nach § 15 Abs. 1 **Nr. 3**.

Vorsteuer nach § 15 Abs. 1 Nr. 1 („normale" Vorsteuer) kann der **Unternehmer** als **Leistungsempfänger** geltend machen, wenn die folgenden Voraussetzungen erfüllt sind:

1. Es liegt eine vollständig und richtig ausgestellte **Rechnung** im Sinne der §§ 14 oder 14a UStG vor,
2. von einem anderen **Unternehmer** (Leistungserbringer),
3. für Lieferungen oder sonstige Leistungen, die **für das Unternehmen des Leistungsempfängers** erbracht wurden, und
4. die in Rechnung gestellten **Leistungen** wurden bereits **ausgeführt**.

   Ausnahme: Bei einer in Rechnung gestellten **Anzahlung** kann die Vorsteuer bereits abgezogen werden, wenn
   - die **Anzahlungsrechnung vorliegt** und
   - die **Zahlung geleistet** wurde (die Leistung kann später erbracht werden).

Beim Vorsteuerabzug ist insbesondere darauf zu achten, dass eine ordnungsgemäße Rechnung vorliegt, in der **alle** gesetzlichen Bestandteile erfüllt sind. Sind die gesetzlichen Bestandteile nicht vollständig erfüllt, ist die Vorsteuer **nicht** abziehbar.

Eine ordnungsgemäße Rechnung im Sinne von § 14 Abs. 4 UStG liegt vor, wenn sie die folgenden Merkmale aufweist:

1. Vollständiger Name und vollständige Anschrift des leistenden Unternehmers und des Leistungsempfängers,
2. Steuernummer oder Umsatzsteuer-Identifikationsnummer des leistenden Unternehmers,
3. Ausstellungsdatum,
4. Rechnungsnummer, die fortlaufend und einmalig vergeben wurde,
5. Menge und Art (handelsübliche Bezeichnung) der gelieferten Gegenstände bzw. Art und Umfang der erbrachen sonstigen Leistungen,
6. Zeitpunkt der Lieferung bzw. sonstigen Leistungen oder Zeitpunkte der Anzahlungen vor der Leistungserbringung, sofern die Zahlungszeitpunkte feststehen und nicht mit dem Rechnungsdatum identisch sind,

7. Entgelt (Nettobetrag), aufgeschlüsselt nach Steuersätzen und Steuerbefreiungen,
8. jede im Voraus vereinbarte Minderung des Entgelts (z. B. Skonto, Rabatt, Bonus), sofern nicht bereits im Entgelt berücksichtigt,
9. Steuersatz bzw. Steuersätze, die anzuwenden sind, der auf das Entgelt entfallende Steuerbetrag, und im Fall einer Steuerbefreiung einen Hinweis darauf, dass für die Lieferung oder sonstige Leistung eine Steuerbefreiung gilt.

Bei **bestimmten Leistungen** (z. B. Handwerkerleistungen an bzw. in einem Gebäude) muss die Rechnung außerdem einen **Hinweis** auf die **Aufbewahrungspflicht** des Leistungsempfängers enthalten (vgl. § 14 Abs. 4 Satz 1 Nr. 9 UStG).

Das Umsatzsteuergesetz enthält jedoch auch verschiedene **Vereinfachungsregelungen zur Rechnungsausstellung**.

Die wohl wichtigste Vereinfachungsregelung betrifft die so genannten „**Kleinbetragsrechnungen**“. Hierunter sind Rechnungen mit einem Gesamtbetrag von bis zu **150 Euro** einschließlich USt (also brutto) zu verstehen.

Kleinbetragsrechnungen brauchen nur die folgenden Merkmale aufzuweisen, um als ordnungsgemäß im Sinne des UStG zu gelten (vgl. § 33 UStDV):

1. Vollständiger Name und vollständige Anschrift des leistenden Unternehmers,
2. Ausstellungsdatum,
3. Menge und handelsübliche Bezeichnung des Gegenstandes der Lieferung bzw. Art und Umfang der sonstigen Leistung,
4. Entgelt und Steuerbetrag in einer Summe (= Bruttobetrag),
5. Steuersatz.
   [Im Fall einer Steuerbefreiung anstatt der Steuer und des Steuersatzes den Hinweis, dass für die in Rechnung gestellte Leistung eine Steuerbefreiung gilt.]

Der Leistungsempfänger kann in diesem Fall die **Vorsteuer selbst berechnen**. Aus dem Bruttobetrag können der Nettobetrag und die Vorsteuer wie folgt berechnet werden:

bei einem Steuersatz von **19 %**	Bruttobetrag ÷ 1,19 = Nettobetrag Nettobetrag x 19 % = Vorsteuer
bei einem Steuersatz von **7 %**	Bruttobetrag ÷ 1,07 = Nettobetrag Nettobetrag x 7 % = Vorsteuer

Beispiel:

Der zum Vorsteuerabzug berechtigte Unternehmer Tim Herschbach, Koblenz, kauft für 98 Euro (brutto 19 % USt) Büromaterial für sein Unternehmen gegen Barzahlung. Die Kassenquittung erfüllt alle Merkmale einer ordnungsgemäßen Kleinbetragsrechnung (§ 33 UStDV).

Herr Herschbach berechnet den Nettobetrag und die Vorsteuer selbst: 98 Euro ÷ 1,19 = 82,35 Euro netto x 19 % = 15,65 Euro Vorsteuer. Er bucht diesen Beleg wie folgt:

Sollkonto – SKR 03 (SKR 04)	**Betrag (EUR)**	**Habenkonto** – SKR 03 (SKR 04)
Bürobedarf 4930 (6815)	82,35	Kasse 1000 (1600)
Abziehbare Vorsteuer 19 % 1576 (1406)	15,65	Kasse 1000 (1600)

Nicht abziehbare Vorsteuerbeträge werden auf dem Konto erfasst, auf dem der Nettobetrag erfasst wird, wenn die Vorsteuer abziehbar ist.

Beispiel:

Fall wie zuvor, jedoch jetzt mit dem Unterschied, dass der Beleg fehlerhaft ist (der Beleg enthält keine Angabe zum Steuersatz).

In diesem Fall ist die Vorsteuer nicht abziehbar und wird zusammen mit dem Nettobetrag auf dem Konto „Bürobedarf" erfasst:

Sollkonto – SKR 03 (SKR 04)	**Betrag (EUR)**	**Habenkonto** – SKR 03 (SKR 04)
Bürobedarf 4930 (6815)	98,00	Kasse 1000 (1600)

Diese Vorgehensweise erfolgt auch bei **teilweise nicht abziehbaren** Vorsteuerbeträgen. In diesen Fällen wird der abziehbare Vortsteueranteil auf dem Konto „Abziehbare Vorsteuer" und der nicht abziehbare Vorsteueranteil auf dem Konto erfasst, auf dem der Nettobetrag gebucht wird.

4. Umsatzsteuervorauszahlungen

4.1 Anmeldung der Vorauszahlungen

Besteuerungszeitraum der Umsatzsteuer ist grundsätzlich das **Kalenderjahr**. Der Unternehmer hat deshalb für jedes Kalenderjahr seiner unternehmerischen Tätigkeit eine Umsatzsteuererklärung nach amtlich vorgeschriebenem Vordruck abzugeben, in der er die Steuer oder den Überschuss, der sich zu seinen Gunsten ergibt (Vorsteuerüberhang), selbst berechnet (vgl. § 18 Abs. 3 Satz 1 UStG).

Zur Erhebung von **Vorauszahlungen** (Abschlagszahlungen auf die Steuer des Kalenderjahres) wird der Besteuerungszeitraum in kürzere Zeitabschnitte (**Voranmeldungszeiträume**) zerteilt.

Der Unternehmer hat für jeden dieser Zeiträume eine Umsatzsteuer**voranmeldung** nach amtlich vorgeschriebenem Vordruck auf elektronischem Weg nach Maßgabe der Steuerdaten-Übermittlungsverordnung zu übermitteln, in der er die Steuer selbst berechnet (vgl. § 18 Abs. 1 Satz 1 UStG).

Auf Antrag des Steuerpflichtigen kann das Finanzamt zur Vermeidung von unbilligen Härten in Ausnahmefällen (z.B. der Steuerpflichtige hat keinen Computer oder keinen Internetanschluss) auf eine elektronische Übermittlung verzichten und dem Steuerpflichtigen somit eine Anmeldung „in Papierform" erlauben (§ 18 Abs. 1 Satz 1 2. Halbsatz UStG).

Die **Abgabe- und Bezahlungsfristen** der Voranmeldungen sind abhängig von der Höhe der gesamten Zahllast bzw. des gesamten Überschusses des **vorangegangenen** Kalenderjahres:

Zahllast des vorangegangenen Kalenderjahres →	**Voranmeldungszeitraum des laufenden Kalenderjahres** →	**Abgabe- und Bezahlungsfrist**
mehr als 7.500 Euro	Kalendermonat (= monatlich)	bis zum Ablauf des **10.** Tages **des Folgemonats** (z.B. für Januar: 10.02., für Februar: 10.03. usw)
mehr als 1.000 Euro bis 7.500 Euro	Kalendervierteljahr (= vierteljährlich)	bis zum Ablauf des **10.** Tages **nach dem Ende jedes Kalendervierteljahres** (z.B. für das 1. Vierteljahr bis zum Ablauf des 10.04. usw.)
0 bis 1.000 Euro (bzw. Vorsteuer-Überschuss)	—	auf Antrag beim Finanzamt **Befreiung von der Abgabe** von Voranmeldungen und Entrichtung von Vorauszahlungen

<u>Besonderheiten:</u>

- **Verlängerung** der Abgabe- und Bezahlungsfrist um **1 Monat** auf Antrag möglich (**Dauerfristverlängerung** nach §§ 46-48 UStDV).
- **Wahl des Kalendermonats** als Voranmeldungszeitraum möglich, **wenn** für das vorangegangene Kalenderjahr ein Überschuss **(Guthaben) von mehr als 7.500 Euro** zu Gunsten des Steuerpflichtigen gegeben war (§ 18 Abs. 2a UStG).
- Hat der Unternehmer seine unternehmerische Tätigkeit **neu** aufgenommen, so ist für das **Kalenderjahr der Aufnahme** dieser Tätigkeit und das **Folgejahr** generell der **Kalendermonat** Voranmeldungszeitraum (vgl. § 18 Abs. 2 Satz 4 UStG).

Für jeden Voranmeldungszeitraum (z. B. Kalendermonat) berechnet der Unternehmer die **Umsatzsteuervorauszahlung**, indem er auf der Grundlage der Umsätze dieses Zeitraums die Umsatzsteuer-Traglast berechnet und davon die abziehbaren Vorsteuerbeträge abzieht. Der verbleibende Betrag ist als Vorauszahlung anzumelden und zu bezahlen.

Für die Bezahlung durch **Überweisung** oder **Lastschrift** gilt eine **Schonfrist** von **3 Tagen** (vgl. § 240 Abs. 3 AO), was bedeutet, dass die gesetzliche Frist für die Bezahlung der Umsatzsteuer-Vorauszahlung um diesen Zeitraum verlängert wird.

4.2 Buchung der Vorauszahlungen

Für die **Buchung** der Umsatzsteuer-Vorauszahlungen sind die folgenden zwei Alternativen denkbar:

- Erfassung auf dem Konto „ **Umsatzsteuer** 1770 (3800)“ im **Soll** *oder*
- Erfassung auf dem Konto „**Umsatzsteuervorauszahlungen** 1780 (3820)“ im **Soll**.

Das Konto „**Umsatzsteuervorauszahlungen**“ ist ein **Unterkonto des Umsatzsteuerkontos**. Die Buchung der Vorauszahlungen auf diesem Konto ist in der Praxis häufiger verbreitet als die Buchung auf dem Konto „Umsatzsteuer“, weil eine Trennung der Vorauszahlungen von den laufenden Geschäftsvorfällen die Transparenz der Buchführung erhöht und die Abschlussarbeiten erleichtert.

Beispiel:

Die Unternehmerin Sofia Bolgert, Neuwied, übermittelt ihre Umsatzsteuer-Voranmeldung mit einer berechneten Vorauszahlung in Höhe von 534 Euro fristgerecht zum Finanzamt und überweist die Zahllast zeitgleich an die Finanzkasse vom Bankkonto.

Frau Bolgert erfasst diese Vorauszahlung in ihrer Buchführung wie folgt:

Sollkonto – SKR 03 (SKR 04)	**Betrag (EUR)**	**Habenkonto** – SKR 03 (SKR 04)
USt-Vorauszahlungen 1780 (3820)	534,00	Bank 1200 (1800)

S	USt-Vorauszahlungen	H
534,00		

S	Bank	H
		534,00

5. Abschluss der Umsatzsteuerkonten

Im Rahmen der Jahresabschlussvorbereitung müssen die Umsatzsteuerkonten abgeschlossen werden. Der **Abschlusssaldo** nach der Zusammenführung dieser Konten weist die **verbleibende Umsatzsteuerschuld** bzw. das **Vorsteuerguthaben** gegenüber dem Finanzamt aus.

Eine verbleibende **Umsatzsteuerschuld** wird in der Bilanz als **sonstige Verbindlichkeit**, ein **Vorsteuerüberhang** als **sonstiger Vermögensgegenstand** (sons-tige Forderung) ausgewiesen (vgl. *Falterbaum / Bolk / Reiß*, S. 144 f.).

In der Praxis sind die folgenden zwei Vorgehensweisen vorzufinden:

- Zusammenfassung der Salden aller Umsatzsteuer-, Vorsteuer- und Vorauszahlungskonten auf dem **Umsatzsteuerkonto** („Oberkonto") oder
- Zusammenfassung der Salden aller Umsatzsteuer-, Vorsteuer- und Vorauszahlungskonten auf einem **Verrechnungskonto**.

❑ Beispiel zur ersten Alternative (Abschluss über das Umsatzsteuerkonto):

- Das Vorsteuer-, das Umsatzsteuer- und das Vorauszahlungskonto weisen folgende Bewegungen auf (hier verkürzt dargestellt):

S	Vorsteuer	H
160,00		
321,00		

S	Umsatzsteuer	H
		281,00
		580,00
		16,00

S	USt-Vorauszahlungen	H
121,00		
242,00		

- Das Vorsteuerkonto und das Vorauszahlungskonto werden über das Umsatzsteuerkonto abgeschlossen:

S	Vorsteuer		H
160,00	SB	481,00 → (VoSt)	
321,00			
481,00		481,00	

S	USt-Vorauszahlungen		H
121,00	SB	363,00 → (Vorausz.)	
242,00			
363,00		363,00	

S	Umsatzsteuer		H
VoSt	481,00		281,00
Vorausz.	363,00		580,00
			16,00

- Anschließend wird das Umsatzsteuerkonto über das Schlussbilanzkonto abgeschlossen:

S	Schlussbilanzkonto	H
	USt	33,00

S	Umsatzsteuer		H
VoSt	481,00		281,00
Vorausz.	363,00		580,00
SB	33,00		16,00
	877,00		877,00

Buchungssätze zum vorstehenden Kontenabschluss:

Sollkonto – SKR 03 (SKR 04)	**Betrag (EUR)**	**Habenkonto** – SKR 03 (SKR
Umsatzsteuer 1770 (3800)	481,00	Vorsteuer 1570 (1400)
Umsatzsteuer 1770 (3800)	363,00	USt-Vorausz. 1780 (3820)
Umsatzsteuer 1770 (3800)	33,00	SBK 9998 (9998)

Bei dem eher selten vorkommenden Fall eines **Vorsteuerüberhangs** (mehr Vorsteuer als Umsatzsteuer), werden das Umsatzsteuer- und das Vorauszahlungskonto **über das Vorsteuerkonto** abgeschlossen. Anschließend wird der Saldo des Vorsteuerkontos über das Schlussbilanzkonto abgeschlossen.

❑ **Beispiel zur zweiten Alternative (Abschluss über ein Verrechnungskonto):**

- Das Vorsteuer-, das Umsatzsteuer- und das Vorauszahlungskonto weisen folgende Bewegungen auf (hier verkürzt dargestellt):

S	Vorsteuer	H
160,00		
321,00		

S	Umsatzsteuer	H
		281,00
		580,00
		16,00

S	USt-Vorauszahlungen	H
121,00		
242,00		

- Das Umsatzsteuer-, das Vorsteuer- und das Vorauszahlungskonto werden über das Verrechnungskonto abgeschlossen:

S	Vorsteuer		H
160,00	SB	481,00	→
321,00			
481,00		481,00	

S	USt-Vorauszahlungen		H
121,00	SB	363,00	→
242,00			
363,00		363,00	

S	USt-Verrechnungskonto		H
→ VoSt	481,00	USt	877,00 ←
→ Vorausz.	363,00		

S	Umsatzsteuer		H
SB	877,00		281,00
			580,00
			16,00
	877,00		877,00

- Anschließend wird das Verrechnungskonto über das Schlussbilanzkonto abgeschlossen:

S	Schlussbilanzkonto		H
		USt	33,00 ←

S	USt-Verrechnungskonto		H
VoSt	481,00	USt	877,00
Vorausz.	363,00		
→ SB	33,00		
	877,00		877,00

Buchungssätze zum vorstehenden Kontenabschluss:

	Sollkonto – SKR 03 (SKR 04)		**Betrag (EUR)**	**Habenkonto** – SKR 03 (SKR 04)	
1	Verrechnungskonto	1792 (3630)	481,00	Vorsteuer	1570 (1400)
2	Verrechnungskonto	1792 (3630)	363,00	USt-Vorauszahlungen	1780 (3820)
3	Umsatzsteuer	1770 (3800)	877,00	Verrechnungskonto	1792 (3630)
4	Verrechnungskonto	1792 (3630)	33,00	SBK	9998 (9998)

In der **Praxis (EDV-Buchführung)** kann der **Abschluss** der Umsatzsteuerkonten **programmgesteuert** erfolgen. Die Salden der Umsatzsteuer-, Vorsteuer- und Vorauszahlungskonten werden dann vom Buchführungsprogramm zusammengefasst. Der Gesamtsaldo wird unter der Bilanzposition **„Sonstige Verbindlichkeiten“** (Restschuld) oder **„Sonstige Vermögensgegenstände“** (Guthaben) ausgewiesen.

20

Bei der zum Vorsteuerabzug berechtigten Unternehmerin Anna Gretschmann, Koblenz, haben die Konten der Buchführung folgende Anfangsbestände (vereinfachter Auszug):

Kontobezeichnung	SKR 03 (SKR 04)	EUR
Bebaute Grundstücke	0085 (0235)	100.000,00
Geschäftsbauten	0090 (0240)	200.000,00
Betriebs- und Geschäftsausstattung	0300 (0500)	75.000,00
Forderungen a LuL	1400 (1200)	5.225,00
Bank	1200 (1800)	575,00
Kasse	1000 (1600)	350,00
Verbindlichkeiten gegenüber Kreditinstituten	0640 (3160)	225.750,00
Verbindlichkeiten a LuL	1600 (3300)	6.350,00
Eigenkapital	0880 (2010)	149.050,00

Es ereignen sich die nachfolgend aufgeführten Geschäftsvorfälle. Hierbei wird unterstellt, dass ordnungsgemäße Belege vorliegen.

1. Kauf von Büromaterial für 89,25 Euro (brutto 19 % USt) gegen Barzahlung.
2. Umsatzerlöse aus dem Verkauf von Produkten gegen Bankscheck: 1.000 Euro + 190 Euro USt = 1.190 Euro.
3. Gutschrift von Guthabenzinsen in Höhe von 250 Euro auf dem Bankkonto.
4. Kauf eines gebrauchten Gabelstaplers für 5.000 Euro + 950 Euro USt auf Ziel.
5. Eingang der Telefonrechnung in Höhe von 150 Euro + 28,50 Euro USt (noch nicht bezahlt).
6. Provisionserlös aus der Vermittlung eines Großauftrags gegen Bankscheck: 10.000 Euro + 1.900 Euro USt = 11.900 Euro.
7. Bezahlung der Telefonrechnung (Tz. 5) durch Banküberweisung.
8. Umsatzsteuer-Vorauszahlung durch Banküberweisung an das Finanzamt: 525 Euro.

Aufgabe:

a) Erstellen Sie zu den Geschäftsvorfällen 1.-8. die Buchungssätze.

b) Richten Sie alle notwendigen T-Konten ein und tragen Sie die oben aufgeführten Anfangsbestände auf den Konten ein (ohne Gegenbuchungen).

c) Buchen Sie die Geschäftsvorfälle 1.-8. auf den T-Konten.

d) Schließen Sie alle Konten ab.
[Abschreibungen sollen hier noch unberücksichtigt bleiben, weil sie noch nicht behandelt wurden.]

Seite 245

E. Warenverkehr

1. Grundmodell des Warenhandels

Unternehmenszweck der **Handelsbetriebe** (Groß- und Einzelhandelsbetriebe) ist der **Handel** mit **Waren**. Aber auch **Industriebetriebe** (verarbeitende Betriebe) handeln oftmals zur Ergänzung des eigenen Verkaufsprogramms mit Waren (vgl. *Schmolke / Deitermann*, S. 123).

- **Waren** sind Produkte, die **von anderen Betrieben hergestellt** wurden. Handelsbetriebe kaufen die Waren von den Herstellern oder anderen Händlern ein und verkaufen sie weiter. Merkmal der **Ware** ist, dass sie zwischen dem Ein- und Verkauf in der Regel **keine Veränderung** erfährt (vgl. *Bieg*, S. 104).

- **Erzeugnisse** sind Produkte, die vom eigenen Betrieb **hergestellt** oder wenigstens **teilweise physisch bearbeitet** wurden (vgl. *Bieg*, S. 104). Es kann sich hierbei um Fertigerzeugnisse, halbfertige oder unfertige Erzeugnisse handeln.

Aus der Sicht der Buchhaltung hat der Handel mit Waren mindestens „zwei Seiten". Waren werden eingekauft (**Wareneinkauf**) und wieder verkauft (**Warenverkauf**). Die im Warenbereich auch zu betrachtende Lagerung von Beständen soll hier zunächst unbeachtet bleiben.

Einkäufe und Verkäufe werden in der Finanzbuchhaltung nicht mit ihren Mengen und Qualitäten, sondern mit ihren **Werten** erfasst, die sich aus deren Mengen und Preisen ergeben. Hierbei ist zu beachten, dass Wareneinkäufe mit ihren **Einkaufspreisen** (Einstandspreise) und Warenverkäufe mit den **Verkaufspreisen** (Absatzpreise) erfasst werden (vgl. *Bieg*, S. 104).

Betrachtet man **eine** Ware isoliert und verfolgt man vereinfacht ihren Weg durch den Betrieb, dann ergibt sich aus buchhalterischer Sicht das folgende Bild:

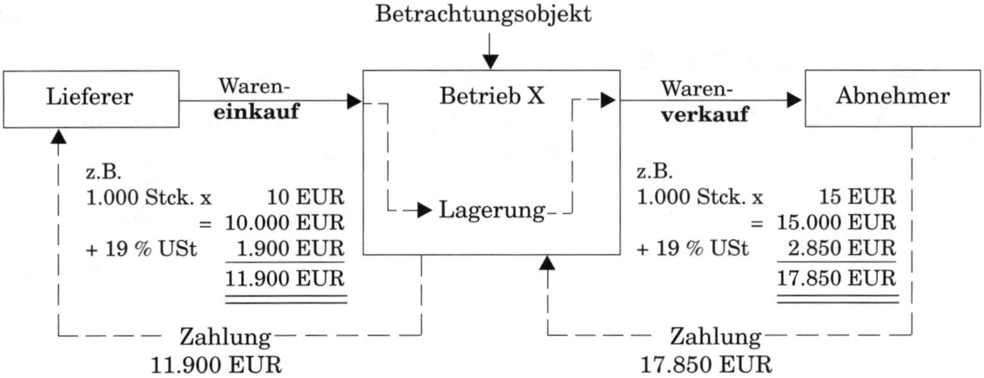

Unterstellt man, dass die eingekauften Waren in der selben Abrechnungsperiode (z. B. Kalenderjahr) auch verkauft werden, also ohne die Höhe des Lagerbestandes zu verändern, dann ist die Differenz aus den **Nettoerlösen** und den **Wareneinkäufen** der „Roherfolg" aus den Warengeschäften (vgl. *Bieg*, S. 104; *Bornhofen*, S. 98).

Bei dem auf der Seite zuvor dargestellten Beispiel beträgt der Rohgewinn 5.000 Euro.

Zwischen dem Ein- und Verkauf der Waren fallen aber in der Regel noch weitere Aufwendungen (z. B. Gehälter, Mieten, Telefonentgelte) und weitere Erträge (z. B. Mieterträge, Zinserträge) an. Deshalb muss der Rohgewinn bzw. -verlust um diese Beträge vermindert bzw. erhöht werden, um zum **Reingewinn** oder **-verlust** der Abrechnungsperiode zu gelangen (vgl. *Bornhofen*, S. 107).

	Umsatzerlöse (Warenmengen x Verkaufspreise netto)* = Erträge
–	Wareneinsatz (Warenmengen x Einkaufspreise netto)* = Aufwendungen
=	**Rohgewinn/Rohverlust**
–	alle übrigen Aufwendungen
+	alle übrigen Erträge
=	**Reingewinn/Reinverlust**

[*Warenbezugskosten („Nebenkosten" des Wareneinkaufs, z.B. Verpackungs- oder Frachtkosten) sowie erhaltene und gewährte Abzüge oder Nachlässe (z.B. Skonto, Rabatt) bleiben hier noch unberücksichtigt; sie werden später behandelt.]

In der Praxis ist es üblich, Waren**einkäufe**, Waren**bestände** und Waren**verkäufe** **getrennt** voneinander zu erfassen. Gründe hierfür sind die bessere Übersicht über die Warenvorgänge und die Trennung des Vorsteuerbereichs (Wareneinkäufe) vom Umsatzsteuerbereich (Umsatzerlöse).

2. Buchungen im Einkaufsbereich

2.1 Wareneingang

Bei der Ableitung der Bestandskonten aus der Aktivseite der Bilanz entsteht aus der Position **„Vorräte"** u.a. das Konto **„Bestand Waren"**.

Auf diesem Konto ist zunächst der Warenbestand zu Beginn des Abrechnungszeitraums (z. B. 1.1.) als Anfangsbestand im Soll vorzutragen (z. B. 10.000,00 Euro):

S	Bestand Waren 3980 (1140)	H
AB	10.000,00	

Werden nun Waren **eingekauft**, dann müssten diese auf dem Konto „**Bestand Waren** 3980 (1140)" als **Zugang im Soll** erfasst werden (Bestandserhöhung).

Wenn diese Waren danach **verkauft** werden, der Bestand also wieder vermindert wird, müsste der Abgang auf dem Konto „**Bestand Waren** 3980 (1140)" **im Haben** erfasst werden (Bestandsverminderung).

Der **Warenabgang** ist der „Einsatz" des Betriebes, um die Umsatzerlöse zu erzielen. Es handelt sich also um **Wareneinsatz**, der für den Betrieb **Aufwand** darstellt.

Aus Vereinfachungsgründen kann in der laufenden Buchführung unterstellt werden, dass alle Wareneinkäufe innerhalb des selben Abrechnungszeitraums wieder verkauft werden, also keine Lagerbestandsveränderung stattfindet. Dann kann die Erfassung der Zu- und Abgänge auf dem Bestandskonto „**Bestand Waren** 3980 (1140)" **unterbleiben**.

Stattdessen werden die Nettowerte der **Wareneinkäufe** direkt auf dem **Aufwandskonto**

Wareneingang 3200 (5200)

oder den spezielleren Unterkonten dieses Warenkontos im **Soll** zu Einkaufspreisen erfasst (vgl. *Bornhofen*, S. 97; *Goldstein*, S. 40).

Beispiel:

Die zum Vorsteuerabzug berechtigte Unternehmerin Nicole Schmidt, Bonn, kauft für ihr Unternehmen für 5.000 Euro + 950 Euro USt Waren auf Ziel ein.

Sie bucht die Eingangsrechnung wie folgt:

Sollkonto – SKR 03 (SKR 04)	**Betrag (EUR)**	**Habenkonto** – SKR 03 (SKR 04)
Wareneingang 3200 (5200)	5.000,00	Verbindl. a LuL 1600 (3300)
Vorsteuer 19 % 1576 (1406)	950,00	Verbindl. a LuL 1600 (3300)

S	Wareneingang	H
5.000,00		

S	Verbindlichkeiten a LuL	H
		5.950,00

S	Vorsteuer 19 %	H
950,00		

Bei dieser Vorgehensweise wird also unterstellt, dass der Wareneingang in der selben Abrechnungsperiode komplett verkauft wird. Der **Wareneingang** ist dann zugleich der **Wareneinsatz** (Aufwand).

Das Konto „**Wareneingang** 3200 (5200)“ wird – weil es ein **Aufwandskonto** ist – über das **Gewinn- und Verlustkonto** abgeschlossen.

Bestandsveränderungen werden bei diesem Buchungsverfahren erst im Rahmen der **Inventur** festgestellt. Die Werte der Buchhaltung werden dann den Inventurwerten angepasst (siehe Seite 106).

2.2 Bezugsnebenkosten

Bei der Beschaffung der Waren fallen oftmals „Nebenkosten“, wie Verpackungs-, Versand-, Versicherungs- oder Frachtkosten an. Weil sie im Rahmen der **Anschaffung** anfallen, werden sie als „**Anschaffungsnebenkosten**“ bezeichnet (vgl. *Bornhofen*, S. 171).

Anschaffungsnebenkosten gehören zwingend zu den **Anschaffungskosten**, wenn sie dem Vermögensgegenstand **einzeln** zugeordnet werden können (vgl. § 255 Abs. 1 HGB).

Bezogen auf den Wareneinkauf bedeutet dies, dass alle Aufwendungen, die im Rahmen der Beschaffung der Waren anfallen und den Waren einzeln zurechenbar sind, zu den Anschaffungskosten der Waren gehören.

Beispiel:

Die Büromaschinengroßhändlerin Marina Stiel, Mayen, kauft 100 Rechenmaschinen für 100 Euro (netto) pro Stück vom Hersteller auf Ziel. Die Rechenmaschinen sind zum Weiterverkauf bestimmt. Von der Spedition, welche die Rechenmaschinen zu Frau Stiel transportiert hat, erhält sie eine Frachtrechnung in Höhe von 100 Euro + 19 Euro USt.

Die Frachtkosten sind den Rechenmaschinen einzeln zurechenbar (1 Euro pro Rechenmaschine). Somit beträgt der **Warenwert** (Anschaffungskosten) für 1 Rechenmaschine:

	Kaufpreis (netto)	100 Euro
+	Anschaffungsnebenkosten (netto)	1 Euro
=	Anschaffungskosten (netto)	101 Euro

Anschaffungsnebenkosten, die im Rahmen des Wareneinkaufs anfallen, können

- entweder – wie die Ware selbst – auf dem Konto

Wareneingang 3200 (5200)

- oder auf dem Unterkonto

Bezugsnebenkosten 3800 (5800)

im **Soll** gebucht werden.

Bei der **getrennten** Erfassung der Bezugsnebenkosten wird der Wareneinkauf des geschilderten Beispiels (Einkauf von 100 Rechenmaschinen) wie folgt gebucht:

Sollkonto – SKR 03 (SKR 04)	**Betrag (EUR)**	**Habenkonto** – SKR 03 (SKR 04)
Wareneingang 3200 (5200)	10.000,00	Verbindl. a LuL 1600 (3300)
Vorsteuer 19 % 1576 (1406)	1.900,00	Verbindl. a LuL 1600 (3300)
Bezugsnebenkosten 3800 (5800)	100,00	Verbindl. a LuL 1600 (3300)
Vorsteuer 19 % 1576 (1406)	19,00	Verbindl. a LuL 1600 (3300)

S	Wareneingang	H
10.000,00		

S	Verbindlichkeiten a LuL	H
		11.900,00
		119,00

S	Bezugsnebenkosten	H
100,00		

S	Vorsteuer 19 %	H
1.900,00		
19,00		

Die **getrennte** Erfassung der Bezugsnebenkosten hat den **Vorteil**, dass diese Aufwendungen je Abrechnungszeitraum **gesondert** von den Wareneinkäufen **ausgewiesen** und somit für Kalkulationszwecke oder Zwecke der Aufwandsanalyse verwendet werden können. Hierfür könnte auch eine weitere Unterteilung in einzelne Aufwandsarten (mithilfe von Unterkonten) sinnvoll sein.

Sofern ein getrennter Ausweis nicht notwendig ist – z. B. weil die Daten nicht benötigt oder anderweitig erhoben werden – ist die Erfassung der Bezugsnebenkosten auf dem Konto „Wareneinkauf" sinnvoller, weil das Konto „Bezugsnebenkosten" und auch seine Unterkonten im Rahmen des Jahresabschlusses über das Konto „Wareneinkauf" abgeschlossen werden. Die direkte Erfassung auf dem Konto „Wareneinkauf" reduziert somit den Umbuchungsaufwand bei der Erstellung des Jahresabschlusses.

2.3 Rücksendungen

Fehlerhafte oder mangelhafte Waren werden reklamiert und gegebenenfalls an den Verkäufer zurückgeschickt (Rücksendung).

Durch eine Rücksendung vermindert sich die Verbindlichkeit gegenüber dem Lieferanten. Gleichzeitig werden die ursprünglichen Daten, die auf den Konten „Wareneingang“ und „Vorsteuer“ erfasst wurden, rückwirkend verändert. Entsprechende Korrekturbuchungen sind also notwendig.

Beispiel:

Die ursprüngliche Eingangsrechnung lautete: „100 Wareneinheiten à 100,00 Euro = 10.000,00 Euro + 1.900,00 Euro USt (19 %) = 11.900,00 Euro“. Sie wurde bereits wie folgt gebucht:

Sollkonto – SKR 03 (SKR 04)	**Betrag (EUR)**	**Habenkonto** – SKR 03 (SKR 04)
Wareneingang 3200 (5200)	10.000,00	Verbindl. a LuL 1600 (3300)
Vorsteuer 19 % 1576 (1406)	1.900,00	Verbindl. a LuL 1600 (3300)

Kurze Zeit später wird 10 % der Ware wegen erheblicher Mängel zurückgeschickt. Der Verkäufer erteilt eine **Gutschrift** in Höhe von 1.000,00 Euro + 190,00 Euro USt = 1.190,00 Euro.

Der ursprüngliche Rechnungsbetrag wird somit **nachträglich** um 190,00 Euro vermindert; davon 1.000,00 Euro **Reduzierung des Warenwertes** und 190,00 Euro **Reduzierung der Vorsteuer**.

Die erhaltene **Gutschrift** wird auf dem Konto „Verbindlichkeiten a LuL“ mit 1.190,00 Euro im **Soll** und auf den Konten „Wareneingang“ mit 1.000,00 Euro und „Vorsteuer“ mit 190,00 Euro jeweils im **Haben** gebucht:

Sollkonto – SKR 03 (SKR 04)	**Betrag (EUR)**	**Habenkonto** – SKR 03 (SKR 04)
Verbindl. a LuL 1600 (3300)	1.000,00	Wareneingang 3200 (5200)
Verbindl. a LuL 1600 (3300)	190,00	Vorsteuer 19 % 1576 (1406)

2.4 Preisnachlässe und Preisabzüge

Lieferanten gewähren ihren Kunden regelmäßig Preisnachlässe (z. B. Rabatt) oder Preisabzüge (z. B. Skonto) auf ihre Listenpreise.

- **Rabatte** werden normalerweise direkt bei der Vereinbarung des Kaufpreises oder bei der Rechnungsstellung berücksichtigt. Sie werden aus den unterschiedlichsten Motiven gewährt, beispielsweise bei der Abnahme von größeren Mengen als **Mengenrabatt** oder bei dauernder Geschäftsbeziehung als **Treuerabatt**. Der Listenpreis wird dann entweder um einen bestimmten Prozentsatz (z. B. „5 % vom

Nettolistenpreis“) oder um einen festen Betrag (z. B. „abzüglich 100 Euro Rabatt“) vermindert.

Sofern der Rabatt als sog. „**Sofort-Rabatt**“ gewährt wird, vermindert der Verkäufer bereits den Listenpreis um den Rabattbetrag. Die Umsatzsteuer wird dann auf den verminderten Nettorechnungsbetrag bemessen.

Beispiel:

	Lieferung von 100 Rechenmaschinen zu 100 Euro/Stück	10.000,00 Euro
–	5 % Mengenrabatt	500,00 Euro
=	Nettorechnungsbetrag	9.500,00 Euro
+	19 % USt auf 9.500,00 Euro	1.805,00 Euro
=	Rechnungsendbetrag	11.305,00 Euro

In diesem Fall wird der gewährte Rabatt normalerweise **nicht** gesondert berücksichtigt. Der Wareneinkauf wird direkt mit 9.500,00 Euro auf dem Konto „Wareneingang“ im Soll und die Vorsteuer mit 1.805,00 Euro auf dem Konto „Vorsteuer“ im Soll erfasst.

Wenn der Rabatt hingegen erst **nachträglich** gewährt wird, führt dies zu einer Reduzierung der ursprünglichen Daten.

Beispiel:

Die ursprüngliche Rechnung lautete: „100 Rechenmaschinen à 100,00 Euro = 10.000,00 Euro + 1.900,00 Euro USt (19 %) = 11.900,00 Euro“. Sie wurde bereits wie folgt gebucht:

Sollkonto – SKR 03 (SKR 04)	**Betrag (EUR)**	**Habenkonto** – SKR 03 (SKR 04)
Wareneingang 3200 (5200)	10.000,00	Verbindl. a LuL 1600 (3300)
Vorsteuer 19 % 1576 (1406)	1.900,00	Verbindl. a LuL 1600 (3300)

Kurze Zeit später gewährt der Verkäufer einen Rabatt in Höhe von 500,00 Euro + 95,00 Euro USt = 595,00 Euro als **Gutschrift**.

Der ursprüngliche Rechnungsbetrag wird somit **nachträglich** um 595,00 Euro vermindert; davon entfallen 500,00 Euro auf die **Reduzierung des Warenwertes** und 95,00 Euro auf die **Reduzierung der Vorsteuer**.

Der **nachträgliche Preisnachlass** wird dann auf dem Konto „Verbindlichkeiten a LuL“ mit 595,00 Euro im **Soll** und auf den Konten „Wareneingang“ mit 500,00 Euro und „Vorsteuer“ mit 95,00 Euro im **Haben** gebucht:

Sollkonto – SKR 03 (SKR 04)	**Betrag (EUR)**	**Habenkonto** – SKR 03 (SKR 04)
Verbindl. a LuL 1600 (3300)	500,00	Wareneingang 3200 (5200)
Verbindl. a LuL 1600 (3300)	95,00	Vorsteuer 19 % 1576 (1406)

Aus betriebswirtschaftlichen Gründen kann es sinnvoll sein, erhaltene Rabatte **getrennt** zu erfassen (**gesonderter Ausweis** innerhalb der Buchführung).

Sie werden dann auf dem Konto „**Erhaltene Rabatte** 3770 (5770)“ im Haben erfasst.

Das zuvor dargestellte Beispiel wird dann wie folgt gebucht:

Sollkonto – SKR 03 (SKR 04)	**Betrag (EUR)**	**Habenkonto** – SKR 03 (SKR 04)
Verbindl. a LuL 1600 (3300)	500,00	Erhaltene Rabatte 3770 (5770)
Verbindl. a LuL 1600 (3300)	95,00	Vorsteuer 19 % 1576 (1406)

Das Konto „**Erhaltene Rabatt**e 3770 (5770)“ ist ein **Unterkonto des Wareneingangskontos**. Es wird also über das Konto „**Wareneingang** 3200 (5200)“ abgeschlossen.

- Ein **Bonus** ist ein gewährter **Nachlass**, der nachträglich – z.B. als „Umsatzbonus“ – erteilt wird. Es handelt sich also um einen **nachträglich gewährten Rabatt**, der wie bei dem zuvor dargestellten Beispiel zu buchen ist.

  Sofern eine getrennte Erfassung der erhaltenen Boni sinnvoll erscheint, könnten diese mit dem Nettobetrag auf dem Konto „**Erhaltene Boni** 3740 (5740)“ im **Haben** erfasst werden (Unterkonto des Wareneingangskontos). Die Vorsteuerkorrektur erfolgt auf dem **Vorsteuerkonto** im **Haben** (siehe das Beispiel oben).

- Beim **Skonto** handelt es sich um einen **Abzug** vom Rechnungsbetrag, den der Kunde für die **vorzeitige Bezahlung** innerhalb eines bestimmten Zeitraums in Anspruch nehmen darf. Lieferanten räumen ihren Kunden diese Abzugsmöglichkeit ein, um sie zu einer schnellen Zahlung zu bewegen. Eine übliche Vereinbarung lautet beispielsweise: „Zahlbar innerhalb von 30 Tagen ohne Abzüge oder innerhalb von 10 Tagen unter Abzug von 2 % Skonto.“

  Der Kunde erhält die Ware – wenn er den Skontoabzug in Anspruch nimmt – also günstiger.

  Damit der Unternehmer die Summe der in einem Abrechnungszeitraum erhaltenen Skontobeträge als Information erhält, werden Skonti üblicherweise **getrennt** erfasst. Die bei der Bezahlung des Wareneinkaufs erhaltenen Skonti werden dann auf dem Konto „**Erhaltene Skonti** 3730 (5730)“ im **Haben** erfasst (Unterkonto des Wareneingangskontos). Die Vorsteuerkorrektur erfolgt auf dem **Vorsteuerkonto** im **Haben**.

Beispiel:

Der Unternehmer Florian Kurz kauft Waren für sein Unternehmen und erhält hierfür eine Rechnung in Höhe von 1.000 Euro + 190 Euro USt = 1.190 Euro.

Die Rechnung wird wie folgt in der Buchführung erfasst:

Sollkonto – SKR 03 (SKR 04)	**Betrag (EUR)**	**Habenkonto** – SKR 03 (SKR 04)
Wareneingang 3200 (5200)	1.000,00	Verbindl. a LuL 1600 (3300)
Vorsteuer 19 % 1576 (1406)	190,00	Verbindl. a LuL 1600 (3300)

Kurze Zeit später bezahlt Herr Kurz die Rechnung durch Banküberweisung unter **Abzug von 2 % Skonto**.

Der ursprüngliche Rechnungsbetrag wird somit **nachträglich** um 23,80 Euro vermindert; davon entfallen 20,00 Euro auf die **Reduzierung des Warenwertes** und 3,80 Euro auf die **Reduzierung der Vorsteuer**.

Zunächst wird die Zahlung gebucht (1.190 Euro minus 23,80 Euro Skonto = 1.166,20 Euro):

Sollkonto – SKR 03 (SKR 04)	**Betrag (EUR)**	**Habenkonto** – SKR 03 (SKR 04)
Verbindl. a LuL 1600 (3300)	1.166,20	Bank 1200 (1800)

Der **Skontoabzug** wird dann auf dem Konto „Verbindlichkeiten a LuL" mit 23,80 Euro im **Soll** und auf den Konten „Erhaltene Skonti" mit 20,00 Euro und „Vorsteuer" mit 3,80 Euro im **Haben** gebucht:

Sollkonto – SKR 03 (SKR 04)	**Betrag (EUR)**	**Habenkonto** – SKR 03 (SKR 04)
Verbindl. a LuL 1600 (3300)	20,00	Erhaltene Skonti 3730 (5730)
Verbindl. a LuL 1600 (3300)	3,80	Vorsteuer 19 % 1576 (1406)

S	Wareneingang		H
1)	1.000,00		

S	Erhaltene Skonti		H
		3)	20,00

S	Vorsteuer		H
1)	190,00	3)	3,80

S	Verbindlichkeiten a LuL		H
2)	1.166,20	1)	1.190,00
3)	23,80		

S	Bank		H
		2)	1.166,20

Das Konto „**Erhaltene Skonti** 3730 (5730)" ist ein **Unterkonto des Wareneingangskontos**. Es wird also über das Konto „**Wareneingang** 3200 (5200)" abgeschlossen.

S	Wareneingang		H
	1.000,00	Erhaltene Skonti	20,00

S	Erhaltene Skonti		H
Wareneingang	20,00		20,00
	20,00		20,00

Preisnachlässe und Preisabzüge vermindern die Anschaffungskosten der Waren (vgl. § 255 Abs. 1 Satz 3 HGB). Sie werden als **„Anschaffungspreisminderungen“** bezeichnet.

Unter Berücksichtigung der Preisnachlässe und Preisabzüge sind die **Anschaffungskosten** einer Ware also wie folgt zu ermitteln:

	Kaufpreis (netto)
+	Anschaffungsnebenkosten (netto)
–	Anschaffungspreisminderungen (netto)
=	Anschaffungskosten (netto)

21

Daniel Nolte ist Inhaber eines Großhandelsunternehmens für Kfz-Zubehör in Bonn.

Sie erhalten die Aufgabe, die nachfolgend aufgeführten Geschäftsvorfälle in Herrn Noltes Buchhaltung zu erfassen. Es wird unterstellt, dass alle belegmäßigen Nachweise ordnungsgemäß erbracht sind. **Bilden Sie die Buchungssätze für die Erfassung der Geschäftsvorfälle.**

1. Einkauf von 30 Sportsitzen für 200 Euro/Stück + 19 % USt auf Ziel.
2. Rechnung der Spedition für den Transport der Sportsitze vom Hersteller zu Herrn Nolte: 200 Euro + 38 Euro USt. Die Rechnung ist noch nicht bezahlt.
3. Zwei der eingekauften Sportsitze (Tz. 1) sind defekt und werden zurückgeschickt. Der Hersteller erteilt eine Gutschrift in Höhe von 400 Euro + 76 Euro USt.
4. Einkauf von 30 Autoradios für 100 Euro/Stück (Listenpreis) + 19 % USt auf Ziel. Von diesem Preis erhält Herr Nolte einen Mengenrabatt (Sofort-Rabatt) in Höhe von 5 % (auf der Rechnung ausgewiesen). Der Rabatt soll getrennt erfasst werden.
5. Einkauf von 20 Lenkrädern für 150 Euro/Stück + 19 % USt auf Ziel.
6. Bezahlung der Rechnung für die Lenkräder (Tz. 5) unter Abzug von 2 % Skonto durch Banküberweisung.

Seite 247

3. Buchungen im Verkaufsbereich

3.1 Umsatzerlöse

Durch den Verkauf von Waren, selbst erstellten Produkten und Dienstleistungen erzielt der Unternehmer **Umsatzerlöse** als **Gegenleistungen** für seine Leistungen.

Die Erfassung dieser Gegenleistungen erfolgt mit deren **Nettoverkaufspreisen** auf dem Ertragskonto

Erlöse 8200 (4200)

oder einem spezielleren Unterkonto im **Haben**.

Die Erfassung der hierbei anfallenden Umsatzsteuer erfolgt auf dem Konto

Umsatzsteuer 1770 (3800)

oder einem spezielleren Unterkonto im **Haben**.

Beispiel:

Der Unternehmer Christian Schneider, der in Koblenz ein Großhandelsunternehmen für Computerzubehör betreibt, verkauft an einen Kunden 40 DVD-Laufwerke für insgesamt 1.000 Euro + 190 Euro USt gegen Bankscheck.

Der Warenverkauf wird in der Buchführung wie folgt erfasst:

Sollkonto – SKR 03 (SKR 04)	**Betrag (EUR)**	**Habenkonto** – SKR 03 (SKR 04)
Bank 1200 (1800)	1.000,00	Erlöse 19 % USt 8400 (4400)
Bank 1200 (1800)	190,00	Umsatzsteuer 19 % 1776 (3806)

S	Bank	H
1.190,00		

S	Erlöse 19 % USt	H
		1.000,00

S	Umsatzsteuer 19 %	H
		190,00

Fallvariante:

Herr Schneider verkauft die DVD-Laufwerke (Fall zuvor) auf Ziel.

Die **Ausgangsrechnung** wird dann in der Buchführung folgendermaßen erfasst:

Sollkonto – SKR 03 (SKR 04)	**Betrag (EUR)**	**Habenkonto** – SKR 03 (SKR 04)
Forderungen a LuL 1400 (1200)	1.000,00	Erlöse 19 % USt 8400 (4400)
Forderungen a LuL 1400 (1200)	190,00	Umsatzsteuer 19 % 1776 (3806)

S	Forderungen a LuL	H
1.190,00		

S	Erlöse 19 % USt	H
		1.000,00

S	Umsatzsteuer 19 %	H
		190,00

Das Konto „**Erlöse** 8200 (4200)" und dessen Unterkonten (z. B. „**Erlöse** 19 % USt 8400 (4400)") sind **Ertragskonten**. Sie werden somit über das **Gewinn- und Verlustkonto** abgeschlossen:

S	GuVK	H
		Erlöse

←——•

S	Erlöse	H
Saldo		div. Erlöse

In **EDV-Buchführungen** gibt es kein Gewinn- und Verlustkonto. Die Salden der Erlöskonten werden dort programmgesteuert zusammengefasst und in der Gewinn- und Verlustrechnung unter der Position „Umsatzerlöse" ausgewiesen (siehe hierzu die jeweils erste Spalte der im Anhang abgedruckten Kontenrahmen, die diese Programmsteuerung aufzeigt).

Ergänzend muss erwähnt werden, dass Erlöse grundsätzlich **nach Steuersätzen getrennt** aufgezeichnet werden müssen (vgl. § 22 Abs. 2 Nr. 1 UStG). Dies bedeutet, dass die Umsätze zu 7 % USt getrennt von den Umsätzen zu 19 % erfasst werden müssen (auf speziellen Konten).

Weiterhin sind **steuerfreie Umsätze getrennt** von den steuerpflichtigen Umsätzen aufzuzeichnen (vgl. § 22 Abs. 2 Nr. 1 UStG). Sie müssen also auch auf speziellen Konten erfasst werden.

Die DATEV-Kontenrahmen SKR 03 und SKR 04 stellen die erforderlichen speziellen Konten zur Verfügung (siehe Anhang des Buches).

3.2 Warenvertriebskosten

Beim Verkauf der Waren fallen oftmals „Nebenkosten", wie Verpackungs-, Versand-, Versicherungs- oder Frachtkosten an. Weil sie im Rahmen des **Vertriebs** anfallen, werden sie als „**Warenvertriebskosten**" bezeichnet (vgl. *Bornhofen*, S. 183).

Vertriebskosten gehören zu den **sofort abzugsfähigen** Aufwendungen (Betriebsausgaben). Sie werden deshalb zum Zeitpunkt ihrer Entstehung mit dem **Nettobetrag** auf dem entsprechenden Vertriebskostenkonto im **Soll** erfasst.

Die Vertriebskostenkonten befinden sich im Kontenrahmen SKR 03 in der Kontenklasse 4 und im Kontenrahmen SKR 04 in der Kontenklasse 6.

Übersicht Vertriebskostenkonten:

Oberkonto	**SKR 03**	**SKR 04**
• Kosten der Warenabgabe	4700	(6700)
Unterkonten		
• Verpackungsmaterial	4710	(6710)
• Ausgangsfrachten	4730	(6740)
• Transportversicherungen	4750	(6760)
• Verkaufsprovisionen	4760	(6770)

Umsatzsteuer, die dem Unternehmer zusammen mit den Vertriebskosten berechnet wird, ist – wenn die Voraussetzungen für den Vorsteuerabzug erfüllt sind – als abziehbare **Vorsteuer** auf dem Konto **„Abziehbare Vorsteuer** 1570 (1400)" oder einem speziellen Unterkonto hiervon im **Soll** zu erfassen (siehe S. 76).

Beispiel:

Der zum Vorsteuerabzug berechtigte Unternehmer Florian Lay kauft für sein Unternehmen Versandverpackungen (Kartons) für 500 Euro + 95 Euro USt auf Ziel.

Die **Eingangsrechnung** wird in der Buchführung folgendermaßen erfasst:

Sollkonto – SKR 03 (SKR 04)	**Betrag (EUR)**	**Habenkonto** – SKR 03 (SKR 04)
Verpackungsmaterial 4710 (6710)	500,00	Verbindl. a LuL 1600 (3300)
Vorsteuer 19 % 1576 (1406)	95,00	Verbindl. a LuL 1600 (3300)

S	Verpackungsmaterial	H
500,00		

S	Verbindlichkeiten a LuL	H
		595,00

S	Vorsteuer 19 %	H
95,00		

Das Konto **„Kosten der Warenabgabe** 4700 (6700)" und dessen Unterkonten (z. B. **„Verpackungsmaterial** 4710 (6710)") sind **Aufwandskonten**. Sie werden somit über das **Gewinn- und Verlustkonto** abgeschlossen.

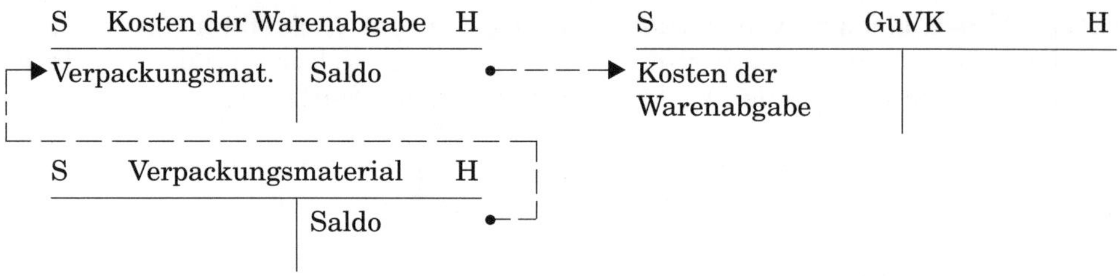

22

Der zum Vorsteuerabzug berechtigte Unternehmer Danijel Galic betreibt in Koblenz ein Versandhandelsunternehmen für Computerzubehör.

Sie erhalten die Aufgabe, die nachfolgend aufgeführten Geschäftsvorfälle in Herrn Galics Buchhaltung zu erfassen. Es wird unterstellt, dass alle belegmäßigen Nachweise ordnungsgemäß erbracht sind.

Bilden Sie die Buchungssätze für die Erfassung der Geschäftsvorfälle.

1. Verkauf eines Scanners für 150 Euro + 19 % USt auf Ziel.
2. Einkauf von Versandkartons für 1.000 Euro + 190 Euro USt auf Ziel.
3. Verkauf von 20 Computern an die Berufsbildene Schule Wirtschaft Koblenz für 10.000 Euro + 1.900 Euro USt auf Ziel, Lieferung „frei Haus".
4. Eingang der Rechnung des Spediteurs, der die 20 Computer (Tz. 3) zur Berufsbildenden Schule Wirtschaft Koblenz transportiert hat: 200 Euro + 38 Euro USt (noch nicht bezahlt).
5. Abschluss einer Transportversicherung für die Lieferung der 20 Computer (Tz. 4) gegen Barzahlung; Versicherungsbeitrag: 100 Euro.

Seite 247

Oftmals werden die Vertriebskosten an die Kunden weiterberechnet. Sie erhöhen dann die Erlöse aus dem Warenverkauf.

Beispiel:

Verkauf eines Laserdruckers für 300 Euro + USt auf Ziel. Vereinbarungsgemäß wird zusätzlich eine Versandkostenpauschale von 10 Euro + USt berechnet.

Die Rechnung lautet somit:

1 Laserdrucker	300,00 Euro
Versandkostenpauschale	10,00 Euro
	310,00 Euro
+ 19 % USt	58,90 Euro
zu zahlen	368,90 Euro

Diese Ausgangsrechnung wird wie folgt gebucht:

Sollkonto – SKR 03 (SKR 04)	**Betrag (EUR)**	**Habenkonto** – SKR 03 (SKR 04)
Forderungen a LuL 1400 (1200)	310,00	Erlöse 19 % USt 8400 (4400)
Forderungen a LuL 1400 (1200)	58,90	USt 19 % 1776 (3806)

3.3 Rücksendungen

Fehlerhafte oder mangelhafte Waren werden reklamiert und gegebenenfalls an den Verkäufer zurückgeschickt (Rücksendung). Der Verkäufer erteilt dem Kunden dann eine **Gutschrift** über die zurückgeschickte Ware.

Durch eine Rücksendung vermindern sich **beim Verkäufer** die Verkaufserlöse (**Erlösschmälerung**).

Umsatzsteuerlich hat eine Erlösschmälerung zur Folge, dass sich das ursprünglich berechnete **Entgelt vermindert**. Es erfolgt also eine **Änderung der Bemessungsgrundlage** und damit eine Berichtigung der hierauf entfallenden Umsatzsteuer (vgl. § 17 UStG).

Die ursprünglichen Daten, die auf den Konten „Erlöse" und „Umsatzsteuer" erfasst wurden, werden also rückwirkend verändert. Entsprechende Korrekturbuchungen sind notwendig.

Beispiel:

Die ursprüngliche Ausgangsrechnung aus dem Warenverkauf lautete: „100 Computermonitore à 100,00 Euro = 10.000,00 Euro + 1.900,00 Euro USt (19 %) = 11.900,00 Euro". Sie wurde bereits wie folgt gebucht:

Sollkonto – SKR 03 (SKR 04)	**Betrag (EUR)**	**Habenkonto** – SKR 03 (SKR 04)
Forderungen a LuL 1400 (1200)	10.000,00	Erlöse 19 % USt 8400 (4400)
Forderungen a LuL 1400 (1200)	1.900,00	Umsatzsteuer 19 % 1776 (3806)

Kurze Zeit später wird von dem Kunden 10 % der Ware wegen erheblicher Mängel zurückgeschickt. Der Verkäufer erteilt eine **Gutschrift** in Höhe von 1.000,00 Euro + 190,00 Euro USt = 1.190,00 Euro.

Der ursprüngliche Rechnungsbetrag des Verkäufers wird somit **nachträglich** um 1.190,00 Euro vermindert; davon **Reduzierung des Erlöses** netto in Höhe von 1.000,00 Euro und **Reduzierung der Umsatzsteuer** in Höhe von 190,00 Euro.

Die **Gutschrift** an den Kunden wird **beim Verkäufer** der Ware auf den Konten „Erlöse" mit 1.000,00 Euro und „Umsatzsteuer" mit 190,00 Euro jeweils im **Soll** und auf dem Konto „Forderungen a LuL" mit 1.190,00 Euro im **Haben** gebucht:

Sollkonto – SKR 03 (SKR 04)	**Betrag (EUR)**	**Habenkonto** – SKR 03 (SKR 04)
Erlöse 19 % USt 8400 (4400)	1.000,00	Forderungen a LuL 1400 (1200)
Umsatzsteuer 19 % 1776 (3806)	190,00	Forderungen a LuL 1400 (1200)

Erlösschmälerungen können auch von den Erlösen **getrennt** erfasst werden. Ein Beweggrund hierfür könnte das Interesse an der Höhe der „Rückabwicklungen" bei den Umsätzen je Abrechnungszeitraum sein. Insbesondere der Zeitvergleich (Vergleich mit den Daten der Vorjahre) könnte Aufschluss über Fehlerquoten bei den Waren und beim Versand oder Hinweise auf andere Fehlerquellen liefern.

Die getrennte Erfassung der Rücksendungen erfolgt auf dem Unterkonto

Erlösschmälerungen 8700 (4700)

bzw. den entsprechenden spezielleren Unterkonten hiervon im **Soll**.

Bei dem oben aufgeführten Beispiel wird die Gutschrift **beim Verkäufer** der Ware dann wie folgt gebucht:

Sollkonto – SKR 03 (SKR 04)	**Betrag (EUR)**	**Habenkonto** – SKR 03 (SKR 04)
Erlösschmäl. 19 % USt 8720 (4720)	1.000,00	Forderungen a LuL 1400 (1200)
Umsatzsteuer 19 % 1776 (3806)	190,00	Forderungen a LuL 1400 (1200)

Die Unterkonten „Erlösschmälerungen" werden zum Ende des Wirtschaftsjahres über die entsprechenden Erlöskonten abgeschlossen.

Beispiel:

Auf dem Konto „**Erlösschmälerungen 19 % USt** 8720 (4720)" wurden im Laufe des Jahres insgesamt 4.550 Euro Gutschriften an Kunden im Soll gebucht. Der Saldo dieses Kontos beträgt somit 4.550 Euro (im Haben).

Der Abschluss dieses Kontos erfolgt über das Konto „**Erlöse 19 % USt** 8400 (4400)":

Sollkonto – SKR 03 (SKR 04)	**Betrag (EUR)**	**Habenkonto** – SKR 03 (SKR 04)
Erlöse 19 % USt 8400 (4400)	4.550,00	Erlösschmäl. 19 % USt 8720 (4720)

S Erlösschmälerungen 19 % USt	H
Preisnachlässe und Preisabzüge	Saldo 4.550,00

→

S Erlöse 19 % USt	H
Erlösschmälerungen 4.550,00	Erlöse

3.4 Preisnachlässe und Preisabzüge

Lieferanten gewähren ihren Kunden regelmäßig Preisnachlässe (z. B. Rabatt) oder Preisabzüge (z. B. Skonto) auf ihre Listenpreise (siehe S. 92 ff.).

Preisreduzierungen führen beim Verkäufer zur **Verminderung der Erlöse** und dadurch auch zur **Verminderung der Umsatzsteuer**.

Beispiel:

Die Unternehmerin Maria Kunzewitsch ist Inhaberin eines Bürofachhandels in Koblenz. Einer ihrer besten Kunden ist die Stadtverwaltung Koblenz.

Wegen der umfangreichen Einkäufe gewährt Frau Kunzewitsch der Stadtverwaltung Koblenz nachträglich einen Treuerabatt von 750 Euro + 19 % USt (Gutschrift an die Stadtverwaltung).

Dieser nachträgliche Preisnachlass führt bei Frau Kunzewitsch zu einer Verminderung der Erlöse um 750 Euro, einer Verminderung der Umsatzsteuer um 142,50 Euro und einer Verminderung der Forderungen von 892,50 Euro.

Bei Frau Kunzewitsch wird diese Gutschrift an die Stadtverwaltung Koblenz wie folgt gebucht:

Sollkonto – SKR 03 (SKR 04)	**Betrag (EUR)**	**Habenkonto** – SKR 03 (SKR 04)
Gewährte Rabatte 19 % USt 8790 (4790)	750,00	Fordererungen a LuL 1400 (1200)
Umsatzsteuer 19 % 1776 (3806)	142,50	Fordererungen a LuL 1400 (1200)

S	Gewährte Rabatte 19 % USt	H
750,00		

S	Forderungen a LuL	H
		870,00

S	Umsatzsteuer 19 %	H
142,50		

Rabatte, die sofort gewährt werden (Sofort-Rabatte) werden in der Regel nicht gesondert erfasst. Vielmehr wird direkt der um den Rabatt verminderte Erlös erfasst (vgl. *Bornhofen*, S. 200).

Beispiel:

Frau Kunzewitsch (Beispiel zuvor) erteilt der Stadtverwaltung Koblenz die folgende Rechnung für die Lieferung von 10 Schreibtischen:

10 Büroschreibtische à 500 Euro	5.000,00 Euro
– 10 % Mengenrabatt	500,00 Euro
	4.500,00 Euro
19 % USt	855,00 Euro
	5.355,00 Euro

Wenn der Rabatt – wie üblich – nicht gesondert in der Buchführung ausgewiesen werden soll, dann wird diese Ausgangsrechnung wie folgt erfasst:

Sollkonto – SKR 03 (SKR 04)	**Betrag (EUR)**	**Habenkonto** – SKR 03 (SKR 04)
Forderungen a LuL 1400 (1200)	4.500,00	Erlöse 19 % USt 8400 (4400)
Forderungen a LuL 1400 (1200)	855,00	Umsatzsteuer 19 % 1776 (3806)

Soll der Rabatt hingegen **gesondert** ausgewiesen werden, dann wird diese Rechnung wie folgt gebucht:

Sollkonto – SKR 03 (SKR 04)	**Betrag (EUR)**	**Habenkonto** – SKR 03 (SKR 04)
Forderungen a LuL 1400 (1200)	5.000,00	Erlöse 19 % USt 8400 (4400)
Gewährte Rabatte 19 % USt 8790 (4790)	500,00	Forderungen a LuL 1400 (1200)
Forderungen a LuL 1400 (1200)	855,00	Umsatzsteuer 19 % 1776 (3806)

Den Kunden **gewährte Skonti** führen – wie Rabatte und andere Preisnachlässe oder -abzüge – ebenfalls zur nachträglichen Verminderung der Erlöse (Erlösschmälerungen) und zur entsprechenden Verminderung der Umsatzsteuer.

Beispiel:

Die Stadtverwaltung Koblenz bezahlt die in dem Beispiel zuvor dargestellte Rechnung unter Abzug von 2 % Skonto.

Der ursprüngliche Rechnungsbetrag wird somit **nachträglich** um 107,10 Euro vermindert (5.355,00 Euro x 2 %); davon entfallen 90,00 Euro auf die **Reduzierung des Erlöses** und 17,10 Euro auf die **Reduzierung der Umsatzsteuer**.

Zunächst wird die Zahlung gebucht (5.355,00 Euro minus 107,10 Euro Skonto = 5.247,90 Euro):

Sollkonto – SKR 03 (SKR 04)	**Betrag (EUR)**	**Habenkonto** – SKR 03 (SKR 04)
Bank 1200 (1800)	5.247,90	Forderungen a LuL 1400 (1200)

Der Nettobetrag des **Skontoabzugs** (90,00 Euro) wird dann auf dem Konto **„Gewährte Skonti“** im **Soll**, die hierauf entfallende Umsatzsteuer (17,10 Euro) wird auf dem Konto **„Umsatzsteuer“** auch im **Soll** erfasst. Die Gegenbuchungen erfolgen auf dem Konto **„Forderungen a LuL“** im **Haben**.

Sollkonto – SKR 03 (SKR 04)	**Betrag (EUR)**	**Habenkonto** – SKR 03 (SKR 04)
Gew. Skonti 19 % USt 8735 (4735)	90,00	Forderungen a LuL 1400 (1200)
Umsatzsteuer 19 % 1776 (3806)	17,10	Forderungen a LuL 1400 (1200)

S	Bank	H
1)	5.247,90	

S	Forderungen a LuL	H
	1)	5.247,90
	2)	107,10

S	Gewährte Skonti 19 % USt	H
2)	90,00	

S	Umsatzsteuer	H
2)	17,10	

23

Bei dem zum Vorsteuerabzug berechtigten Unternehmer Galic (siehe Fall 22) ereignen sich die nachfolgend aufgeführten Vorgänge.

Bilden Sie die Buchungssätze für die Erfassung der Geschäftsvorfälle in Herrn Galics Buchführung.

1. Der Kunde Christian Schneider schickt defekte DVDs zurück. Herr Galic erteilt Herrn Schneider eine Gutschrift in Höhe von 95,20 Euro (brutto 19 % USt).
2. Melanie Hennchen kauft bei Herrn Galic einen Laptop für 2.000 Euro + 380 Euro USt (Listenpreis). Herr Galic gewährt Frau Hennchen hierauf einen Rabatt von 5 %. Der Rabatt soll getrennt erfasst werden.
3. Frau Hennchen bezahlt die Rechnung von Herrn Galic (aus Tz. 2) unter Abzug von 2 % Skonto mit einem Scheck.
4. Herr Galic gewährt der Stadtverwaltung Koblenz nachträglich einen Rabatt in Höhe von 500 Euro + 95 Euro USt (Gutschrift an die Stadtverwaltung).

Seite 248

4. Bestandsveränderungen

Durch jeden Wareneinkauf und -verkauf verändert sich der Warenbestand des Betriebes.

Im Kapitel zum Wareneingang (S. 88 ff.) wurde dargestellt, dass die Wareneinkäufe im Laufe des Jahres aus Vereinfachungsgründen nicht als Zugänge zum Warenbestand, sondern auf dem Aufwandskonto „Wareneingang" erfasst werden.

Auch werden die Warenverkäufe nicht als Abgänge vom Warenbestand erfasst.

Bei dieser Vorgehensweise wird unterstellt, dass die **eingekauften Waren sofort wieder verkauft** werden und somit im Laufe des Jahres keine Warenbestandsveränderungen stattfinden (sog. „**Just-in-time-Verfahren**“).

Die Unterstellung, dass innerhalb eines Abrechnungszeitraums (z. B. 1.1.-31.12.) die Zugänge zum Warenbestand gleich groß den Abgängen sind und der Warenbestand am Ende des Jahres dem Warenbestand zu Beginn des Jahres entspricht, ist für die meisten Betriebe jedoch unrealistisch.

Realität ist in der Regel vielmehr, dass die eingekauften Warenmengen entweder größer oder kleiner als die verkauften Mengen sind. Dadurch kommt es im Laufe eines Abrechnungszeitraums zu **Bestandsveränderungen**, die am Ende des Jahres festgestellt und erfasst werden müssen.

Möglich sind die folgenden drei Varianten der **Entwicklung des Warenbestandes**:

- der Warenbestand am Ende des Jahres ist **gleich groß** dem Warenbestand zu Beginn des Jahres (**keine Bestandsveränderung**);
- der Warenbestand am Ende des Jahres ist **höher** als der Warenbestand zu Beginn des Jahres (**Bestandserhöhung**);
- der Warenbestand am Ende des Jahres ist **niedriger** als der Warenbestand zu Beginn des Jahres (**Bestandsminderung**).

❑ Im Fall des **unveränderten Warenbestandes** ist zum Jahresende keine Anpassungsbuchung notwendig.

❑ Bei der Fallvariante der **Bestandserhöhung** muss das Konto „Bestand Waren“ um die Bestandsveränderung erhöht werden, damit der tatsächliche Warenbestand auf dem Warenbestandskonto abgebildet wird.

Beispiel:

Der Computergroßhändler Schneider hatte am 1.1. von der Ware A einen Bestand in Höhe von 100 Stück à 500 Euro. Dieser Bestand ist zum 1.1. auf dem Konto „**Bestand Waren** 3980 (1140)“ mit 50.000 Euro im Soll erfasst.

S	Bestand Waren		H
AB	50.000,00		

Im Laufe des Jahres wird das Konto „**Bestand Waren**” nicht verändert, weil alle Wareneinkäufe auf dem Konto „**Wareneingang**” bzw. den entsprechenden Unterkonten und die Warenverkäufe nur mit den erzielten Erlösen auf dem Konto „**Erlöse**“ bzw. den entsprechenden Unterkonten erfasst werden.

Zum 31.12. beträgt der Bestand der Ware A 110 Stück à 500 Euro (durch Inventur ermittelt).

Die Bestandserhöhung beträgt somit 5.000 Euro (10 Stück à 500 Euro). Sie wird auf dem Konto **„Bestand Waren"** im Soll und auf dem Aufwandskonto **„Bestandsveränderungen Waren"** im **Haben** erfasst:

Sollkonto – SKR 03 (SKR 04)	**Betrag (EUR)**	**Habenkonto** – SKR 03 (SKR 04)
Bestand Waren 3980 (1140)	5.000,00	Bestandsveränd. 3960 (5880)

S	Bestand Waren	H
AB	50.000,00	
1)	5.000,00	

S	Bestandsveränderungen	H
	1)	5.000,00

Eine Bestandserhöhung wie sie in dem vorangegangenen Beispiel dargestellt wird, kommt dadurch zu Stande, dass Wareneinkäufe nicht verkauft, sondern auf Lager gelegt werden.

Die Lagerbestandserhöhung ist **Vermögen**, das in der Bilanz unter der Position **„Vorräte"** ausgewiesen wird. Da die Wareneingänge, die den Warenbestand erhöht haben, beim Einkauf aber auf dem Aufwandskonto **„Wareneingang"** erfasst wurden (siehe S. 89), sind die Aufwendungen bis zur Erfassung der Bestandserhöhung zu hoch. Gleichzeitig ist der Warenbestand auf dem Konto **„Bestand Waren"** zu niedrig. Durch die vorgenannte Buchung „**Bestand Waren**" an **„Bestandsveränderungen Waren"** werden die Konten an die realen Daten angepasst.

Das Konto „**Bestandsveränderungen Waren** 3960 (5880)" wird beim Jahresabschluss über das Konto „**Wareneingang** 3200 (5200)" abgeschlossen:

S	Wareneingang (WE)	H
	Bver	5.000,00

← (Übertrag von Bestandsveränderungen)

S	Bestandsveränderungen (Bver)		H
WE	5.000,00	1)	5.000,00
	5.000,00		5.000,00

- ❑ Bei der Fallvariante der **Bestandsminderung** muss das Konto „Bestand Waren" um die Bestandsveränderung vermindert werden, damit der tatsächliche Warenbestand auf dem Warenbestandskonto abgebildet wird.

Beispiel:

Der Computergroßhändler Schneider hatte am 1.1. von der Ware B einen Bestand in Höhe von 200 Stück à 100 Euro. Dieser Bestand ist am 1.1. auf dem Konto „**Bestand Waren**" mit 20.000 Euro im Soll erfasst.

S	Bestand Waren	H
AB	20.000,00	

Im Laufe des Jahres wird das Konto **„Bestand Waren“** nicht verändert, weil alle Wareneinkäufe auf dem Konto **„Wareneingang“** bzw. den entsprechenden Unterkonten und die Warenverkäufe nur mit den erzielten Erlösen auf dem Konto **„Erlöse“** bzw. den entsprechenden Unterkonten erfasst werden.

Zum 31.12. beträgt der Bestand der Ware B 100 Stück à 100 Euro (durch Inventur ermittelt).

Die Bestandsminderung beträgt somit 10.000 Euro (100 Stück à 100 Euro). Sie wird auf dem Aufwandskonto **„Bestandsveränderungen Waren“** im **Soll** und auf dem Bestandskonto **„Bestand Waren“** im **Haben** erfasst:

Sollkonto – SKR 03 (SKR 04)	**Betrag (EUR)**	**Habenkonto** – SKR 03 (SKR 04)
Bestandsveränd. 3960 (5880)	10.000,00	Bestand Waren 3980 (1140)

S	Bestandsveränderungen		H
1)	10.000,00		

S	Bestand Waren		H
AB	20.000,00	1)	10.000,00

Eine Bestands**minderung** wie sie in dem vorangegangenen Beispiel dargestellt wird, kommt dadurch zu Stande, dass **mehr Waren verkauft als eingekauft** wurden. Ein Teil der verkauften Waren wurde also dem Lagerbestand entnommen (= Verringerung des Lagerbestandes).

Bis zur Erfassung der Bestandsveränderung sind die Aufwendungen für Waren also zu niedrig erfasst (nur die Wareneinkäufe wurden als Aufwendungen gebucht, nicht hingegen die Bestandsverringerung des Lagerbestandes). Gleichzeitig ist der Warenbestand auf dem Konto „Bestand Waren“ zu hoch ausgewiesen (dort steht noch der Anfangsbestand vom Beginn des Jahres).

Durch die vorgenannte Buchung **„Bestandsveränderungen”** an **„Bestand Waren“** werden die Konten an die realen Daten angepasst.

Wie bei der Fallvariante der Bestandserhöhung wird bei der Bestandsminderung das Konto **„Bestandsveränderungen Waren“** über das Konto **„Wareneingang“** abgeschlossen.

Gesamtübersicht für den Fall der Bestandsminderung:

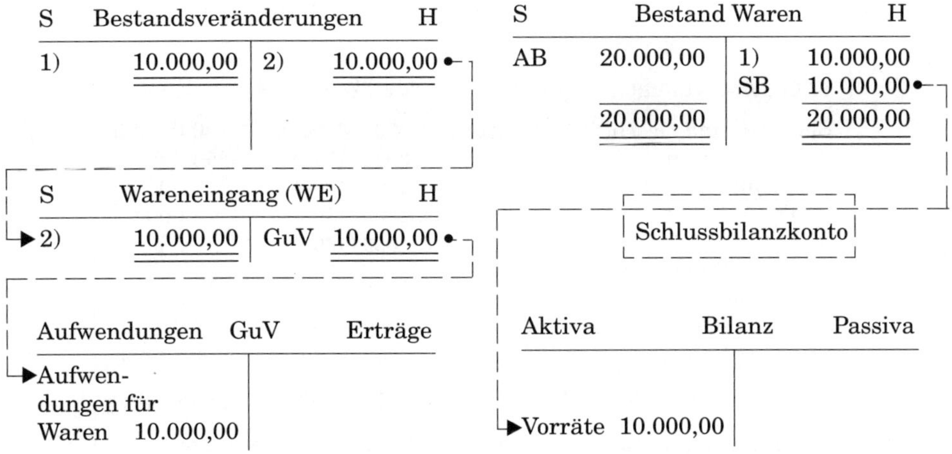

In der praktischen Buchführung erfolgt die Erfassung der Bestandsveränderungen dadurch, dass der durch Inventur ermittelte Bestand des jeweiligen Warenkontos zunächst mit dem zum Jahresanfang erfassten Bestand verglichen wird. Die Differenz zwischen diesen beiden Werten, also dem Inventurwert und dem Buchwert, ist dann die Bestandsveränderung. Diese wird dann auf dem Warenbestandskonto erfasst (bei einer **Bestandserhöhung** im **Soll** des Kontos **„Bestand Waren"** und bei einer **Bestandsverminderung** im **Haben** des Kontos **„Bestand Waren"**). Die jeweilige Gegenbuchung erfolgt auf dem Konto **„Bestandsveränderungen"**.

24

Bei der zum Vorsteuerabzug berechtigten Unternehmerin Sabine Schäfer, Koblenz, haben die Konten der Buchführung zum 1.1. folgende Anfangsbestände (vereinfachter Auszug):

Kontobezeichnung	SKR 03 (SKR 04)	EUR
Betriebs- und Geschäftsausstattung	0300 (0500)	100.000,00
Bestand Waren	3980 (1140)	50.000,00
Forderungen a LuL	1400 (1200)	15.000,00
Bank	1200 (1800)	2.000,00
Kasse	1000 (1600)	500,00
Verbindlichkeiten gegenüber Kreditinstituten	0640 (3160)	80.000,00
Verbindlichkeiten a LuL	1600 (3300)	16.000,00
Eigenkapital	0800 (2000)	71.500,00

Es ereignen sich die nachfolgend aufgeführten Geschäftsvorfälle.

1. Wareneinkauf für 10.000 Euro + 1.900 Euro USt auf Ziel.
2. Die Frachtkosten für die eingekauften Waren in Höhe von 200 Euro + 38 Euro USt bezahlt Frau Schäfer direkt bar.
3. Von der eingekauften Ware (Tz. 1) ist 10 % mangelhaft und wird zurückgeschickt. Der Lieferant erteilt eine Gutschrift in Höhe von 1.000 Euro + 190 Euro USt.
4. Bezahlung der Eingangsrechnung aus der Tz. 1 minus der Rücksendung aus der Tz. 3 abzüglich 2 % Skonto vom Restbetrag durch Banküberweisung.
5. Warenverkauf für 20.000 Euro + 3.800 Euro USt abzüglich 10 % Rabatt auf Ziel. Der Rabatt soll in der Buchführung getrennt ausgewiesen werden.
6. Der Kunde bezahlt die vorgenannte Rechnung (Tz. 5) unter Abzug von 2 % Skonto durch Banküberweisung.
7. Kauf von Versandverpackungen für 500 Euro + 95 Euro USt auf Ziel.
8. Abschluss einer Transportversicherung für verkaufte Ware gegen Barzahlung in Höhe von 150 Euro.

Aufgabe:

a) Erstellen Sie zu den Geschäftsvorfällen 1.-8. die Buchungssätze.

b) Richten Sie alle notwendigen T-Konten ein und tragen Sie die oben aufgeführten Anfangsbestände auf den Konten ein (ohne Gegenbuchungen).

c) Buchen Sie die Geschäftsvorfälle 1.-8. auf den T-Konten.

d) Schließen Sie alle Konten ab. [Abschreibungen sollen hier noch unberücksichtigt bleiben, weil sie noch nicht behandelt wurden.]

Der durch Inventur ermittelte Warenschlussbestand beträgt 48.000 Euro.

Seite 248

F. Roh-, Hilfs- und Betriebsstoffe

1. Begriffliche Abgrenzung

Produzierende Unternehmen, wie Industrie- und Handwerksbetriebe, verarbeiten zugelieferte oder selbst hergestellte Materialien zu Erzeugnissen.

Diese „Materialien“ werden in **Roh-, Hilfs- und Betriebsstoffe** unterschieden (vgl. *Coenenberg*, S. 212, *Olfert/Rahn*, Stichwort 959).

- **Rohstoffe** gehen unmittelbar in die Erzeugnisse ein und bilden deren **Hauptbestandteil**.

  Beispiele:

  - Papier für die Herstellung von Büchern
  - Holz für die Herstellung von Möbeln

- **Hilfsstoffe** gehen auch in die Erzeugnisse ein, sind aber nicht Hauptbestandteile, sondern **untergeordnete Bestandteile**.

  Beispiele:

  - Leim für die Herstellung von Büchern oder Möbeln
  - Nägel, Schrauben oder Nieten für die Herstellung von Möbeln

- **Betriebsstoffe** gehen nicht als Bestandteile in die Erzeugnisse ein. Sie werden aber für die Herstellung benötigt und verbraucht.

  Beispiele:

  - Reinigungs- und Schmiermittel für die Druckmaschine
  - Sandpapier für die Endverarbeitung von Möbelstücken

Einkäufe und **Bestände** von Roh-, Hilfs- und Betriebsstoffen werden in der Finanzbuchhaltung nicht mit ihren Mengen und Qualitäten, sondern mit ihren **Werten** erfasst, die sich aus deren Mengen und Preisen ergeben (**Einstandspreise**).

Die **Verkäufe** der hergestellten Erzeugnisse werden dann – wie die Warenverkäufe – mit ihren Verkaufspreisen als **Erlöse** erfasst (siehe S. 97 ff.).

2. Buchung der Einkäufe und des Verbrauchs

Bei der Ableitung der Bestandskonten aus der Aktivseite der Bilanz entsteht aus der Position **„Vorräte“** u. a. das Konto **„Bestand Roh-, Hilfs- und Betriebsstoffe“**. Gegebenenfalls werden auch getrennte Bestandskonten für Rohstoffe, Hilfsstoffe und Betriebsstoffe geführt.

Auf dem Konto **„Bestand Roh-, Hilfs- und Betriebsstoffe** 3970 (1000)“ wird zunächst der Bestand zu Beginn des Abrechnungszeitraums als Anfangsbestand im **Soll** vorgetragen (z. B. 10.000 Euro):

S	Bestand Roh-, Hilfs- und Betriebsstoffe 3970 (1000)		H
AB	10.000,00		

Werden nun beispielsweise Rohstoffe **eingekauft**, dann können diese auf dem Konto **„Bestand Roh-, Hilfs- und Betriebsstoffe“** als Zugang im Soll erfasst werden (Bestandserhöhung).

Wenn diese Rohstoffe danach für die Herstellung von Erzeugnissen **verbraucht** werden, der Bestand also wieder vermindert wird, müsste dieser Abgang auf dem Konto **„Bestand Roh-, Hilfs- und Betriebsstoffe“** im **Haben** erfasst werden (Bestandsverminderung).

Der **Verbrauch** der Roh-, Hilfs- und Betriebsstoffe ist neben den für die Produktion aufgewendeten Löhnen und Gehältern der „Einsatz“ des Betriebes, um die Erzeugnisse herzustellen. Es handelt sich also um **Herstellungskosten**, die für den Betrieb **Aufwand** darstellten. Deshalb wird der Verbrauch von Roh-, Hilfs- und Betriebsstoffen auf dem Aufwandskonto **„Aufwendungen für Roh-, Hilfs- und Betriebsstoffe“** im **Soll** erfasst.

Beispiel:

Der Schreinermeister Christian Wolf kauft für sein Unternehmen für 1.000 Euro + 160 Euro USt Buchenholz auf Ziel ein (1). Zwei Wochen nach dem Einkauf verbraucht er dieses Holz für die Herstellung eines Schlafzimmerschranks (2).

In Herrn Wolfs Buchführung könnte der gesamte Vorgang wie folgt erfasst werden:

S	Bestand Roh-, Hilfs-, Betriebsst.		H
AB	10.000,00	2)	1.000,00
1)	1.000,00		

S	Verbindlichkeiten a LuL		H
		1)	1.160,00

S	Vorsteuer		H
1)	190,00		

S	Aufwendungen für Roh-, Hilfs-, und Betriebsstoffe		H
2)	1.000,00		

Sollkonto – SKR 03 (SKR 04)		**Betrag (EUR)**	**Habenkonto** – SKR 03 (SKR 04)	
Bestand Rohstoffe	3970 (1000)	1.000,00	Verbindl. a LuL	1600 (3300)
Vorsteuer 19 %	1576 (1406)	190,00	Verbindl. a LuL	1600 (3300)
Aufw. Rohst.	3000 (5000)	1.000,00	Bestand Rohstoffe	3970 (1000)

Aus Vereinfachungsgründen kann in der laufenden Buchführung unterstellt werden, dass alle Einkäufe von Roh-, Hilfs- und Betriebsstoffen innerhalb des selben Abrechnungszeitraums für die Herstellung von Erzeugnissen verbraucht werden, also **keine Lagerbestandsveränderungen** stattfinden.

Dann kann die Erfassung der Zu- und Abgänge auf dem Bestandskonto „**Bestand Roh-, Hilfs- und Betriebsstoffe** 3970 (1000)" **unterbleiben**.

Stattdessen werden die Nettowerte der **Einkäufe direkt** auf dem **Aufwandskonto**

Aufwendungen für Roh-, Hilfs- und Betriebsstoffe 3000 (5000)

oder den spezielleren Unterkonten im **Soll** erfasst (vgl. *Goldstein*, S. 43).

Beispiel:

Die zum Vorsteuerabzug berechtigte Unternehmerin Laura Klein kauft für ihre Druckerei DIN A3-Papier für 500 Euro + 95 Euro USt auf Ziel ein.

Sie bucht die Eingangsrechnung wie folgt:

Sollkonto – SKR 03 (SKR 04)	**Betrag (EUR)**	**Habenkonto** – SKR 03 (SKR 04)
Aufw. für Rohstoffe 3000 (5000)	500,00	Verbindl. a LuL 1600 (3300)
Vorsteuer 19 % 1576 (1406)	95,00	Verbindl. a LuL 1600 (3300)

Bei dieser Vorgehensweise wird also fiktiv angenommen, dass die eingekauften Rohstoffe in der selben Abrechnungsperiode komplett verbraucht werden (keine Bestandsveränderung).

Tatsächliche **Bestandsveränderungen** werden bei diesem Buchungsverfahren – wie bei den Waren – erst im Rahmen der **Inventur** festgestellt und erfasst (siehe Seite 105 ff.).

Das Konto „**Aufwendungen für Roh-, Hilfs- und Betriebsstoffe** 3000 (5000)" wird – weil es ein **Aufwandskonto** ist – über das **Gewinn- und Verlustkonto** abgeschlossen.

Zum Zweck der besseren Übersicht ist es sinnvoll, für Rohstoffe, Hilfsstoffe und Betriebsstoffe getrennte Unterkonten zu führen:

- Aufwendungen für Rohstoffe 3010 (5010)
- Aufwendungen für Hilfsstoffe 3020 (5020)
- Aufwendungen für Betriebsstoffe 3030 (5030)

3. Bezugsnebenkosten

Bei der Beschaffung der Roh-, Hilfs- und Betriebsstoffe fallen oftmals „Nebenkosten", wie Verpackungs-, Versand-, Versicherungs- oder Frachtkosten an. Weil sie im Rahmen der **Anschaffung** anfallen, werden sie als „**Anschaffungsnebenkosten**" bezeichnet.

Anschaffungsnebenkosten gehören zwingend zu den **Anschaffungskosten**, wenn sie dem Vermögensgegenstand **einzeln** zugeordnet werden können (vgl. § 255 Abs. 1 HGB).

Für den den Einkauf von Roh-, Hilfs- und Betriebsstoffen bedeutet dies, dass alle Aufwendungen, die im Rahmen der Beschaffung anfallen und den Stoffen einzeln zurechenbar sind, zu den Anschaffungskosten dieser Stoffe gehören.

Beispiel:

Die Unternehmerin Lydia Tobor kauft für ihr Unternehmen Rohstoffe für 5.000 Euro + 950 Euro USt vom Hersteller auf Ziel. Von der Spedition, welche die Rohstoffe zu Frau Tobor transportiert hat, erhält sie eine Frachtrechnung in Höhe von 200 Euro + 38 Euro USt.

Die Frachtkosten sind den Rohstoffen einzeln zurechenbar. Somit betragen die Anschaffungskosten der bezogenen Rohstoffe 5.200 Euro (5.000 Euro Kaufpreis netto + 200 Euro Bezugsnebenkosten netto).

Anschaffungsnebenkosten, die im Rahmen des Einkaufs von Roh-, Hilfs- und Betriebsstoffen anfallen, können

- entweder – wie die Stoffe selbst – auf dem Konto „**Aufwendungen für Roh-, Hilfs- und Betriebsstoffe** 3000 (5000)"
- oder auf dem Unterkonto

Bezugsnebenkosten 3800 (5800)

im Soll gebucht werden.

Bei der **getrennten** Erfassung der Bezugsnebenkosten wird der Einkauf des geschilderten Beispiels wie folgt gebucht:

Sollkonto – SKR 03 (SKR 04)	**Betrag (EUR)**	**Habenkonto** – SKR 03 (SKR 04)
Aufw. Rohstoffe 3000 (5000)	5.000,00	Verbindl. a LuL 1600 (3300)
Vorsteuer 19 % 1576 (1406)	950,00	Verbindl. a LuL 1600 (3300)
Bezugsnebenkosten 3800 (5800)	200,00	Verbindl. a LuL 1600 (3300)
Vorsteuer 19 % 1576 (1406)	38,00	Verbindl. a LuL 1600 (3300)

Zum Zweck der besseren Übersicht ist es sinnvoll, für die Bezugsnebenkosten der Rohstoffe, Hilfsstoffe und Betriebsstoffe getrennte Unterkonten zu führen:

- Bezugsnebenkosten Rohstoffe 3801 (5801)
- Bezugsnebenkosten Hilfsstoffe 3802 (5802)
- Bezugsnebenkosten Betriebsstoffe 3803 (5803)

Die Bezugsnebenkostenkonten werden über das Aufwandskonto „**Aufwendungen für Roh-, Hilfs- und Betriebsstoffe** 3000 (5000)" abgeschlossen.

4. Rücksendungen, Preisnachlässe und Preisabzüge

Fehlerhafte oder mangelhafte Materialien werden reklamiert und gegebenenfalls an den Verkäufer zurückgeschickt (**Rücksendung**).

Durch eine **Rücksendung** vermindert sich die Verbindlichkeit gegenüber dem Lieferanten. Gleichzeitig werden die ursprünglichen Daten, die auf den Konten „**Aufwendungen für Roh-, Hilfs- und Betriebsstoffe** 3000 (5000)" und „**Vorsteuer** 1575 (1405)" erfasst wurden, rückwirkend verändert. Entsprechende Korrekturbuchungen sind also notwendig.

Beispiel:

Die ursprüngliche Rechnung lautete: „100 Einheiten Rohstoff X à 100,00 Euro = 10.000,00 Euro + 1.900,00 Euro USt (19 %) = 11.900,00 Euro". Sie wurde bereits wie folgt gebucht:

Sollkonto – SKR 03 (SKR 04)		**Betrag (EUR)**	**Habenkonto** – SKR 03 (SKR 04)	
Aufw. Rohstoffe	3000 (5000)	10.000,00	Verbindl. a LuL	1600 (3300)
Vorsteuer 19 %	1576 (1406)	1.900,00	Verbindl. a LuL	1600 (3300)

Kurze Zeit später wird 10 % der Lieferung wegen erheblicher Mängel zurückgeschickt. Der Verkäufer erteilt eine **Gutschrift** in Höhe von 1.000,00 Euro + 190,00 Euro USt = 1.190,00 Euro.

Die **Gutschrift** wird auf dem Konto „Verbindlichkeiten a LuL" mit 1.190,00 Euro im **Soll** und auf den Konten „Aufwendungen für Roh-, Hilfs- und Betriebsstoffe" mit 1.000,00 Euro und „Vorsteuer" mit 190,00 Euro jeweils im **Haben** gebucht:

Sollkonto – SKR 03 (SKR 04)		**Betrag (EUR)**	**Habenkonto** – SKR 03 (SKR 04)	
Verbindl. a LuL	1600 (3300)	1.000,00	Aufw. Rohstoffe	3000 (5000)
Verbindl. a LuL	1600 (3300)	190,00	Vorsteuer 19 %	1576 (1406)

Lieferanten gewähren ihren Kunden regelmäßig Preisnachlässe (z. B. Rabatt) oder Preisabzüge (z. B. Skonto) auf ihre Listenpreise.

Beispiel:

Der Unternehmer Florian Kurz kauft Rohstoffe für sein Unternehmen und erhält hierfür eine Rechnung in Höhe von 1.000 Euro + 190 Euro USt = 1.190 Euro.

Die Rechnung wird wie folgt in der Buchführung erfasst:

Sollkonto – SKR 03 (SKR 04)	**Betrag (EUR)**	**Habenkonto** – SKR 03 (SKR 04)
Aufw. Rohst. 3000 (5000)	1.000,00	Verbindl. a LuL 1600 (3300)
Vorsteuer 19 % 1576 (1406)	190,00	Verbindl. a LuL 1600 (3300)

Kurze Zeit später bezahlt Herr Kurz die Rechnung durch Banküberweisung unter **Abzug von 2 % Skonto**.

Der ursprüngliche Rechnungsbetrag wird somit **nachträglich** um 23,80 Euro vermindert; davon entfallen 20,00 Euro auf die **Reduzierung des Rohstoffwertes** und 3,80 Euro auf die **Reduzierung der Vorsteuer**.

Zunächst wird die Zahlung gebucht (1.190,00 Euro minus 23,80 Euro Skonto = 1.166,20 Euro):

Sollkonto – SKR 03 (SKR 04)	**Betrag (EUR)**	**Habenkonto** – SKR 03 (SKR 04)
Verbindl. a LuL 1600 (3300)	1.166,20	Bank 1200 (1800)

Der **Skontoabzug** wird dann auf dem Konto „Verbindlichkeiten a LuL" mit 23,80 Euro im **Soll** und auf auf den Konten „Erhaltene Skonti" mit 20,00 Euro und „Vorsteuer" mit 3,80 Euro im **Haben** gebucht:

Sollkonto – SKR 03 (SKR 04)	**Betrag (EUR)**	**Habenkonto** – SKR 03 (SKR 04)
Verbindl. a LuL 1600 (3300)	20,00	Erhaltene Skonti 3730 (5730)
Verbindl. a LuL 1600 (3300)	3,80	Vorsteuer 19 % 1576 (1406)

Erhaltene Rabatte werden auf dem Konto **„Erhaltene Rabatte** 3770 (5770)" bzw. den spezielleren Unterkonten dieses Kontos im **Haben** erfasst.

Erhaltene Boni werden auf dem Konto **„Erhaltene Boni** 3740 (5740)" bzw. den spezielleren Unterkonten dieses Kontos im **Haben** erfasst.

Preisnachlässe und Preisabzüge vermindern die Anschaffungskosten der Roh-, Hilfs- und Betriebsstoffe (vgl. § 255 Abs. 1 Satz 3 HGB). Sie werden deshalb als **„Anschaffungspreisminderungen"** bezeichnet.

Unter Berücksichtigung der Preisnachlässe und Preisabzüge sind die **Anschaffungskosten** also wie folgt zu ermitteln:

	Kaufpreis (netto)
+	Anschaffungsnebenkosten (netto)
–	Anschaffungspreisminderungen (netto)
=	Anschaffungskosten (netto)

5. Bestandsveränderungen

Durch jeden Einkauf und Verbrauch von Roh-, Hilfs- oder Betriebsstoffen verändert sich der Bestand der Vorräte.

Aus Vereinfachungsgründen werden die Einkäufe nicht als Zugänge und die Verbräuche auch nicht als Abgänge auf den Bestandskonten der Roh-, Hilfs- und Betriebsstoffe erfasst (siehe S. 113).

Es wird vielmehr unterstellt, dass die eingekauften Materialien **sofort verbraucht** werden und somit im Laufe des Jahres keine Bestandsveränderungen stattfinden (sog. „**Just-in-time-Verfahren**").

Die Unterstellung, dass innerhalb eines Abrechnungszeitraums (z. B. 1.1.-31.12.) die Zugänge gleich groß den Abgängen sind und der Bestand am Ende des Jahres somit dem Bestand zu Beginn des Jahres entspricht, ist für die meisten Betriebe jedoch unrealistisch.

Realität ist in der Regel vielmehr, dass die eingekauften Mengen entweder größer oder kleiner als die verbrauchten Mengen sind. Dadurch kommt es im Laufe eines Abrechnungszeitraums zu **Bestandsveränderungen**, die am Ende des Jahres festgestellt und erfasst werden müssen.

Möglich sind die folgenden drei Varianten:

- der Bestand am Ende des Jahres ist **gleich groß** dem Bestand zu Beginn des Jahres (**keine Bestandsveränderung**);
- der Bestand am Ende des Jahres ist **höher** als der Bestand zu Beginn des Jahres (**Bestandserhöhung**);
- der Bestand am Ende des Jahres ist **niedriger** als der Bestand zu Beginn des Jahres (**Bestandsminderung**).

- Im Fall des **unveränderten Bestandes** ist zum Jahresende keine Anpassungsbuchung notwendig.

- Bei der Fallvariante der **Bestandserhöhung** muss das jeweilige Bestandskonto (z. B. „Bestand Rohstoffe“) um die Bestandsveränderung erhöht werden, damit der tatsächliche Bestand zum 31.12. auf diesem Konto abgebildet wird.

Beispiel:

Die Druckerei Fölbach hatte am 1.1. von der Papiersorte A einen Bestand in Höhe von 100 Packungen à 50 Euro. Dieser Bestand ist auf dem Konto **„Bestand Roh-, Hilfs- und Betriebsstoffe“** mit 5.000 Euro im Soll erfasst.

Im Laufe des Jahres wird das Konto **„Bestand Roh-, Hilfs- und Betriebsstoffe“** nicht verändert, weil alle Rohstoffeinkäufe auf dem Konto **„Aufwendungen für Roh-, Hilfs- und Betriebsstoffe“** und die Verkäufe der Erzeugnisse nur mit den erzielten Erlösen auf dem Konto **„Erlöse“** erfasst werden.

Zum 31.12. beträgt der Bestand der Papiersorte A 110 Packungen à 50 Euro (durch Inventur ermittelt).

Die Bestandserhöhung beträgt somit 500 Euro (10 Packungen à 50 Euro). Sie wird auf dem Konto **„Bestand Roh-, Hilfs- und Betriebsstoffe“** im **Soll** und auf dem Konto **„Bestandsveränderungen“** im **Haben** erfasst:

Sollkonto – SKR 03 (SKR 04)	**Betrag (EUR)**	**Habenkonto** – SKR 03 (SKR 04)
Bestand Rohstoffe 3970 (1000)	500,00	Bestandsveränd. 3960 (5880)

Eine Bestandserhöhung wie sie in dem vorangegangenen Beispiel dargestellt wird, kommt dadurch zu Stande, dass Rohstoffeinkäufe im Betrachtungszeitraum nicht verbraucht, sondern auf Lager gelegt werden.

Die Lagerbestandserhöhung ist **Vermögen**, das in der Bilanz unter der Position „**Vorräte**“ ausgewiesen wird. Da alle Rohstoffeinkäufe beim Einkauf auf dem Aufwandskonto **„Aufwendungen für Roh-, Hilfs- und Betriebsstoffe“** erfasst werden, sind die Aufwendungen bis zur Erfassung der Bestandserhöhung zu hoch. Gleichzeitig ist der Rohstoffbestand auf dem Konto **„Bestand Roh-, Hilfs- und Betriebsstoffe“** zu niedrig. Durch die vorgenannte Buchung **„Bestand Rohstoffe an Bestandsveränderung“** werden die Konten an die realen Daten angepasst.

- Bei der Fallvariante der **Bestandsminderung** muss das Konto „**Bestand Roh-, Hilfs- und Betriebsstoffe**“ um die Bestandsveränderung vermindert werden, damit der tatsächliche Bestand auf dem Konto **„Bestand Roh-, Hilfs- und Betriebsstoffe“** abgebildet wird.

Beispiel:

Die Druckerei Fölbach hatte am 1.1. von der Papiersorte B einen Bestand in Höhe von 200 Packungen à 100 Euro. Dieser Bestand ist auf dem Konto **„Bestand Roh-, Hilfs- und Betriebsstoffe“** mit 20.000 Euro im Soll erfasst.

Im Laufe des Jahres wird das Konto **„Bestand Roh-, Hilfs- und Betriebsstoffe“** nicht verändert, weil alle Einkäufe auf dem Konto **„Aufwendungen für Roh-, Hilfs- und Betriebsstoffe“** und die Verkäufe der Erzeugnisse mit den erzielten Erlösen auf dem Konto **„Erlöse“** erfasst werden.

Zum 31.12. beträgt der Bestand der Papiersorte B 100 Packungen à 100 Euro (durch Inventur ermittelt).

Die Bestandsminderung beträgt somit 10.000 Euro (100 Packungen à 100 Euro). Sie wird auf dem Konto **„Bestandsveränderungen“** im **Soll** und auf dem Konto **„Bestand Roh-, Hilfs- und Betriebsstoffe“** im **Haben** erfasst:

Sollkonto – SKR 03 (SKR 04)	**Betrag (EUR)**	**Habenkonto** – SKR 03 (SKR 04)
Bestandsveränd. 3960 (5880)	10.000,00	Bestand Rohstoffe 3970 (1000)

Eine Bestands**minderung** wie sie in dem vorangegangenen Beispiel dargestellt wird, kommt dadurch zu Stande, dass mehr Rohstoffe verbraucht als eingekauft wurden. Ein Teil der verbrauchten Rohstoffe wurde also dem Lagerbestand entnommen.

25

Dietmar Fölbach, der in Koblenz eine Druckerei betreibt, ist zum Vorsteuerbzug berechtigt. Bei ihm ereignen sich die folgenden Geschäftsvorfälle:

1. Einkauf von Papier zur Herstellung von Büchern für 10.000 Euro + 1.900 Euro USt auf Ziel.
2. Die Frachtkosten für das eingekaufte Papier in Höhe von 200 Euro + 38 Euro USt bezahlt Herr Fölbach direkt bar.
3. Von dem eingekauften Papier (Tz. 1) ist 10 % mangelhaft und wird zurückgeschickt. Der Lieferant erteilt eine Gutschrift in Höhe von 1.000 Euro + 190 Euro USt.
4. Bezahlung der Eingangsrechnung aus der Tz. 1 minus der Rücksendung aus der Tz. 3 abzüglich 2 % Skonto vom Restbetrag durch Banküberweisung.
5. Verkauf der hergestellten Bücher für 20.000 Euro abzüglich 10 % Rabatt zuzüglich 7 % USt auf Ziel. Der Rabatt soll in der Buchführung getrennt ausgewiesen werden.

Aufgabe:

Erstellen Sie zu den Geschäftsvorfällen 1.-5. die Buchungssätze.

Seite 250

G. Privatentnahmen und -einlagen

1. Abgrenzung zwischen betrieblichen und privaten Vorgängen

Bei Einzelunternehmen und Personengesellschaften ereignen sich neben den vielzähligen betrieblichen Geschäftsvorfällen auch Vorgänge, die der **Privatsphäre des Unternehmers** zuzuordnen sind.

Beispiele:

- Entnahme von Geld aus der Kasse des Unternehmens für private Einkäufe des Unternehmers;
- Bezahlung der Dachreparatur am Einfamilienhaus des Unternehmers durch Überweisung vom betrieblichen Bankkonto;
- Nutzung eines betrieblichen Fahrzeugs für eine private Urlaubsreise des Unternehmers.

Privatvorgänge müssen in der Buchführung getrennt von den betrieblich verursachten Geschäftsvorfällen erfasst werden, damit sie das Ergebnis der Geschäftstätigkeit des Unternehmens (Gewinn oder Verlust) nicht beeinflussen.

In der **Gewinn- und Verlustrechnung** soll schließlich das **Ergebnis der Geschäftstätigkeit des Unternehmens**, unbeeinflusst von den privaten Aufwendungen und Erträgen des Unternehmers ausgewiesen werden.

Die **Bilanz** des Unternehmens soll auch unbeeinflusst vom Privatvermögen des Unternehmers nur diejenigen Posten ausweisen, die dem **Unternehmen** zuzuordnen sind.

2. Privat verursachte Eigenkapitalveränderungen

Bei der Betrachtung der Privatvorgänge im Unternehmensbereich sind zunächst deren Auswirkungen auf das Eigenkapital des Unternehmens zu untersuchen.

- Privatentnahmen **vermindern** das **Eigenkapital** des Unternehmens.

  Beispiel:

  Der Unternehmer Paul Reimer entnimmt der Kasse seines Unternehmens 1.000 Euro für private Zwecke.

Durch diesen Vorgang **vermindert** sich zunächst der **Kassenbestand** um 1.000 Euro, der auf dem Konto „**Kasse** 1000 (1600)" im **Haben** erfasst wird (Bestandsverminderung des Aktivkontos „Kasse").

Da sich durch diesen Geschäftsvorfall kein anderes Aktivkonto und auch kein Schuldenkonto verändert, **vermindert** sich das **Eigenkapital** um 1.000 Euro (Vermögen minus Schulden = Eigenkapital; Vermögen um 1.000 Euro vermindert, Schulden unverändert, also EK um 1.000 Euro niedriger als vor der Privatentnahme).

Verminderungen des Eigenkapitals werden auf dem Konto „**Eigenkapital** 0880 (2010)" im **Soll** gebucht (Bestandsverminderung des Passivkontos „Eigenkapital").

Somit könnte diese Privatentnahme durch die folgende Buchung erfasst werden:

Sollkonto – SKR 03 (SKR 04)	**Betrag (EUR)**	**Habenkonto** – SKR 03 (SKR 04)
Eigenkapital 0880 (2010)	1.000,00	Kasse 1000 (1600)

- Privateinlagen **erhöhen** das **Eigenkapital** des Unternehmens.

Beispiel:

Der Unternehmer Paul Reimer legt aus seinem Privatvermögen 500 Euro in die Kasse des Unternehmens ein.

Durch diesen Vorgang **erhöht** sich zunächst der **Kassenbestand** um 500 Euro, der auf dem Konto „**Kasse** 1000 (1600)" im **Soll** erfasst wird (Bestandserhöhung des Aktivkontos „Kasse").

Da sich kein anderes Aktivkonto und auch kein Schuldenkonto verändert, **erhöht** sich das **Eigenkapital** um 500 Euro (Vermögen um 500 Euro erhöht, Schulden unverändert, also EK um 500 Euro höher als vor der Privateinlage).

Erhöhungen des Eigenkapitals werden auf dem Konto „**Eigenkapital**" im **Haben** gebucht (Bestandserhöhung des Passivkontos **„Eigenkapital"**).

Somit könnte diese Privateinlage durch die folgende Buchung erfasst werden:

Sollkonto – SKR 03 (SKR 04)	**Betrag (EUR)**	**Habenkonto** – SKR 03 (SKR 04)
Kasse 1000 (1600)	500,00	Eigenkapital 0880 (2010)

Würden alle Privatentnahmen und -einlagen auf dem Eigenkapitalkonto erfasst, dann hätte dies zur Folge, das dieses Konto vielzählige Buchungen aufnehmen müsste. Aus Gründen der Übersichtlichkeit werden Privatentnahmen und -einlagen deshalb nicht direkt auf dem Eigenkapitalkonto, sondern auf speziellen Unterkonten des EK-Kontos, den **Privatkonten**, erfasst.

3. Privatkonten

Die aus dem Eigenkapitalkonto abgeleiteten Privatkonten werden üblicherweise in die folgenden zwei Gruppen unterteilt:

- Konten für **Privatentnahmen** als Unterkonten der **Sollseite** des EK-Kontos und
- Konten für **Privateinlagen** als Unterkonten der **Habenseite** des EK-Kontos.

Die DATEV-Kontenrahmen SKR 03 und SKR 04 enthalten z. B. die folgenden Privatkonten:

Privatentnahmen (Unterkonten der Sollseite des EK-Kontos)		**Privateinlagen** (Unterkonten der Habenseite des EK-Kontos)
Privatentnahmen allgemein	1800 (2100)	Privateinlagen 1890 (2180)
Privatsteuern	1810 (2150)	
Zuwendungen, Spenden	1840 (2250)	
Grundstücksaufwand	1860 (2300)	
Grundstücksertrag	1870 (2350)	
Unentgeltliche Wertabgaben	1880 (2130)	

Für die Buchungen auf den Privatkonten gelten die folgenden Buchungsregeln:

- **Privatentnahmen** (= Eigenkapitalminderungen) werden auf der **Sollseite** des Privatentnahmekontos erfasst.

  Beispiel:

  Der Unternehmer Christian Theisen entnimmt der Kasse seines Unternehmens 1.000 Euro für private Zwecke.

  <u>Buchung:</u>

Sollkonto – SKR 03 (SKR 04)	**Betrag (EUR)**	**Habenkonto** – SKR 03 (SKR 04)
Privatentnahmen allg. 1800 (2100)	1.000,00	Kasse 1000 (1600)

- **Privateinlagen** (= Eigenkapitalmehrungen) werden auf der **Habenseite** des Privateinlagekontos erfasst.

  Beispiel:

  Der Unternehmer Christian Theisen legt aus seinem Privatvermögen 500 Euro in die Kasse seines Unternehmens ein.

Buchung:

Sollkonto – SKR 03 (SKR 04)	**Betrag (EUR)**	**Habenkonto** – SKR 03 (SKR 04)
Kasse 1000 (1600)	500,00	Privateinlagen 1890 (2180)

4. Privatentnahmen

4.1 Überblick

Nach § 4 Abs. 1 Satz 2 EStG sind Entnahmen (Privatentnahmen) alle Wirtschaftsgüter, die der Steuerpflichtige dem Betrieb für sich, für seinen Haushalt oder für andere betriebsfremde Zwecke entnimmt. Diese Entnahmen können in Form von

- Geld,
- Waren oder Erzeugnissen (Sachen),
- Nutzungen oder
- Leistungen

erfolgen (vgl. *Kliewer / Zschenderlein*, S. 124).

Entnahmearten	Beispiele
Geldentnahme	Bezahlung einer Privatrechnung von dem betrieblichen Bankkonto; Entnahme von Bargeld aus der betrieblichen Kasse für private Zwecke
Sachentnahme	Entnahme von Waren für den Privathaushalt
Nutzungsentnahme	Urlaubsfahrt mit dem betrieblichen Pkw
Leistungsentnahme	Einsatz betrieblicher Arbeitnehmer für private Zwecke (z.B. zur Pflege des Privatgrundstücks)

Sach-, Nutzungs- und Leistungsentnahmen unterliegen als so genannte **„unentgeltliche Wertabgaben“** (Abschn. 24a UStR) grundsätzlich der **Umsatzsteuer**.

Dies bedeutet, dass die **Entnahme eines Gegenstandes** oder **einer sonstigen Leistung** für private Zwecke – bis auf bestimmte Ausnahmen – mit Umsatzsteuer zu belasten ist.

Der Unternehmer berechnet sich dann selbst Umsatzsteuer und führt diese an das Finanzamt ab.

Geldentnahmen unterliegen hingegen nicht der Umsatzsteuer.

4.2 Geldentnahme

Die Entnahme von Geld für private Zwecke erfolgt in der Regel durch Bargeldentnahme aus der Kasse oder durch Bezahlung privater Ausgaben von einem betrieblichen Bankkonto.

Bei Einzelunternehmern ist es üblich, einen Teil der privaten Zahlungsvorgänge über die betrieblichen Geldkonten abzuwickeln.

Beispiele:

- Bezahlung von Privatsteuern (Einkommensteuer, private Kfz-Steuer, Grundsteuer für das private Einfamilienhaus etc.) durch Überweisung vom betrieblichen Bankkonto;
- Bezahlung von privaten Versicherungsbeiträgen durch Abbuchung vom betrieblichen Bankkonto;
- Bezahlung privater Einkäufe mit der Kredit- oder Geldkarte des Unternehmens.

Geldentnahmen werden wie folgt erfasst:

Sollkonto – SKR 03 (SKR 04)	**Betrag (EUR)**	**Habenkonto** – SKR 03 (SKR 04)
Privatentnahmekonto – z. B. Privatentnahmen allg. 1800 (2100)	z. B. 1.000,00	**Geldkonto** – z. B. Bank 1200 (1800)

26

Bei der Unternehmerin Elena Stahlbaum, die in Koblenz ein Großhandelsunternehmen betreibt, ereignen sich die folgenden Geschäftsvorfälle:

1. Bezahlung der Anschaffung eines Farbfernsehgerätes für den Privathaushalt mit einem Bankscheck des Großhandelsunternehmens. Von dem Geschäftskonto werden 1.190 Euro abgebucht.
2. Überweisung von 2.000 Euro vom betrieblichen Girokonto auf das private Bankkonto der Unternehmerin.
3. Entnahme von 100 Euro aus der Kasse des Unternehmens für ein privates Essen mit Freunden.
4. Überweisung einer Einkommensteuervorauszahlung in Höhe von 1.600 Euro vom Bankkonto des Großhandelsunternehmens an die Finanzkasse.

Aufgabe:

Erstellen Sie die Buchungssätze zu den Geschäftsvorfällen 1.-4.

Seite 250

4.3 Sachentnahme

Bei dieser Art der Entnahme überführt der Unternehmer **Gegenstände (Sachen) des Betriebsvermögens** in den außerbetrieblichen – z. B. privaten – Bereich.

Beispiele:

- Ein Lebensmittelhändler entnimmt Lebensmittel und Getränke aus seinem Unternehmen für seinen Privathaushalt.
- Ein Fahrradhändler entnimmt dem Warenbestand seines Unternehmens ein Fahrrad und schenkt es seiner Tochter zum Geburtstag.

Bei einer Sachentnahme stellt sich zunächst die Frage, mit welchem **Wert** die Entnahme anzusetzen ist.

Bei **Waren** stehen verschiedene Werte, wie der Nettoeinkaufspreis zum Zeitpunkt des Einkaufs der Ware, der Nettoeinkaufspreis zum Zeitpunkt der Entnahme oder der Nettoverkaufspreis, zur Wahl.

Das Einkommensteuergesetz schreibt für Sachentnahmen vor, dass diese mit dem so genannten **Teilwert** anzusetzen sind (vgl. § 6 Abs. 1 Nr. 4 EStG).

Weil der Teilwert ein fiktiver Wert ist, der nur auf dem Wege der Schätzung ermittelt werden kann, hat das Bundesfinanzministerium zur Konkretisierung so genannte „**Teilwertvermutungen**" in den Hinweisen zu den Einkommensteuerrichtlinien festgelegt (vgl. H 6.7 (Teilwertvermutungen) EStH 2008).

Bei Wirtschaftsgütern des Umlaufvermögens (z. B. Waren) entspricht der Teilwert den

Wiederbeschaffungskosten

(vgl. H 6.7 (Teilwertvermutungen) EStH 2008), also dem Wert, der aufgewendet werden müsste, um einen gleichartigen und gleichwertigen Gegenstand neu zu beschaffen.

Beispiel:

Der zum Vorsteuerabzug berechtigte Computerhändler Schmidt entnimmt dem Warenbestand seines Unternehmens einen Computer und schenkt ihn seinem Sohn zum Geburtstag.

Beim **Einkauf** einige Monate zuvor hatte dieser Computer **800 Euro** + 19 % USt gekostet (einschließlich Lieferkosten). Würde der Computer zum Zeitpunkt der Entnahme **neu eingekauft**, müsste Herr Schmidt **850 Euro** + 19 % USt dafür bezahlen.

Der Entnahmewert (Teilwert) beträgt **850 Euro**. Er entspricht den Wiederbeschaffungskosten.

Die **Entnahme eines Gegenstandes** durch den Unternehmer aus seinem Unternehmen für private Zwecke unterliegt der **Umsatzsteuer**, sofern für den Gegenstand oder seine Bestandteile beim Einkauf **Vorsteuerabzug** möglich war. In der Sprache des Umsatzsteuerrechts handelt es sich um eine „**unentgeltliche Wertabgabe**" (vgl. § 3 Abs. 1b UStG und Abschn. 24b UStR).

Die Privatentnahme wird dann bei dem Unternehmer wie ein „Verkauf an sich selbst" behandelt.

Bemessungsgrundlage für die Berechnung der USt ist bei der Gegenstandsentnahme

- der **Nettoeinkaufspreis zuzüglich der Nebenkosten** für den Gegenstand bzw. für einen vergleichbaren Gegenstand zum Zeitpunkt der Entnahme

  oder – falls kein Einkaufspreis feststellbar ist (z. B. bei eigener Herstellung) –

- die **Selbstkosten** des Gegenstandes.

Im Normalfall ist bei **Warenentnahmen** für private Zwecke die umsatzsteuerliche Bemessungsgrundlage mit der einkommensteuerlichen Teilwertvermutung (s.o.) idendisch. Somit sind Sachentnahmen grundsätzlich mit den **Wiederbeschaffungskosten** in der Buchführung zu erfassen.

Die Entnahme eines Gegenstandes, der **ohne** Vorsteuerabzug für das Unternehmen erworben (z. B. Kauf von einer Privatperson), oder der aus dem Privatvermögen in das Betriebsvermögen eingelegt wurde, unterliegt bei einer späteren Entnahme **nicht** der USt. Die Sachentnahme ist dann **ohne USt** in der Buchführung zu erfassen.

Die **Buchung** der Entnahme erfolgt mit dem Nettobetrag im **Soll** auf dem **Privatkonto**

Unentgeltliche Wertabgaben 1880 (2130)

und im **Haben** auf dem **Ertragskonto**

- Entnahme durch den Unternehmer (Waren) 19 % USt 8910 (4620) oder
- Entnahme durch den Unternehmer (Waren) 7 % USt 8915 (4610) oder
- Entnahme durch den Unternehmer (Waren) ohne USt 8919 (4619).

Sofern die Entnahme der Umsatzsteuer unterliegt, wird die auf den Nettoentnahmewert entfallende **USt** im **Soll** auf dem **Privatkonto**

Unentgeltliche Wertabgaben 1880 (2130)

und – weil sie eine Verbindlichkeit gegenüber dem Finanzamt ist – im **Haben** auf dem **Umsatzsteuerkonto**

Umsatzsteuer 19 % 1776 (3806) bzw. Umsatzsteuer 7 % 1771 (3801)

gebucht.

Beispiel:

Die Lebensmittelhändlerin Helena Kast entnimmt dem Warenbestand ihres Betriebes Getränke im Wert von netto 100 Euro (Wiederbeschaffungskosten).

Diese Entnahme ist wie folgt in der Buchführung zu erfassen:

Sollkonto – SKR 03 (SKR 04)	**Betrag (EUR)**	**Habenkonto** – SKR 03 (SKR 04)
Unentgeltl. Wertabgaben 1880 (2130)	100,00	Entnahme durch den Unternehmer (Waren) 8910 (4620)
Unentgeltl. Wertabgaben 1880 (2130)	19,00	Umsatzsteuer 19 % 1776 (3806)

27

Die Unternehmerin Anke Becker, die ein Einzelhandelsunternehmen für Lebensmittel und Haushaltswaren betreibt, tätigt die folgenden Entnahmen:

1. Entnahme von Getränken im Wert von 50 Euro (netto) aus dem Warenbestand des Lebensmittelgeschäfts für ihren Privathaushalt. Die Getränke unterliegen bei der USt dem Steuersatz von 19 %.
2. Überweisung einer Handwerkerrechnung in Höhe von 150 Euro + 19 % USt vom betrieblichen Bankkonto. Die Rechnung betrifft eine Reparatur am privaten Einfamilienhaus von Frau Becker.
3. Entnahme von Lebensmitteln zum ermäßigten Steuersatz (7 %) aus dem Einzelhandelsgeschäft für ihren Privathaushalt. Der Einkaufswert dieser Lebensmittel beträgt zusammengerechnet 200 Euro + USt. Im Geschäft beträgt der Verkaufspreis zusammengerechnet 250 Euro + USt.

Aufgabe:

Erstellen Sie die Buchungssätze zu den Geschäftsvorfällen 1.-3.

Seite 251

Für die Entnahme von Lebensmitteln – z. B. in den Gewerbezweigen Bäckerei, Fleischerei, Gastwirtschaft, Nahrungsmitteleinzelhandel – gibt das Bundesfinanzministerium jährlich Pauschbeträge bekannt, die aus Vereinfachungsgründen ohne weiteren Nachweis angesetzt werden können.

Die Pauschbeträge für 2009 wurden wie folgt festgesetzt (BMF-Schreiben vom 19.12.2008):

Pauschbeträge für unentgeltliche Wertabgaben (Sachentnahmen) für das Kalenderjahr 2009

Vorbemerkungen

1. Die Pauschbeträge für unentgeltliche Wertabgaben werden durch die zuständigen Finanzbehörden festgesetzt.
2. Sie beruhen auf Erfahrungswerten und bieten dem Steuerpflichtigen die Möglichkeit, die Warenentnahmen monatlich pauschal zu verbuchen. Sie entbinden ihn damit von der Aufzeichnung einer Vielzahl von Einzelentnahmen.
3. Diese Regelung dient der Vereinfachung und lässt keine Zu- und Abschläge wegen individueller persönlicher Ess- oder Trinkgewohnheiten zu. Auch Krankheit oder Urlaub rechtfertigen keine Änderungen der Pauschbeträge.
4. Die Pauschbeträge sind Jahreswerte für eine Person. Für Kinder bis zum vollendeten 2. Lebensjahr entfällt der Ansatz eines Pauschbetrages. Bis zum vollendeten 12. Lebensjahr ist die Hälfte des jeweiligen Wertes anzusetzen. Tabakwaren sind in den Pauschbeträgen nicht enthalten. Soweit diese entnommen werden, sind die Pauschbeträge entsprechend zu erhöhen (Schätzung).
5. Die pauschalen Werte berücksichtigen im jeweiligen Gewerbezweig das allgemein übliche Warensortiment.
6. Bei gemischten Betrieben (Metzgerei oder Bäckerei mit Lebensmittelangebot oder Gastwirtschaft) ist nur der jeweils höhere Pauschbetrag der entsprechenden Gewerbeklasse anzusetzen.

Gewerbezweig	**Jahreswert für eine Person ohne Umsatzsteuer**		
	ermäßigter Steuersatz	**voller Steuersatz**	**insgesamt**
	€	**€**	**€**
Bäckerei	848	431	1.279
Fleischerei	673	1.009	1.682
Gast- und Speisewirtschaften			
a) mit Abgabe von kalten Speisen	807	1.211	2.018
b) mit Abgabe von kalten und warmen Speisen	1.117	1.991	3.108
Getränke (Eh.)	0	364	364
Café und Konditorei	861	740	1.601
Milch, Milcherzeugnisse, Fettwaren und Eier (Eh.)	511	68	579
Nahrungs- und Genussmittel (Eh.)	1.170	565	1.735
Obst, Gemüse, Südfrüchte und Kartoffeln (Eh.)	269	202	471

Beispiel:

Bäckermeister Mehl betreibt in Koblenz eine Bäckerei als Einzelunternehmer. Er ist verheiratet und hat zwei Kinder (einen Sohn, 8 Jahre alt und eine Tochter, 5 Monate alt).

Er zeichnet die aus der Bäckerei für sich und seine Familie entnommenen Waren nicht einzeln auf, sondern setzt diese für das Kalenderjahr 2009 mit den Pauschbeträgen des Bundesfinanzministeriums fest.

Die Werte der Entnahmen betragen hiernach:

	Nettowert zu 7 % **Euro**	**Nettowert zu 19 %** **Euro**
Bäckermeister Mehl	848	431
Ehefrau	848	431
Kind, 8 Jahre alt (Wertansatz zu 50 %)	424	215
Kind, 5 Monate alt (bleibt unberücksichtigt)	0	0
	2.120	1.077

Buchung:

Sollkonto – SKR 03 (SKR 04)	**Betrag** (EUR)	**Habenkonto** – SKR 03 (SKR 04)
Unentgeltl. Wertabgaben 1880 (2130)	2.120,00	Entnahme (Waren) zu 7 % USt 8915 (4630)
Unentgeltl. Wertabgaben 1880 (2130)	148,40	Umsatzsteuer 7 % 1771 (3801)
Unentgeltl. Wertabgaben 1880 (2130)	1.077,00	Entnahme (Waren) zu 19 % USt 8910 (4620)
Unentgeltl. Wertabgaben 1880 (2130)	204,63	Umsatzsteuer 19 % 1776 (3806)

Wenn Herr Mehl bei der Umsatzsteuer Monatszahler ist (siehe S. 81), muss er von den o.g. Werten monatlich 1/12 buchen.

Als Vierteljahreszahler müsste er vierteljährlich $^1/_4$ der o. g. Werte erfassen.

4.4 Nutzungsentnahme

Eine Nutzungsentnahme liegt dann vor, wenn der Unternehmer oder einer seiner Angehörigen **einen Gegenstand**, der zum Betriebsvermögen seines Unternehmens gehört, **für private Zwecke verwendet** (nutzt).

Beispiele:

- Der Bauunternehmer Christian Wolf verwendet einen Bagger seines Unternehmens für Aushubarbeiten an seinem Einfamilienhaus.
- Die Unternehmerin Anja Maiwald verwendet den betrieblichen Pkw für eine Urlaubsreise nach Italien.

Der **Wert** einer Nutzungsentnahme entspricht nach dem Einkommensteuerrecht den tatsächlichen **Selbstkosten** (= anteilige Aufwendungen) der privaten Nutzung (vgl. H 6.12 (Nutzungen) EStH 2008).

Beispiel:

Die Unternehmerin Silke Reicharz erstellt für einen Sportverein, in dem sie Vorstandsmitglied ist, 5.000 Handzettel DIN A 4 mit dem Fotokopiergerät ihres Unternehmens. Die anteiligen Aufwendungen für eine Kopie (anteilige Abschreibung des Kopierers, Papier, Strom usw.) betragen netto 0,045 Euro/Kopie.

Der Wert der Nutzungsentnahme beträgt somit netto 225 Euro (5.000 Kopien x 0,045 Euro/Kopie).

Die Verwendung (Nutzung) eines betrieblichen Gegenstandes durch den Unternehmer für private Zwecke unterliegt der **Umsatzsteuer**, sofern für den Gegenstand oder seine Bestandteile beim Einkauf **Vorsteuerabzug** möglich war. In der Sprache der Umsatzsteuer handelt es sich um eine **„unentgeltliche Wertabgabe"** in der Form einer sonstigen Leistung (vgl. § 3 Abs. 9a Nr. 1 UStG und Abschn. 24c UStR).

Für die Berechnung der Umsatzsteuer sind bei der Nutzungsentnahme die **entstandenen Ausgaben** der privaten Nutzung, **für die Vorsteuerabzug möglich war**, zu Grunde zu legen (vgl. § 10 Abs. 4 Nr. 2 Satz 1 UStG).

Unter „Ausgaben" im Sinne des Umsatzsteuergesetzes sind die auf die Privatnutzung entfallenden **anteiligen Aufwendungen** zu verstehen. In Betracht kommen hierbei insbesondere die anteiligen **Abschreibungsbeträge** der Anlagegüter sowie die durch die Privatnutzung entstandenen **Betriebskosten**.

Die **Abschreibungsbeträge**, welche in die Ermittlung der umsatzsteuerpflichtigen unentgeltlichen Wertabgabe einfließen, sind unabhängig von der einkommensteuerlichen Abschreibung zu ermitteln. Bei beweglichen Anlagegütern, deren Anschaffungs- oder Herstellungskosten mindestens 500 Euro betragen haben, ist **für umsatzsteuerliche Zwecke** ein **Abschreibungszeitraum** von **5 Jahren** zu Grunde zu legen (vgl. § 10 Abs. 4 Nr. 2 Satz 3 i. V. mit § 15a UStG sowie BMF-Schreiben vom 13.4.2004, BStBl. I, S. 468f., dem Einzelheiten entnommen werden können).

Bei dem zuvor dargestellten Beispiel ist das Fotokopiergerät für umsatzsteuerliche Zwecke somit über einen Nutzungszeitraum von 5 Jahren linear abzuschreiben. Der so ermittelte jährliche Abschreibungsbetrag ist dann für die Ermittlung der umsatzsteuerpflichtigen anteiligen Aufwendungen, die durch die Privatnutzung verursacht wurden, zu Grunde zu legen.

Aus Vereinfachungsgründen wird hier unterstellt, dass der vom Umsatzsteuergesetz vorgegebene Nutzungszeitraum von 5 Jahren beim vorangegangenen Beispiel und den nachfolgenden Beispielen und Fällen mit dem jeweiligen einkommensteuerlichen Abschreibungszeitraum übereinstimmt.

Die Nutzungsentnahme des vorangegangenen Beispiels (private Nutzung des betrieblichen Fotokopiergerätes) ist also mit 42,75 Euro USt zu belasten (225 Euro x 19 %), sofern für die in der Berechnung berücksichtigten Aufwendungen Vorsteuerabzug möglich war (wird hier unterstellt).

Die Verwendung eines Gegenstandes, der **ohne** Vorsteuerabzug für das Unternehmen erworben (z. B. von einer Privatperson gekauft), oder der früher aus dem Privatvermögen in das Betriebsvermögen eingelegt wurde, unterliegt **nicht** der USt. Die Nutzungsentnahme ist dann **ohne USt** in der Buchführung zu erfassen.

Die **Buchung** der Nutzungsentnahme erfolgt mit dem **Nettobetrag** im **Soll** auf dem **Privatkonto**

Unentgeltliche Wertabgaben 1880 (2130)

und im **Haben** auf einem der folgenden **Ertragskonten**:

- Verwendung von Gegenständen für Zwecke außerhalb des Unternehmens 19 % USt 8920 (4640);
- Verwendung von Gegenständen für Zwecke außerhalb des Unternehmens 7 % USt 8930 (4630);
- Verwendung von Gegenständen für Zwecke außerhalb des Unternehmens ohne USt 8924 (4637)

oder einem spezielleren Unterkonto dieser Konten, z. B. „8921 (4645)" für die private Kfz-Nutzung.

Die auf den Nettoentnahmewert entfallende **USt**, wird im **Soll** auf dem **Privatkonto**

Unentgeltliche Wertabgaben 1880 (2130)

und – weil sie eine Verbindlichkeit gegenüber dem Finanzamt ist – im **Haben** auf dem **Umsatzsteuerkonto**

Umsatzsteuer 19 % 1776 (3806) bzw.
Umsatzsteuer 7 % 1771 (3801)

erfasst.

Beispiel:

Die Nutzungsentnahme des zuvor dargestellten Beispiels (Nutzung des betrieblichen Kopierers im Wert von netto 225 Euro) ist wie folgt zu buchen:

Sollkonto – SKR 03 (SKR 04)	**Betrag (EUR)**	**Habenkonto** – SKR 03 (SKR 04)
Unentgeltl. Wertabgaben 1880 (2130)	225,00	Verwendung von Gegenständen für Zwecke außerhalb des U. 19 % USt 8920 (4640)
Unentgeltl. Wertabgaben 1880 (2130)	42,75	Umsatzsteuer 19 % 1776 (3806)

Hinsichtlich der **Nutzung eines betrieblichen Fahrzeugs für private Zwecke** (private Pkw-Nutzung) sind zahlreiche steuerliche Besonderheiten bei der Einkommensteuer und der Umsatzsteuer zu beachten (vgl. *Bornhofen*, S. 142-144; *Kliewer / Zschenderlein*, S. 77-81).

Nachfolgend wird – um dem Charakter der Kompakt-Reihe gerecht zu werden – ein stark komprimierter Überblick zu diesem Spezialgebiet gegeben.

Die **Ermittlung der Nutzungsentnahme** kann bei der privaten Kfz-Nutzung entweder mithilfe eines ordnungsgemäß geführten **Fahrtenbuchs** oder – bei Fahrzeugen, die zu mehr als 50 % betrieblich genutzt werden – nach der „**1 %-Regelung**" erfolgen (Wahlrecht).

- Für die Anwendbarkeit der **Fahrtenbuchmethode** muss ein ordnungsgemäß geführtes Fahrtenbuch vorliegen (zu den Anforderungen an ein solches Fahrtenbuch siehe BMF-Schreiben vom 21.1.2002, Gliederungspunkt III., abgedruckt im Anhang 16 III des EStH 2008 S. 1543).

  Bei dieser Berechnungsmethode wird zunächst das prozentuale Verhältnis der privat gefahrenen zu den insgesamt gefahrenen km eines Abrechnungszeitraums (z. B. Kalenderjahr) ermittelt:

$$\text{privater Nutzungsanteil in \%} = \frac{\text{privat zurückgelegte km}}{\text{insgesamt zurückgelegte km}} \text{ x } 100$$

  Die Nutzungsentnahme wird dann durch die Multiplikation des privaten Nutzungsanteils mit den insgesamt angefallen Kfz-Kosten für dieses Fahrzeug in dem Abrechnungszeitraum ermittelt.

  Beispiel:

  Die Unternehmerin Nadine Powelz nutzt den betrieblichen Pkw mit dem Kennzeichen KO-NP 406 für betriebliche und private Fahrten (gemischte Nutzung).

  Aus dem ordnungsgemäß geführten Fahrtenbuch und den weiteren Unterlagen der Buchführung sind für den Abrechnungszeitraum (Kalenderjahr) die folgenden Daten zu entnehmen:

- insgesamt zurückgelegte km 42.000
- privat zurückgelegte km 7.770
- gesamte Kfz-Kosten des Abrechnungszeitraums für das Fahrzeug KO-NP 406 (Abschreibung, Benzin, Reparaturen etc.) 16.800 Euro

Berechnung der Nutzungsentnahme:

7.770 km : 42.000 km x 100 = 18,5 % 16.800 Euro x 18,5 % = 3.108 Euro

Zu beachten ist weiterhin die umsatzsteuerliche Regelung, dass nur derjenige Anteil der Nutzungsentnahme mit Umsatzsteuer zu belasten ist, für den beim Leistungseingang Vorsteuerabzug möglich war (vgl. § 3 Abs. 9a Nr. 1 und § 10 Abs. 4 Nr. 2 UStG).

Dies bedeutet, dass für den Anteil der Privatnutzung, für den **kein Vorsteuerabzug** möglich war, auch **keine** Umsatzsteuer anfällt.

Beispiel:

Fall wie zuvor, jedoch jetzt mit der Zusatzinformation, dass die gesamten Kfz-Kosten (netto 16.800 Euro) insgesamt 16.000 Euro enthalten, für die Vorsteuerabzug möglich war; bei den verbleibenden 800 Euro handelt es sich um die Kfz-Steuer und die Kfz-Versicherung, die keine Umsatzsteuer enthalten und für die deshalb kein Vorsteuerabzug möglich war.

Lösung:

- Privatnutzung, die der USt unterliegt 16.000 Euro x 18,5 % = 2.960,00 Euro (netto)
- Umsatzsteuer hierzu 2.960 Euro x 19 % = 562,40 Euro
- Privatnutzung, die nicht der USt unterliegt 800 Euro x 18,5 % = 148,00 Euro

Buchung:

Sollkonto – SKR 03 (SKR 04)	**Betrag (EUR)**	**Habenkonto** – SKR 03 (SKR 04)
Unentgeltl. Wertabgaben 1880 (2130)	2.960,00	Verwendung von Gegenst. für Zwecke außerhalb des Untern. 19 % USt (Kfz-Nutzung) 8921 (4645)
Unentgeltl. Wertabgaben 1880 (2130)	148,00	Verwendung von Gegenst. für Zwecke außerhalb des Untern. ohne USt 8924 (4639)
Unentgeltl. Wertabgaben 1880 (2130)	562,40	Umsatzsteuer 19 % 1776 (3806)

❑ Die **Prozentmethode („1 %-Regelung")** ist dann anzuwenden, wenn kein ordnungsgemäß geführtes Fahrtenbuch vorliegt und das Fahrzeug zu mehr als 50 % betrieblich genutzt wird (sog. notwendiges Betriebsvermögen) (vgl. § 6 Abs. 1 Nr. 4 Sätze 2 und 3 EStG).

Ausgangspunkt der Berechnung ist bei dieser Methode der **Listenpreis** des gemischt genutzten Fahrzeugs **zum Zeitpunkt der Erstzulassung** zuzüglich etwaiger Sonderausstattungen und **einschließlich USt** (so genannter „**Bruttolistenpreis**").

Der **Bruttolistenpreis** ist nicht der tatsächlich in Rechnung gestellte Bruttorechnungsbetrag, sondern der **Preis der Händlerliste einschließlich USt**; er kann mit dem tatsächlichen Rechnungsbetrag übereinstimmen, muss es aber nicht.

Für die Berechnung der Privatnutzung wird der Bruttolistenpreis **auf volle 100 Euro abgerundet** (vgl. BMF-Schreiben vom 21.1.2002, Rz. 7).

Der Wert der Nutzungsentnahme beträgt dann

> **1 % des auf volle 100 Euro abgerundeten Bruttolistenpreises pro Monat** der Privatnutzung.

Bezogen auf **ein ganzes Kalenderjahr** bedeutet dies, dass die Nutzungsentnahme bei der Prozentmethode mit **12 % des abgerundeten Bruttolistenpreises** anzusetzen ist.

Beispiel:

Fall wie im Beispiel zuvor (gemischte Nutzung des betrieblichen Pkw mit dem Kennzeichen KO-NP 406) mit dem Unterschied, dass **kein** Fahrtenbuch geführt wurde. Der **Bruttolistenpreis** dieses Fahrzeugs hat zum Zeitpunkt der Erstzulassung **27.550 Euro** betragen. Der Pkw gehört zum notwendigen Betriebsvermögen.

Berechnung der Nutzungsentnahme:

Bruttolistenpreis: 27.550 Euro	Abrundung auf volle 100 Euro ergibt 27.500 Euro
27.500 Euro x 1 % =	275 Euro/Monat
275 Euro/Monat x 12 Monate =	3.300 Euro/Kalenderjahr

> Hier ist nun die umsatzsteuerliche Regelung zu beachten, dass nur **80 %** dieser pauschal ermittelten Nutzungsentnahme **mit Umsatzsteuer zu belasten** ist. **20 %** des mithilfe der „1 %-Methode" ermittelten Wertes unterliegt somit **nicht** der Umsatzsteuer (vgl. BMF-Schreiben vom 27.8.2004, Tz. 2.1).

Lösung zum oben dargestellten Fall:

• Privatnutzung, die der USt unterliegt	3.300 Euro x **80 %**	= 2.640,00 Euro (netto)
• Umsatzsteuer hierzu	2.640 Euro x 19 %	= 501,60 Euro
• Privatnutzung, die nicht der USt unterliegt	3.300 Euro x **20 %**	= 660,00 Euro

Buchung:

Sollkonto – SKR 03 (SKR 04)	**Betrag (EUR)**	**Habenkonto** – SKR 03 (SKR 04)
Unentgeltl. Wertabgaben 1880 (2130)	2.640,00	Verwendung von Gegenst. für Zwecke außerhalb des Untern. 19 % USt (Kfz-nutzung 8921 (4645)
Unentgeltl. Wertabgaben 1880 (2130)	660,00	Verwendung von Gegenst. für Zwecke außerhalb des Untern. ohne USt 8924 (4639)
Unentgeltl. Wertabgaben 1880 (2130)	501,60	Umsatzsteuer 19 % 1776 (3806)

Ob die Fahrtenbuchmethode oder die Prozentmethode im Einzelfall günstiger ist, hängt von den konkreten Daten ab und muss individuell berechnet werden.

28

Die zum Vorsteuerabzug berechtigte Unternehmerin Natascha Schulz nutzt den zu ihrem Betriebsvermögen gehörenden Pkw mit dem Kennzeichen KO-SN 333, der im Januar 2009 für ihren Betrieb angeschafft wurde, auch für Privatfahrten. Ein Fahrtenbuch hat sie für diesen Pkw nicht geführt.

Der Bruttolistenpreis hat zum Zeitpunkt der Anschaffung **33.333 Euro** betragen.

Aufgabe:

Ermitteln Sie die Nutzungsentnahme (private Pkw-Nutzung) für Januar 2009 und zeigen Sie, wie diese in der Buchführung von Frau Schulz zu buchen ist.

Seite 251

Bei Fahrzeugen, die zu 50 % oder weniger betrieblich genutzt werden (Privatnutzung 50 % oder mehr) ist **seit dem 1.1.2006** die Anwendung der **Prozentmethode nicht mehr zulässig**. Sofern kein ordnungsgemäß geführtes Fahrtenbuch vorliegt, können der betriebliche und der private Nutzungsanteil sachgerecht geschätzt werden (**mithilfe geeigneter Unterlagen**, wie z. B. Reisekostenaufstellungen, Auftragszettel o.ä.).

Die **private Nutzung betrieblicher Telekommunikationsanlagen** (Telefon, Telefax, Mobiltelefon etc.) wirft – wie die private Nutzung betrieblicher Fahrzeuge – zahlreiche steuerliche Einzelprobleme auf, deren Behandlung den Rahmen dieses Kompakt-Trainings überschreiten würde. Interessierte Leser können eine detaillierte Darstellung mit Beispielen in *Bilanz, Buchführung, Kostenrechnung (BBK)*, Fach 30, S. 869-874 nachlesen.

Hier soll jedoch zumindest darauf hingewiesen werden, dass hinsichtlich der **laufenden Telefonkosten** (z.B. Gesprächsgebühren bzw. -entgelte) eine Aufteilung in den betrieblichen und den privaten Anteil direkt **beim Rechnungseingang** erfolgen sollte (vgl. *Zschenderlein/Mayer*, S. 871).

Der betriebliche Anteil der Telefonkosten ist netto auf dem Aufwandskonto „**Telefon** 4920 (6805)“ im **Soll** zu erfassen. Die hierauf entfallende **Vorsteuer** wird auf dem Konto „**abziehbare Vorsteuer** 1576 (1406)“ im **Soll** gebucht.

Der **private** Anteil an den Telefonkosten wird mit dem **Bruttobetrag** auf dem Konto „**Privatentnahmen** 1800 (2100)“ im **Soll** erfasst.

Beispiel:

Die zum Vorsteuerabzug berechtigte Unternehmerin Silvia Sieg hat seit der letzten Betriebsprüfung mit dem Finanzamt die Vereinbarung, dass ihre privaten Telefongespräche von dem betrieblichen Telefon pauschal mit 10 % der gesamten Telefonkosten ihres Unternehmens angesetzt werden.

Die Telefonrechnung für den Monat Juli beträgt 232,05 Euro (brutto 19 % USt). Der Rechnungsbetrag wird direkt von ihrem betrieblichen Bankkonto abgebucht.

Diese Telefonrechnung wird wie folgt gebucht:

Sollkonto – SKR 03 (SKR 04)		**Betrag (EUR)**	**Habenkonto** – SKR 03 (SKR 04)	
Telefon	4920 (6805)	175,50	Bank	1200 (1800)
Vorsteuer 19 %	1576 (1406)	33,35	Bank	1200 (1800)
Privatentnahmen allg.	1800 (2100)	23,20	Bank	1200 (1800)

Nebenrechnung:
232,05 Euro : 1,19 = 195,00 Euro (Telefonkosten, netto)
195,00 Euro x 90 % = 175,50 Euro (betrieblicher Anteil, netto)
175,50 Euro x 19 % = 33,35 Euro (abziehbare Vorsteuer)

232,05 Euro x 10 % = 23,20 Euro (privater Anteil, brutto)

4.5 Leistungsentnahme

Eine Leistungsentnahme liegt dann vor, wenn der Unternehmer eine andere sonstige Leistung als eine Nutzungsentnahme aus seinem Unternehmen für private Zwecke „entnimmt“ (ausführen lässt).

Praktische Bedeutung hat insbesondere der Fall, bei dem der Unternehmer einen oder mehrere Arbeitnehmer seines Unternehmens während der betrieblichen Arbeitszeit für seine privaten Zwecke arbeiten lässt.

Beispiele:

- Der Unternehmer Florian Lay lässt die Gartenanlage seines Privathauses von einem Arbeitnehmer seines Unternehmens während der betrieblichen Arbeitszeit pflegen (vgl. Abschn. 24c Abs. 5 UStR).

- Der Bauunternehmer Mirco Perra lässt von Arbeitnehmern seines Unternehmens während der betrieblichen Arbeitszeit einen Anbau an seinem Einfamilienhaus erstellen.

Nach § 3 Abs. 9a Nr. 2 UStG und Abschn. 24c UStR sind Leistungsentnahmen als **unentgeltliche Wertabgaben** (Erbringung von sonstigen Leistungen für Zwecke, die außerhalb des Unternehmens liegen) **mit USt zu belasten**.

Der **Wert** der Leistungsentnahme ist mit den **entstandenen Ausgaben** (Selbstkosten) anzusetzen (vgl. § 10 Abs. 4 Nr. 3 UStG und Abschn. 155 Abs. 2 UStR).

Beispiel:

Der Unternehmer Christian Theisen betreibt in Koblenz ein Malerfachgeschäft. Er lässt während der betrieblichen Arbeitszeit von zwei Arbeitnehmern seines Unternehmens das Erdgeschoss seines Einfamilienhauses renovieren.

Die Selbstkosten (Arbeitslohn, Lohnnebenkosten, Farbe und andere Materialien) betragen zusammengerechnet 3.250 Euro (netto). Die Leistungsentnahme ist also mit 617,50 Euro USt zu belasten (3.250 Euro x 19 %).

Die **Buchung** der Leistungsentnahme erfolgt mit dem **Nettobetrag** im **Soll** auf dem **Privatkonto**

Unentgeltliche Wertabgaben 1880 (2130)

und im **Haben** auf dem **Ertragskonto**

Unentgeltliche Erbringung einer sonstigen Leistung 19 % USt 8925 (4660).

Die auf die Leistungsentnahme entfallende Umsatzsteuer wird wie bei der Nutzungsentnahme gebucht (siehe nachfolgendes Beispiel).

Beispiel:

Die Entnahme des zuvor dargestellten Beispiels (Einsatz betrieblicher Arbeitskräfte für private Zwecke des Unternehmers mit Selbstkosten in Höhe von 3.250 Euro) ist wie folgt zu buchen:

Sollkonto – SKR 03 (SKR 04)	**Betrag (EUR)**	**Habenkonto** – SKR 03 (SKR 04)
Unentgeltl. Wertabgaben 1880 (2130)	3.250,00	Unentgeltliche Erbringung einer sonstigen Leistung 19 % USt 8925 (4660)
Unentgeltl. Wertabgaben 1880 (2130)	617,50	Umsatzsteuer 19 % 1776 (3806)

5. Privateinlagen

Nach § 4 Abs. 1 Satz 5 EStG sind Einlagen alle Wirtschaftsgüter, die der Unternehmer **dem Betrieb aus dem nichtbetrieblichen Bereich zuführt**.

Privateinlagen können neben der bereits behandelten **Geldeinlage** auch erfolgen in Form von

- **Sachen** (Sacheinlage) oder
- **Nutzungen** (Nutzungseinlage).

Beispiele:

- Die Unternehmerin Stephanie Valerius legt einen bisher ausschließlich privat genutzten Computer in das Betriebsvermögen ihres Unternehmens ein. Der Computer wird dann für betriebliche Zwecke verwendet. Es handelt sich um eine Sacheinlage.

- Nadine Neuefeind, die in Bonn eine Werbeagentur betreibt, nutzt den Pkw ihrer Freundin für eine Geschäftsreise nach Hamburg. Es handelt sich um eine Nutzungseinlage.

Einlagen sind mit dem **Teilwert** zum Zeitpunkt der Zuführung anzusetzen (vgl. § 6 Abs. 1 Nr. 5 EStG).

Der Einlagewert (Teilwert) entspricht

- bei **Bareinlagen** dem eingelegten **Geldbetrag**;

- bei **Sacheinlagen** dem Wert der Anschaffungs-/Herstellungskosten, vermindert um zeitanteilige Abschreibungen (= **fortgeführte AK/HK**), sofern die Sache abnutzbar ist;

- bei **Nutzungseinlagen** den Kosten, die durch die betriebliche Nutzung entstanden sind (**anteilige Kosten**).

Sofern eine **Sache** in das Betriebsvermögen eingelegt wird, deren Wert seit der Anschaffung oder Herstellung **gestiegen** ist, so ist grundsätzlich der gestiegene Wert als Privateinlage anzusetzen, weil dieser dem Teilwert entspricht. Hierbei ist jedoch zu beachten, dass bei Sachen, die **innerhalb der letzten 3 Jahre vor der Einlage angeschafft oder hergestellt** wurden, § 6 Abs. 1 Nr. 5 EStG den Einlagewert der Höhe nach begrenzt. In diesem Fall dürfen **höchstens die ursprünglichen Anschaffungs- oder Herstellungskosten** – bei abnutzbaren Wirtschaftsgütern vermindert um zeitanteilige Abschreibungen – als Einlagewert angesetzt werden.

Die **Buchung** einer Privateinlage erfolgt mit dem **Einlagewert** im **Soll** auf dem entsprechenden

Geld-, Anlage- oder Umlaufvermögenskonto

und im **Haben** auf dem **Privatkonto**

Privateinlagen 1890 (2180).

Beispiel:

Die Unternehmerin Hanna Kankowski legt einen Schreibtisch, den sie bisher ausschließlich privat genutzt hatte, in das Betriebsvermögen ihres Unternehmens ein. Die Anschaffungskosten (AK) hatten 500 Euro betragen. Der Teilwert beträgt 375 Euro.

Sollkonto – SKR 03 (SKR 04)	**Betrag (EUR)**	**Habenkonto** – SKR 03 (SKR 04)
Büroeinrichtung 0420 (0650)	375,00	Privateinlagen 1890 (2180)

6. Abschluss der Privatkonten

Die Privatkonten werden am Ende des Geschäftsjahres **über das Eigenkapitalkonto** abgeschlossen (vgl. *Falterbaum / Bolk / Reiß*, S. 127).

Hierbei ist das direkte Gegenbuchen der Salden der einzelnen Privatkonten auf dem Eigenkapitalkonto möglich. Der Nachteil dieser Vorgehensweise ist aber, dass das Eigenkapitalkonto – wenn mehrere Privatkonten vorhanden sind – zahlreiche Salden aufnehmen muss und dadurch unübersichtlich wird.

Sinnvoll ist eher der „Umweg" über ein Sammelkonto. Hierfür bietet sich z.B. das Oberkonto **„Privatentnahmen allgemein** 1800 (2100)" an, welches zunächst die Salden aller Privatentnahmekonten auf der Sollseite aufnimmt. Der Saldo dieses Oberkontos wird dann auf dem Eigenkapitalkonto gegengebucht.

Bei den Privateinlagekonten ist dann genauso zu verfahren (sofern mehrere Konten dieser Art vorliegen).

Das folgende Schaubild zeigt diese Vorgehensweise mithilfe einiger ausgewählter Konten exemplarisch auf:

Privater Grundstücksaufwand

S	1860 (2300)		H
	4.000,00	Saldo	5.500,00 ❶
	1.500,00		
	5.500,00		5.500,00

Privater Grundstücksertrag

S	1870 (2350)		H
❸ Saldo	8.000,00		8.000,00

Unentgeltliche Wertabgaben

S	1880 (2130)		H
	2.350,00	Saldo	2.930,00 ❷
	580,00		
	2.930,00		2.930,00

Privatentnahmen allgemein

S	1800 (2100)		H
	1.000,00	Saldo	9.430,00 ❹
1860 (2300)	5.500,00		
1880 (2130)	2.930,00		
	9.430,00		9.430,00

Privateinlagen

S	1890 (2180)		H
❺ Saldo	11.000,00		2.000,00
			1.000,00
		1870 (2350)	8.000,00
	11.000,00		11.000,00

Eigenkapital 0880 (2010)

S		H	
Privatentnahmen 1800 (2100)	9.430,00	AB	85.570,00
		Privateinlagen 1890 (2180)	11.000,00

	Sollkonto – SKR 03 (SKR 04)		**Betrag (EUR)**	**Habenkonto** – SKR 03 (SKR 04)	
1	Privatentnahmen allg.	1800 (2100)	5.500,00	priv. Grundst.aufw.	1860 (2300)
2	Privatentnahmen allg.	1800 (2100)	2.930,00	Unentgeltl. Wertabg.	1880 (2130)
3	priv. Grundstücksertrag	1870 (2350)	8.000,00	Privateinlagen	1890 (2180)
4	Eigenkapital	0880 (2010)	9.430,00	Privatentnahmen allg.	1800 (2100)
5	Privateinlagen	1890 (2180)	11.000,00	Eigenkapital	0880 (2010)

7. Berücksichtigung der Privatvorgänge beim Betriebsvermögensvergleich

Wie bereits im Kapitel C. 2.3.5 Gewinnermittlung (S. 62) dargestellt wurde, kann der Gewinn in der Buchführung durch die Gegenüberstellung der Erträge und Aufwendungen eines Abrechnungszeitraums (= **Gewinn- und Verlustrechnung**) oder durch **Betriebsvermögensvergleich** ermittelt werden.

Beim **Betriebsvermögensvergleich** ist der Gewinn grundsätzlich der Unterschiedsbetrag zwischen dem Betriebsvermögen (= Eigenkapital) am Schluss des Wirtschaftsjahres und dem Betriebsvermögen am Schluss des vorangegangenen Wirtschaftsjahres.

Weil der Bestand des Eigenkapitals durch Privatentnahmen und -einlagen verändert wird und diese Veränderungen nicht betrieblich verursacht sind, müssen diese **privat verursachten EK-Änderungen** beim Betriebsvermögensvergleich als **Korrekturposten** berücksichtigt werden.

Dem Unterschiedsbetrag zwischen dem EK am Ende des Wirtschaftsjahres und dem EK am Ende des vorangegangenen Wirtschaftsjahres sind die **Privatentnahmen hinzuzurechnen**, weil sie im Laufe des Wirtschaftsjahres das EK vermindert haben und diese Verminderungen nicht betrieblich verursacht waren.

Die **Privateinlagen** sind entsprechend **abzuziehen**, weil sie das EK erhöht haben und diese Erhöhungen nicht betrieblich verursacht waren.

Schematisch stellt sich die **Gewinnermittlung durch Betriebsvermögensvergleich** wie folgt dar:

	Eigenkapital am Schluss des Wirtschaftsjahres (z. B. 31.12.)
–	Eigenkapital am Schluss des vorangegangenen Wirtschaftsjahres
=	Unterschiedsbetrag
+	Privatentnahmen innerhalb des Wirtschaftsjahres
–	Privateinlagen innerhalb des Wirtschaftsjahres
=	Gewinn/Verlust

Beispiel:

Die Unternehmerin Nadja Aron betreibt in Winningen (Mosel) eine Bäckerei. Nach dem Abschluss der Buchführung beträgt ihr Eigenkapital am Ende des Wirtschaftsjahres (31.12.) **55.500 Euro**. Am Schluss des vorangegangenen Wirtschaftsjahres hatte das Eigenkapital **67.420 Euro** betragen.

Im Laufe des Wirtschaftsjahres (Wj.) hatte Frau Aron **Privatentnahmen** von insgesamt **48.670 Euro** und **Privateinlagen** in Höhe von **1.500 Euro** getätigt.

Gewinnermittlung:

	EK am Schluss des Wj. (31.12.)	55.500 Euro
–	EK am Schluss des vorangegangenen Wj.	67.420 Euro
=	Unterschiedsbetrag	– 11.920 Euro
+	Privatentnahmen innerhalb des Wj.	48.670 Euro
–	Privateinlagen innerhalb des Wj.	1.500 Euro
=	Gewinn	35.250 Euro

29

Aus der fertiggestellten Buchführung der Unternehmerin Petra Loch, die in Mayen ein Textileinzelhandelsgeschäft betreibt, sind die folgenden Daten zu entnehmen:

EK am 31.12.08	111.100 Euro
EK am 31.12.09	115.438 Euro
Privatentnahmen im Wj. 09	33.300 Euro
Privateinlagen im Wj. 09	638 Euro

Ermitteln Sie den Gewinn/Verlust der Unternehmerin Pertra Loch für das Wirtschaftsjahr 09 durch Betriebsvermögensvergleich.

Seite 251

30

Bilden Sie die Buchungssätze zu den nachfolgend dargestellten Geschäftsvorfällen und geben Sie zu jeder Buchungszeile deren Gewinnauswirkung (Aufwand/Ertrag) mit an. Verwenden Sie die Kontonummern des Kontenrahmens SKR 03 (04).

Sachverhalt:

Sie erstellen die Buchführung für den Unternehmer Willi Hermann, der in Koblenz ein Hoch- und Tiefbauunternehmen betreibt. Die folgenden Geschäftsvorfälle sind für 2009 noch zu erfassen.

1. Herr Hermann bezahlt Einrichtungsgegenstände für die Wohnung seiner Tochter mit einem Bankscheck seines Bauunternehmens: 840,34 Euro + 159,66 Euro USt = 1.000,00 Euro.
2. Herr Hermann hat dem Lager seines Betriebs Pflastersteine für private Zwecke entnommen. Einem Kunden würde Herr Hermann hierfür 250 Euro + 19 % USt berechnen. Zum Zeitpunkt der Entnahme hat der Einkaufspreis 125 Euro + 19 % USt betragen (Wiederbeschaffungskosten).
3. Abbuchung von Telefongebühren vom betrieblichen Bankkonto in Höhe von 290 Euro (brutto 19 % USt). Herr Hermann benutzt das betriebliche Telefon auch privat. Die Privatnutzung beträgt 15 % (bereits festgelegt). Es wurde noch nichts gebucht.
4. Herr Hermann benutzt einen der betrieblichen Pkw auch privat. Der Pkw, der zu mehr als 50 % für betriebliche Zwecke genutzt wird, wurde 2008 mit vollem Vorsteuerabzug für das Unternehmen angeschafft.

   2009 sind folgende Kosten (jeweils netto) für den Pkw angefallen (bereits auf den entsprechenden Aufwandskonten gebucht):

Benzin	1.700 Euro[1]
Kfz-Steuer	250 Euro[2]
Kfz-Versicherung	1.250 Euro[2]
Abschreibung (AfA)	4.600 Euro[1]

   [1] Aufwendungen mit Vorsteuerabzug
   [2] Aufwendungen ohne Vorsteuerabzug

   Herr Hermann hat ein Fahrtenbuch ordnungsgemäß geführt. 2009 wurden mit dem Pkw insgesamt 42.000 km gefahren. Auf die Privatfahrten entfielen 6.300 km. Hier soll die private Nutzung 2009 erfasst werden.

   Geben Sie Ihren Rechenweg für die Berechnung der privaten Nutzung mit an!

Seite 252

H. Löhne und Gehälter

1. Grundlagen

Fast jedes Unternehmen beschäftigt **Arbeitnehmer** (Arbeiter und Angestellte), die für ihre Arbeitsleistungen **Lohn oder Gehalt** von dem Unternehmer (Arbeitgeber) erhalten.

- **Arbeiter** sind Arbeitnehmer, bei denen die **körperliche** Arbeitsleistung im Vordergrund steht (z. B. Maurer/in, Drucker/in, Schlosser/in). Sie erhalten Lohn.

- **Angestellte** sind Arbeitnehmer, bei denen die **geistige** Arbeitsleistung im Vordergrund steht (z. B. Bürokauffrau/-mann, Steuerfachengestellte/r, Verkäufer/in). Sie erhalten **Gehalt**.

In der Rentenversicherung ist die Unterscheidung zwischen Arbeitern und Angestellten zum 1.1.2005 weggefallen.

Löhne und Gehälter sind für die Arbeitnehmer Einkommen. Da Arbeitnehmer von ihrem Einkommen Steuern und Sozialversicherungsbeiträge zu leisten haben und diese Abgaben direkt vom Lohn/Gehalt einbehalten werden, ist das vereinbarte **Arbeitsentgelt nicht** mit dem **Auszahlungsbetrag** identisch.

Beispiel:

Sabrina Klein ist als Buchhalterin angestellt. Sie ist ledig und hat keine Kinder. Für den Monat Juli 2009 erhält sie die folgende Gehaltsabrechnung:

			Euro	Euro
	Bruttogehalt			2.000,00
–	**Steuern**			
	Lohnsteuer (Steuerklasse I ohne Freibeträge)		253,08	
	Solidaritätszuschlag (5,5 % der Lohnsteuer)		13,91	
	Kirchensteuer (9 % der Lohnsteuer)		22,77	289,76
–	**Sozialversicherungsbeiträge (Arbeitnehmeranteile)**			
	Krankenversicherung	(2.000,00 Euro x 14,0 % x 1/2)	140,00	
	Zuschlag zur Krankenver.	(2.000,00 Euro x 0,9 %)	18,00	
	Pflegeversicherung			
	• allgemeiner Beitrag	(2.000,00 Euro x 1,95 % x 1/2)	19,50	
	• Zuschlag für Kinderlose	(2.000,00 Euro x 0,25 %)	5,00	
	Rentenversicherung	(2.000,00 Euro x 19,9 % x 1/2)	199,00	
	Arbeitslosenversicherung	(2.000,00 Euro x 2,8 % x 1/2)	28,00	409,50
=	**Nettogehalt**			1.300,74
=	**Auszahlungsbetrag**			1.300,74

Die **abzuziehenden Steuern und Sozialversicherungsbeiträge** können einem **EDV-Programm** (z. B. NWB Datenbank oder Haufe Steuer Office) oder gedruckten Tabellen (Lohnsteuer- und Sozialversicherungstabelle) entnommen werden. Möglich ist aber auch die Abfrage über das Internet: siehe nachfolgende Seiten, Gliederungspunkte 2.1 und 2.2.

2. Steuern und Sozialversicherungsbeiträge

2.1 Lohnsteuer, Solidaritätszuschlag und Kirchensteuer

Grundlage für die Ermittlung der **Lohnsteuer** ist die **Lohnsteuerklasse** des Arbeitnehmers, die aus der vorgelegten **Lohnsteuerkarte** zu entnehmen ist. Die Einstufung in die Lohnsteuerklasse wird von der zuständigen Gemeinde (Ausstellungsbehörde der Lohnsteuerkarte) aufgrund der persönlichen Verhältnisse des Arbeitnehmers vorgenommen. Die Angaben auf der **Lohnsteuerkarte** sind **für den Arbeitgeber bindend**.

Von der **Lohnsteuerklasse** des Arbeitnehmers und anderen Eintragungen auf der Lohnsteuerkarte (z. B. Freibeträge) hängt es ab, wie hoch die abzuziehende Lohnsteuer ist.

Neben der Lohnsteuer sind im Normalfall die Zuschlagsteuern **Solidaritätszuschlag (SolZ)** und **Kirchensteuer (KiSt)** von dem Arbeitnehmer zu bezahlen. Sie werden – wie die Lohnsteuer – vom Bruttolohn/-gehalt einbehalten und vom Arbeitgeber für den Arbeitnehmer an das Finanzamt abgeführt (vgl. §§ 38 und 41a EStG).

- Der Solidaritätszuschlag beträgt **5,5 % der Lohnsteuer.** Bemessungsgrundlage des SolZ ist also nicht das Bruttoentgelt, sondern die Lohnsteuer.

  Beispiel:

  Bei der Gehaltsabrechnung auf der Seite zuvor beträgt die Lohnsteuer 253,08 Euro. Der SolZ errechnet sich, indem die Lohnsteuer mit 5,5 % multipliziert wird: 253,08 Euro x 5,5 % = 13,91 Euro.

  Der SolZ wird aber nur dann erhoben, wenn die Lohnsteuer einen bestimmten Grenzbetrag übersteigt (bei ledigen Arbeitnehmern beträgt dieser Grenzbetrag 972 Euro im Kalenderjahr; übersteigt die Jahreslohnsteuer diesen Betrag nicht, dann wird kein SolZ erhoben).

- Die **Kirchensteuer** ist von Arbeitnehmern zu bezahlen, die Mitglied einer Kirche sind, die berechtigt ist, Kirchensteuer zu erheben (insbesondere evangelische oder katholische Arbeitnehmer). Konfessionslose Arbeitnehmer müssen keine Kirchensteuer bezahlen.

Die Kirchensteuer ist wie der SolZ eine **Zuschlagsteuer zur Lohnsteuer**. Bemessungsgrundlage ist also die Lohnsteuer. Der Steuersatz beträgt bundesweit **9 %** (Ausnahmen: in Baden-Württemberg und Bayern beträgt der Steuersatz **8 %**).

Beispiel:

Bei der Gehaltsabrechnung auf der Seite 145 beträgt die Lohnsteuer 253,08 Euro. Die KiSt errechnet sich, indem die Lohnsteuer mit 9 % multipliziert wird: 253,08 Euro x 9 % = 22,77 Euro.

Die **einzubehaltenden Steuern** (Lohnsteuer, Solidaritätszuschlag, Kirchensteuer) können mithilfe eines EDV Programms (z. B. NWB Datenbank) berechnet oder über die **Internetadresse des Bundesfinanzministeriums** unter *www.bundesfinanzministerium.de* (Rubrik „Service", Unterpunkt „Interaktiver Abgabenrechner") abgerufen werden.

2.2 Sozialversicherungsbeiträge

Arbeitnehmer unterliegen per Gesetz der Versicherungspflicht in den folgenden Zweigen der gesetzlichen Sozialversicherung:

- **Krankenversicherung (KV)**,
- **Pflegeversicherung (PV)**,
- **Rentenversicherung (RV)**,
- **Arbeitslosenversicherung (ArblV)**,
- **Unfallversicherung (UV)**.

Die Beiträge zur **Renten- und Arbeitslosenversicherung** sind vom Arbeitgeber und vom Arbeitnehmer **jeweils zur Hälfte** zu tragen (= paritätische Finanzierung). Der Arbeitgeber muss die Hälfte dieser Beiträge vom Lohn-/Gehalt des Arbeitnehmers **einbehalten** (= **Arbeitnehmeranteile**) und die gleichen Beträge **zusätzlich** zum Lohn-/Gehalt zuzahlen (= **Arbeitgeberanteile**).

Bei der **Kranken- und Pflegeversicherung** gilt zwar grundsätzlich auch die hälftige Finanzierung der Beiträge, seit 2005 wird sie aber schrittweise aufgegeben:

- Seit dem **1.1.2005** wird bei **„Kinderlosen"** ein **zusätzlicher** Beitrag zu dem hälftigen Arbeitnehmeranteil des Pflegeversicherungsbeitrags erhoben. Dieser beträgt **0,25 %** des versicherungspflichtigen Arbeitsentgelts. Der Arbeitnehmeranteil zur Pflegeversicherung eines kinderlosen Versicherten beträgt somit 1,225 % (die Hälfte von 1,95 % plus 0,25 % „Kinderlosenzuschlag").

  Davon **ausgenommen** sind Personen **unter 23 Jahren, vor dem 1.1.1940 Geborene, Wehr- und Zivildienstleistende** und **Arbeitslosengeld II-Bezieher**.

- Seit dem **1.7.2005** müssen alle **Mitglieder der gesetzlichen Krankenversicherung** zu dem hälftigen Krankenversicherungsbeitrag einen **zusätzlichen** Arbeitnehmer-Beitrag in Höhe von **0,9 %** des versicherungspflichtigen Arbeitsentgelts tragen. Seit dem **1.7.2009** beträgt der **Arbeitgeberanteil 7 %** und der **Arbeitnehmeranteil 7,9 %** des vollen bundeseinheitlichen KV-Beitrags in Höhe von 14,9 %.

Beitragssätze zum 1.7.2009:

Versicherungszweig	**voller Beitragssatz**	**halber Beitragssatz (AG-Anteil)**	**Beitragsbemessungsgrenze (Monat) alte [neue] Bundesländer**
Krankenversicherung	14,9 % [1]	7,00 % [2]	3.675,00 [3.675,00] Euro
Pflegeversicherung	1,95 %	0,975 % [3]	3.675,00 [3.675,00] Euro
Rentenversicherung	19,9 %	9,95 %	5.400,00 [4.550,00] Euro
Arbeitslosenversicherung	2,8 %	1,4 %	5.400,00 [4.550,00] Euro

[1] Seit dem 1.7.2009 bundeseinheitlich **inklusive AN-Zusatzbeitrag**.
[2] Seit dem 1.7.2005 Zuschlag zum Arbeitnehmeranteil in Höhe von 0,9 % (Zusatzbeitrag für Zahnbehandlung und Krankengeld).
[3] Bei kinderlosen Arbeitnehmern Zuschlag zum Arbeitnehmeranteil in Höhe von 0,25 % (Zusatzbeitrag für Kinderlose).

Bezogen auf das vorangegangene Beispiel (S. 145) belaufen sich die direkt zurechenbaren **Personalkosten**, die vom Arbeitgeber zu tragen sind, für den Monat Juli 2009 somit auf 2.386,50 Euro:

			Euro	Euro
	Bruttogehalt			2.000,00
+	Arbeitgeberanteile zur Sozialversicherung			
	Krankenversicherung	(2.000,00 Euro x 14,0 % x 1/2)	140,00	
	Pflegeversicherung	(2.000,00 Euro x 1,95 % x 1/2)	19,50	
	Rentenversicherung	(2.000,00 Euro x 19,9 % x 1/2)	199,00	
	Arbeitslosenversicherung	(2.000,00 Euro x 2,8 % x 1/2)	28,00	386,50
=	direkt zurechenbare Personalkosten			2.386,50

Die **Beitragssätze** der einzelnen Zweige der **Sozialversicherung** werden jährlich neu festgesetzt. Sie können jeweils aktuell über die gesetzlichen Krankenkassen (z.B. AOK, BEK, DAK usw.) erfragt oder über deren Internetseiten (z. B. *www.aok.de*, Rubrik „Leistungen und Beiträge“, Unterpunkt „Beitragssätze“) abgerufen werden.

Der vom Lohn/Gehalt (= Arbeitsentgelt) **abzuziehende Arbeitnehmeranteil** errechnet sich, indem das Arbeitsentgelt mit den oben aufgeführten halben Beitragssätzen – bei der KV erhöht um 0,90 % AN-Zuschlag und bei der PV ggf. erhöht um 0,25 % Kinderlosen-Zuschlag – multipliziert wird.

Das Arbeitsentgelt wird jedoch nicht in unbeschränkter Höhe, sondern nur bis zu bestimmten **Höchstbeträgen**, den so genannten **Beitragsbemessungsgrenzen** für die Beitragsberechnung herangezogen. Die für 2009 gültigen Beitragsbemessungsgrenzen sind in der Tabelle auf S. 148 aufgeführt.

Der **Höchstbeitrag**, der von einem Arbeitnehmer zu bezahlen ist, errechnet sich durch die **Multiplikation der Beitragsbemessungsgrenze mit dem Prozentsatz** für die Ermittlung des Arbeitnehmeranteils (siehe Tabelle auf der Seite 148 und nachfolgendes Beispiel). Liegt das Arbeitsentgelt über der Beitragsbemessungsgrenze, dann werden die Teile des Lohns/Gehalts, die über der Beitragsbemessungsgrenze liegen, nicht in die Beitragsberechnung einbezogen (sie bleiben also beitragsfrei).

Beispiel:

Der verheiratete Arbeitnehmer Jan Hunke, Koblenz, hat zwei eheliche Kinder und ist Mitglied der gesetzlichen XY-Krankenkasse. Sein Bruttomonatsgehalt beträgt 6.000,00 Euro. Für ihn errechnet sich der monatliche Sozialversicherungs-Höchstbeitrag wie folgt:

	Arbeitnehmeranteil **Euro**	**Arbeitgeberanteil** **Euro**	**Gesamtbeitrag Euro**
KV-Beitrag	3.675,00 x 7,0 % = 257,25	3.675,00 x 7,0 % = 257,25	514,50
Zusatzbeitrag	3.675,00 x 0,90 % = 33,08	kein Arbeitgeberanteil	33,08
PV-Beitrag	3.675,50 x 0,975 % = 35,83	3.675,00 x 0,975 % = 35,83	71,66
RV-Beitrag	5.400,00 x 9,95 % = 537,30	5.400,00 x 9,95 % = 537,30	1.074,60
ArblV-Beitrag	5.400,00 x 1,4 % = 75,60	5.400,00 x 1,4 % = 75,60	151,20
Summen	939,06	905,98	1.845,04

Wäre Herr Hunke (Beispiel zuvor) „kinderlos“, dann würde der **Arbeitnehmeranteil** zur Pflegeversicherung 45,02 Euro betragen (3.675,00 Euro x 1,225 % [die Hälfte von 1,95 % **plus 0,25 % „Kinderlosenzuschlag“**]). Der Arbeitgeberanteil bliebe unverändert bei 35,83 Euro.

Der **Arbeitgeber** muss die gesamten einbehaltenen Arbeitnehmeranteile zur Sozialversicherung zusammen mit den Arbeitgeberanteilen spätestens bis zum **drittletzten Bankarbeitstag** des Monats in dem das Arbeitsentgelt erzielt wird, an die **gesetzliche Krankenkasse**, bei der der Arbeitnehmer krankenversichert ist, abführen. Zu zahlen sind die tatsächlich ermittelten Beiträge. Sofern eine endgültige Berechnung bis zu diesem Zeitpunkt nicht möglich ist, sind die voraussichtlichen Beiträge anzumelden und zu bezahlen. Eventuell entstehende Differenzbeträge sind dann am nächsten Fälligkeitstermin zu verrechnen.

Die **Renten- und Arbeitslosenversicherungsbeiträge** werden von der Krankenkasse an die entsprechenden Sozialversicherungsträger (z. B. **Deutsche Rentenversicherung Bund** und **Bundesagentur für Arbeit**) weitergeleitet.

Die Pflichtbeiträge zur gesetzlichen **Unfallversicherung** trägt der **Arbeitgeber allein**. Die Höhe der Beiträge richtet sich nach den **Lohn-/Gehaltssummen** und den **Gefahrenklassen** (die Arbeitnehmer werden hinsichtlich ihrer Tätigkeiten und den damit verbundenen Gefahren bestimmten Gefahrenklassen zugeordnet).

Seit dem 1.1.2009 ist die Rentenversicherung für die Erfassung, Verarbeitung und Weiterleitung der Daten, die für die Ermittlung der Beiträge zur Unfallversicherung relevant sind, zuständig. Der Arbeitgeber meldet die versicherungsrelevanten Daten personenbezogen an die zuständige Krankenkasse, welche die Daten an die Rentenversicherung weiterleitet. Diese meldet die Daten dann den Unfallversicherungsträgern (Berufsgenossenschaften), die den Arbeitgebern nachfolgend die Beitragsbescheide zustellen.

Die durchschnittliche Beitragshöhe beläuft sich auf **rund 1,35 %** der Entgeltsumme (= 1,35 % der Summe der Löhne und Gehälter).

Die Erfassung der Beiträge zur gesetzlichen Unfallversicherung erfolgt durch den Buchungssatz

Beiträge zur Berufsgenossenschaft 4138 (6120)		
	an	Verbindlichkeiten im Rahmen der sozialen Sicherheit 1742 (3740)
	oder an	Finanzkonto – z. B. Bank 1200 (1800)

Zu den Personalkosten gehören außerdem „**freiwillige soziale Aufwendungen**“, die der Arbeitgeber auf freiwilliger Basis **zusätzlich** zum Lohn/Gehalt trägt (z. B. Fahrtkostenzuschüsse, Bekleidungsgeld, Zuschüsse zur Kantine, zu Erholungsräumen oder Sportanlagen des Unternehmens).

Die Erfassung solcher Aufwendungen erfolgt im Soll auf den Konten

- Freiwillige soziale Aufwendungen lohnsteuerfrei 4140 (6130);
- Freiwillige soziale Aufwendungen lohnsteuerpflichtig 4145 (6060).

Hinweis: Die Umlagen U1 - U3 (für Lohnfortzahlung im Krankheitsfall, für Mutterschaftsgeld und für Insolvenzgeld) bleiben hier aus Vereinfachungsgründen unberücksichtigt.

31

Die Unternehmerin Anja Kratt ist Inhaberin einer Werbeagentur in Koblenz. Sie beschäftigt den Grafiker Thomas Schmidt ganztags als Arbeitnehmer. Herr Schmidt hat keine Kinder. Das Bruttogehalt von Herrn Schmidt beträgt 2.500,- Euro monatlich.

Die Lohnsteuerkarte von Herrn Schmidt enthält u.a. die folgenden Daten: Lohnsteuerklasse 1, Konfession evangelisch. Die monatlich einzubehaltende Lohnsteuer beträgt 392,58 Euro.

Herr Schmidt ist bei der XY-Krankenkasse versichert. Der Beitragssatz beträgt 14,9 % (inklusive AN-Zusatzbeitrag). Die anderen Sozialversicherungsprozentsätze betragen: PV = 1,95 %, RV = 19,9 %, ArblV = 2,8 %.

Frau Kratt beauftragt Sie, die Gehaltsabrechnung 07/2009 für Herrn Schmidt zu erstellen.

Aufgabe:

a) Erstellen Sie die vollständige Gehaltsabrechnung 07/2009 für Herrn Schmidt.

b) Ermitteln Sie die direkt zurechenbaren Lohnkosten (ohne die Umlagen U1 - U3).

Seite 252

3. Buchung von Lohn-/Gehaltsabrechnungen ohne Besonderheiten

3.1 Überblick

In der Praxis sind die folgenden drei Arten der Lohn-/Gehaltsbuchung vorzufinden:

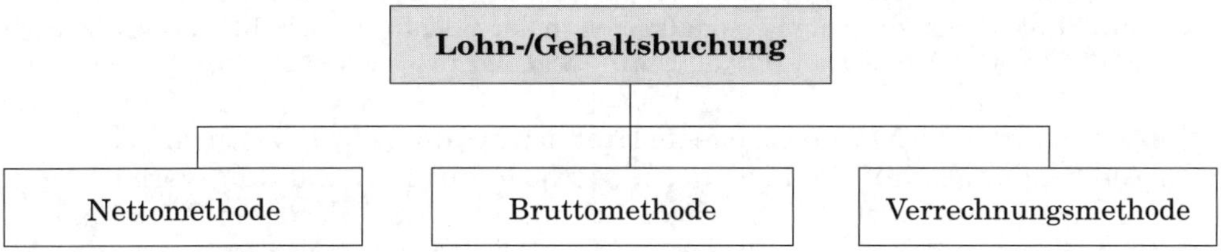

3.2 Nettomethode

Bei der Nettomethode wird **nach Zahlungsvorgängen** gebucht. Dies bedeutet, dass nur dann eine Buchung erfolgt, wenn der Unternehmer einen Bestandteil der Personalkosten bezahlt. Dies kann die Überweisung des Nettogehalts, der Steuern oder der Sozialversicherungsbeiträge oder die Bezahlung einer freiwilligen Sozialleistung sein.

Beispiel:

Die Gehaltsabrechnung des Ausgangsbeispiels (S. 145) wird nach der Nettomethode erfasst.

Zuerst erfolgt vermutlich die Buchung der **Sozialversicherungsbeiträge** durch Banküberweisung (Bezahlung spätestens bis zum drittletzten Bankarbeitstag des Monats):

Überweisung an die **Krankenkasse**:

Sollkonto – SKR 03 (SKR 04)		**Betrag (EUR)**	**Habenkonto** – SKR 03 (SKR 04)	
Gehälter	4120 (6020)	409,50*)	Bank	1200 (1800)
Gesetzl. soziale Aufw.	4130 (6110)	386,50**)	Bank	1200 (1800)

*) Arbeitnehmeranteil zur Sozialversicherung (siehe Gehaltsabrechnung S. 145)
**) Arbeitgeberanteil zur Sozialversicherung (140 Euro + 19,50 Euro + 199 Euro + 28 Euro)

Einige Tage später werden das **Nettogehalt** an den Arbeitnehmer (am Monatsende) und die **Steuern** an das Finanzamt (bis zum 10. des Folgemonats) überwiesen:

Überweisung an den **Arbeitnehmer**:

Sollkonto – SKR 03 (SKR 04)	**Betrag (EUR)**	**Habenkonto** – SKR 03 (SKR 04)
Gehälter 4120 (6020)	1.300,74	Bank 1200 (1800)

Überweisung an das **Finanzamt**:

Sollkonto – SKR 03 (SKR 04)	**Betrag (EUR)**	**Habenkonto** – SKR 03 (SKR 04)
Gehälter 4120 (6020)	289,76	Bank 1200 (1800)

Die Konten **„Gehälter“** und **„Gesetzliche soziale Aufwendungen“** sind **Aufwandskonten**, die über das Gewinn- und Verlustkonto abgeschlossen werden.

Die **Verprobung** der oben **gebuchten Aufwendungen** mit den **ermittelten Personalkosten** (S. 148) zeigt, dass die Personalkosten in der Buchführung richtig erfasst wurden: 1.300,74 Euro + 289,76 Euro + 409,50 Euro + 386,50 Euro = 2.386,50 Euro.

Probleme wirft die Nettomethode im Hinblick auf die richtige zeitliche Zuordnung der Aufwendungen auf, weil bei dieser Methode nur nach Zahlungsvorgängen gebucht wird. Die wirtschaftliche Verursachung und die Zahlungen fallen dadurch zeitlich auseinander. Im vorangegangenen Beispiel gehören die Personalkosten wirtschaftlich in den Monat Juli 09; erfasst werden sie aber überwiegend für August 09, weil der größte Teil der Zahlungen erst im August erfolgt.

Bei der Buchung der Geschäftsvorfälle für den Monat Dezember muss – sofern der Abschlussstichtag am 31.12. liegt – bei der Anwendung der Nettomethode eine zeitliche Abgrenzung erfolgen. Personalkosten, die zum Dezember gehören, aber erst im Januar gezahlt werden, müssen zum 31.12. als Personalaufwendungen und gleichzeitig als **Verbindlichkeiten** erfasst werden.

3.3 Bruttomethode

Bei der Bruttomethode wird in zeitlicher Hinsicht unabhängig von den Zahlungszeitpunkten nach dem **Kriterium der wirtschaftlichen Verursachung** gebucht. Dies bedeutet, dass die Buchungen für diejenigen Zeiträume erfolgen, für welche die **Personalkosten brutto** anfallen.

Beispiel:

Das Bruttogehalt für Juli 09 wird für den Monat Juli 09 erfasst, unabhängig davon, wann welche Zahlungen erfolgen. Das Gleiche gilt für die direkten Lohnnebenkosten (Arbeitgeberanteil zur Sozialversicherung).

Bezogen auf das Ausgangsbeispiel (S. 145) bedeutet dies, dass für den Monat Juli 09 **2.386,50 Euro Personalkosten** gebucht werden müssen. Die noch nicht bezahlten Bestandteile der Personalkosten werden hierbei als „Sonstige Verbindlichkeiten" (Konten 1740 (3720) ff.) erfasst.

Die Erfassung einer Lohn-/Gehaltsabrechnung ohne Besonderheiten erfolgt bei der Bruttomethode durch die folgenden Buchungssätze (hier dargestellt anhand der Daten des Ausgangsbeispiels):

	Sollkonto – SKR 03 (SKR 04)	**Betrag (EUR)**	**Habenkonto** – SKR 03 (SKR 04)
1	Gehälter 4120 (6020)	289,76	Verbindl. Lohn-/KiSt. 1741 (3730)
2	Gehälter 4120 (6020)	409,50 *)	Verbindl. soziale Sich. 1742 (3740)
3	Gehälter 4120 (6020)	1.300,74	Verbindl. Lohn/Gehalt 1740 (3720)
	Zwischensumme: Bruttogehalt	2.000,00	
4	Gesetzl. soziale Aufw. 4130 (6110)	386,50 **)	Verbindl. soziale Sich. 1742 (3740)
	Summe: Personalkosten 07/09	2.386,50	

*) Arbeitnehmeranteil zur Sozialversicherung
**) Arbeitgeberanteil zur Sozialversicherung (siehe S. 148)

Später, wenn die **Zahlungen** erfolgen, werden die erfassten **Verbindlichkeiten aufgelöst** und gegen das entsprechende Zahlungskonto gebucht (hier alle Zahlungen über das Bankkonto):

	Sollkonto – SKR 03 (SKR 04)	**Betrag (EUR)**	**Habenkonto** – SKR 03 (SKR 04)	
1	Verbindl. Lohn/Gehalt 1740 (3720)	1.300,74	1200 (1800)	Bank
2	Verbindl. Lohn-/KiSt. 1741 (3730)	289,76	1200 (1800)	Bank
3	Verbindl. soziale Sich. 1742 (3740)	796,00 *)	1200 (1800)	Bank

*) Arbeitnehmeranteil + Arbeitgeberanteil zur Sozialversicherung (409,50 Euro + 386,50 Euro)

32

Erstellen Sie die Buchungssätze für die Erfassung der Gehaltsabrechnung der Aufgabe 31 (S. 151)

a) nach der **Nettomethode** und
b) nach der **Bruttomethode**.

Die Zahlungen im Januar und Juli 2009 erfolgen durch Banküberweisung.

Seite 253

3.4 Verrechnungsmethode

Die Verrechnungsmethode ist eine besondere **Ausprägungsform der Bruttomethode**. Bei ihr werden die Personalkosten – wie bei der Bruttomethode – in zeitlicher Hinsicht zu den Zeitpunkten der wirtschaftlichen Verursachung, also unabhängig von den Zahlungszeitpunkten, erfasst.

Der Unterschied zur Bruttomethode besteht darin, dass ein **Verrechnungskonto zwischengeschaltet** wird.

Im **ersten Schritt** wird der Bruttoaufwand (Lohn/Gehalt) im **Soll** auf dem entsprechenden **Aufwandskonto** erfasst und auf dem Verrechnungskonto

Lohn- und Gehaltsverrechnung 1755 (3790)

im **Haben** gegengebucht.

Bezogen auf das Ausgangsbeispiel (S. 145) ist für Juli 2009 zuerst der folgende Buchungssatz zu erfassen:

	Sollkonto – SKR 03 (SKR 04)	**Betrag (EUR)**	Habenkonto – SKR 03 (SKR 04)
1	Gehälter 4120 (6020)	2.000,00	Lohn-/Gehaltsverrech. 1755 (3790)

Im **zweiten Schritt** werden die einzelnen Lohn-/Gehaltsbestandteile (Steuern, Sozialversicherungsbeiträge des Arbeitnehmers, Auszahlungsbetrag) auf den entsprechenden Verbindlichkeitskonten erfasst. Die einzelnen Beträge werden im **Soll** auf dem Konto **„Lohn- und Gehaltsverrechnung“** und im **Haben** auf dem jeweiligen Verbindlichkeitenkonto (z. B. **„Verbindl. Lohn/Gehalt“**) erfasst.

Für das Ausgangsbeispiel sind somit die folgenden Buchungssätze zu bilden:

	Sollkonto – SKR 03 (SKR 04)	**Betrag (EUR)**	**Habenkonto** – SKR 03 (SKR 04)
2	Lohn-/Gehaltsverrech. 1755 (3790)	289,76	Verbindl. Lohn-/KiSt. 1741 (3730)
3	Lohn-/Gehaltsverrech. 1755 (3790)	409,50	Verbindl. soziale Sich. 1742 (3740)
4	Lohn-/Gehaltsverrech. 1755 (3790)	1.300,74	Verbindl. Lohn/Gehalt 1740 (3720)

Ergänzend ist der Arbeitgeberanteil zur Sozialversicherung wie bei der Bruttomethode zu buchen:

	Sollkonto – SKR 03 (SKR 04)	**Betrag (EUR)**	**Habenkonto** – SKR 03 (SKR 04)
5	Gesetzl. soziale Aufw. 4130 (6110)	386,50	Verbindl. soziale Sich. 1742 (3740)

Schematisch betrachtet stellt sich die Vorgehensweise bei der Verrechnungsmethode also folgendermaßen dar:

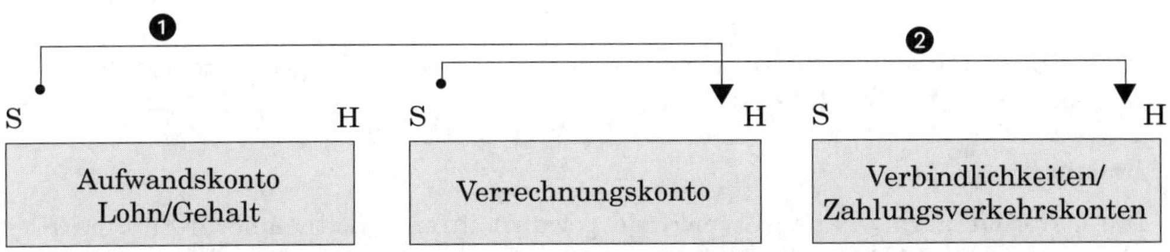

Wenn die **Zahlungen** erfolgen, werden die erfassten Verbindlichkeiten wie bei der Bruttomethode aufgelöst und gegen das entsprechende Zahlungskonto gebucht (hier alle Zahlungen über das Bankkonto):

	Sollkonto – SKR 03 (SKR 04)	**Betrag (EUR)**	**Habenkonto** – SKR 03 (SKR 04)
1	Verbindl. Lohn/Gehalt 1740 (3720)	1.300,74	Bank 1200 (1800)
2	Verbindl. Lohn-/KiSt. 1741 (3730)	289,76	Bank 1200 (1800)
3	Verbindl. soziale Sich. 1742 (3740)	796,00*)	Bank 1200 (1800)

*) Arbeitnehmeranteil + Arbeitgeberanteil zur Sozialversicherung (409,50 Euro + 386,50 Euro)

Da die Verrechnungsmethode das in der Praxis am häufigsten angewendete Lohnbuchungsverfahren ist, werden hier alle nachfolgenden Gehaltsbuchungen nach der Verrechnungsmethode dargestellt.

33

Erstellen Sie die Buchungssätze für die Erfassung der Gehaltsabrechnung der Aufgabe 31 (S. 151) nach der **Verrechnungsmethode**.

Die Zahlungen im Juli und August 09 erfolgen durch Banküberweisung.

Seite 254

4. Vorschüsse

Es kommt vor, dass Arbeitnehmer **vor dem Fälligkeitstag der Lohn-/Gehaltszahlung** Vorschüsse auf ihren Nettolohn erhalten.

Ein Vorschuss ist ein **kurzfristiges Darlehen**, das der Arbeitgeber dem Arbeitnehmer gewährt (vgl. *Schmolke / Deitermann*, S. 180). Anders ausgedrückt hat der Arbeitgeber vom Tag der Gewährung des Vorschusses bis zum Fälligkeitstag der Lohn-/Gehaltszahlung gegenüber dem Arbeitnehmer eine **Forderung**.

Bei der **Auszahlung** eines **kurzfristigen** Vorschusses wird deshalb im **Soll** auf dem Konto

Forderungen gegen Personal 1530 (1340)

oder einem spezielleren Unterkonto dieses Kontos und im **Haben** auf dem Zahlungskonto (z. B. „**Bank**“) gebucht.

Beispiel:

Die Unternehmerin Nadine Girmscheid gewährt ihrer Arbeitnehmerin Sabrina Klein (Ausgangsfall S. 145) am 10. des laufenden Monats einen Gehaltsvorschuss in Höhe von 600 Euro, der bei der Fälligkeit des Gehalts verrechnet werden soll. Die Auszahlung des Vorschusses erfolgt durch Banküberweisung.

Die **Vorschussgewährung** wird in der Buchführung von Frau Girmscheid wie folgt gebucht:

Sollkonto – SKR 03 (SKR 04)	**Betrag (EUR)**	**Habenkonto** – SKR 03 (SKR 04)
Ford. gegen Personal 1531 (1341) Restlaufzeit bis 1 Jahr	600,00	Bank 1200 (1800)

Längerfristige Vorschüsse werden auf dem spezielleren Unterkonto „**Forderungen gegen Personal – Restlaufzeit größer 1 Jahr** 1537 (1345)“ erfasst.

Die Verrechnung eines kurzfristigen Vorschusses erfolgt im Normalfall bei der nächsten Lohn-/Gehaltsabrechnung.

Beispiel:

Der in dem auf S. 156 dargestellten Beispiel gewährte Vorschuss wird am Monatsende verrechnet. Frau Klein erhält dann die folgende Gehaltsabrechnung (verkürzte Darstellung):

	Bruttogehalt	2.000,00 Euro
–	Lohnsteuer, Kirchensteuer, Solidaritätszuschlag	289,76 Euro
–	Sozialversicherungsbeiträge (Arbeitnehmeranteil)	409,50 Euro
=	Nettogehalt	1.300,74 Euro
–	**Verrechnung Vorschuss**	**600,00 Euro**
=	Auszahlungsbetrag	700,74 Euro

Erfassung dieser Gehaltsabrechnung nach der Verrechnungsmethode (vor der Auszahlung):

	Sollkonto – SKR 03 (SKR 04)		**Betrag (EUR)**	**Habenkonto** – SKR 03 (SKR 04)	
1	Gehälter	4120 (6020)	2.000,00	Lohn-/Gehaltsverrech.	1755 (3790)
2	Lohn-/Gehaltsverrech.	1755 (3790)	289,76	Verbindl. Lohn-/KiSt.	1741 (3730)
3	Lohn-/Gehaltsverrech.	1755 (3790)	409,50	Verbindl. soziale Sich.	1742 (3740)
4	Gesetzl. soziale Aufw.	4130 (6110)	386,50	Verbindl. soziale Sich.	1742 (3740)
5	**Lohn-/Gehaltsverrech.**	**1755 (3790)**	**600,00**	**Ford. gegen Personal**	**1531 (1341)**
6	Lohn-/Gehaltsverrech.	1755 (3790)	700,74	Verbindl. Lohn/Gehalt	1740 (3720)

Die Auszahlung des verbleibenden Nettolohns und die Bezahlung der Steuern und Sozialversicherungsbeiträge wird wie auf der Seite 155 dargestellt gebucht.

5. Vermögenswirksame Leistungen

5.1 Begriff

Die Vermögensbildung der Arbeitnehmer wird u. a. durch das **5. Vermögensbildungsgesetz** (VermBG) staatlich gefördert.

Vermögenswirksame Leistungen (vwL) sind **Sparleistungen**, die der Arbeitgeber für den Arbeitnehmer in einer Anlageform anlegt, die vom Vermögensbildungsgesetz gefördert wird (z. B. Bausparvertrag oder Vermögensbeteiligungssparvertrag).

Vermögensbildung nach dem 5. Vermögensbildungsgesetz (VermbG)
– Rechtslage seit dem 1.1.2004 (auch für „Altverträge") –

↓

Der **Arbeitnehmer** legt einen bestimmten Betrag **seines Gehalts** (z. B. 40 €/Monat) vermögenswirksam an (Vermögensbildung).

Entweder der Arbeitnehmer trägt den „Sparbetrag" allein oder er erhält einen Zuschuss von seinem Arbeitgeber (z. B. 13 €/Monat).

Der „Sparbetrag" **wird vom Gehalt des Arbeitnehmers einbehalten** und **vom Arbeitgeber an das Anlageinstitut überwiesen** (sofern durch ein Anlageinstitut vermögenswirksam angelegt wird).

↓ ↓

Anlagen zum Wohnungsbau
(§ 2 VermbG)

- **Bausparbeiträge**
- **unmittelbare wohnungswirtschaftliche Aufwendungen** (d.h. unmittelbare Verwendung zum Bau, Kauf oder zur Erweiterung eines Hauses oder einer Eigentumswohnung: z. B. monatliche Tilgung eines Bauspardarlehens)

Beteiligungen
(§§ 4-6 VermbG), z. B.

- **Wertpapier-/Vermögensbeteiligungssparvertrag** (auch Aktien des Arbeitgebers, GmbH-Stammeinlage beim Arbeitgeber usw.)
- **Wertpapierkaufverträge**
- **Beteiligung als stiller Gesellschafter**

usw.

Beide Anlageformen sind nebeneinander (gleichzeitig) möglich!

↓ ↓

staatliche Förderung:*)

Sparzulage: **9 %** der vermögenswirksam angelegten (gesparten) Beträge,

höchstens 9 % von 470 € im Kalenderjahr

staatliche Förderung:

Sparzulage: 20 % der vermögenswirksam angelegten (gesparten) Beträge,

höchstens 20 % von 400 € im Kalenderjahr

↓ ↓

Voraussetzung für die Gewährung der Sparzulage:

Das zu versteuernde Einkommen (Bruttogehalt minus steuerliche Abzugsbeträge) des Arbeitnehmers ist im Kalenderjahr nicht höher als **20.000 €** (Alleinstehende) bzw. **40.000 €** (Verheiratete).

↓

Antrag auf Gewährung der Sparzulage: beim **Finanzamt** im Rahmen der Steuererklärung.

Keine direkte Auszahlung der Sparzulage, sondern erst nach Ablauf der **Festlegungs- bzw. Sperrfrist** (in der Regel **7 Jahre**). [Keine Sperrfrist bei unmittelbaren wohnungswirtschaftlichen Aufwendungen.]

*) Förderung von Bausparbeiträgen **alternativ** durch Gewährung einer **Wohnungsbauprämie, sofern kein Anspruch auf Gewährung der Sparzulage besteht (keine Doppelförderung!)**. „Zusätzliche" Bausparbeiträge (über 470 Euro/Kj.) werden auch durch die Wohnungsbauprämie gefördert. Wohnungsbauprämie: **8,8 %** der zu fördernden Beträge, **höchstens 8,8 % von 512 €** (Alleinstehende) **bzw. 1.024 €** (Verheiratete); nur, wenn das zu versteuernde Einkommen nicht mehr als 25.600 € (Alleinstehende) bzw. 51.200 € (Verheiratete) im Kalenderjahr beträgt; Antrag bei der Bausparkasse.

Hierbei trägt der Arbeitnehmer den Sparbetrag entweder voll selbst oder er bezahlt nur einen Teilbetrag, und der Arbeitgeber bezahlt den anderen Teilbetrag; ggf. trägt der Arbeitgeber sogar den vollen Sparbetrag zusätzlich zum Lohn/Gehalt.

Der Arbeitgeber behält den Sparbetrag vom Lohn/Gehalt des Arbeitnehmers ein und überweist ihn an das entsprechende Anlageinstitut.

Sofern der Arbeitnehmer die Voraussetzungen für eine Förderung erfüllt, erhält er vom Finanzamt nach Ablauf der gesetzlich festgelegten Sperrfrist (z. B. 7 Jahre) eine **Sparzulage** auf seine gesparten Beträge (siehe das Schaubild auf der Seite 158).

Voraussetzung für die Gewährung der Sparzulage ist u.a., dass der Arbeitnehmer die maßgebliche **Einkommensgrenze** nicht überschreitet. Sie liegt für Nichtverheiratete bei **20.000 Euro** und für Verheiratete bei **40.000 Euro** im Kalenderjahr. Hierbei werden nicht die Einnahmen des Arbeitnehmers, sondern das **zu versteuernde Einkommen** zu Grunde gelegt (Bruttoeinnahmen abzüglich Werbungskosten, Sonderausgaben usw.). Liegt das zu versteuernde Einkommmen des Sparjahres über dieser Grenze, dann wird für dieses Jahr keine Sparzulage gewährt.

5.2 Buchung

5.2.1 Arbeitnehmer trägt die vwL allein

Die einfachste Fallkonstellation ist diejenige, bei der der Arbeitnehmer die vwL (den Sparbetrag) voll selbst trägt.

Der Arbeitgeber behält bei dieser Variante den Sparbetrag vom Lohn/Gehalt ein und führt ihn an das entsprechende Anlageinstitut ab.

Beispiel:

Fall wie im Ausgangsbeispiel (S. 145), hier jedoch mit dem Unterschied, dass die Arbeitnehmerin Sabrina Klein monatlich **40 Euro vermögenswirksam** anlegt (Einzahlung in einen Bausparvertrag) und die Sparbeträge **voll selbst** trägt.

Frau Klein erhält dann die folgende **Gehaltsabrechnung** (hier verkürzt dargestellt):

	Bruttogehalt	2.000,00 Euro
–	Lohnsteuer, Kirchensteuer, Solidaritätszuschlag	289,76 Euro
–	Sozialversicherungsbeiträge (Arbeitnehmeranteil)	409,50 Euro
=	Nettogehalt	1.300,74 Euro
–	**vermögenswirksame Leistung (vwL)**	**40,00 Euro**
=	Auszahlungsbetrag	1.260,74 Euro

Weil die vwL vom Lohn/Gehalt abgezogen wird und dann noch an das Anlageinstitut abzuführen ist, wird sie zum Zeitpunkt der Gehaltsabrechnung im **Haben** auf dem Konto

Verbindlichkeiten aus Vermögensbildung 1750 (3770)

oder einem spezielleren Unterkonto erfasst.

Die Gehaltsabrechnung wird dann nach der Verrechnungsmethode wie folgt gebucht:

	Sollkonto – SKR 03 (SKR 04)		**Betrag (EUR)**	**Habenkonto** – SKR 03 (SKR 04)	
1	Gehälter	4120 (6020)	2.000,00	Lohn-/Gehaltsverrech.	1755 (3790)
2	Lohn-/Gehaltsverrech.	1755 (3790)	289,76	Verbindl. Lohn-/KiSt.	1741 (3730)
3	Lohn-/Gehaltsverrech.	1755 (3790)	409,50*	Verbindl. soziale Sich.	1742 (3740)
4	Gesetzl. soziale Aufw.	4130 (6110)	386,50**	Verbindl. soziale Sich.	1742 (3740)
5	**Lohn-/Gehaltsverrech.**	**1755 (3790)**	**40,00**	**Verbindl. Vermög.**	**1750 (3770)**
6	Lohn-/Gehaltsverrech.	1755 (3790)	1.260,74	Verbindl. Lohn/Gehalt	1740 (3720)

*) Arbeitnehmeranteil zur Sozialversicherung (siehe Gehaltsabrechnung S. 145)
**) Arbeitgeberanteil zur Sozialversicherung (140 Euro + 19,50 Euro + 199 Euro + 28 Euro)

Die Auszahlung des verbleibenden Nettolohns und die Bezahlung der Steuern, der Sozialversicherungsbeiträge und der vwL wird wie auf der Seite 155 dargestellt gebucht.

34

Fall wie bei der Aufgabe 31 (S. 151), jedoch mit dem Unterschied, dass Herr Schmidt monatlich 40 Euro vermögenswirksam anlegt (Einzahlung in einen Bausparvertrag) und er die Beiträge voll selbst trägt. Die Beiträge werden vom Gehalt einbehalten und an die Bausparkasse abgeführt.

a) Erstellen Sie die Gehaltsabrechnung 07/09 einschließlich der vwL.

b) Bilden Sie die Buchungssätze für die Erfassung der Gehaltsabrechnung (Verrechnungsmethode). Die Zahlungen im Juli 09 bleiben hier unberücksichtigt.

Seite 254

5.2.2 Arbeitgeber trägt die vwL allein

Die zweite Fallkonstellation behandelt die Variante, bei der der Arbeitgeber die vwL **zusätzlich** zum Lohn/Gehalt trägt. Es gibt Tarifverträge, die dies vorsehen. Es kann aber auch sein, dass eine solche Vereinbarung im Einzelarbeitsvertrag getroffen wird.

Die vom Arbeitgeber getragene vwL **erhöht den Bruttobetrag des Lohns/Gehalts** und dadurch die Bemessungsgrundlage für die Besteuerung und die Sozialversicherungsbeiträge.

Beispiel:

Der Unternehmer Andreas Theres beschäftigt den verheirateten Arbeitnehmer Daniel Braun als Bilanzbuchhalter für monatlich **3.000 Euro** brutto. **Zusätzlich** zu dem Bruttogehalt bezahlt Herr Theres **40 Euro vwL** an die Bausparkasse von Herrn Braun. Herr Braun hat keine Kinder.

Bei einem KV-Beitragssatz von 14,9 % erhält Herr Braun für Juli 2009 die folgende Gehaltsabrechnung:

			Euro	Euro
	Bruttogehalt			3.000,00
+	**vwL**			**40,00**
=	steuer- und sozialversicherungspflichtiges Entgelt			3.040,00
–	**Steuern**			
	Lohnsteuer (Steuerklasse III ohne Freibeträge)		281,66	
	Solidaritätszuschlag (5,5 % der Lohnsteuer)		15,49	
	Kirchensteuer (9 % der Lohnsteuer)		25,34	322,49
–	**Sozialversicherungsbeiträge (Arbeitnehmeranteile)**			
	Krankenversicherung	(3.040,00 Euro x 7,9 %)*	240,16	
	Pflegeversicherung			
	• allgemeiner Beitrag	(3.040,00 Euro x 0,975 %)	29,64	
	• Zuschlag für Kinderlose	(3.040,00 Euro x 0,25 %)	7,60	
	Rentenversicherung	(3.040,00 Euro x 9,95 %)	302,48	
	Arbeitslosenversicherung	(3.040,00 Euro x 1,4 %)	42,56	622,44
=	**Nettogehalt**			2.095,07
–	**vwL**			**40,00**
=	**Auszahlungsbetrag**			2.055,07

* KV-Beitrag des Arbeitnehmers: 14 % x 1/2 plus 0,90 % Zusatzbeitrag für Arbeitnehmer
[KV-Beitrag des Arbeitgebers: 14 % x 1/2 = 7,0 %, also 3.040 Euro x 7,0 % = 212,80 Euro]

Die **vom Arbeitgeber** getragene vwL wird entweder zusammen mit dem Bruttolohn/-gehalt im **Soll** auf dem Lohn-/Gehaltskonto erfasst oder getrennt vom Bruttolohn/-gehalt auf dem **Aufwandskonto**

Vermögenswirksame Leistungen 4170 (6080).

Die Gehaltsabrechnung wird dann nach der Verrechnungsmethode wie folgt gebucht:

	Sollkonto – SKR 03 (SKR 04)		**Betrag (EUR)**	**Habenkonto** – SKR 03 (SKR 04)	
1	Gehälter	4120 (6020)	3.000,00	Lohn-/Gehaltsverrech.	1755 (3790)
2	**Vermögensw. Leist.**	**4170 (6080)**	**40,00**	**Lohn-/Gehaltsverrech.**	**1755 (3790)**
3	Lohn-/Gehaltsverrech.	1755 (3790)	322,49	Verbindl. Lohn-/KiSt.	1741 (3730)
4	Lohn-/Gehaltsverrech.	1755 (3790)	622,44*	Verbindl. soziale Sich.	1742 (3740)
5	Gesetzl. soziale Aufw.	4130 (6110)	587,48**	Verbindl. soziale Sich.	1742 (3740)
6	**Lohn-/Gehaltsverrech.**	**1755 (3790)**	**40,00**	**Verbindlichk. aus Vermögensbildung**	**1750 (3770)**
7	Lohn-/Gehaltsverrech.	1755 (3790)	2.055,07	Verbindl. Lohn/Gehalt	1740 (3720)

*) Arbeitnehmeranteil Sozialversicherung (siehe Gehaltsabrechnung)

**) Arbeitgeberanteil Sozialversicherung (212,80 Euro + 29,64 Euro + 302,48 Euro + 42,56 Euro)

35

Der Bauunternehmer Pascal Brück beschäftigt den Betriebswirt Tim Herschbach ganztags als Arbeitnehmer. Das Bruttogehalt von Herrn Herschbach beträgt 3.100,- Euro monatlich (ohne vwL). Herr Brück bezahlt zusätzlich 40 Euro vwL an die Bausparkasse von Herrn Herschbach. Herr Herschbach ist verheiratet und hat eine zu berücksichtigende Tochter.

Die Lohnsteuerkarte enthält u .a. die folgenden Daten: Lohnsteuerklasse III, Konfession rk.

Für die Gehaltsabrechnung gelten folgende Steuerabzugbeträge:

Lohnsteuer	306,33 Euro
Solidaritätszuschlag	3,90 Euro
Kirchensteuer	16,33 Euro

Herr Herschbach ist bei der XY-Krankenkasse versichert. Der Beitragssatz beträgt 14,9 % (inklusive AN-Zusatzbeitrag). Die anderen Sozialversicherungsprozentsätze betragen: PV = 1,95 %, RV = 19,9 %, ArblV = 2,8 %.

Aufgabe:

a) Erstellen Sie die vollständige Gehaltsabrechnung 07/09 für Herrn Herschbach.

b) Erstellen Sie die Buchungssätze für die Erfassung der Gehaltsabrechnung einschließlich der Überweisungen im Folgemonat (es wird unterstellt, dass die Zahlungen fristgerecht durch Banküberweisung erfolgen).

Seite 255

5.2.3 Arbeitgeber und Arbeitnehmer tragen die vwL gemeinsam

Die dritte Fallkonstellation betrifft die Variante, bei der die vwL vom Arbeitgeber und vom Arbeitnehmer **anteilig** getragen wird (z. B. jeweils zur Hälfte oder in einem anderen Aufteilungsverhältnis).

Der **vom Arbeitgeber getragene Teil** der vwL **erhöht den Bruttobetrag des Lohns/Gehalts** und dadurch die Bemessungsgrundlage für die Besteuerung und die Sozialversicherungsbeiträge. Die gesamte vwL wird dann vom Lohn/Gehalt einbehalten und an das Anlageinstitut abgeführt.

Beispiel:

Fall wie im Beispiel zuvor (S. 161), hier jedoch mit dem Unterschied, dass die vwL zur Hälfte vom Arbeitgeber und zur Hälfte vom Arbeitnehmer getragen wird. Herr Braun erhält dann die folgende Gehaltsabrechnung (verkürzt dargestellt):

			Euro	Euro
	Bruttogehalt			3.000,00
+	**vwL**			**20,00**
=	steuer- und sozialversicherungspflichtiges Entgelt			3.020,00
–	**Steuern**			
	Lohnsteuer (Steuerklasse III ohne Freibeträge)		276,00	
	Solidaritätszuschlag (5,5 % der Lohnsteuer)		15,18	
	Kirchensteuer (9 % der Lohnsteuer)		24,84	316,02
–	**Sozialversicherungsbeiträge (Arbeitnehmeranteile)**			
	Krankenversicherung	(3.020,00 Euro x 7,9 %)*	238,58	
	Pflegeversicherung			
	• allgemeiner Beitrag	(3.020,00 Euro x 0,975 %)	29,45	
	• Zuschlag für Kinderlose	(3.020,00 Euro x 0,25 %)	7,55	
	Rentenversicherung	(3.020,00 Euro x 9,95 %)	300,49	
	Arbeitslosenversicherung	(3.020,00 Euro x 1,4 %)	42,28	618,35
=	**Nettogehalt**			2.085,63
–	**vwL**			**40,00**
=	**Auszahlungsbetrag**			2.045,63

* KV-Beitrag des Arbeitnehmers: 14 % x 1/2 plus 0,90 % Zusatzbeitrag für Arbeitnehmer
[KV-Beitrag des Arbeitgebers: 14 % x 1/2 = 7,0 %, also 3.020 Euro x 7,0 % = 211,40 Euro]

Die Gehaltsabrechnung wird dann nach der Verrechnungsmethode wie folgt gebucht:

	Sollkonto – SKR 03 (SKR 04)		**Betrag (EUR)**	**Habenkonto** – SKR 03 (SKR 04)	
1	Gehälter	4120 (6020)	3.000,00	Lohn-/Gehaltsverrech.	1755 (3790)
2	**Vermögensw. Leist.**	**4170 (6080)**	**20,00**	**Lohn-/Gehaltsverrech.**	**1755 (3790)**
3	Lohn-/Gehaltsverrech.	1755 (3790)	316,02	Verbindl. Lohn-/KiSt.	1741 (3730)
4	Lohn-/Gehaltsverrech.	1755 (3790)	618,35*	Verbindl. soziale Sich.	1742 (3740)
5	Gesetzl. soziale Aufw.	4130 (6110)	583,62**	Verbindl. soziale Sich.	1742 (3740)
6	**Lohn-/Gehaltsverrech.**	**1755 (3790)**	**40,00**	**Verbindl. Vermögensb.**	**1750 (3770)**
7	Lohn-/Gehaltsverrech.	1755 (3790)	2.045,63	Verbindl. Lohn/Gehalt	1740 (3720)

*) Arbeitnehmeranteil Sozialversicherung (siehe Gehaltsabrechnung)

**) Arbeitgeberanteil Sozialversicherung (211,40 Euro + 29,45 Euro + 300,49 Euro + 42,28 Euro)

6. Sachbezüge

6.1 Begriff

Arbeitnehmer erhalten in manchen Fällen neben dem Lohn/Gehalt in Form von Geld zusätzlich **Arbeitslohn** in Form von **Wohnung, Kost, Waren, Dienstleistungen** oder **sonstigen Sachbezügen** (z. B. Überlassung eines betrieblichen Kfz für private Zwecke des Arbeitnehmers). Diese nicht in Geld bestehenden Sachen oder Leistungen werden als **Sachbezüge** bezeichnet (vgl. *Kliewer/Zschenderlein*, S. 114 f.).

Sachbezüge sind entweder dem **laufenden Arbeitslohn** (z. B. dauerhafte Zurverfügungstellung einer Wohnung) oder den **sonstigen Bezügen** (z. B. kostenlose Warengutscheine zu Weihnachten) zuzuordnen. In beiden Fällen gehören sie zum steuer- und sozialversichungspflichtigen **Bruttolohn/-gehalt** (Ausnahmen und Freigrenzen bleiben hier außer Betracht!).

Der **Wert der Sachbezüge** ist in der Lohn-/Gehaltsabrechnung als so genannter **geldwerter Vorteil** dem Bruttolohn/-gehalt hinzuzurechnen.

Die wichtigsten **Sachbezugsarten** und die **Ermittlung ihrer geldwerten Vorteile** gehen aus der nachfolgenden Übersicht hervor.

Wichtige Sachbezüge bei Löhnen und Gehältern

Sachbezüge sind **Einnahmen des Arbeitnehmers**, die nicht in Geld bestehen, sondern geldwerte Vorteile darstellen (sog. Geldeswert).

Sie können bestehen in **Wohnung, Kost (Verpflegung), Waren, Dienstleistungen** oder **sonstigen Sachbezügen** (z.B. Kfz-Überlassung). Siehe § 8 Abs. 2 und 3 EStG und R 31 LStR.

Wohnung/ Unterkunft

Wohnung

ortsübliche Miete
\+ Nebenkosten (übliche Preise)

= Kosten der W.
./. Zuzahlungen AN

= geldwerter Vorteil (Sachbezugswert)

Unterkunft

Die Werte sind der **Sachbezugsverordnung** zu entnehmen

./. Zuzahlungen AN

= geldwerter Vorteil (Sachbezugswert)

Verpflegung

Die Werte sind der **Sachbezugsverordnung** zu entnehmen

./. Zuzahlungen des AN

= geldwerter Vorteil (Sachbezugswert)

Waren

Verkaufspreise (brutto)

./. 4 %

= geminderte Endpreise

./. Zuzahlungen des Arbeitnehmers

= geldwerter Vorteil (Sachbezugswert)

Beachte:

Freibetrag 1.080 Euro je Kalenderjahr („Rabatt-Freibetrag" gem. § 8 Abs. 3 EStG)

sonstige Sachbezüge
[hier: Kfz-Gestellung]

Fahrtenbuchmethode

tatsächliche entstandene Kosten der Fahrten

./. Zuzahlungen des AN

= geldwerter Vorteil (Sachbezugswert)

oder

1 %-Methode

Bruttolistenpreis (BLP) abgerundet auf volle 100 €
x 1 % pro Monat

\+ BLP x 0,03 % x Entfernung Wohnung – Arbeitsstätte x Anzahl Monate

./. Zuzahlungen des Arbeitnehmers

= geldwerter Vorteil (Sachbezugswert)

Umsatzsteuerpflicht der Sachbezüge?

- Wohnung/Unterkunft: **Keine** USt, weil steuerfrei gem. § 4 Nr. 12 UStG
- Verpflegung: Aus der Sicht des Arbeitgebers: **steuerbare sonstige Leistung** gem. § 3 Abs. 9 und/oder Abs. 9a in Verbindung mit § 1 Abs. 1 Nr. 1 UStG.
- Waren: Aus der Sicht des Arbeitgebers: **steuerbare Lieferung** gem. § 3 Abs. 1 und/oder Abs. 1b in Verbindung mit § 1 Abs. 1 Nr. 1 UStG.
- Sonstige Sachbezüge: Aus der Sicht des Arbeitgebers: **steuerbare sonstige Leistung** gem. § 3 Abs. 9 oder Abs. 9a in Verbindung mit § 1 Abs. 1 Nr. 1 UStG.

6.2 Lohn-/Gehaltsabrechnung mit Sachbezügen

Eine Lohn-/Gehaltsabrechnung mit Sachbezügen hat den folgenden Aufbau (vgl. *Kliewer / Zschenderlein*, S. 808):

	Bruttolohn/-gehalt
+	vermögenswirksame Leistung (sofern vom Arbeitgeber getragen)
+	**Sachbezüge** (z.B. geldwerter Vorteil einer Kfz-Überlassung)
=	steuer- und sozialversicherungspflichtiges Entgelt
–	Lohnsteuer
–	Solidaritätszuschlag
–	Kirchensteuer
–	Krankenversicherungsbeitrag (AN-Anteil)
–	Pflegeversicherungsbeitrag (AN-Anteil)
–	Rentenversicherungsbeitrag (AN-Anteil)
–	Arbeitslosenversicherungsbeitrag (AN-Anteil)
=	**Nettolohn/-gehalt**
–	vermögenswirksame Leistung
–	**Sachbezüge (s.o.)**
=	**Auszahlungsbetrag**

6.3 Buchung

Sachbezüge sind aus der Sicht des Arbeitgebers **Aufwendungen**, die wie Barlohn auf dem entsprechenden **Lohn-/Gehaltskonto** oder einem hierfür eingerichteten Unterkonto im **Soll** erfasst werden.

In der Regel erfolgt die **Sollbuchung** zusammen mit dem Bruttolohn/-gehalt also auf dem Konto

Löhne 4110 (6010) bzw. Gehälter 4120 (6020)

und die **Habenbuchung** bei Anwendung der Verrechnungsmethode auf dem Konto **„Lohn- und Gehaltsverrechnung“**.

Die Verrechnung der Sachbezüge wird dann im **Soll** auf dem Konto **„Lohn- und Gehaltsverrechnung“** und im **Haben** auf dem Konto

Verrechnete sonstige Sachbezüge 8590 (4940)

bzw. einem spezielleren Konto, wie z.B. **„Verrechnete sonstige Sachbezüge 19 % USt** 8611 (4947)“ gebucht.

Sachbezüge der Arbeitnehmer unterliegen bis auf wenige Ausnahmen der Umsatzsteuer (siehe Übersicht „Wichtige Sachbezüge bei Löhnen und Gehältern" auf der Seite 165). Der Arbeitgeber schuldet die hieraus entstandene USt dem Finanzamt.

Die Sachbezugswerte der Gehaltsabrechnung sind **Brutto**werte. Sofern sie umsatzsteuerpflichtig sind, ist die USt aus den Sachbezugswerten **heraus**zurechnen. Der um die USt verminderte Betrag (= Nettobetrag) ist dann der Betrag, auf den die USt bemessen, also aufgeschlagen wird.

Bei der Buchung der Sachbezüge ist also darauf zu achten, dass der Sachbezugswert bei der Verrechnung in den **Nettowert** und den **Umsatzsteuerbetrag** aufzuspalten und dann getrennt zu erfassen ist. Der Nettowert wird im **Haben** auf dem entsprechenden **Ertragskonto** (z. B. **„Verrechnete sonstige Sachbezüge 19 % USt"**) und die hierauf entfallende Umsatzsteuer im **Haben** auf dem **Umsatzsteuerkonto** (z. B. „Umsatzsteuer 19 %") erfasst.

Beispiel:

Josef Pecsi erhält ein monatliches Bruttogehalt von **2.800 Euro**. Zusätzlich überlässt ihm sein Arbeitgeber ein Firmenfahrzeug zur privaten Nutzung ohne Herrn Pecsi dafür etwas zu berechnen. Ein Fahrtenbuch wird für dieses Fahrzeug nicht geführt.

Der Bruttolistenpreis des Fahrzeugs hat **25.050 Euro** zum Zeitpunkt der Erstzulassung betragen. Die Entfernung (einfache Strecke) zwischen seiner Wohnung und der Arbeitsstätte beträgt **20 km**.

Herr Pecsi ist verheiratet und hat ein zu berücksichtigendes Kind. Der KV-Beitragssatz beträgt 14,9 % (inklusive AN-Zusatzbeitrag).

Gehaltsabrechnung 07/2009:

			Euro	Euro
	Bruttogehalt			2.800,00
+	**Sachbezug Kfz-Gestellung**			
	25.050 Euro wird auf 25.000 Euro abgerundet			
	25.000 Euro x 1 % =		250,00	
	25.000 Euro x 0,03 % x 20 km =		150,00	**400,00**
=	steuer- und sozialversicherungspflichtiges Entgelt			3.200,00
–	LSt, SolZ und KiSt			367,54
–	Sozialversicherungsbeiträge (Arbeitnehmeranteile)			
	Krankenversicherung	(3.200 Euro x 7,9 %)*	252,80	
	Pflegeversicherung	(3.200 Euro x 0,975 %)	31,20	
	Rentenversicherung	(3.200 Euro x 9,95 %)	318,40	
	Arbeitslosenversicherung	(3.200 Euro x 1,4 %)	44,80	647,20
				2.185,26
–	**Sachbezug**			**400,00**
=	Auszahlungsbetrag			1.785,26

* KV-Beitrag des Arbeitnehmers: 14 % x 1/2 plus 0,90 % Zusatzbeitrag für AN;
[KV-Beitrag des Arbeitgebers: 14 % x 1/2 = 7,0 %, also 3.200 Euro x 7,0 % = 224,00 Euro]

Für die **manuelle** Buchung wird der Sachbezugswert in den Nettobetrag und die Umsatzsteuer aufgespalten. Die Umsatzsteuer wird aus dem Sachbezugswert also **herausgerechnet**. Hier ergeben sich die folgenden Werte:

400,00 Euro : 1,19 = **336,13 Euro** netto
336,13 Euro x 19 % = **63,87 Euro** USt.

Die Gehaltsabrechnung wird nach der Verrechnungsmethode wie folgt gebucht:

	Sollkonto – SKR 03 (SKR 04)		**Betrag (EUR)**	**Habenkonto** – SKR 03 (SKR 04)	
1	Gehälter	4120 (6020)	2.800,00	Lohn-/Gehaltsverrech.	1755 (3790)
2	**Gehälter**	**4120 (6020)**	**400,00**	**Lohn-/Gehaltsverrech.**	**1755 (3790)**
3	Lohn-/Gehaltsverrech.	1755 (3790)	367,54	Verbindl. Lohn-/KiSt.	1741 (3730)
4	Lohn-/Gehaltsverrech.	1755 (3790)	647,20*	Verbindl. soziale Sich.	1742 (3740)
5	Gesetzl. soziale Aufw.	4130 (6110)	618,40**	Verbindl. soziale Sich.	1742 (3740)
6	**Lohn-/Gehaltsverrech.**	**1755 (3790)**	**336,13**	**Verr. Sachbez. 19 %**	**8611 (4947)**
7	**Lohn-/Gehaltsverrech.**	**1755 (3790)**	**63,87**	**Umsatzsteuer 19 %**	**1776 (3806)**
8	Lohn-/Gehaltsverrech.	1755 (3790)	1.785,26	Verbindl. Lohn/Gehalt	1740 (3720)

*) Arbeitnehmeranteil Sozialversicherung (siehe Gehaltsabrechnung)
**) Arbeitgeberanteil Sozialversicherung (224,00 Euro + 31,20 Euro + 318,40 Euro + 44,80 Euro)

Beachte: In der Praxis (**EDV-Buchführung**) wird der **Brutto**betrag auf dem Konto „**Verrechnete sonstige Sachbezüge 19 % USt** 8611 (4947)" erfasst, weil es sich bei diesem Konto um ein **Automatikkonto** („AM-Funktion") handelt. Das EDV-Programm berechnet den Nettobetrag und die USt selbst und bucht den Umsatzsteuerbetrag dann automatisch auf dem Umsatzsteuer-Konto.

36

Der Unternehmer Florian Kappus beschäftigt den Industriekaufmann Stephan Schuth ganztags als Arbeitnehmer. Das Bruttogehalt von Herrn Schuth beträgt 2.511,50 Euro monatlich (ohne vwL). Herr Kappus bezahlt zusätzlich 40 Euro vwL an die Bausparkasse von Herrn Schuth.

Herr Schuth ist verheiratet und hat zwei Kinder.

Herr Schuth erhält zusätzlich zu dem Gehalt ein Firmenfahrzeug zur dauernden privaten Nutzung von Herrn Kappus überlassen, für das kein Fahrtenbuch geführt wird. Der Bruttolistenpreis des Fahrzeugs hat zum Zeitpunkt der Erstzulassung 23.130 Euro betragen. Die Entfernung zwischen der Wohnung von Herrn Schuth und der Arbeitsstätte beträgt 15 km (einfache Strecke).

Für Herrn Schuth wurden die folgenden Steuerabzüge ermittelt (Monat 07/09):

Lohnsteuer (Steuerklasse III)	237,33 Euro
Solidaritätszuschlag	13,05 Euro
Kirchensteuer	21,35 Euro

Herr Schuth ist bei der XY-Krankenkasse versichert. Der Beitragssatz beträgt 14,9 % (inklusive AN-Zusatzbeitrag). Die anderen Sozialversicherungsprozentsätze betragen: PV = 1,95 %, RV = 19,9 %, ArblV = 2,8 %.

Aufgabe:

a) Erstellen Sie die vollständige Gehaltsabrechnung 07/09 für Herrn Schuth.

b) Erstellen Sie die Buchungssätze für die Erfassung der Gehaltsabrechnung einschließlich der Überweisungen im Folgemonat (es wird unterstellt, dass die Zahlungen fristgerecht durch Banküberweisung erfolgen).

Seite 256

7. Besondere Beschäftigungsverhältnisse

7.1 Geringverdiener

Für **Auszubildende** und **Praktikanten**, die für ihre Tätigkeit eine **geringe Entlohnung** beziehen, enthält das Sozialversicherungsrecht die Sonderregelung, dass der **Arbeitgeber** die Beiträge zur Sozialversicherung allein trägt (vgl. *Datev*, S. 245).

Voraussetzung ist, dass das **monatliche Arbeitsentgelt** *höchstens* **325 Euro** beträgt.

Wenn diese Voraussetzung erfüllt ist, werden bei dem Auszubildenden oder Praktikanten keine Beiträge zur Sozialversicherung vom Lohn/Gehalt abgezogen. Weil bei dieser Entgelthöhe im Normalfall auch keine Lohnsteuer anfällt, wird die monatliche Vergütung dann ohne Abzüge (**„brutto = netto"**) ausgezahlt.

Beispiel:

Die Auszubildende Valeria Bauer absolviert eine Berufsausbildung als Rechtsanwaltsfachangestellte. Ihre monatliche Ausbildungsvergütung beträgt 300 Euro. Sie ist bei der XY-Krankenkasse (Beitragssatz 14,9 %) krankenversichert. Valeria Bauer hat ihrem Arbeitgeber eine Lohnsteuerkarte mit der Steuerklasse I vorgelegt.

Ihre **monatliche Gehaltsabrechnung** sieht dann wie folgt aus:

Ausbildungsvergütung (Bruttogehalt)	300,00 Euro
– Lohnsteuer, Kirchensteuer, Solidaritätszuschlag	0,00 Euro
– Sozialversicherungsbeiträge (AN-Anteile)	0,00 Euro
= Auszahlungsbetrag (Nettogehalt)	300,00 Euro

Die **Beiträge**, die der **Arbeitgeber allein** zu tragen und abzuführen hat, betragen (Juli 2009):

Krankenversicherungsbeitrag	300,00 Euro x 14,9 % =	44,70 Euro
Pflegeversicherungsbeitrag	300,00 Euro x 1,95 % =	5,85 Euro
Rentenversicherungsbeitrag	300,00 Euro x 19,9 % =	59,70 Euro
Arbeitslosenversicherungsbeitrag	300,00 Euro x 2,8 % =	8,40 Euro
		118,65 Euro

Die **Buchung** der Ausbildungsvergütung und der Sozialversicherungsbeiträge kann folgendermaßen erfolgen:

Sollkonto - SKR 03 (SKR 04)	**Betrag** (Euro)	**Habenkonto** - SKR 03 (SKR 04)
Gehälter 4120 (6020)	300,00	Verbindl. Lohn/Gehalt 1740 (3720)
Gesetzl. soziale Aufw. 4130 (6110)	118,65	Verbindl. Soziale Sich. 1742 (3740)

Bei der Bezahlung der Ausbildungsvergütung und der Sozialversicherungsbeiträge werden die entsprechenden Verbindlichkeiten wieder ausgebucht (hier Bezahlung durch Banküberweisung):

Sollkonto - SKR 03 (SKR 04)	**Betrag** (Euro)	**Habenkonto** - SKR 03 (SKR 04)
Verbindl. Lohn/Gehalt 1740 (3720)	300,00	Bank 1200 (1800)
Verbindl. Soziale Sich. 1742 (3740)	118,65	Bank 1200 (1800)

Wenn die Entgeltgrenze von 325 Euro durch ein **einmaliges Entgelt** (z. B. Weihnachts- oder Urlaubsgeld zusätzlich zum Lohn/Gehalt) **überschritten** wird, dann trägt der Arbeitnehmer die **Hälfte** der Sozialversicherungsbeiträge, **die auf den Betrag anfallen, der die 325 Euro übersteigt**.

7.2 Geringfügige Beschäftigungsverhältnisse

7.2.1 Begriffliche Abgrenzung

Unter einem „geringfügigen Beschäftigungsverhältnis“ ist die **Beschäftigung eines Arbeitnehmers** zu verstehen, die einen bestimmten **geringen Umfang** nicht übersteigt.

Unter „geringem Umfang“ sind zwei unterschiedliche Formen zu verstehen:

- geringes Arbeitsentgelt (**geringfügig entlohnte** Beschäftigung) oder
- geringer zeitlicher Arbeitsumfang (**kurzfristige** Beschäftigung).

Die **geringfügig entlohnte** Beschäftigung wird im allgemeinen Sprachgebrauch auch als **„Mini-Job“** bezeichnet.

Als so genannte **kurzfristige** Beschäftigung werden die **klassischen Aushilfstätigkeiten** (z. B. Urlaubs- oder Krankheitsvertretung) bezeichnet.

Sowohl für die geringfügig entlohnte als auch für die kurzfristige Beschäftigung gilt, dass sie grundsätzlich in allen Zweigen der Sozialversicherung **versicherungsfrei** sind, wenn sie bestimmte **Grenzen nicht übersteigen**.

Ausnahmen:

Es gibt Beschäftigungsverhältnisse, für die zwar ein geringes monatliches Arbeitsentgelt gezahlt wird oder bei denen die Beschäftigung zeitlich begrenzt ist, es sich aber dennoch nicht um ein geringfügiges Beschäftigungsverhältnis handelt. Hierzu gehören insbesondere die folgenden Beschäftigungsverhältnisse, die sozialversicherungs**pflichtig** sind:

- Beschäftigung von Auszubildenden,
- Arbeitnehmer, die in Kurzarbeit stehen,
- Arbeitnehmer, die witterungsbedingt nicht voll arbeiten können,
- Arbeitnehmer, die nach längerer Arbeitsunfähigkeit ihre Arbeitsstunden langsam wieder erhöhen (Wiedereingliederungsphase).

7.2.2 Geringfügig entlohnte Beschäftigung („Mini-Job“)

Geringfügig entlohnte Beschäftigungen, die als sog. „Mini-Job“ sozialversicherungsfrei ausgeübt werden, liegen nur dann vor, wenn das **regelmäßige** (durchschnittliche) **Arbeitsentgelt** die folgende Grenze nicht übersteigt:

400 Euro im Monat.

Sofern diese Grenze überschritten wird, liegt keine geringfügige Beschäftigung mehr vor und es tritt grundsätzlich **Versicherungspflicht** in allen Zweigen der Sozialversicherung ein.

Beispiel:

Gaby Sailer arbeitet mit durchschnittlich 8 Stunden/Woche bei der Druckerei Fölbach in Koblenz für 10 Euro/Stunde. Zusätzlich erhält Frau Sailer Weihnachtsgeld in Höhe von 300 Euro. Eine andere Beschäftigung hat Frau Sailer nicht.

Es liegt eine geringfügig entlohnte Beschäftigung vor, weil die Arbeitsentgeltgrenze nicht überschritten wird (8 Std./Woche x 10 Euro/Stunde = 80 Euro/Woche x 52 Wochen = 4.160 Euro/Jahr + 300 Euro Weihnachtsgeld = 4.460 Euro ÷ 12 Monate = **371,67 Euro**).

Würde Frau Sailer beispielsweise 9 Stunden wöchentlich bei sonst gleichen Bedingungen arbeiten, dann wäre die Entgeltgrenze überschritten (9 Std./Woche x 10 Euro/Stunde = 90 Euro/Woche x 52 Wochen = 4.680 Euro/Jahr + 300 Euro Weihnachtsgeld = 4.980 Euro ÷ 12 Monate 415 Euro); es liegt dann keine geringfügige Beschäftigung vor.

Weiterhin ist zu beachten:

- **Mehrere** nebeneinander ausgeübte geringfügige Beschäftigungen werden für die Ermittlung der o.g. „400 Euro-Grenze“ **zusammengerechnet**.

- Wenn eine **Hauptbeschäftigung** ausgeübt wird, darf **zusätzlich <u>ein</u> Mini-Job** bis durchschnittlich 400 Euro/Monat versicherungsfrei ausgeübt werden. **Weitere** Nebenbeschäftigungen sind dann mit der Hauptbeschäftigung zusammenzurechnen und entsprechend versicherungspflichtig in der Kranken-, Pflege- und Rentenversicherung (nicht in der Arbeitslosenversicherung).

- **Steuerfreie Aufwandsentschädigungen**, z. B. gem. § 3 Nr. 26 EStG als Trainer, Übungsleiter, Dozent o.ä. für eine gemeinnützige Körperschaft – z. B. Sportverein, Kammer, Förderverein einer Schule etc. – zählen nicht zum Arbeitsentgelt. So sind die steuerfreien Einnahmen aus einer nebenberuflichen Tätigkeit im Sportverein oder als Prüfer für eine Kammer bis zur Höhe von 2.100 Euro im Kalenderjahr (**175 Euro monatlich**) bei der Ermittlung des regelmäßigen Arbeitsentgelts nicht zu berücksichtigen. Dieser Freibetrag ist aber für alle steuerfreien Tätigkeiten einer Person zusammen (nicht für jede dieser Tätigkeiten erneut) zu berücksichtigen.

Beispiel:

Jörg Perscheid ist ganztags bei der Sparkasse Köln als Bankkaufmann beschäftigt und mit dieser Tätigkeit versicherungspflichtig in allen Zweigen der Sozialversicherung.

Nebenbei ist er für einen gemeinnützigen Bildungsträger als angestellter Dozent tätig. Für diese Tätigkeit erhält er eine monatliche Vergütung in Höhe von 550 Euro brutto.

Eine weitere Nebentätigkeit übt Herr Perscheid für einen Getränkemarkt aus. Als Buchhalter erhält er eine monatliche Vergütung in Höhe von 250 Euro.

Die **erste** Nebentätigkeit von Herrn Perscheid (angestellter Dozent) ist sozialversicherungsfrei, weil die durchschnittliche monatliche Vergütung die 400 Euro-Grenze nicht übersteigt (550 Euro minus 175 Euro Freibetrag gem. § 3 Nr. 26 EStG = 375 Euro).

Die **zweite** Nebentätigkeit (Buchhalter des Getränkemarktes) ist sozialversicherungspflichtig. Die Vergütung unterliegt der Kranken-, Pflege- und Rentenversicherung, sofern mit der Hauptbeschäftigung nicht bereits die Höchstbeträge in diesen Versicherungszweigen entrichtet werden.

Für sozialversicherungsfreie geringfügig entlohnte Beschäftigungsverhältnisse sind **pauschale Abgaben zur Sozialversicherung** abzuführen, die der **Arbeitgeber zusätzlich zum Arbeitsentgelt** zu bezahlen hat. Der Arbeitgeber muss grundsätzlich die folgenden Abgaben abführen:

- **15 %** des Arbeitsentgelts pauschaler **Rentenversicherungsbeitrag**,
- **13 %** des Arbeitsentgelts pauschaler **Krankenversicherungsbeitrag** für Arbeitnehmer, die in der gesetzlichen Krankenversicherung versichert sind,
- **2 %** des Arbeitsentgelts pauschale **Lohnsteuer**,
- **0,67 %** des Arbeitsentgelts für den Ausgleich der Arbeitgeberaufwendungen bei Krankheit **(U1 = 0,60 %)** sowie Schwangerschaft und Mutterschaft **(U2 = 0,07 %)**, sofern der Arbeitgeber an der Lohnfortzahlungsversicherung teilnimmt; für Betriebe mit bis zu 30 Arbeitnehmern ist die Teilnahme am Umlageverfahren grundsätzlich verpflichtend.

Für die Versicherungsbereiche **Arbeitslosen- und Pflegeversicherung** brauchen **keine** Beiträge entrichtet zu werden.

Der **Pauschalbeitrag zur Krankenversicherung** fällt nur an, wenn der geringfügig Beschäftigte **Mitglied der gesetzlichen Krankenversicherung** ist (selbst versichert oder mitversichert als Familienangehöriger). Bei **privat krankenversicherten** Person (z. B. Selbständige oder Beamte und deren Familienangehörige) **entfällt** die pauschale Abgabe zur Krankenversicherung.

Mit der pauschalen Steuer von **2 %** sind steuerrechtlich die **Lohnsteuer**, die **Kirchensteuer** und der **Solidaritätszuschlag** für dieses Arbeitsverhältnis **abgegolten** (vgl. § 40a Abs. 2 EStG).

Beispiel 1:

Die geringfügig beschäftigte Arbeitnehmerin Gaby Sailer (siehe Beispiel S. 172 oben) ist in der gesetzlichen Krankenversicherung über ihren Ehemann familienversichert. Ihr Bruttolohn für Juli 2009 beträgt 346,67 Euro (10 Euro/Std. x 8 Std./Woche x 52 Wochen : 12 Monate). Ihr Arbeitgeber nimmt am Umlageverfahren der Lohn-fortzahlungsversicherung teil.

Der Arbeitgeber hat in diesem Fall die folgenden Abgaben abzuführen:

RV:	346,67 Euro x 15 % =	52,00 Euro
KV:	346,67 Euro x 13 % =	45,07 Euro
LSt:	346,67 Euro x 2 % =	6,93 Euro
U1 + U2:	346,67 Euro x 0,67 % =	2,32 Euro
		106,32 Euro

Beispiel 2:

Fall wie zuvor, jedoch mit dem Unterschied, dass Frau Sailer privat krankenversichert ist (z.B. weil ihr Ehemann als Beamter oder Unternehmer nicht versicherungspflichtig und auch nicht freiwilliges Mitglied der gesetzlichen KV ist).

In diesem Fall muss der Arbeitgeber nur die folgenden Abgaben bezahlen:

RV:	346,67 Euro x 15 % =	52,00 Euro
LSt:	346,67 Euro x 2 % =	6,93 Euro
U1 + U2:	346,67 Euro x 0,67 % =	2,32 Euro
		61,25 Euro

Die pauschale Lohnsteuer könnte der Arbeitgeber auf den Arbeitnehmer abwälzen, ihm also vom Lohn abziehen.

Der Arbeitgeber hat auch die Möglichkeit, auf die Pauschalbesteuerung zu verzichten und den Arbeitslohn nach den Merkmalen der Lohnsteuerkarte des Arbeitnehmers zu besteuern.

Beachte:

Die geringfügig beschäftigten Arbeitnehmer erwerben durch die Beitragszahlungen des Arbeitgebers **keine** Leistungsansprüche aus der Kranken- oder Rentenversicherung. Hinsichtlich ihrer persönlichen Versicherungspflicht bleiben sie versicherungsfrei (d.h. sie unterliegen nicht der regulären Sozialversicherungspflicht).

Der Arbeitnehmer kann jedoch **auf die Versicherungsfreiheit in der *Rentenversicherung* verzichten (Option)**. Die Inanspruchnahme der Option bedeutet, dass der bzw. die geringfügig Beschäftigte die **Versicherungspflicht in der *Rentenversicherung*** wählt. Die Wahl der Versicherungspflicht muss durch die **schriftliche Erklärung** des Arbeitnehmers gegenüber dem Arbeitgeber erfolgen. Sie kann nur mit Wirkung für die Zukunft erklärt werden. Bei mehreren geringfügigen Beschäftigungen kann diese Wahl nur einheitlich (d.h. für alle geringfügigen Beschäftigungen oder keine dieser Beschäftigungen) erfolgen; sie ist dann für die Dauer der Beschäftigung(en) bindend. Der **Arbeitnehmer** muss dann den **Differenzbetrag zum vollen Rentenversicherungsbeitrag** (2009: 19,9 %) durch **Abzug vom Arbeitslohn** bezahlen.

Buchungen:

Um die Aushilfs- und „Mini-Beschäftigungen" von den regulären Arbeitsverhältnissen zum Zweck einer größeren Transparenz der Personalkosten zu trennen, empfiehlt es sich, die Aufwendungen aus den geringfügigen Beschäftigungsverhältnissen auf **gesonderten Konten** zu erfassen.

Im **Datev-Kontenrahmen SKR 03** (SKR 04) stehen hierfür beispielsweise die folgenden Konten zur Verfügung:

Aushilfslöhne	4190 (6030)
Pauschale Steuer für Aushilfen	4199 (6040)

Beispiel:

Antje Sailer ist Schülerin. Nebenbei arbeitet sie bei der Firma Mayer (Gebäudereinigung) wöchentlich 10 Stunden. Der Stundenlohn beträgt 7 Euro (brutto). Sie hat dem Arbeitgeber keine Lohnsteuerkarte vorgelegt. Sie erhält monatlich den Durchschnittslohn bar ausgezahlt:

10 Std. x 7 Euro	=	70,00 Euro	
x 52 Wochen	=	3.640,00 Euro	
÷ 12 Monate	=	303,33 Euro	(Durchschnittslohn)

pauschale Abgaben hierauf (werden durch Banküberweisung bezahlt):

RV:	303,33 Euro x 15 % =	45,50 Euro
KV:	303,33 Euro x 13 % =	39,43 Euro
LSt:	303,33 Euro x 2 % =	6,07 Euro
U1 + U2:	303,33 Euro x 0,67 % =	2,03 Euro
		91,03 Euro

Sollkonto - SKR 03 (SKR 04)		**Betrag** (Euro)	**Habenkonto** - SKR 03 (SKR 04)	
Aushilfslöhne	4190 (6030)	303,33	Kasse	1000 (1600)
Pauschale Steuer	4199 (6040)	6,07	Bank	1200 (1800)
Ges. soz. Aufw.	4130 (6110)*)	86,96 **)	Bank	1200 (1800)

*) alternativ: 4191 (6031) Pauschale Abgaben zur Sozialversicherung (selbst eingerichtetes Konto)
**) pauschale Abgaben zur RV + pauschale Abgaben zur KV + U1

37

Viola Krechel ist Hausfrau und nebenbei für die Gebäudereinigungsfirma "SchnellSauber" als Arbeitnehmerin tätig. Sie arbeitet an jeweils 19 Tagen im Monat 2 Stunden (Reinigungsarbeiten in der Berufsbildenden Schule Wirtschaft Koblenz). Der Bruttoarbeitslohn beträgt 8 Euro pro Stunde. Die Auszahlung des Lohns erfolgt jeweils am Monatsende in bar. Viola Krechel ist evangelisch und Mitglied der gesetzlichen Krankenversicherung (familienversichert). Der Lohn für den Monat Juli 2009 ist zu berechnen und zu buchen.

Fallkonstellation a): Sie legt eine Lohnsteuerkarte mit der Lohnsteuerklasse IV vor.
Lohnsteuer: 0 Euro.

Fallkonstellation b): Sie legt keine Lohnsteuerkarte vor.

Aufgaben

- Berechnen Sie für die zwei Fallkonstellationen
  (1) den Nettolohn (Auszahlungsbetrag) und
  (2) die vom Arbeitgeber abzuführenden Abgaben.
- Erstellen Sie für die zwei Fallkonstellationen die erforderlichen Buchungssätze zum 31.7.2009.

Seite 257

7.2.3 Kurzfristige Beschäftigung

Eine sozialversicherungsfreie kurzfristige Beschäftigung ist dann gegeben, wenn die folgenden Merkmale erfüllt sind:

- Beschäftigungsdauer von vornherein begrenzt auf **höchstens 2 Monate** *oder* **50 Arbeitstage** im Kalenderjahr *und*
- **keine berufsmäßige Ausübung** der Beschäftigung.

Beispiel:

Die Studentin Sabine Nelde arbeitet vom 1. Juli bis zum 31. August 2009 bei dem Steuerberater Weber in Koblenz als Urlaubsvertretung für 10 Euro/Stunde.

Es liegt eine kurzfristige Beschäftigung vor, sofern Frau Nelde in der Zeit vom 1.1. bis 30.6.2009 noch keine kurzfristige Beschäftigung ausgeübt hat.

Würde Frau Nelde in der Zeit vom 1.9. bis 31.12.2009 erneut eine Beschäftigung annehmen, welche die o.g. 400 Euro-Grenze eines Mini-Jobs übersteigt, dann liegt bei der erneuten Beschäftigung keine kurzfristige Beschäftigung mehr vor.

Beachte:

Eine geringfügig entlohnte Beschäftigung (Mini-Job) und eine kurzfristige Beschäftigung, die **nebeneinander** ausgeübt werden, müssen nicht zusammengerechnet werden (**getrennte Beurteilung**).

Beispiel:

Fall wie im Beispiel zuvor (Arbeitnehmerin, die eine kurzfristige Beschäftigung ausübt), mit dem Unterschied, dass die Arbeitnehmerin im gleichen Zeitraum (z.B. abends oder an den Wochenenden) zusätzlich eine geringfügige entlohnte Beschäftigung mit einer durchschnittlichen monatlichen Entlohnung in Höhe von 300 Euro ausübt.

Es liegen dann eine sozialversicherungsfreie geringfügig entlohnte Beschäftigung und eine sozialversicherungsfreie kurzfristige Beschäftigung vor, weil die geringfügige Beschäftigung und die kurzfristige Beschäftigung getrennt voneinander zu beurteilen sind, also gleichzeitig ausgeübt werden können, ohne dass dadurch die Geringfügigkeitsgrenzen überschritten werden.

Abgaben:

Kurzfristige Beschäftigungen sind sozialversicherungsfrei, sofern keine der oben aufgeführten Grenzen überschritten wird.

Die kurzfristige Beschäftigung bleibt auch dann sozialversicherungs**frei**, wenn sie **neben einer versicherungspflichtigen Hauptbeschäftigung** ausgeübt wird.

Hinsichtlich der **Besteuerung** sind zwei Alternativen denkbar:

- **reguläre** Besteuerung nach den Merkmalen der vorgelegten **Lohnsteuerkarte** oder
- **pauschale** Besteuerung nach § **40a EStG**.

Die **pauschale Besteuerung** beträgt

- **25 %** des Bruttolohns **pauschale Lohnsteuer** zuzüglich
- **7 %** pauschale **Kirchensteuer** auf die pauschale Lohnsteuer und
- **5,5 % Solidaritätszuschlag** auf die pauschale Lohnsteuer.

Die **Pauschalbesteuerung** ist aber nur dann zulässig, wenn

- die Beschäftigung bei dem Arbeitgeber **nur gelegentlich** (nicht regelmäßig wiedekehrend) erfolgt und
- die Beschäftigungsdauer **nicht mehr als 18 zusammenhängende Arbeitstage** beträgt und
- der Arbeitslohn **je Arbeitstag nicht mehr als 62 Euro** beträgt (gilt nicht, wenn die Beschäftigung unvorhersehbar sofort erforderlich ist) und
- der durchschnittliche **Stundenlohn 12 Euro nicht übersteigt**.

Wenn eines dieser Merkmale nicht erfüllt ist, darf die Besteuerung nicht pauschal nach § 40a EStG erfolgen.

Beispiel:

Die Schülerin Natalie Kurz arbeitet zu Beginn der Sommerferien 2009 für zwei Wochen bei der Eisdiele „Artuso" als Aushilfe (Mo.-Fr.). Die tägliche Arbeitszeit beträgt 6 Stunden; der Stundenlohn beläuft sich auf 8 Euro brutto. Sie hat keine Lohnsteuerkarte. Andere kurzfristige Beschäftigungen hatte Nathalie Kurz in 2009 noch nicht ausgeübt.

Es liegt eine kurzfristige Beschäftigung vor, die sozialversicherungsfrei ausgeübt werden darf. Weil keine Lohnsteuerkarte vorgelegt wird, erfolgt die Besteuerung pauschal.

Bruttolohn:	6 Std. x 8 Euro x 10 Arbeitstage =	480,00 Euro
pauschale LSt:	480 Euro x 25 % =	120,00 Euro
pauschale KiSt:	120 Euro x 7 % =	8,40 Euro
SolZ	120 Euro x 5,5 % =	6,60 Euro

Buchungen:

Wie bei den geringfügig entlohnten Beschäftigungen empfiehlt es sich aus Transparenzgründen, die Löhne der kurzfristig Beschäftigten und die ggf. anfallende pauschale Steuer **getrennt von den übrigen Personalkosten** auf den folgenden **Konten** zu erfassen.

Aushilfslöhne	4190 (6030)
Pauschale Steuer für Aushilfen	4199 (6040)

Beispiel:

Die Lohnaufwendungen des Beispiels zuvor (oben) sind in der Buchführung zu erfassen (Barzahlung des Aushilfslohns und Banküberweisung der pauschalen Steuer).

Sollkonto - SKR 03 (SKR 04)		**Betrag** (Euro)	**Habenkonto** - SKR 03 (SKR 04)	
Aushilfslöhne	4130 (6030)	480,00	Kasse	1000 (1600)
Pauschale Steuer	4199 (6040)	135,00	Bank	1200 (1800)

38

In der Druckerei Fölbach in Koblenz ist Mitte Oktober eine Arbeitnehmerin erkrankt, die einen wichtigen Großauftrag bearbeiten sollte (Falz-, Sortier- und Versandarbeiten). Herr Fölbach bittet die Schülerin Viola Krechel deshalb, bei ihm als Aushilfe zu arbeiten, um den Großauftrag termingerecht fertig stellen zu können. Umfang und Bezahlung der Beschäftigung: für 2 Wochen täglich 4 Stunden (montags bis einschließlich samstags) bei einem Stundenlohn von 8 Euro. Viola Krechel nimmt den Job an, legt Herrn Fölbach allerdings keine Lohnsteuerkarte vor. Die Auszahlung des Lohns erfolgt am 31.10.2009 bar.

Aufgaben

- Berechnen Sie den Nettolohn (Auszahlungsbetrag) 10/2009.
- Erstellen Sie die erforderlichen Buchungssätze zum 31.10.2009.

Seite 257

7.3 Meldepflichten

Alle Arbeitsverhältnisse müssen der Sozialversicherung gemeldet werden. Dies gilt auch für geringfügig entlohnte und kurzfristige Beschäftigungen. Für sie gilt jedoch die Besonderheit, dass die Meldung nicht bei der Krankenkasse des Arbeitnehmers, sondern bei der **Minijob-Zentrale** der „Deutschen Rentenversicherung Knappschaft-See-Bahn" in Essen zu erfolgen hat.

Auch für geringfügige Beschäftigungsverhältnisse gilt die Datenerfassungs- und -übermittlungsverordnung. Dies bedeutet, dass nicht nur An- und Abmeldungen, sondern generell auch alle anderen Meldungen zu erstatten sind.

Die **pauschalen Abgaben** für die geringfügig entlohnten Beschäftigungen hat der Arbeitgeber **bis zum drittletzten Arbeitstag des Monats** zu melden.

Seit dem 1. Januar 2006 dürfen Meldungen und Beitragsnachweise nur noch durch Datenübertragung mittels zugelassener systemgeprüfter Programme oder maschinell erstellter Ausfüllhilfen erfolgen. Die Übertragung der Daten in Papierform oder auf Datenträgern ist damit nicht mehr zulässig.

Über das Service-Telefon der Minijob-Zentrale (01801 200 504 zum Ortstarif) kann das kostenfreie Programm auf CD-ROM in der Variante: sv.net/classic (Software für PC-Installation) bestellt werden.

Aushilfen ab 1.7.2006 (ohne Sonderfälle)

geringfügig entlohnte Beschätigung höchstens **400 Euro** im Monat (mehrere geringfügig entlohnte Beschäftigungen eines Arbeitnehmers werden zusammengerechnet)				**kurzfristige Beschäftigung** • höchstens 2 Monate oder 50 Tage pro Kalenderjahr • keine berufsmäßige Ausübung
ohne Hauptbeschäftigung		**mit Hauptbeschäftigung über 400 Euro/Monat**		
Arbeitnehmer ist **gesetzlich** krankenversichert = Mitglied in der gesetzlichen Krankenversicherung (z. B. familienversichert)	Arbeitnehmer ist **privat** krankenversichert oder nicht versichert = kein Mitglied in der gesetzlichen Krankenversicherung	**eine** geringfügig entlohnte Beschäftigung neben der Hauptbeschäftigung bleibt sozialversicherungsfrei	**zweite** und **weitere** geringfügig entlohnte Beschäftigungen müssen sozialversicherungsrechtlich mit der Hauptbeschäftigung zusammengerechnet werden	**sozialversicherungsfrei** auch wenn sie neben einer sozialversicherungspflichtigen Hauptbeschäftigung erfolgt
Arbeitgeber bezahlt pauschal **15 % RV + 13 % KV**	Arbeitgeber bezahlt pauschal **15 % RV** (kein Beitrag zur KV)	Arbeitgeber bezahlt **pauschale** Beiträge zur **RV** und ggf. zur **KV** wie bei der Fallkonstellation „ohne Hauptbeschäftigung" (siehe links!)	Arbeitgeber und Arbeitnehmer **zahlen je 1/2 der normalen Sozialversicherungsbeiträge** (jedoch <u>kein</u> ArblV-Beitrag für die geringf. Beschäftigung)	
AG bezahlt **2 % pauschale Lohnsteuer** (<u>inklusive</u> Solidaritätszuschlag und Kirchensteuer) [Abwälzung auf den Arbeitnehmer möglich = Abzug vom Lohn] <u>oder</u> Lohnsteuer (LSt) entsprechend der vorliegenden Lohnsteuerkarte ...		Besteuerung der **geringfügig entlohnten** Beschäftigung wie bei der Fallkonstellation „ohne Hauptbeschäftigung" (siehe links!)	Lohnsteuer entsprechend der vorliegenden **Lohnsteuerkarte** <u>oder</u> 20 % <u>pauschale</u> LSt + 7 % pauschale KiSt + 5,5 % SolZ **[Voraussetzungen beachten!]**	Lohnsteuer (LSt) entsprechend der vorliegenden Lohnsteuerkarte <u>oder</u> **25 %** pauschale LSt + 7 % pauschale KiSt + 5,5 % SolZ **[Voraussetzungen beachten! → § 40a Abs. 1 EStG]**

7.4 Löhne und Gehälter innerhalb der „Gleitzone"

Für Arbeitnehmer mit einem regelmäßigen durchschnittlichen Monatslohn/-gehalt von **400,01 Euro bis 800 Euro** wird ein **verminderter Arbeitnehmeranteil** zur Sozialver-sicherung erhoben. Dieser verminderte Beitrag steigt bis zum regulären Beitrag, der ab einem Lohn/Gehalt über 800 Euro anfällt, **gleitend an** (sog. „Gleitzone" gem. § 20 Abs. 2 SGB IV).

Weil das **durchschnittliche** Arbeitsentgelt bei der Gleitzonenregelung nicht über 800 Euro monatlich liegen darf, sind bei der **Durchschnittsberechnung Einmalzahlungen**, wie Urlaubs- oder Weihnachtsgeld, **zu berücksichtigen**.

Übt der Arbeitnehmer **mehrere versicherungspflichtige Beschäftigungsverhältnisse** aus, so sind die aus diesen erzielten Arbeitsentgelte für die Feststellung, ob der durchschnittliche Arbeitslohn innerhalb der Gleitzone liegt, **zusammenzurechnen**.

Für **Ausbildungsverhältnisse** gilt die Gleitzonenregelung **nicht**!

Der Arbeitnehmeranteil wird innerhalb der Gleitzone dadurch ermittelt, dass von dem **besonders ermittelten Gesamtbeitrag** zur Sozialversicherung (siehe unten) der **reguläre Arbeitgeberanteil abgezogen** wird. Der **verbleibende Betrag** ist dann der **Arbeitnehmeranteil**.

	besonderer Gesamtbeitrag
./.	regulärer Arbeitgeberanteil
=	Arbeitnehmeranteil

besonderer Gesamtbeitrag:

Der besondere Gesamtbeitrag wird dadurch ermittelt, dass eine abgesenkte besondere Beitragsbemessungsgrundlage mit dem Gesamtbeitragssatz zur Sozialversicherung multipliziert wird.

Die **besondere Beitragsbemessungsgrundlage** wird 2009 mithilfe der folgenden Formel ermittelt

Besondere Beitragsbemessungsgrundlage = 1,2528 x AE (Arbeitsentgelt) – 202,24

Der Faktor (F) wird auf vier Dezimalstellen gerundet.

Der **durchschnittliche Gesamtsozialversicherungsbeitragssatz** und der **Faktor F** werden vom **Bundesministerium für Gesundheit** bis zum 31. Dezember eines Jahres für das folgende Kalenderjahr im Bundesanzeiger bekannt gegeben. Für **2009** beträgt der Faktor F = **1,2528**.

In der heutigen Zeit werden die Sozialversicherungsbeiträge **mithilfe von Computerprogrammen** oder über Internet-Onlineanwendungen ermittelt (z.B. www.aok-business.de → Gleitzonenrechner).

Beispiel:

Die ledige kinderlose Arbeitnehmerin Martina Holzer, Koblenz, ist bei Firma Tiefbau als Sekretärin mit einem monatlichen Gehalt in Höhe von 650 Euro Teilzeit beschäftigt. Sie ist bei der XY-Krankenkasse (Beitragssatz = 14,9 %) krankenversichert.

Die mithilfe der o.g. Formel für 2009 berechnete besondere Beitragsbemessungsgrundlage beträgt im vorliegenden Fall 612,08 Euro.

Der **Arbeitslosenversicherungsbeitrag** berechnet sich dann beispielsweise folgendermaßen:

Gesamtbeitrag:	612,08 Euro x 2,8 % =	17,14 Euro
./. Arbeitgeberanteil:	650,00 Euro x 1,4 % =	9,10 Euro
= Arbeitnehmeranteil		8,04 Euro

Nach diesem Muster werden dann auch die anderen Beiträge berechnet.

Die **Arbeitnehmer- und Arbeitgeberbeiträge** zur gesetzlichen Sozialversicherung betragen im vorliegenden Fall für 2009 somit (mit NWB Datenbank berechnet):

	Arbeitnehmer-Anteil (Euro)	**Arbeitgeber**-Anteil (Euro)	**Gesamt** (Euro)
KV-Beitrag regulär	42,85	45,50	88,35
AN-Zusatzbeitrag (0,90 %)	5,51		5,51
PV-Beitrag	5,60	6,34	11,94
RV-Beitrag	57,12	64,68	121,80
ArblV-Beitrag	8,04	9,10	17,14
	119,12	125,62	244,74

Bezüglich des Lohnsteuerabzugs gibt es **keine Gleitzone**. Arbeitslohn oberhalb von 400 Euro monatlich ist **nach den Merkmalen der Lohnsteuerkarte** des Arbeitnehmers dem regulären Lohnsteuerabzug zu unterwerfen. In den Steuerklassen I, II, III und IV fällt bei einem Arbeitslohn von monatlich 800 Euro keine Lohnsteuer an.

Buchung des Gehalts und der Sozialversicherungsbeiträge aus dem obigen Beispiel:

Sollkonto - SKR 03 (SKR 04)		**Betrag** (Euro)	**Habenkonto** - SKR 03 (SKR 04)	
Gehälter	4120 (6020)	650,00	Lohn-/Gehaltsverrech.	1755 (3790)
Lohn-/Gehaltsverrech.	1755 (3790)	119,12	Verbindl. soziale Sich.	1742 (3740)
Gesetzl. soziale Aufw.	4130 (6110)	125,62	Verbindl. soziale Sich.	1742 (3740)
Lohn-/Gehaltsverrech.	1755 (3790)	530,88*	Verbindl. Lohn/Gehalt	1740 (3720)

* Nettogehalt = Bruttogehalt minus Arbeitnehmeranteil zur Sozialversicherung (Steuern fallen nicht an): 650 Euro ./. 119,12 Euro = 530,88 Euro.

I. Sachanlagevermögen

1. Begriffliche Abgrenzung

Zum **Anlagevermögen** gehören diejenigen Vermögensgegenstände, die dazu bestimmt sind, dem Geschäftsbetrieb **dauernd** (langfristig) zu dienen (vgl. § 247 Abs. 2 HGB). In der Regel gehören hierzu Gegenstände, die dem Betrieb **länger als 1 Jahr** dienen sollen.

Es handelt sich also um Vermögensgegenstände, die im Betrieb **gebraucht** werden (im Gegensatz zu Waren, Roh-, Hilfs- und Betriebsstoffen, die verkauft oder verbraucht werden sollen).

Entscheidend für die Zuordnung zum **Anlage- oder Umlaufvermögen** ist also die **Zweckbestimmung** des Vermögensgegenstandes (vgl. *Bussiek/Ehrmann*, S. 93; *Grefe*, S. 71).

Beispiel:

Ein Pkw gehört im Normalfall zum Anlagevermögen, weil er dauerhaft für den Betrieb genutzt werden soll. Bei einem Pkw-Händler gehört ein Pkw jedoch zum Umlaufvermögen, wenn er im Rahmen des Pkw-Handels zum Verkauf bestimmt ist.

Das Anlagevermögen gliedert sich nach § 266 Abs. 2 HGB in

- **immaterielle Vermögensgegenstände** (insbesondere Konzessionen, Lizenzen und Firmenwert),
- **Sachanlagen** (siehe unten) und
- **Finanzanlagen** (Beteiligungen, Wertpapiere und Ausleihungen).

Zum **Sachanlagevermögen** gehören:

- **Grundstücke** und grundstücksgleiche Rechte,
- **Bauten** (Gebäude, Brücken, Parkplätze usw.),
- **technische Anlagen** und **Maschinen** (Anlagen, die der Produktion dienen) und
- **andere Anlagen, Betriebs- und Geschäftsausstattung** (kleinere technische Anlagen, Fahrzeuge, Anlagen des Verwaltungsbereichs, wie z. B. die Büroeinrichtung usw.).

2. Anschaffung

2.1 Ermittlung der Anschaffungskosten

Gegenstände, die angeschafft (z. B. entgeltlich erworben) werden, sind zunächst mit ihren **Anschaffungskosten** in der Buchführung zu erfassen (vgl. § 253 Abs. 1 Satz 1 HGB).

Nach § 255 Abs. 1 HGB sind **Anschaffungskosten (AK)**

> alle Aufwendungen, die geleistet werden, um einen Vermögensgegenstand zu erwerben und ihn in einen betriebsbereiten Zustand zu versetzen, soweit sie dem Vermögensgegenstand einzeln zugeordnet werden können.

Bei der Ermittlung der AK wird unterschieden in **Anschaffungspreis** (Kaufpreis), **Anschaffungsnebenkosten** (Aufwendungen, die im Rahmen des Erwerbs und der Inbetriebnahme anfallen) und **Anschaffungspreisminderungen** (Preisabzüge und Preisminderungen).

Nach Abschluss des Erwerbsvorgangs anfallende AK, die dem Anlagegegenstand einzeln zuzuordnen sind, müssen den AK als **nachträgliche Anschaffungskosten** hinzugerechnet werden (z. B. Aufwendungen für den nachträglichen Einbau einer Anhängerkupplung bei einem Pkw).

Unternehmer, die zum Vorsteuerabzug berechtigt sind, dürfen bei der Ermittlung der AK grundsätzlich nur **Nettobeträge** ansetzen (AK sind **ohne abziehbare Vorsteuer** zu ermitteln!).

Nicht abziehbare Vorsteuerbeträge **gehören** hingegen **zu den AK**.

Anschaffungskosten sind also nach dem folgenden **Schema** zu ermitteln (vgl. *Grefe*, S. 61):

	Anschaffungspreis (Kaufpreis)
+	**Anschaffungsnebenkosten** • für den Erwerb (z. B. Grunderwerbsteuer, Zölle, Gebühren) • für die Verbringung in das Unternehmen (z. B. Frachtkosten, Versicherungen) • für die Inbetriebnahme (z. B. Montagekosten)
+	**nachträgliche Anschaffungskosten**
–	**Anschaffungspreisminderungen** (z. B. Skonto, Rabatt)
=	**Anschaffungskosten**

Bei der Ermittlung der AK ist zu beachten, dass **Finanzierungskosten** (Kreditgebühren und andere Geldbeschaffungskosten sowie Zinsen) **nicht** zu den Anschaffungskosten gehören (Anschaffung und Finanzierung sind **getrennte Vorgänge**).

Beispiel:

Der zum Vorsteuerabzug berechtigte Unternehmer Dietmar Fölbach kauft für seine Druckerei eine neue Druckmaschine für 100.000 Euro + 19 % USt. Weil die Maschine ein Auslaufmodell ist, erhält er 10 % Rabatt. Für den Transport beauftragt er eine Spedition, die ihm 1.000 Euro + 19 % USt berechnet. Die Installation in seiner Druckerei kostet 2.000 Euro + 19 % USt (Rechnung des Elektrikers).

	Ermittlung der AK:	Euro	Euro
	Anschaffungspreis, netto		100.000,00
+	Anschaffungsnebenkosten		
	Fracht, netto	1.000,00	
	Installation, netto	2.000,00	3.000,00
–	Anschaffungspreisminderung, netto (10 % Rabatt von 100.000 Euro)		10.000,00
=	Anschaffungskosten		93.000,00

Wenn bei der Anschaffung **Skontoabzug** in Anspruch genommen wird, dann vermindern sich die AK um den **Nettobetrag des Skontoabzugs** (**Anschaffungspreisminderung**).

Beispiel:

Fall wie zuvor, jedoch mit dem Unterschied, dass Herr Fölbach bei der Bezahlung der Rechnungen jeweils 2 % Skonto abzieht.

Skontoabzüge netto:

Maschinenrechnung	90.000,00 Euro x 2 % =	1.800,00 Euro
Frachtrechnung	1.000,00 Euro x 2 % =	20,00 Euro
Installationsrechnung	2.000,00 Euro x 2 % =	40,00 Euro
		1.860,00 Euro

endgültige AK:

bisher ermittelte AK – Skontoabzüge: 93.000,00 Euro – 1.860,00 Euro = 91.140,00 Euro

39

Der der zum Vorsteuerabzug berechtigte Baumaschinenhändler Tim Dillenberger erwirbt im Januar für sein Unternehmen

a) einen **Gabelstapler** für 50.000 Euro (Nettolistenpreis) + 19 % USt. Er erhält einen Rabatt von 5 % des Nettolistenpreises.

   An den Spediteur, der den Gabelstapler liefert, muss er zusätzlich 500 Euro + 19 % USt Transportkosten und 150 Euro Transportversicherung bezahlen.

b) einen **Pkw** für 30.000 Euro (Nettolistenpreis) + 19 % USt. Er erhält einen Rabatt von 4 % des Nettolistenpreises.

   Für die Überführung vom Werk muss er zusätzlich 500 Euro + 19 % USt, für die Nummernschilder 30 Euro + 19 % USt und für die Zulassung 25 Euro bezahlen.

Aufgabe:

Ermitteln Sie für die Fälle a) und b) die Anschaffungskosten!

Seite 258

Wird ein **bebautes Grundstück** angeschafft, dann sind die Anschaffungskosten auf den **Grund und Boden** und das **Gebäude** aufzuteilen. Rechtlich bilden sie zwar eine Einheit, bilanziell sind sie aber voneinander zu trennen, weil

- der **Grund und Boden** zum **nicht abnutzbaren** Anlagevermögen und
- das **Gebäude** zum **abnutzbaren** Anlagevermögen gehört (Gebäude werden planmäßig abgeschrieben).

Die **Aufteilung** der AK erfolgt grundsätzlich nach den **im Kaufvertrag festgelegten Werten** für den Grund und Boden und das Gebäude (vgl. *Grützner*, in *BBK, Fach 13*, S. 4447).

Beispiel:

Der zum Vorsteuerabzug berechtigte Unternehmer Florian Lay kauft in Koblenz von der Unternehmerin Carmen Stockburger für 900.000 Euro netto ein bebautes Grundstück für sein Unternehmen. Nach den Vereinbarungen im Kaufvertrag beträgt der Kaufpreisanteil für den Grund und Boden 300.000 Euro und für das Gebäude 600.000 Euro.

Im Rahmen der Anschaffung sind weiterhin angefallen:

• Notargebühr	3.000,00 Euro + 19 % USt
• Grundbuchgebühr	1.500,00 Euro
• Grunderwerbsteuer 900.000,00 Euro x 3,5 % =	31.500,00 Euro
Summe der Anschaffungsnebenkosten, netto	36.000,00 Euro

Aufteilungsmaßstab:

Grund und Boden: $\frac{\text{Wert des Grund und Bodens (300.000 Euro)}}{\text{Gesamtkaufpreis (900.000 Euro)}} \times 100 = 33\ 1/3\ \%$

Gebäude: $\frac{\text{Wert des Gebäudes (600.000 Euro)}}{\text{Gesamtkaufpreis (900.000 Euro)}} \times 100 = 66\ 2/3\ \%$

Anschaffungskosten:

	Kaufpreis	**+ Anschaffungsnebenkosten**	**= AK**
Grund und Boden	300.000 Euro	12.000 Euro (36.000 Euro x 33 1/3 %)	312.000 Euro
Gebäude	600.000 Euro	24.000 Euro (36.000 Euro x 66 2/3 %)	624.000 Euro

Wenn aus dem Kaufvertrag keine Wertaufteilung zu entnehmen ist, dann sind die **Verkehrswerte** (übliche Preise am Markt) als **Aufteilungsmaßstab** heranzuziehen.

40

Die zum Vorsteuerabzug berechtigte Unternehmerin Alexandra Marx kauft in Bonn von der Unternehmerin Carina Schreiner für 700.000 Euro netto ein bebautes Grundstück für ihr Unternehmen. Nach den Vereinbarungen im Kaufvertrag beträgt der Kaufpreisanteil für den Grund und Boden 400.000 Euro und für das Gebäude 300.000 Euro.

Im Rahmen der Anschaffung sind weiterhin angefallen:

- Grunderwerbsteuer 3,5 %
- Notargebühr 2.500 Euro + 19 % USt
- Grundbuchgebühr 1.300 Euro

Aufgabe:

Ermitteln Sie die Anschaffungskosten für den Grund und Boden und das Gebäude!

Seite 258

2.2 Buchung angeschaffter Anlagegüter

Gegenstände des Sachanlagevermögens, die für den Betrieb erworben wurden, sind **mit ihren AK** auf dem entsprechenden **Anlagekonto** (z. B. „**Maschinen**") im **Soll** zu erfassen. Weil es sich hierbei um die **Erfassung auf einem Aktivkonto** handelt, wird dieser Vorgang auch als „**Aktivierung**" bezeichnet.

Die **Gegenbuchung** erfolgt auf dem **Zahlungs-** oder **Verbindlichkeitenkonto** im **Haben**.

Sofern der Gegenstand mit **Vorsteuer** erworben wurde und die Vorsteuer abziehbar ist, so wird diese im **Soll** auf dem **Vorsteuerkonto** (z. B. „**Vorsteuer 19 %**") und im **Haben** auf dem **Zahlungs-** oder **Verbindlichkeitenkonto** gebucht.

Beispiel:

Der zum Vorsteuerabzug berechtigte Unternehmer Dietmar Fölbach erwirbt für seine Druckerei eine neue Schneidemaschine für 10.000 Euro + 19 % USt auf Ziel. Die Schneidemaschine wird von einer Spedition geliefert und aufgestellt. Die Spedition berechnet 500 Euro + 19 % USt (noch nicht bezahlt).

Die Anschaffung wird wie folgt gebucht:

Sollkonto – SKR 03 (SKR 04)	**Betrag (EUR)**	**Habenkonto** – SKR 03 (SKR 04)
Maschinen 0210 (0440)	10.000,00	Verbindl. a LuL 1600 (3300)
Vorsteuer 19 % 1576 (1406)	1.900,00	Verbindl. a LuL 1600 (3300)
Maschinen 0210 (0440)	500,00	Verbindl. a LuL 1600 (3300)
Vorsteuer 19 % 1576 (1406)	95,00	Verbindl. a LuL 1600 (3300)

Auf dem Anlagekonto „**Maschinen** 0210 (0440)" sind somit die **Anschaffungskosten** in Höhe von 10.500 Euro auf der **Sollseite** erfasst.

Nachträgliche Preisminderungen, z. B. aufgrund von Mängelrügen oder durch Skontoabzug bei der Bezahlung der Rechnungen, führen zur Minderung der Anschaffungskosten und zur Korrektur der abziehbaren Vorsteuer.

Der Nettobetrag der Preisminderung ist auf dem **Anlagekonto** als Korrekturbuchung im **Haben** zu erfassen.

Der hierauf entfallende Vorsteuerbetrag ist auf dem **Vorsteuerkonto** ebenfalls als Korrekturbuchung im **Haben** zu buchen.

Beispiel:

Fall wie zuvor (Anschaffung der Schneidemaschine).

Herr Fölbach bezahlt beide Rechnungen unter Abzug von 2 % Skonto durch Banküberweisung.

1. Rechnung des Maschinenlieferanten

10.000,00 Euro + 1.900,00 Euro USt =	11.900,00 Euro
– 2 % Skonto (brutto 19 %)	238,00 Euro
Zahlungsbetrag	11.662,00 Euro

2. Rechnung des Spediteurs

500,00 Euro + 95,00 Euro USt =	595,00 Euro
– 2 % Skonto (brutto 19 %)	11,90 Euro
Zahlungsbetrag	583,10 Euro

Buchungen:

	Sollkonto – SKR 03 (SKR 04)	**Betrag (EUR)**	**Habenkonto** – SKR 03 (SKR 04)
1	Verbindl. a LuL 1600 (3300)	11.662,00	Bank 1200 (1800)
	Verbindl. a LuL 1600 (3300)	200,00	Maschinen 0210 (0440)
	Verbindl. a LuL 1600 (3300)	38,00	Vorsteuer 19 % 1576 (1406)
2	Verbindl. a LuL 1600 (3300)	583,10	Bank 1200 (1800)
	Verbindl. a LuL 1600 (3300)	10,00	Maschinen 0210 (0440)
	Verbindl. a LuL 1600 (3300)	1,90	Vorsteuer 19 % 1576 (1406)

Probe:

		Euro
	Anschaffungspreis, netto	10.000,00
+	Anschaffungsnebenkosten, netto	500,00
–	Anschaffungspreisminderungen, netto (Skontoabzüge: 200,00 Euro + 10,00 Euro)	210,00
=	Anschaffungskosten	10.290,00

S	Maschinen 0210 (0440)		H
10.000,00	Skonto	200,00	
500,00	Skonto	10,00	
	Saldo	**10.290,00**	**= endgültige AK**
10.500,00		10.500,00	

41

Der zum Vorsteuerabzug berechtigte Hochbauunternehmer Kevin Jadaz erwirbt Ende März für sein Unternehmen einen Bagger für 60.000 Euro (Nettolistenpreis) + 19 % USt auf Ziel. Er erhält einen Rabatt von 3 % des Nettolistenpreises. An den Spediteur, der den Bagger liefert, muss er zusätzlich 600 Euro + 19 % USt Transportkosten bezahlen (noch nicht bezahlt).

Anfang April bezahlt Herr Jadaz die Rechnungen unter Abzug von 2 % Skonto durch Banküberweisung.

Aufgabe:

a) Ermitteln Sie die Anschaffungskosten für den Bagger.
b) Erstellen Sie die Buchungssätze für die Anschaffung im März.
c) Erstellen Sie die Buchungssätze für die Bezahlung im April (Banküberweisungen).

Seite 258

3. Anzahlungen

Oftmals verlangt der Lieferant von dem Kunden in dem Zeitraum zwischen der Bestellung und der Lieferung des Anlagegegenstandes **Anzahlungen**.

Aus der Sicht des Bestellers sind geleistete Anzahlungen **Vorleistungen** für die vom Lieferanten noch zu erbringende Leistung. Würde der Lieferant die Leistung nicht erbringen, so hätte der Kunde im Normalfall ein Recht auf Rückzahlung der geleisteten Anzahlungen. Somit haben Anzahlungen für ihn den **Charakter einer Forderung**.

Geleistete Anzahlungen auf Anlagegegenstände werden in der Bilanz als **Anlagevermögen** ausgewiesen. Kapitalgesellschaften müssen sie sogar gesondert ausweisen (vgl. § 266 Abs. 2 HGB).

Bei der Zahlung ist die geleistete Anzahlung auf einem **Anzahlungskonto**, das ein **aktives Bestandskonto** ist, im **Soll** zu erfassen. Die Gegenbuchung erfolgt im **Haben** auf dem entsprechenden **Zahlungskonto**.

Sofern der Lieferant dem Kunden Rechnungen mit Umsatzsteuer für die Anzahlungen ausstellt, so sind die in Rechnung gestellten Vorsteuerbeträge auf dem **Vorsteuerkonto** im **Soll** und dem **Zahlungskonto** im **Haben** zu buchen.

Die DATEV-Kontenrahmen SKR 03 und SKR 04 stellen u. a. die folgenden **Anzahlungskonten** zur Verfügung:

• Anzahlungen auf Grundstücke und grundstücksgleiche Rechte ohne Bauten	0079 (0705)
• Anzahlungen auf Geschäfts-, Fabrik- und andere Bauten auf eigenen Grundstücken und grundstücksgleichen Rechten	0129 (0720)
• Anzahlungen auf Wohnbauten auf eigenen Grundstücken und grundstücksgleichen Rechten	0159 (0735)
• Anzahlungen auf technische Anlagen und Maschinen	0299 (0780)
• Anzahlungen auf andere Anlagen, Betriebs- und Geschäftsausstattung	0499 (0795)

Beispiel:

Der zum Vorsteuerabzug berechtigte Unternehmer Alexander Laux bestellt für sein Unternehmen einen neuen Lkw. Der Kaufpreis beträgt 80.000 Euro + 19 % USt. Die Lieferung soll im März 2010 erfolgen.

Bei der Bestellung im Dezember 2009 verlangt der Händler eine Anzahlung von 10.000 Euro + 19 % USt und stellt Herrn Laux eine ordnungsgemäße Rechnung hierüber aus. Herr Laux leistet diese Anzahlung mit einem Bankscheck.

Die geleistete Anzahlung ist bei Herrn Laux wie folgt zu buchen:

Sollkonto – SKR 03 (SKR 04)	**Betrag (EUR)**	**Habenkonto** – SKR 03 (SKR 04)
Anzahlungen auf BGA 0499 (0795)	10.000,00	Bank 1200 (1800)
Vorsteuer 19 % 1576 (1406)	1.900,00	Bank 1200 (1800)

In der manuellen Buchführung werden die Anzahlungskonten über das **Schlussbilanzkonto** abgeschlossen.

Bei der **Lieferung des Anlagegegenstandes** bzw. bei Gebäuden zum Zeitpunkt der Fertigstellung erfolgt die Endabrechnung unter Anrechnung der Anzahlungen.

Der Nettorechnungsbetrag wird im **Soll** auf dem entsprechenden **Anlagekonto** und die Vorsteuer im **Soll** auf dem **Vorsteuerkonto** erfasst. Die Gegenbuchung erfolgt im **Haben** auf dem **Verbindlichkeiten-** oder **Zahlungskonto**.

Die geleisteten Anzahlungen werden dann von dem Anzahlungskonto auf das entsprechende Anlagekonto umgebucht (Buchung auf dem Anlagekonto im **Soll** und auf dem Anzahlungskonto im **Haben**).

Beispiel:

Fall wie im Beispiel zuvor (Lkw-Bestellung).

Bei der Lieferung des Lkw erhält Herr Laux die folgende Endrechnung:

1 Lkw, netto	80.000,00 Euro
– geleistete Anzahlung, netto	10.000,00 Euro
Restbetrag, netto	70.000,00 Euro
+ 19 % USt	13.300,00 Euro
zu zahlen	83.300,00 Euro

Die Endrechnung (1.) und die Umbuchung der Anzahlung (2.) sind wie folgt zu erfassen:

	Sollkonto – SKR 03 (SKR 04)	**Betrag (EUR)**	**Habenkonto** – SKR 03 (SKR 04)
1	Lkw 0350 (0540)	70.000,00	Verbindl. a LuL 1600 (3300)
	Vorsteuer 19 % 1576 (1406)	13.300,00	Verbindl. a LuL 1600 (3300)
2	Lkw 0350 (0540)	10.000,00	Anzahlungen 0499 (0795)

4. Herstellung

4.1 Ermittlung der Herstellungskosten

Gegenstände, die selbst hergestellt werden, sind zunächst mit ihren **Herstellungskosten** in der Buchführung zu erfassen (vgl. *Grefe*, S. 63; § 253 Abs. 1 Satz 1 HGB).

Herstellungskosten sind nach § 255 Abs. 2 HGB

Aufwendungen, die durch den **Verbrauch von Gütern** (z. B. Rohstoffe) und die **Inanspruchnahme von Diensten** (z. B. Löhne) für die Herstellung eines Vermögensgegenstandes, seine Erweiterung oder wesentliche Verbesserung anfallen.

Bei der **Berechnung der Herstellungskosten** ist zu unterscheiden in

- **verbindlich** vorgeschriebene Bestandteile (**Pflichtbestandteile**) und
- **wahlweise** zu berücksichtigende Bestandteile (**Wahlrechte**).

Hierbei sind die Vorschriften des § 255 Abs. 2 und 3 HGB und für steuerliche Zwecke ergänzend die Regelungen in R 6.3 EStR zu beachten.

Aus der folgenden Übersicht geht hervor, welche Bestandteile die Herstellungskosten haben **müssen** (Pflicht) bzw. **dürfen** (Wahlrecht):

Aufwandsart	**Handeslrecht** (§ 255 Abs. 2 und 3 HGB n. F.)	**Steuerrecht** (R 6.3 EStR)
Materialeinzelkosten (direkt zurechenbare Roh-, Hilfs-, Betriebsstoffe)	Pflicht	Pflicht
+ **variable Materialgemeinkosten** (anteilige Beschaffungskosten, Lagerkosten etc.)	Pflicht	Pflicht
+ **Fertigungseinzelkosten** (insbes. Löhne, die für die Herstellung anfallen)	Pflicht	Pflicht
+ **variable Fertigungsgemeinkosten** (Lohnnebenkosten, Abschreibung des bei der Fertigung eingesetzten Anlagevermögens etc.)	Pflicht	Pflicht
+ **Sondereinzelkosten der Fertigung** (Modelle, Baupläne etc.)	Pflicht	Pflicht
+ **angemessene Teile der fixen Gemeinkosten**, z. B.		
• anteilige allgemeine Verwaltungskosten	Wahlrecht	Wahlrecht
• anteilige Aufwendungen für freiwillige soziale Leistungen	Wahlrecht	Wahlrecht
• anteilige Aufwendungen für die betriebliche Altersversorgung	Wahlrecht	Wahlrecht
+ **anteilige Fremdkapitalzinsen**, so weit sie für die Finanzierung der Herstellung angefallen sind	Wahlrecht	Wahlrecht

Zu den **Pflichtbestandteilen** gehören also die

- **Einzelkosten** und
- **variablen Gemeinkosten**.

Wahlweise dürfen auch die folgenden Kosten einbezogen werden:

- **angemessene Teile der fixen Gemeinkosten**, soweit sie auf den Zeitraum der Fertigung entfallen und
- **Fremdkapitalzinsen**, so weit sie für die Finanzierung der Herstellung angefallen sind.

❑ **Einzelkosten** können dem produzierten Gegenstand direkt (einzeln) zugeordnet werden. Dies geschieht aufgrund von Materialentnahmescheinen, Stundenabrechnungen etc.

❑ **Gemeinkosten** sind dem Gegenstand hingegen nur **indirekt** zurechenbar. Sie können auch als „Nebenkosten" der Einzelkosten bezeichnet werden, weil sie für die jeweilige Kostenart (z. B. Roh-, Hilfs-, Betriebstoffe) allgemein anfallen und diesen dann anteilig zugeordnet werden müssen. Die Umlage auf die Einzelkosten erfolgt normalerweise mithilfe von **Zuschlagssätzen**, die zuvor in einer Nebenrechnung ermittelt werden müssen.

❑ **Variable Gemeinkosten** sind Kosten, deren Höhe **beschäftigungsabhängig** ist. Wird mehr produziert, fallen mehr variable Gemeinkosten an, wird weniger produziert, fallen weniger variable Gemeinkosten an. Hierzu zählt der Gesetzgeber auch den **Wertverzehr des Anlagevermögens, soweit er durch die Fertigung veranlasst ist**, obwohl beispielsweise die lineare Abschreibung in der Kostenrechnung den fixen Gemeinkosten zugeordnet wird.

❑ **Fixe Gemeinkosten** sind Kosten, deren Höhe **von der Beschäftigung unabhängig** ist. Sie fallen also grundsätzlich in der selben Höhe an, auch wenn mehr oder weniger produziert wird (z. B. die Abschreibung des Geschäftsgebäudes ist von der produzierten Menge unabhängig).

In der Praxis orientiert sich die Ermittlung der Herstellungskosten in der Regel an den **Pflichtbestandteilen nach dem Steuerrecht** (steuerliche Wertuntergrenze der Herstellungskosten – siehe die Übersicht zuvor, grau gerasteter Bereich).

Beispiel:

Der Unternehmer Michael Schoor betreibt in Leverkusen ein Computerfachgeschäft. Die Computeranlage seines Unternehmens wurde in der eigenen Werkstatt selbst hergestellt.

Für die Herstellung wurden Platinen, Stecker, Kabel und andere Bauteile im Gesamtwert von 6.840 Euro aus dem eigenen Lagerbestand verwendet. An Lohnkosten sind für die Herstellung insgesamt 3.780 Euro angefallen. Die variablen Materialgemeinkosten betragen 25 % der Materialeinzelkosten und die variablen Lohngemeinkosten 75 % der Lohneinzelkosten.

Die Herstellungskosten sollen nach der steuerlichen Wertuntergrenze ermittelt werden.

Ermittlung der Herstellungskosten:

	Euro
Materialeinzelkosten	6.840,00
+ variable Materialgemeinkosten (6.840,00 x 25 %)	1.710,00
+ Fertigungseinzelkosten	3.780,00
+ variable Fertigungsgemeinkosten (3.780,00 x 75 %)	2.835,00
= Herstellungskosten	15.165,00

4.2 Buchung selbsterstellter Anlagegüter

Selbst hergestellte Anlagegüter sind mit den ermittelten Herstellungskosten auf dem entsprechenden **Anlagekonto** im **Soll** zu erfassen (zu aktivieren).

Die Gegenbuchung erfolgt auf dem **Ertragskonto „Andere aktivierte Eigenleistungen** 8990 (4820)" im **Haben**.

Der Buchungssatz für die Erfassung der selbsterstellten Anlagegüter lautet somit:

Anlagekonto	an	Andere aktivierte Eigenleistungen 8990 (4820)

↑ Ertragskonto

Beispiel:

Selbst hergestellte Computeranlage mit Herstellungskosten in Höhe von 15.165,- Euro.

Buchung:

Sollkonto – SKR 03 (SKR 04)	**Betrag (EUR)**	**Habenkonto** – SKR 03 (SKR 04)
Sonstige Betriebs- und Geschäftsausstattung 0490 (0690)	15.165,00	Andere aktivierte Eigenleistungen 8990 (4820)

Durch die Habenbuchung auf dem **Ertragskonto „Andere aktivierte Eigenleistungen"** erfolgt die Neutralisierung der für die Herstellung entstandenden Aufwendungen (die entstandenen Aufwendungen vermindern den Gewinn und die Buchung auf dem Ertragskonto erhöht den Gewinn). Die selbsterstellten Gegenstände sind dann zunächst erfolgsneutral in der Buchführung erfasst (soweit die verursachten Aufwendungen in die Ermittlung der Herstellungskosten einbezogen wurden).

Zu **Aufwand** werden die selbsterstellten Anlagegegenstände durch die Buchung ihrer **Abschreibung** (siehe S. 201).

Wenn Materialien und Leistungen für die Herstellung zugekauft werden, dann können diese Aufwendungen direkt auf dem Anlagekonto erfasst werden (vgl. *Korth*, S. 338, Rz. 22). Als Eigenleistungen werden dann nur die aus dem eigenen Unternehmen stammenden Materialien und Leistungen zuzüglich der auf sie entfallenden Gemeinkosten gebucht.

Beispiel:

Fall wie in dem Beispiel zuvor, jedoch mit dem Unterschied, dass für die Herstellung zusätzlich Materialien für 1.000 Euro + 19 % USt auf Ziel zugekauft wurden.

Buchung:

Sollkonto – SKR 03 (SKR 04)	**Betrag (EUR)**	**Habenkonto** – SKR 03 (SKR 04)
Sonstige BGA 0490 (0690)	1.000,00	Verbindlichkeiten a LuL 1600 (3300)
Vorsteuer 19 % 1576 (1406)	190,00	Verbindlichkeiten a LuL 1600 (3300)
Sonstige BGA 0490 (0690)	14.165,00	Andere akt. Eigenleistungen 8990 (4820)

42

Der Unternehmer Weber, Koblenz, hat von seinem Angestellten Thomas Förster auf dem Firmengrundstück einen Parkplatz anlegen lassen.

Hierzu liegen Ihnen die folgenden Daten vor:

• eingekauftes Material (Sand, Schotter etc.)	2.500,00 Euro + 19 % USt
• dem Lager entnommenes Material	3.500,00 Euro
• Arbeitszeit von Herrn Förster für die Erstellung des Parkplatzes	60 Stunden
• Bruttolohn/Stunde	18,00 Euro
• variable Materialgemeinkosten	20 % der Materialeinzelkosten
• variable Fertigungsgemeinkosten	60 % der Fertigungseinzelkosten

Die Zukäufe erfolgten auf Ziel (noch nicht bezahlt).

Aufgabe:

Berechnen Sie die Herstellungskosten für den Parkplatz und erstellen Sie die Buchungssätze zur Erfassung dieses Vorgangs.

Seite 259

5. Abschreibung von beweglichen Anlagegütern

5.1 Abschreibungsursachen

Gegenstände des **abnutzbaren** Anlagevermögens verlieren ab dem Tag ihrer Anschaffung oder Herstellung an Wert.

Beispiel:

Der Unternehmer Daniel Späth kauft im Januar für sein Unternehmen einen neuen Pkw. Die Anschaffungskosten betragen 33.510 Euro. Wenn der Pkw zum 31.12. noch zum Betriebsvermögen von Herrn Späth gehört, ist er in der Bilanz im Anlagevermögen als Vermögensgegenstand auszuweisen. Bereits die allgemeine Lebenserfahrung lehrt uns, dass der Wert dieses Pkw am 31.12. nicht mehr 33.510 Euro beträgt. Vielmehr hat der Pkw zum 31.12. im Normalfall einen niedrigeren Wert als zum Zeitpunkt der Anschaffung.

Der Wertverlust der Gegenstände des Anlagevermögens hat verschiedene Ursachen. Die wichtigsten sind (vgl. *Grefe*, S. 78):

- **technische Ursachen**
  Gebrauchsverschleiß, Ruheverschleiß (z. B. Verrosten) etc.
- **wirtschaftliche Ursachen**
  Marktveränderungen, technischer Fortschritt etc.
- **rechtliche Ursachen**
  gesetzliche Maßnahmen oder Auflagen (z. B. Herabsetzen von Emmissionsgrenzen), zeitlicher Ablauf von Schutzrechten oder Verträgen etc.

5.2 Ermittlung der planmäßigen Abschreibung

Der Wertverlust bei Gegenständen des abnutzbaren Anlagevermögens wird durch **Abschreibungen** erfasst. Sie sollen die **Wertminderungen im Zeitablauf** darstellen.

Weil der tatsächliche Verlauf des Wertverlustes in der Realität normalerweise nicht bekannt und die Ermittlung im Einzelfall zu aufwendig ist, wird er theoretisch ermittelt und abgebildet.

Für Anlagegegenstände, deren Nutzung zeitlich begrenzt ist, schreiben § 253 Abs. 2 HGB und § 6 Abs. 1 EStG vor, dass die Anschaffungs-/Herstellungskosten um **planmäßige** Abschreibungen zu vermindern sind.

Der **Abschreibungsplan** muss im ersten Nutzungsjahr festgelegt werden. Seine Eckdaten sind die **Anschaffungs-/Herstellungskosten** und die **geplante Nutzungsdauer** des Gegenstandes.

Die geplante **Nutzungsdauer** ist der Zeitraum, in dem der Vermögensgegenstand vermutlich genutzt werden kann (vgl. § 253 Abs. 2 Satz 2 HGB).

Weil die tatsächliche Nutzungsdauer zu Beginn der Nutzung noch nicht bekannt ist, muss sie unter Berücksichtigung der jeweiligen betrieblichen Gegebenheiten **realistisch geschätzt** werden. Sie kann dabei aus den Erfahrungen der Vergangenheit abgeleitet werden (**betriebsgewöhnliche Nutzungsdauer**), sofern keine besonderen Umstände vorliegen.

In der Praxis ist es üblich, die Nutzungsdauer von beweglichen Anlagegütern den amtlichen **AfA-Tabellen** des Bundesministeriums der Finanzen zu entnehmen, damit bei steuerlichen Außenprüfungen in dieser Hinsicht keine kontroversen Auseinandersetzungen geführt werden müssen. Die AfA-Tabellen enthalten **Erfahrungswerte** über betriebsgewöhnliche Nutzungsdauern (ND), die aus den Ergebnissen der durchgeführten Betriebsprüfungen gewonnen wurden. Die AfA-Tabellen werden u. a. im Bundessteuerblatt veröffentlicht.

Die AfA-Tabelle für **allgemein verwendbare Anlagegüter** kann auch den einschlägigen Nachschlagewerken zur Buchführung entnommen werden (siehe z.B. *BBK*, Fach 4, S. 1811 ff.).

Für die Berechnung der Abschreibung stehen verschiedene **Abschreibungsmethoden** zur Wahl. Bei Gegenständen des **beweglichen** Anlagevermögens sind nach Handels- und Steuerrecht die folgenden drei Methoden zulässig (vgl. § 253 Abs. 2 Satz 2 HGB und § 7 Abs. 1 und 2 EStG):

- **lineare Abschreibung**
  gleichmäßige Verteilung der AK/HK auf die Nutzungsdauer (jährlich gleichbleibende Abschreibungsbeträge)

- **geometrisch-degressive Abschreibung**
  Abschreibung nach einem feststehenden Prozentsatz, der jeweils auf den Restbuchwert angewendet wird (jährlich fallende Abschreibungsbeträge)

- **Leistungsabschreibung**
  Abschreibung proportional zur Leistung (z.B. bei Maschinen mit Zählwerk)

❑ Bei der **linearen** Abschreibung wird der **jährliche Abschreibungsbetrag** wie folgt ermittelt:

$$\text{linearer Abschreibungsbetrag} = \frac{\text{AK/HK}}{\text{ND}}$$

Beispiel:

Der Unternehmer Späth hat im Januar für sein Unternehmen einen Pkw angeschafft. Die AK betragen 33.510 Euro, die ND ist nach der amtlichen AfA-Tabelle mit 6 Jahren zu veranschlagen.

Die **jährliche Abschreibung** beträgt bei der linearen Abschreibung somit **5.585 Euro** (33.510 Euro : 6 Jahre).

Abschreibungsverlauf:

Jahr	Wert zum 1.1.	Zugang/Abgang	Abschreibung	Wert zum 31.12.
1	–	33.510	5.585	27.925
2	27.925		5.585	22.340
3	22.340		5.585	16.755
4	16.755		5.585	11.170
5	11.170		5.585	5.585
6	5.585		5.584	1

Wenn der Gegenstand auch nach dem Ablauf der planmäßigen Nutzungsdauer im Anlagevermögen verbleibt, wird er ohne weitere Abschreibung mit einem Restbuchwert von **1 Euro** fortgeführt. Dieser „**Erinnerungswert**" wird beim Ausscheiden des Gegenstandes als Abgang erfasst.

❑ Bei der **degressiven** Abschreibung wird der **jährliche Abschreibungsbetrag** in den Jahren 2009 und 2010 wie folgt ermittelt:

- Abschreibungsprozentsatz = $\frac{100}{ND}$ x 2,5, **höchstens** jedoch **25 %***)
- degressiver Abschreibungsbetrag **1. Jahr** = AK/HK x Abschreibungsprozentsatz
- degressiver Abschreibungsbetrag in den Folgejahren (**ab dem 2. Jahr**) = Buchwert am 1.1. x Abschreibungsprozentsatz

Beispiel:

Fall wie im Beispiel zuvor, jetzt jedoch mit degressiver Abschreibung.

Abschreibungsprozentsatz und Abschreibungsverlauf:

100 : 6 Jahre x 2,5 = 41,67 %, höchstens jedoch 25 %

*) Bei beweglichen Anlagegegenständen, die **in 2006 oder 2007 angeschafft oder hergestellt** wurden, beträgt der degressive AfA-Satz höchstens das **Dreifache** des linearen AfA-Satzes, jedoch höchstens **30 %**. 2008 war die degressive AfA aufgehoben, sie wurde für 2009 und 2010 mit dem o. g. AfA-Satz wieder eingeführt.

Jahr	Wert zum 1.1.	Zugang/Abgang	Abschreibung	Wert zum 31.12.
1	–	33.510	8.378 (33.510 x 25 %)	25.132
2	25.132		6.283 (25.132 x 25 %)	18.849
usw.				

§ 7 Abs. 3 EStG erlaubt den **Wechsel von der degressiven zur linearen Abschreibung** (nicht aber von der linearen zur degressiven Abschreibung!).

Beim **Übergang** zur linearen Abschreibung ist der bis zum Ende der Nutzungsdauer anzusetzende jährliche Abschreibungsbetrag wie folgt zu ermitteln:

$$\text{linearer Abschreibungsbetrag} = \frac{\text{Restwert}}{\text{Restnutzungsdauer (RND)}}$$

Beispiel:

Fall wie im Beispiel zuvor. Im 3. Jahr soll zur linearen Abschreibung gewechselt werden.

Der jährliche Abschreibungsbetrag beträgt dann ab dem 3. Jahr aufgerundet **4.713 Euro** (18.849 Euro : 4 Jahre RND).

Sowohl im Jahr des Anlagenzugangs als auch im Jahr des Abgangs kommt es selten vor, dass ein volles Abschreibungsjahr vorliegt. In diesen Jahren muss der Abschreibungsbetrag deshalb grundsätzlich **zeitanteilig** („pro rata temporis“) ermittelt werden. Streng genommen müsste hierbei taggenau gerechnet werden.

Beispiel:

Der Unternehmer Friedhelm Kurz erwirbt am 15.11. für sein Unternehmen eine neue Maschine. Die AK betragen 20.000 Euro, die ND beträgt 10 Jahre.

Bei linearer Abschreibung und der Vereinfachungsannahme, dass ein Jahr 360 Tage und ein Monat 30 Tage hat, beträgt der Abschreibungsbetrag im Anschaffungsjahr 250 Euro (20.000 Euro : 10 Jahre : 360 Tage x 45 Tage = 250 Euro).

Aus **Vereinfachungsgründen** ist es aber auch zulässig, die Abschreibung **monatsgenau** zu berechnen (vgl. § 7 Abs. 1 Satz 4, Abs. 2 Satz 3 EStG).

Im **Zugangsjahr** wird der **Monat des Anlagenzugangs** unabhängig vom konkreten Datum des Zugangs als **voller** Monat gerechnet. Im zuvor dargestellten Beispiel sind bei Anwendung dieser Vereinfachungsregelung also 2/12 (für November und Dezember) der planmäßigen Abschreibung anzusetzen (2.000 Euro : 12 Monate x 2 Monate = 333,33 Euro, also 334 Euro).

Im **Abgangsjahr** wird der **Abgangsmonat** unabhängig von dem konkreten Abgangstag **nicht** mitgerechnet. Erfolgt der Anlagenabgang beispielsweise am 16.07., dann werden im Abgangsjahr 6/12 (für Januar bis einschließlich Juni) der planmäßigen Abschreibung angesetzt.

Beispiel:

Der Unternehmer Jochen Küpper, Koblenz, kauft im April 2009 für sein Unternehmen einen Gabelstapler für 30.000 Euro + 5.700 Euro USt (Anschaffungsdatum: 2.4.2009).

Herr Küpper verkauft diesen Gabelstapler in 2010 wieder (Anlagenabgang: 12.12.2010).

Die Abschreibung für 2009 und 2010 soll unter Anwendung der Vereinfachungsregelung höchstmöglich erfolgen. Die Nutzungsdauer beträgt nach der amtlichen AfA-Tabelle 8 Jahre.

Abschreibungsbetrag 2009:

30.000 Euro x 25 % (degressive Abschreibung) =	**7.500 Euro**
davon 9/12 (April – Dezember) =	**5.625 Euro**

Buchwert 31.12.2009:

30.000 Euro – 5.625 Euro =	**24.375 Euro**

Abschreibungsbetrag 2010:

24.375 Euro x 25 % = 6.094 Euro	
davon 11/12 (Januar – November) =	**5.586 Euro**

43

Der Hochbauunternehmer Kevin Jadaz hat am 15. März 2009 für sein Unternehmen einen kleinen Traktor angeschafft. Die AK betragen 12.500 Euro, die Nutzungsdauer beträgt 8 Jahre.

Aufgabe:

a) Ermitteln Sie die lineare Abschreibung für 2009 und 2010.

b) Ermitteln Sie die degressive Abschreibung für 2009 und 2010.

c) Fallvariante: Fall wie zuvor, jedoch mit dem Unterschied, dass der Taktor am 13.11.2009 angeschafft wurde. Ermitteln Sie die degressive Abschreibung für 2009 und 2010.

Es soll die Vereinfachungsregelung (monatsgenaue Abschreibung angewendet werden.

Seite 260

- Die **Abschreibung nach der Leistung** (Leistungsabschreibung) setzt voraus, dass genaue Aufzeichnungen über die jährlichen Leistungen geführt werden (z. B. Aufzeichnung von Zählerständen bei Maschinen oder Pkw). Ausgehend von den AK/HK und der technischen Gesamtleistung des Gegenstandes wird der jährliche Abschreibungsbetrag dann wie folgt berechnet:

$$\text{Leistungs-Abschreibungsbetrag} = \frac{\text{AK/HK}}{\text{Gesamtleistung}} \text{ x Jahresleistung}$$

44

Der Unternehmer Gerd Clever hat im Februar 2009 für sein Unternehmen ein neues Fotokopiergerät angeschafft. Die Anschaffungskosten betragen 5.000 Euro, die Nutzungsdauer beträgt 7 Jahre. Die Gesamtleistung des Kopierers wird mit 500.000 Kopien veranschlagt. Das Zählwerk wird jährlich zum 31.12. abgelesen. Im Jahr 2009 wurden mit dem Gerät 96.586 Kopien erstellt.

Ermitteln Sie den Abschreibungsbetrag 2009 nach Maßgabe der Leistung.

Seite 260

5.3 Buchung der planmäßigen Abschreibung

Planmäßige Abschreibungen führen zu verminderten Buchwerten der Gegenstände des abnutzbaren Anlagevermögens. Sie sind **Aufwendungen**, die den **Wertverlust** abbilden.

Der allgemeine Buchungssatz zur Erfassung der planmäßigen Abschreibung des Sachanlagevermögens lautet:

Abschreibungen auf Sachanlagen 4830 (6220) an Anlagekonto.

↑ Aufwandskonto ↑ aktives Bestandskonto

Beispiel:

Die Maschine 1 wird im Jahr 2009 mit 2.465 Euro abgeschrieben.

Buchung:

Sollkonto – SKR 03 (SKR 04)	**Betrag (EUR)**	**Habenkonto** – SKR 03 (SKR 04)
Abschreibungen auf Sach. 4830 (6220)	2.465,00	Maschinen 0210 (0440)

Das Konto „**Abschreibungen auf Sachanlagen** 4830 (6220)“ wird bei der manuellen Buchführung über das **Gewinn- und Verlustkonto** abgeschlossen, und das **Anlagekonto** wird über das **Schlussbilanzkonto** abgeschlossen:

S	Abschreibungen auf Sachanlagen		H
1)	2.465,00	GuVK	2.465,00

S	Maschinen		H
Buchwert alt	19.720,00	1)	2.465,00
		SBK	17.255,00
	19.720,00		19.720,00

S	Gewinn- und Verlustkonto		H
Abschreibungen	2.465,00		

S	Schlussbilanzkonto		H
Maschinen	17.255,00		

5.4 Außerplanmäßige Abschreibung

Neben der „nomalen" Wertminderung kann es bei Anlagegütern auch zu **außergewöhnlichen Wertverlusten** kommen. Verursacht werden sie beispielsweise durch (vgl. *Grefe*, S. 84):

- **außergewöhnliche technische Abnutzung**
  - äußere Einwirkungen (z. B. Brand, Explosion, Hochwasser etc.) oder
  - innerbetriebliche Gründe (z. B. durch Nutzung in mehreren Schichten);
- **außergewöhnliche wirtschaftliche Abnutzung**
  - technischer Fortschritt (z. B. Entwicklung einer technisch verbesserten Maschine) oder
  - Absatzrückgänge/-verschiebungen (z. B. der Anlagegegenstand wird schwächer nachgefragt und deshalb preisgünstiger auf dem Markt angeboten).

Beispiel:

Ein betrieblicher Pkw wird durch einen Unfall am 1.3. so stark beschädigt, dass er verschrottet werden muss. Zum 1.1. hatte der Pkw einen Buchwert von 30.000 Euro. Die planmäßige Abschreibung beträgt 6.000 Euro/Jahr (lineare Abschreibung bei AK von 36.000 Euro und 6 Jahren Nutzungsdauer).

		Euro
	Buchwert zum 1.1.	30.000,00
–	planmäßige Abschreibung 1.1.-28.2. (6.000,00 Euro x 2/12)	1.000,00
–	**außerplanmäßige Abschreibung**	**28.999,00**
=	Restbuchwert (Anlagenabgang)	1,00

Bei einer voraussichtlich **dauernden** Wertminderung, die über die planmäßige Abschreibung hinausgeht, **muss** der Anlagegegenstand auf den niedrigeren Wert abgeschrieben werden (vgl. § 253 Abs. 3 Satz 3 HGB n. F. und § 6 Abs. 1 Nr. 1 Satz 2 EStG).

Bei einer nur **vorübergehenden** Wertminderung (Wertschwankung) ist eine Abschreibung auf den niedrigeren Wert handels- und steuerrechtlich **verboten** (§ 253 Abs. 3 Satz 3 HGB n. F. und Umkehrschluss aus § 6 Abs. 1 Nr. 1 Satz 2 EStG).

Der **Buchungssatz** zur Erfassung der außerplanmäßigen Abschreibung des Sachanlagevermögens lautet:

Außerplanmäßige Abschreibungen auf Sachanlagen 4840 (6230)	an	Anlagekonto.
↑ Aufwandskonto		↑ aktives Bestandskonto

Beispiel:

Die Maschine 1 wird im Jahr 2009 so stark beschädigt, dass sie dauerhaft an Wert verloren hat. Der Wertverlust im Jahr 2009 beläuft sich zusätzlich zur planmäßigen Abschreibung auf 10.000 Euro.

Buchung:

Sollkonto – SKR 03 (SKR 04)	**Betrag (EUR)**	**Habenkonto** – SKR 03 (SKR 04)
Außerplanm. Abschreibungen auf Sachanl. 4840 (6230)	10.000,00	Maschinen 0210 (0440)

Das Konto „**Außerplanmäßige Abschreibungen auf Sachanlagen** 4840 (6230)" wird bei der manuellen Buchführung über das **Gewinn- und Verlustkonto** abgeschlossen.

Für außerplanmäßige Abschreibungen auf Gebäude oder auf betriebliche Kraftfahrzeuge stehen – wie bei der planmäßigen Abschreibung – spezielle Unterkonten des Kontos „Außerplanmäßige Abschreibungen auf Sachanlagen" zur Verfügung (siehe Anhang).

44

Die zum Vorsteuerabzug berechtigte Unternehmerin Simone Sonnenschein hat für ihr Unternehmen am 15.07.2009 einen neuen Computer mit Zubehör für 2.000 Euro + 19 % USt gekauft und mit einem Bankscheck bezahlt.

Der Computer soll über eine Nutzungsdauer von 4 Jahren linear abgeschrieben werden.

Am 15.09.2009 schlägt ein Blitz ein. Der neue Computer wird durch die Netzüberspannung zerstört (Totalschaden).

Aufgabe:

Erstellen Sie die Buchungssätze für die Erfassung

a) der Anschaffung,
b) der planmäßigen Abschreibung 2009 und
c) der außerplanmäßigen Abschreibung 2009.

Nebenrechnungen sind vollständig aufzuführen.

Seite 260

6. Geringwertige Wirtschaftsgüter

6.1 Überblick

Bei Vermögensgegenständen des **abnutzbaren beweglichen Anlagevermögens**, die einer selbständigen Nutzung fähig sind und einen geringen Wert haben (sog. **„geringwerige Wirtschaftsgüter“** - GWG), müssen **seit dem 1.1.2008 steuerliche Besonderheiten** beachtet werden.

Das **Einkommensteuergesetz** unterscheidet seitdem bei geringwertigen Wirtschaftsgütern des betrieblichen Anlagevermögens in

- Wirtschaftsgüter mit Anschaffungs- oder Herstellungskosten von **bis zu 150 Euro** netto; diese **müssen im Jahr ihrer Anschaffung oder Herstellung in voller Höhe Gewinn mindernd** erfasst werden (vgl. § 6 Abs. 2 EStG) und

- Wirtschaftsgüter mit Anschaffungs- oder Herstellungskosten von **mehr als 150 Euro bis zu 1.000 Euro** netto; diese **müssen** im Jahr ihrer Anschaffung oder Herstellung in einem **Sammelposten** („Pool“) erfasst und **zusammen** mit den anderen Wirtschaftsgütern dieses Pools (sog. „Poolwirtschaftsgüter“) eines Kalenderjahres **über einen Zeitraum von 5 Jahren gleichmäßig abgeschrieben** werden (vgl. § 6 Abs. 2a EStG).

Übersicht:

Wirtschaftsgüter des betrieblichen Anlagevermögens, die einer selbstständigen Nutzung fähig sind

AK/HK bis 150 Euro	AK/HK 150,01 bis 1.000 Euro
zwingende Vollabschreibung im Jahr der Anschaffung oder Herstellung	**zwingende Erfassung in einem Sammelposten**, der über einen Zeitraum von 5 Jahren gleichmäßig abgeschrieben werden muss

6.2 GWG bis 150 Euro

Die steuerlich **zwingende Vollabschreibung im Jahr der Anschaffung/Herstellung** oder Einlage betrifft diejenigen Vermögensgegenstände des Anlagevermögens, welche die folgenden Voraussetzungen vollständig erfüllen:

- beweglich und abnutzbar,
- selbständig (= für sich allein) nutzbar und
- AK/HK **netto** – also **ohne USt** – nicht höher als **150 Euro**.

Bewegliche Wirtschaftsgüter sind nach R 7.1 Abs. 1 EStR **insbesondere**

- **Sachen** (§ 90 BGB) und
- **Tiere** (§ 90a BGB).

Abnutzbar sind Wirtschaftsgüter, deren **Wert** sich **im Zeitablauf verringert**.

Selbstständig nutzbar sind Wirtschaftsgüter dann, **wenn sie ohne andere Wirtschaftsgüter des Anlagevermögens genutzt werden können**. Keine Bedeutung hat hierbei die wirtschaftliche Zusammengehörigkeit. Wirtschaftsgüter, die faktisch zusammen mit anderen Wirtschaftsgütern des Anlagevermögens genutzt werden und technisch aufeinander abgestimmt sind, können trotzdem selbstständig nutzbar sein (z. B. ein Schreibtisch, Stuhl oder Regal eines einheitlich ausgestatteten Büros). Zu Einzelheiten und zur Vertiefung siehe R 6.13 Abs. 1 EStR sowie H 6.13 EStH (mit Beispielen).

Für die Beurteilung, ob die **150 Euro-Grenze** überschritten wird oder nicht, ist der Nettobetrag (ohne USt) maßgebend. Wenn USt in Rechnung gestellt wurde, ist es unerheblich, ob diese beim Rechnungsempfänger abziehbar ist oder nicht.

Beispiel:

Der selbstständige Versicherungsmakler Sebastian Labonte kauft im Juli 2009 für sein Büro eine neue Schreibtischlampe für 140 Euro + 26,60 Euro USt = 166,60 Euro.

Obwohl Herr Labonte nicht zum Vorsteuerabzug berechtigt ist (er tätigt nur steuerfreie Umsätze nach § 4 Nr. 11 UStG, die den Vorsteuerabzug ausschließen), ist die erworbene Schreibtischlampe ein GWG im Sinne von § 6 Abs. 2 EStG, das im Jahr der Anschaffung in voller Höhe Gewinn mindernd erfasst werden muss. Die Betriebsausgabe 2009 aus diesem Vorgang beträgt in der Gewinnermittlung von Herrn Labonte 166,60 Euro.

❑ Skonti und Rabatte

Für die Beurteilung, ob ein GWG vorliegt, sind die AK/HK maßgebend. Da Skonti und Rabatte die AK/HK mindern (siehe S. 184 f.), ist der Betrag maßgebend, der sich nach deren Abzug ergibt.

Beispiel:

Der Einzelunternehmer Jan Kreuzer, Lahnstein, kauft für sein Unternehmen im Mai 2009 ein neues Telefon für 152 Euro + 28,88 Euro USt auf Ziel. Im Juni bezahlt er den Kaufpreis vereinbarungsgemäß unter Abzug von 2 % Skonto durch Banküberweisung.

Durch den Skontoabzug betragen die AK des Telefons 148,96 Euro (152 Euro – 3,04 Euro Skontoabzug). Das Telefon ist dadurch ein GWG gem. § 6 Abs. 2 EStG, das im Jahr der Anschaffung steuerlich in voller Höhe Gewinn mindernd erfasst werden muss.

Liegt aber das Anschaffungsdatum im „alten" Jahr (z. B. 30.12.) und die **Bezahlung im „neuen" Jahr** (z. B. 5.1.), kann ein bei der Zahlung abgezogener Skonto- oder Rabattbetrag im „alten" Jahr **nicht** mehr abgezogen werden. In diesem Fall ist der ursprüngliche Kaufpreis für die Beurteilung, ob die 150 Euro-Grenze überschritten wurde oder nicht, heranzuziehen (vgl. *Krudewig*, S. 28 f.)

Beispiel:

Fall wie im Beispiel zuvor, jedoch mit dem Unterschied, dass Herr Kreuzer das Telefon für 152 Euro + 28,88 Euro USt am 30.12.2009 auf Ziel kauft und den Kaufpreis vereinbarungsgemäß Anfang Januar unter Abzug von 2 % Skonto durch Banküberweisung bezahlt.

Da sich die AK des Telefons in 2009 auf 152 Euro belaufen, liegt kein GWG nach § 6 Abs. 2 EStG, sondern ein Poolwirtschaftsgut nach § 6 Abs. 2a EStG vor (siehe Gliederungspunkt 6.3). Der Skontoabzug im Januar 2010 hat keinen Einfluss mehr auf die ursprünglichen AK.

❑ Buchung

Seit dem 1.1.2008 sind für GWGs **keine besonderen Aufzeichnungspflichten** mehr zu beachten.

Die Aufwendungen für die Anschaffung oder Herstellung können somit unmittelbar Gewinn mindernd – z. B. auf dem Konto **„Sofortabschreibung geringwertiger Wirtschaftsgüter** 4855 (6260)" **im Soll** erfasst werden (vgl. *Krudewig*, S. 28 f.; *Bornhofen, Buchführung 1*, S. 354).

Beispiel:

Der Unternehmer Paul Schmidt kauft im Juni 2009 für sein Unternehmen einen neuen Bürostuhl für 130 Euro + 24,70 Euro USt gegen Barzahlung. Die geplante Nutzungsdauer beträgt 5 Jahre.

Herr Schmidt muss den Bürostuhl in 2009 steuerlich in voller Höhe als Betriebsausgabe (also Gewinn mindernd) erfassen.

Buchung im Juni 2009:

Sollkonto - SKR 03 (SKR 04)	**Betrag** (Euro)	**Habenkonto** - SKR 03 (SKR 04)
Sofortabschr. GWG 4855 (6260)	130,00	Kasse 1000 (1600)
Abziehbare VoSt 19 % 1576 (1406)	24,70	Kasse 1000 (1600)

Alternativ können GWG auch **zunächst aktiviert und zum Jahresende voll abgeschrieben** werden. Dies hat den Vorteil, dass bei einer handelsrechtlich abweichenden Abschreibung die Anlagenzugänge für die planmäßige Abschreibung der Vermögensgegenstände vorliegen.

Beispiel:

Fall wie in dem Beispiel zuvor, jetzt jedoch zunächst Aktivierung des Bürostuhls und Vollabschreibung zum 31.12.

Buchung im Juni 2009:

Sollkonto - SKR 03 (SKR 04)	**Betrag** (Euro)	**Habenkonto** - SKR 03 (SKR 04)
GWG 0480 (0670)	130,00	Kasse 1000 (1600)
Abziehbare VoSt 19 % 1576 (1406)	24,70	Kasse 1000 (1600)

Buchung zum 31.12.2009:

Sollkonto - SKR 03 (SKR 04)	**Betrag** (Euro)	**Habenkonto** - SKR 03 (SKR 04)
Abschreib. auf GWG 4860 (6262)	130,00	GWG 0480 (0670)

6.3 Poolwirtschaftsgüter über 150 Euro bis 1.000 Euro

Wenn die Anschaffungskosten selbständig nutzbarer Wirtschaftsgüter des Anlagevermögens **über 150 Euro bis 1.000 Euro** (netto) betragen, unterliegen sie zwingend der **„Sammelpostenabschreibung“** (auch **„Poolabschreibung“** genannt) nach § 6 Abs. 2a EStG.

Nach dieser Regelung sind die Wirtschaftsgüter in einen **jahrgangsbezogenen Sammelposten** („Pool“) einzustellen, der **unabhängig von der tatsächlichen Nutzungsdauer** der Gegenstände über einen **Zeitraum von 5 Jahren** gleichmäßig aufzulösen ist (also **jährlich mit 20 %** des gesamten Sammelpostens eines Jahres). Eine zeitanteilige Kürzung der Abschreibung findet im Anschaffungsjahr nicht statt.

Beispiel:

Der zum Vorsteuerabzug berechtigte Unternehmer Müller kauft für die Buchhaltung seines Unternehmens am 1.9.2009 ein Textverarbeitungsprogramm für 300 Euro + 57 Euro USt gegen Barzahlung. Die geplante Nutzungsdauer des Programms beträgt 3 Jahre.

Am 15.11.2009 kauft Herr Müller für sein Büro eine Schreibtischlampe für 200 Euro + 38 Euro USt gegen Barzahlung.

Am 30.12.2009 kauft Herr Müller ein neues Telefon für seinen Büroschreibtisch für 155 Euro + 29,45 Euro USt gegen Barzahlung.

Die vorgenannten Vermögensgegenstände sind „Poolwirtschaftsgüter“ in Sinne von § 6 Abs. 2a EStG. Da sie alle im Kalenderjahr 2009 angeschafft wurden, sind sie in dem „Sammelposten 2009“ zusammenzufassen, der dann jährlich mit 20 % Gewinn mindernd aufgelöst wird.

Sammelposten 2009:	Textverarbeitungsprogramm	300 Euro
	Schreibtischlampe	200 Euro
	Telefon	155 Euro
	AK des Sammelpostens 2009	**655 Euro**
Gewinnminderung 2009:	20 % von 655 Euro =	**131 Euro**

❑ Keine Veränderung des Sammelpostens

Nach Ablauf eines Kalenderjahres ist – außer der planmäßigen Auflösung – grundsätzlich **keine Veränderung des Sammelpostens** mehr möglich. Vorgänge, die sich auf einzelne Wirtschaftsgüter des Sammelpostens beziehen (z. B. Verkauf, Entnahme, Zerstörung) wirken sich nicht auf den Wert des Sammelpostens aus (vgl. *Schäfer / Schlarb*, S. 56).

Dies bedeutet, dass alle Wirtschaftsgüter innerhalb eines „Jahrespools“ steuerlich wie **ein** Wirtschaftsgut behandelt werden.

Wird beispielsweise ein in den Sammelposten eingestelltes Wirtschaftsgut in einem der Folgejahre **verkauft**, ist der **Erlös** Gewinn erhöhend zu buchen (z. B. auf dem Konto „**Erlöse aus Verkäufen Sachanlagevermögen 19 % USt** 8820 (4845)“ im **Haben**), für das ausgeschiedene Wirtschaftsgut darf aber **kein Anlagenabgang** erfasst werden (vgl. *Bornhofen, Buchführung 1*, S. 356)

❑ Buchung

Zugänge zu dem Sammelposten eines Kalenderjahres sind auf dem Konto

GWG größer 150 bis 1.000 Euro (Sammelposten)	0485 (0675)	im **Soll**

zu erfassen. Die **Haben**buchung erfolgt auf dem Zahlungsverkehrs- oder Verbindlichkeitenkonto.

Der **jährliche Auflösungsbetrag** ist zum 31.12. auf dem Konto

Abschreibungen auf den Sammelposten GWG	4862 (6264)	im **Soll**

zu erfassen. Die **Haben**buchung erfolgt auf dem Konto „GWG größer 150 bis 1.000 Euro (Sammelposten) 0485 (0675)“.

Beispiel:

Fall des Beispiels zuvor (Unternehmer Müller, der in 2009 drei „Poolwirtschaftsgüter“ erwirbt).

Buchung zum 1.9.2009 (Anschaffung Textverarbeitungsprogramm):

Sollkonto - SKR 03 (SKR 04)	**Betrag** (Euro)	**Habenkonto** - SKR 03 (SKR 04)
GWG größer 150 bis 1.000 Euro (Sammelposten) 0485 (0675)	300,00	Kasse 1000 (1600)
Abziehbare VoSt 19 % 1576 (1406)	57,00	Kasse 1000 (1600)

Buchung zum 15.11.2009 (Anschaffung Schreibtischlampe):

Sollkonto - SKR 03 (SKR 04)	**Betrag** (Euro)	**Habenkonto** - SKR 03 (SKR 04)
GWG größer 150 bis 1.000 Euro (Sammelposten) 0485 (0675)	200,00	Kasse 1000 (1600)
Abziehbare VoSt 19 % 1576 (1406)	38,00	Kasse 1000 (1600)

Buchung zum 30.12.2009 (Anschaffung Telefon):

Sollkonto - SKR 03 (SKR 04)	**Betrag** (Euro)	**Habenkonto** - SKR 03 (SKR 04)
GWG größer 150 bis 1.000 Euro (Sammelposten) 0485 (0675)	155,00	Kasse 1000 (1600)
Abziehbare VoSt 19 % 1576 (1406)	29,45	Kasse 1000 (1600)

Buchung zum 31.12.2009 (Auflösung zu 1/5):

Sollkonto - SKR 03 (SKR 04)	**Betrag** (Euro)	**Habenkonto** - SKR 03 (SKR 04)
Abschreibungen auf den Sammelposten GWG 4862 (6264)	131,00	GWG größer als 150 bis 1.000 Euro (Sammelposten) 0485 (0675)

❑ Handelsrechtliche Beurteilung

Der Sammelposten nach § 6 Abs. 2a EStG verstößt gegen die handelsrechtlichen Grundsätze der Einzelbewertung (§ 252 Abs. 1 Nr. 3 HGB n. F.) und der Vorsicht (§ 252 Abs. 1 Nr. 4 HGB n. F.). Der Hauptausschuss des Instituts der Wirtschaftsprüfer (IDW) ist jedoch der Ansicht, dass der **Sammelposten auch in die Handelsbilanz** übernommen werden kann, **wenn er von untergeordneter Bedeutung ist**. Für die Mehrzahl der Fälle dürfe diese Voraussetzung erfüllt sein (vgl. *Bornhofen, Buchführung 1*, S. 357).

46

Der zum Vorsteuerabzug berechtigte Unternehmer Kaiser betreibt in Andernach ein Großhandelsgeschäft für Trekking-Zubehör. Am 28.12.2009 kauft Herr Kaiser zwei neue Schreibtische für das Büro seines Unternehmens auf Ziel:

Schreibtisch Expert 1	153,00 Euro
Schreibtisch Expert 2	447,00 Euro
	600,00 Euro
+ 19 % Umsatzsteuer	114,00 Euro
	714,00 Euro

Herr Kaiser bezahlt die Rechnung unter Abzug von 3 % Skonto am 31.12.2009.

Aufgabe

Bilden Sie die Buchungssätze für die Erfassung der Anschaffung und der Abschreibung der Schreibtische für 2009 unter der Annahme, dass 2009 keine anderen Anlagegegenstände für das Unternehmen angeschafft wurden. Die betriebsgewöhnliche Nutzungsdauer der Schreibtische beträgt 12 Jahre. Die Abschreibung für 2009 soll höchstmöglich erfolgen.

Seite 260

7. Verkauf von Anlagegütern

7.1 Ermittlung des Veräußerungserfolgs

Der Verkauf eines Anlagegegenstandes kann mit Gewinn, mit Verlust oder erfolgsneutral erfolgen.

Der Veräußerungserfolg wird hierbei wie folgt ermittelt:

	Verkaufserlös, netto
–	Buchwert zum Zeitpunkt des Verkaufs (Restbuchwert)
=	Gewinn oder Verlust

Vorab muss jedoch der **Restbuchwert** des verkauften Gegenstands berechnet werden:

	Buchwert zu Beginn des Wirtschaftsjahres (in der Regel 1.1.)
–	zeitanteilige Abschreibung bis zum Zeitpunkt des Verkaufs
=	Buchwert zum Zeitpunkt des Verkaufs (Restbuchwert)

Die zeitanteilige Abschreibung im Jahr des Verkaufs kann taggenau oder monatsgenau berechnet werden. Bei der **monatsgenauen** Berechnung wird der **Monat des Anlagenabgangs** üblicherweise **nicht** mitgezählt. Die Abschreibung erfolgt also nur für volle Monate.

Beispiel:

Der Unternehmer Friedhelm Kurz verkauft im Dezember 2009 einen zu seinem Betriebsvermögen gehörenden Pkw für 22.000 Euro + 19 % USt. Er hatte den Pkw im Januar 2007 für netto 25.560 Euro (AK) angeschafft. Die Abschreibung erfolgt linear, die Nutzungsdauer beträgt 6 Jahre.

- Abschreibung/Jahr: 25.560 Euro : 6 Jahre = 4.260 Euro
- zeitanteilige Abschreibung 2009: 4.260 Euro : 12 Monate x 11 Monate = **3.905 Euro**
- Restbuchwert zum Verkaufszeitpunkt: 25.560 Euro – 3.905 Euro = **21.655 Euro**
- Ermittlung des Veräußerungserfolgs:

	22.000 Euro	(Verkaufserlös, netto)
–	21.655 Euro	(Restbuchwert Anlagenabgang)
=	**345 Euro**	(Buchgewinn)

47

> Daniel Lauxen ist Inhaber eines Computerfachgeschäfts in Koblenz.
>
> Herr Lauxen verkauft im Juli 2009 einen zu seinem Betriebsvermögen gehörenden Lieferwagen für 10.000 Euro + 19 % USt gegen Bankscheck. Er hatte den Lieferwagen im Januar 2007 für umgerechnet 36.560 Euro netto (AK) angeschafft. Die Abschreibung erfolgt linear, die Nutzungsdauer beträgt 4 Jahre.
>
> Ermitteln Sie den Veräußerungserfolg aus dem Verkauf des Lieferwagens.

Seite 261

7.2 Buchung

Bei der Erfassung des Verkaufs von Anlagegütern wird wie folgt vorgegangen:

1. Buchung der zeitanteiligen Abschreibung des Anlagegegenstands,
2. Buchung des Anlagenabgangs („Ausbuchung" des Restbuchwerts),
3. Buchung des Verkaufserlöses (netto),
4. Buchung der Umsatzsteuer zu dem Verkaufserlös (sofern steuerpflichtig).

❑ **Zu 1.: Buchung der zeitanteiligen Abschreibung**

Die **zeitanteilige Abschreibung** wird wie die Jahresabschreibung durch den Buchungssatz

Abschreibungen auf Sachanlagen 4830 (6220)	an	Anlagekonto.

↑ Aufwandskonto

erfasst.

❑ **Zu 2.: Buchung des Anlagenabgangs**

Der **Anlagenabgang** ist – wie die Abschreibung – **Aufwand**. Der Restbuchwert wird deshalb im **Soll** auf dem **Aufwandskonto** „Anlagenabgänge Sachanlagen" erfasst.

Im Fall des Verkaufs **mit Buchgewinn** ist für den Anlagenabgang also der folgende Buchungssatz zu bilden:

Anlagenabgänge Sachanlagen (bei Buchgewinn) 2315 (4855)	an	Anlagekonto.

↑ Aufwandskonto

Im Fall des Verkaufs **mit Buchverlust** ist für den Anlagenabgang der folgende Buchungssatz zu bilden:

Anlagenabgänge Sachanlagen (bei Buchverlust) 2310 (6895)	an	Anlagekonto.

↑ Aufwandskonto

❑ Zu 3.: Buchung des Verkaufserlöses

Der **Verkaufserlös** ist – wie beim Verkauf von Waren – ein **Ertrag**. Der Erlös wird deshalb im **Haben** auf dem **Ertragskonto** „Erlöse aus Anlagenverkäufen" erfasst.

Im Fall des Verkaufs **mit Buchgewinn** ist für den Verkaufserlös der folgende Buchungssatz zu bilden:

Geld- oder Forderungskonto	an	Erlöse aus Verkäufen Sachanlagevermögen (bei Buchgewinn) 8829 (4849)

↑ Ertragskonto

Im Fall des Verkaufs **mit Buchverlust** ist für den Anlagenabgang der folgende Buchungssatz zu bilden:

Geld- oder Forderungskonto	an	Erlöse aus Verkäufen Sachanlagevermögen (bei Buchverlust) 8800 (6889)

↑ Ertragskonto

In der **EDV-Buchführung** werden zur Erfassung des Verkaufserlöses spezielle Unterkonten mit Automatikfunktion (AM) zur Verfügung gestellt (siehe Kontenrahmen im Anhang).

Sofern der Erlös aus dem Anlagenverkauf mit 19 % USt zu besteuern ist, kann beispielsweise

- **bei Buchgewinn** das Konto „Erlöse aus Verkäufen Sachanlagevermögen 19 % USt (bei Buchgewinn) 8820 (4845)";
- **bei Buchverlust** das Konto „Erlöse aus Verkäufen Sachanlagevermögen 19 % USt (bei Buchverlust) 8801 (6885)"

verwendet werden.

Weil es sich bei diesen Konten um Automatikkonten handelt, wird bei der Eingabe des Buchungssatzes in das EDV-Programm der **Bruttowert** (also einschließlich USt) im **Haben** erfasst. Das Programm rechnet die USt aus dem Bruttobetrag heraus und bucht sie automatisch auf dem Konto „Umsatzsteuer" im **Haben**.

In der **manuellen** Buchführung wird – auch bei Buchung auf einem Konto mit Automatikfunktion – der **Nettobetrag** erfasst, weil die Automatikfunktion dann keine Bedeutung hat. Die Umsatzsteuer muss ergänzend durch einen getrennten Buchungssatz erfasst werden (siehe nachfolgender Gliederungspunkt).

❑ Zu 4.: Buchung der Umsatzsteuer

Wenn der Anlagenverkauf der Umsatzsteuer unterliegt (was der Normalfall ist), dann ist die Umsatzsteuer in der manuellen Buchführung durch den folgenden Buchungssatz zu erfassen:

Geld- oder Forderungskonto	an	Umsatzsteuer 19 % 1776 (3806)

Beispiel:

Der Unternehmer Dietmar Fölbach verkauft im Juli eine seiner Maschinen für 20.000 Euro + 3.800 Euro USt gegen Bankscheck. Die verkaufte Maschine hatte zum 1.1. einen Buchwert von 18.000 Euro. Die zeitanteilige Abschreibung für die Zeit vom 1.1. bis zum Zeitpunkt des Verkaufs beträgt 6.000 Euro.

Buchungen:

	Sollkonto – SKR 03 (SKR 04)		**Betrag (EUR)**	**Habenkonto** – SKR 03 (SKR 04)	
1	Abschreibungen auf Sachanlagen	4830 (6220)	6.000,00	Maschinen	0210 (0440)
2	Anlagenabgang Sachanl.	2315 (4855)	12.000,00	Maschinen	0210 (0440)
3	Bank	1200 (1800)	20.000,00	Erlöse aus Verkäufen Sachanl. 19 % USt	8820 (4845)
4	Bank	1200 (1800)	3.800,00	Umsatzsteuer 19 %	1776 (3806)

48 Erstellen Sie zu dem Fall der Übungsaufgabe 47 (S. 212) die Buchungssätze. Seite 261

Die hier dargestellte Vorgehensweise bei der Erfassung von Anlagenverkäufen wird als **Bruttomethode** bezeichnet, weil die Verkaufserlöse (= Erträge) getrennt von den Restbuchwerten der Anlagenabgänge (= Aufwendungen) – also unsaldiert – erfasst werden.

Bei der **Nettomethode** wird der aus dem einzelnen Anlagenverkauf erzielte Nettoerlös mit dem Restbuchwert des Anlagenabgangs saldiert und nur der Saldo hieraus (Buchgewinn oder Buchverlust) in der Buchführung erfasst. Sie hat den Nachteil, dass weder der Wert des Anlagenabgangs noch der erzielte Verkaufserlös im Nachhinein aus der Buchführung ersichtlich ist. Problematisch ist hierbei insbesondere die Missachtung von § 22 UStG, der fordert, dass alle Bemessungsgrundlagen (= Nettobeträge) aufgezeichnet und damit ausgewiesen werden müssen.

Aus den vorgenannten Gründen werden Anlagenverkäufe hier nur nach der Bruttomethode gebucht.

Für den Jahresabschluss sind die Konten

- **Erlöse aus Verkäufen Sachanlagen** (= Ertragskonten) und
- **Anlagenabgänge Sachanlagen** (= Aufwandskonten)

zu saldieren.

Der Saldo wird dann entweder bei den „sonstigen betrieblichen Erträgen" (positiver Saldo = Buchgewinn) oder den „sonstigen betrieblichen Aufwendungen" (negativer Saldo = Buchverlust) ausgewiesen.

8. Inzahlunggabe von Anlagegütern

Beim Erwerb von neuen Anlagegütern werden oftmals gebrauchte Gegenstände in Zahlung gegeben.

Beispiel:

Friedhelm Kurz kauft für sein Unternehmen ein neues Fotokopiergerät und gibt hierbei ein gebrauchtes Gerät in Zahlung.

Von dem Händler erhält er die folgende Rechnung:

Kopierer XY neu		5.000,00 Euro
+ 19 % USt		950,00 Euro
		5.950,00 Euro
Inzahlungnahme Kopierer Z, gebraucht	500,00 Euro	
+ 19 % USt	95,00 Euro	– 595,00 Euro
zu zahlen		5.355,00 Euro

Die Inzahlunggabe ist aus der Sicht desjenigen, der den Gegenstand in Zahlung gibt, ein **Anlagenverkauf** unter **Verrechnung des Verkaufserlöses** mit dem Kaufpreis des neuen Gegenstandes.

Zum Zweck der Übersichtlichkeit ist es sinnvoll, die **Verrechnung** über ein **Verbindlichkeitskonto** durchzuführen.

Beispiel:

Fall wie im Beispiel zuvor. Zum 1.1. hat der Buchwert des gebrauchten Kopierers 600 Euro betragen. Die zeitanteilige Abschreibung im Jahr der Inzahlunggabe beträgt 400 Euro. Die Bezahlung erfolgt durch Banküberweisung im Folgemonat.

Buchungen:

- **Zugang Kopierer neu**

	Sollkonto – SKR 03 (SKR 04)	**Betrag (EUR)**	**Habenkonto** – SKR 03 (SKR 04)
1	Büroeinrichtung 0420 (0650)	5.000,00	Verbindlichkeiten a LuL 1600 (3300)
2	Vorsteuer 19 % 1576 (1406)	950,00	Verbindlichkeiten a LuL 1600 (3300)

- **Abschreibung und Anlagenabgang Kopierer alt**

	Sollkonto – SKR 03 (SKR 04)	**Betrag (EUR)**	**Habenkonto** – SKR 03 (SKR 04)
3	Abschreibungen auf Sachanlagen 4830 (6220)	400,00	Büroeinrichtung 0420 (0650)
4	Anlagenabgang Sachanlagen 2315 (4855) (bei Buchgewinn)	200,00	Büroeinrichtung 0420 (0650)

- **Inzahlunggabe Kopierer alt**

	Sollkonto – SKR 03 (SKR 04)	**Betrag (EUR)**	**Habenkonto** – SKR 03 (SKR 04)
5	Verbindlichkeiten a LuL 1600 (3300)	500,00	Erlöse aus Verkäufen Sachanlagen 8820 (4845) (bei Buchgew.)
6	Verbindlichkeiten a LuL 1600 (3300)	95,00	Umsatzsteuer 19 % 1776 (3806)

- **Bezahlung Kopierer neu abzüglich Inzahlunggabe Kopierer alt**

	Sollkonto – SKR 03 (SKR 04)	**Betrag (EUR)**	**Habenkonto** – SKR 03 (SKR 04)
7	Verbindlichkeiten a LuL 1600 (3300)	5.355,00	Bank 1200 (1800)

49

Der zum Vorsteuerabzug berechtigte Unternehmer Dietmar Fölbach erwirbt im März (Lieferdatum 15.03.) für seine Druckerei eine neue Schneidemaschine für 20.000 Euro + 3.800 Euro USt auf Ziel. Hierbei gibt er die alte Schneidemaschine, die zum 1.1. einen Buchwert in Höhe von 5.000 Euro hatte, für 4.000 Euro + 760 Euro USt in Zahlung. Die planmäßige jährliche Abschreibung der alten Schneidemaschine beträgt 3.600 Euro.

Die Bezahlung des Restbetrags nimmt er im April durch Banküberweisung vor.

Bilden Sie die Buchungssätze für diesen Vorgang für März und April.

Seite 262

J. Darlehen und Schuldzinsen

1. Aufnahme von Darlehen

Zur Finanzierung des Unternehmens kann **Eigen-** oder **Fremdkapital** eingesetzt werden.

Die **Finanzierung mit Fremdkapital** erfolgt in der Regel durch die **Aufnahme von Darlehen** bei Banken.

Ein Darlehen wird beispielsweise zur Finanzierung eines besonderen Vorgangs, z. B. für eine Sachanlagenanschaffung, aufgenommen.

Das **Bankdarlehen** ist ein Geldkredit. Die Bank stellt dem Unternehmer auf der Basis eines Darlehensvertrages einen bestimmten Geldbetrag für eine bestimmte Zeit zur Verfügung. Der Unternehmer muss den geliehenen Geldbetrag in der vereinbarten Zeit zurückzahlen und für die Gewährung des Darlehens an die Bank Zinsen bezahlen (vgl. § 488 Abs. 1 BGB).

Beispiel:

Der Unternehmer Kurz nimmt zur Finanzierung eines Sachanlagenkaufs bei seiner Bank ein Darlehen in Höhe von 4.000 Euro auf. Die Laufzeit beträgt vereinbarungsgemäß 4 Jahre, die Verzinsung 10 % p.a. (per anno = pro Jahr).

Nach dem Darlehensvertrag muss Herr Kurz den geliehenen Geldbetrag in 4 Raten à 1.000 Euro, zahlbar jeweils nach Ablauf eines Darlehensjahres, an die Bank zurückzahlen. Zusätzlich muss er zusammen mit den Raten 10 % Zinsen auf den geliehenen Betrag an die Bank entrichten.

Die **Aufnahme eines Geldkredits** hat aus der Sicht des Darlehensnehmers die folgenden Auswirkungen:

- **Zunahme der Geldmittel** (durch die Auszahlung des Darlehensbetrages an ihn) und

- **Zunahme der Verbindlichkeiten** (durch die Rückzahlungsverpflichtung gegenüber der Bank).

Die Darlehensaufnahme ist in der Regel also eine **Aktiv-Passiv-Mehrung** (vgl. S. 42).

Beispiel:

Fall wie in dem Beispiel zuvor. Der Darlehensbetrag wird auf dem Girokonto von Herrn Kurz gutgeschrieben.

Buchung bei Herrn Kurz:

Sollkonto – SKR 03 (SKR 04)	**Betrag (EUR)**	**Habenkonto** – SKR 03 (SKR 04)
Bank 1200 (1800)	4.000,00	Verbindlichkeiten gegenüber Kreditinstituten 0630 (3150)

Große und mittelgroße Kapitalgesellschaften müssen ihre **Verbindlichkeiten gegenüber Kreditinstituten** in der Bilanz **gesondert** ausweisen (vgl. § 266 Abs. 2 HGB). Aber auch kleine Kapitalgesellschaften, Personengesellschaften und Einzelunternehmer nehmen diesen gesonderten Ausweis in der Regel vor.

Die DATEV-Kontenrahmen SKR 03 und SKR 04 stellen u. a. die folgenden Konten zur Verfügung:

Verbindlichkeiten gegenüber Kreditinstituten (Oberkonto) 0630 (3150)

- Verbindlichkeiten gegenüber Kreditinstituten - Restlaufzeit bis 1 Jahr **0631 (3151)**
- Verbindlichkeiten gegenüber Kreditinstituten - Restlaufzeit 1 bis 5 Jahre **0640 (3160)**
- Verbindlichkeiten gegenüber Kreditinstituten - Restlaufzeit größer 5 Jahre **0650 (3170)**

Die speziellen Konten mit den Restlaufzeiten betreffen insbesondere mittelgroße und große Kapitalgesellschaften, die verpflichtet sind, im Jahresabschluss (z. B. im Anhang) **Restlaufzeiten zu den Verbindlichkeiten** anzugeben (vgl. *Grefe*, S. 124). Einzelunternehmen und Personengesellschaften ohne Haftungsbeschränkung haben diese Verpflichtung nicht.

2. Rückzahlung von Darlehen

Die Rückzahlung von Darlehen kann auf verschiedene Weise erfolgen (z. B. Rückzahlung in einem Betrag zu einem bestimmten Termin oder mit gleichbleibenden oder veränderlichen Raten).

In der Buchführung wirkt sich die Rückzahlung (Tilgung) als „**Umkehrung der Darlehensaufnahme**" aus, also durch die **Verminderung der Verbindlichkeit**. Sie wird auf dem Verbindlichkeitenkonto im **Soll** erfasst, weil die Verminderung eines passiven Bestandskontos im **Soll** gebucht wird. Die Gegenbuchung erfolgt auf dem Zahlungskonto im **Haben**.

Beispiel:

Fall wie in dem Beispiel zuvor. Herr Kurz bezahlt die erste Tilgungsrate in Höhe von 1.000 Euro durch Banküberweisung.

Buchung bei Herrn Kurz:

Sollkonto – SKR 03 (SKR 04)	**Betrag (EUR)**	**Habenkonto** – SKR 03 (SKR 04)
Verbindlichkeiten gegenüber Kreditinstituten 0630 (3150)	1.000,00	Bank 1200 (1800)

Bei so genannten **Annuitätendarlehen** werden jährlich, vierteljährlich oder monatlich **gleich hohe Zahlungen** (Annuität) an die Bank geleistet. Die Annuität enthält einen Tilgungs- und einen Zinsanteil. Durch die Verringerung des Darlehensbetrags mit jeder Zahlung verringert sich kontinuierlich der Zinsanteil. In Höhe der Verringerung des Zinsanteils erhöht sich kontinuierlich der Tilgungsanteil.

Bei der Buchung der Zahlungen muss bekannt sein, wie hoch der Zinsanteil in dem jeweiligen Zahlungsbetrag ist, damit die **Zinsen getrennt von den Tilgungen** erfasst werden können. Die Aufteilung der einzelnen Zahlungen in den Zins- und Tilgungsanteil ist in der Regel von der jeweiligen Bank erhältlich. In vielen Fällen erfolgt diese Aufteilung bereits im Buchungstext auf dem Kontoauszug bei der Abbuchung der Zahlung durch die Bank.

3. Darlehenszinsen

3.1 Berechnung

Zinsen sind der **Preis** für die **Überlassung von Kapital**. Für einen erhaltenen Kredit (ein Darlehen) muss der Darlehensnehmer (Schuldner) dem Darlehensgeber (Gläubiger) deshalb neben der Rückzahlung des Kredits in der Regel Zinsen bezahlen. Je nach der Vereinbarung im Darlehensvertrag sind die Zinsen monatlich, vierteljährlich, jährlich oder in einem anderen Rhythmus zu bezahlen.

In die Berechnung von **Zinsen (Z)** fließen die folgenden Größen ein:

- Kapital (K)
- Zinssatz (p)
- Zeit (t).

Die **Grundformel der Zinsrechnung** für die Ermittlung von **Jahreszinsen** lautet:

$$\mathbf{Z = K \cdot p\,\%}$$

Beispiel:

Der Unternehmer Fritz Müller hat zur Finanzierung einer betrieblichen Investition bei der Sparkasse Koblenz ein Darlehen in Höhe von 20.000 Euro aufgenommen. Das Darlehen ist nach einer Laufzeit von drei Jahren in einem Betrag zurückzuzahlen. Der vereinbarte Zinssatz beträgt 7 % p.a. (per annum = pro Jahr). Die Zinsen sind jeweils nach Ablauf eines Darlehensjahres an die Sparkasse zu bezahlen.

Die von Fritz Müller jährlich zu bezahlenden Zinsen betragen:

$$Z = 20.000 \text{ Euro} \cdot 7\,\% = \underline{\underline{1.400{,}00 \text{ Euro.}}}$$

Wenn der Zinszeitraum kein volles Jahr umfasst, ist eine zeitanteilige (**taggenaue**) Berechnung erforderlich. Dies ist beispielsweise der Fall, wenn Zinsen monatlich oder vierteljährlich zu bezahlen sind oder wenn die Zinsabrechnung jeweils zu einem bestimmten Zeitpunkt (z. B. zum 31.12.) erfolgt und der davor liegende Zinszeitraum weniger als 1 Jahr beträgt.

Zeitanteilige Zinsen sind mithilfe der oben aufgeführten Formel unter Einbeziehung der Zeit (t) zu berechnen. Die zu berücksichtigende Zeit wird hierbei in Kalendertagen gemessen (t = Anzahl der zu berücksichtigenden Kalendertage).

Die in der Praxis immer noch übliche **„kaufmännische Zinsrechnung“** geht bei der Berechnung vereinfachend davon aus, dass

- ein ganzes **Kalenderjahr 360 Tage** und
- ein ganzer **Kalendermonat 30 Tage**

hat. Es kommt also nicht darauf an, wie viele Kalendertage die zu berücksichtigenden vollen Kalendermonate tatsächlich haben.

Eine Ausnahme von dieser Regel liegt nur dann vor, wenn das Ende des Zinszeitraums „Ende Februar“ lautet. In diesem Fall wird der Februar mit 28 Tagen bzw. im Schaltjahr mit 29 Tagen berücksichtigt. Ansonsten wird auch der Februar mit 30 Tagen gerechnet.

Die **Formel** zur Berechnung von **Tageszinsen** lautet bei der **kaufmännischen Zinsrechnung** somit:

$$\mathbf{Z = \frac{K \cdot p\,\% \cdot t}{360}}$$

Bei der kaufmännischen Zinsrechnung gilt weiterhin die Konvention, dass der „erste Tag“ des Zinszeitraums, also der **Tag der Darlehensaufnahme**, bei der Zinsberechnung **unberücksichtigt** bleibt.

Der Zinszeitraum **beginnt** also am Tag nach dem Tag der Darlehensaufnahme um 0:00 Uhr und **endet** am letzten Tag des Zinszeitraums um 24:00 Uhr.

Beispiel:

Die Unternehmerin Natalie Kurz hat zur Finanzierung einer betrieblichen Investition am 25.11.2009 bei der Volksbank Koblenz Mittelrhein eG ein Darlehen in Höhe von 10.000 Euro aufgenommen. Das Darlehen hat eine Laufzeit von vier Jahren und ist in vier gleichen Teilbeträgen nach jeweils einem Jahr Laufzeit zu tilgen. Der vereinbarte Zinssatz beträgt 7,5 % p.a. (per annum = pro Jahr). Die Zinsen sind jeweils nach Ablauf eines Kalenderquartals für das abgelaufene Quartal an die Sparkasse zu bezahlen.

Die zum 31.12.2009 für das 4. Kalenderquartal 2009 fälligen Zinsen betragen somit:

$$Z = 10.000 \text{ Euro} \cdot 7{,}5\ \% : 360 \text{ Tage} \cdot 35 \text{ Tage}^{*)} = \underline{\underline{72{,}92 \text{ Euro}}}$$

*) 26.11. - 30.11. = 5 Zinstage im November + 30 Zinstage im Dezember (voller Monat)

Neben der **kaufmännischen Zinsrechnung**, die auch als **„deutsche Methode“** bezeichnet wird (vgl. *Kotz*, S. 294), finden in der Praxis außerdem die „Eurozinsmethode“ und die „englische Methode“ Anwendung.

Eurozinsmethode

- das volle **Zinsjahr** wird mit **360 Tagen** gerechnet
- der **Zinsmonat** wird **kalendergenau** berücksichtigt (also der Januar mit 31 Tagen, der Februar mit 28 oder 29 Tagen, der März mit 31 Tagen usw.)
- der „erste Tag“ zählt nicht mit
- Formel: $Z = \dfrac{K \cdot p\,\% \cdot t}{360}$

t = Anzahl der zu berücksichtigenden **tatsächlichen** Kalendertage des Zinszeitraums

Wird die Eurozinsmethode bei dem Beispiel zuvor angewendet, dann beträgt das Ergebnis:

$Z = 10.000 \text{ Euro} \cdot 7{,}5\ \% : 360 \text{ Tage} \cdot 36 \text{ Tage} = \underline{\underline{75{,}00 \text{ Euro}}}$
(der Dezember wird mit 31 Tagen berücksichtigt).

englische Methode („act act“)

- das volle **Zinsjahr** wird mit **365 Tagen** bzw. 366 Tagen (Schaltjahr) gerechnet
- der **Zinsmonat** wird **kalendergenau** berücksichtigt
- der „erste Tag“ zählt nicht mit
- Formel: $Z = \dfrac{K \cdot p\,\% \cdot t}{365 \text{ bzw. } 366}$

t = Anzahl der zu berücksichtigenden **tatsächlichen** Kalendertage des Zinszeitraums

Wird die englische Methode bei dem Beispiel zuvor angewendet, dann beträgt das Ergebnis:

Z = 10.000 Euro · 7,5 % : 365 Tage · 36 Tage = 73,97 Euro.

3.2 Buchung

Zu dem Zeitpunkt, zu dem die Zinsen dem Darlehensgeber geschuldet werden, entsteht eine **sonstige Verbindlichkeit** neben der Darlehensverbindlichkeit. Sofern diese zum Bilanzstichtag noch besteht, ist sie in der Bilanz unter den sonstigen Verbindlichkeiten auszuweisen.

In der laufenden Buchführung werden Zinsen in der Regel dann erfasst, wenn sie an die Bank bezahlt werden.

Zinsen sind **Aufwendungen**, die – sofern die Zahlung zum Fälligkeitszeitpunkt erfolgt – durch den folgenden Buchungssatz erfasst werden:

Zinsen und ähnliche Aufwendungen 2100 (7300)	an	Zahlungskonto.

Die DATEV-Kontenrahmen SKR 03 und SKR 04 stellen vielzählige **Unterkonten** zu diesem Aufwandskonto für spezielle Darlehensarten zur Verfügung.

Aus steuerlichen Gründen ist es zweckmäßig, die folgende Unterscheidung zu beachten:

- Zinsen für **kurzfristige** Verbindlichkeiten werden auf dem Unterkonto

  „**Zinsaufwendungen für kurzfristige Verbindlichkeiten** 2110 (7310)"

  und

- Zinsen für **langfristige** Verbindlichkeiten werden auf dem Unterkonto

  „**Zinsaufwendungen für langfristige Verbindlichkeiten** 2120 (7320)"

  erfasst.

Beispiel:

Der Unternehmer Niklas Mohr hat zur Finanzierung eines betrieblichen Pkw bei der Volksbank Mittelrhein eG ein Annuitätendarlehen in Höhe von 15.000 Euro aufgenommen, das eine Laufzeit von 60 Monaten hat und mit 7 % p.a. verzinst wird. Im Juni 2009 bucht die Volksbank die monatliche „Rate" (Annuität) in Höhe von 300 Euro von Herrn Mohrs Girokonto ab. Der Zinsanteil in dieser Rate beträgt 67,25 Euro. Der Tilgungsanteil beträgt somit 232,75 Euro (300 Euro – 67,25 Euro).

Das Darlehen wurde bereits auf dem Konto „Verbindlichkeiten gegenüber Kreditinstituten 0630 (3150)“ im Haben erfasst.

Buchung der Annuität bei Herrn Mohr:

Sollkonto – SKR 03 (SKR 04)	**Betrag (EUR)**	**Habenkonto** – SKR 03 (SKR 04)
Zinsaufwendungen für langfristige Verbindl. 2120 (7320)	67,25	Bank 1200 (1800)
Verbindlichkeiten gegenüber Kreditinstituten 0630 (3150)	232,75	Bank 1200 (1800)

50

Der Unternehmer Andreas Mohr nimmt zur Finanzierung einer betrieblichen Investition bei der Sparkasse Koblenz ein Annuitätendarlehen in Höhe von 22.500 Euro auf. Das Darlehen hat eine Laufzeit von 60 Monaten und wird mit 7 % p.a. verzinst. Der Darlehensbetrag wird im Juli 2009 auf dem Girokonto von Herrn Mohr gutgeschrieben.

Im August 2009 bucht die Sparksse die erste monatliche Rate (Annuität) in Höhe von 450 Euro von Herrn Mohrs Girokonto ab. Der Zinsanteil in dieser Rate beträgt 131,25 Euro.

Aufgabe:

Erstellen Sie die Buchungssätze für die Erfassung

a) der Darlehensaufnahme im Juli und
b) der Abbuchung der Annuität im August.

Seite 262

4. Damnum

Es gibt Darlehen, bei denen der **Auszahlungsbetrag niedriger als der Rückzahlungsbetrag** ist. Die **Differenz** zwischen der Auszahlung und der Rückzahlung wird als „**Damnum**“ oder „**Disagio**“ (= Abgeld) bezeichnet.

Beispiel:

Der Unternehmer Kurz nimmt zur Finanzierung eines Sachanlagenkaufs bei seiner Bank ein Darlehen in Höhe von 40.000 Euro auf. Nach dem Darlensvertrag erhält Herr Kurz eine Auszahlung in Höhe von 98 %, also 39.200 Euro. Er muss aber 40.000 Euro an die Bank zurückzahlen.

Der Differenzbetrag von 800 Euro (2 % von 40.000 Euro) ist das Damnum.

Ein Damnum wird in der Regel bei der **Vereinbarung eines feststehenden Zinssatzes** über einen bestimmten Zeitraum (z. B. Zinssatz 7 % p.a. gleichbleibend über einen Zeitraum von 5 Jahren) **beim Abschluss des Darlehensvertrages** festgelegt.

Weil das Damnum eine Art Prämie für die Zinsfestschreibung ist, hat es den Charakter von **vorausbezahlten Zinsen**.

Es könnte somit direkt als **Zinsaufwand** erfasst werden (was nach § 250 Abs. 3 HGB in der handelsrechtlichen Buchführung zulässig ist).

Das **Steuerrecht** lässt diese Vorgehensweise in der Buchführung jedoch **nicht** zu. Es schreibt vor, dass diese Aufwendungen über die Laufzeit des Darlehens zu verteilen sind (vgl. H 6.10 (Damnum) EStH). Sachgerechter ist jedoch eine Verteilung auf die Dauer der Zinsbindung!

Aus diesem Grund wird das Damnum in der Praxis bei der Darlehensaufnahme in der Regel **aktiviert**. Es wird auf dem **aktiven Bestandskonto „Damnum/Disagio** 0986 (1940)“ im **Soll** erfasst.

Die Gegenbuchung erfolgt – wenn das Damnum vom Darlehensbetrag einbehalten wird – auf der **Habenseite** des **Darlehenskontos**, weil das Damnum auch zum Rückzahlungsbetrag des Darlehens gehört und Verbindlichkeiten mit ihrem **Rückzahlungsbetrag** anzusetzen sind (vgl. § 253 Abs. 1 HGB).

Die **Buchung** des Damnums erfolgt in der Regel also durch den Buchungssatz

Damnum/Disagio 0986 (1940)	an	Darlehenskonto.

Beispiel:

Fall wie in dem Beispiel zuvor (Darlehensaufnahme in Höhe von 40.000 Euro unter Abzug eines Damnums von 2 % bei der Darlehensauszahlung).

Buchung der Darlehensauszahlung:

Sollkonto – SKR 03 (SKR 04)	**Betrag (EUR)**	**Habenkonto** – SKR 03 (SKR 04)
Bank 1200 (1800)	39.200,00	Verbindlichkeiten gegenüber Kreditinstituten 0630 (3150)
Damnum/Disagio 0986 (1940)	800,00	Verbindlichkeiten gegenüber Kreditinstituten 0630 (3150)

S Bank	H
39.200,00	

S Damnum/Disagio	H
800,00	

S Verbindlichkeiten gegenüber Kreditinstituten	H
	39.200,00
	800,00
	40.000,00

Die Verteilung des Damnums auf die Jahre der Zinsbindung (= **Abschreibung des Damnums**) kann **linear**, arithmetisch-degressiv (**digital**) oder im Verhältnis der im Abrechnungszeitraum gezahlten Zinsen zum Gesamtzinsaufwand (also **proportional** zum Zinsaufwand) erfolgen.

Die sachgerechte Abschreibung hängt von der Art der Darlehensrückzahlung ab.

Weil die Art der Abschreibung beim Damnum nicht gesetzlich vorgegeben ist und die **lineare** Abschreibung **in der Praxis am häufigsten** Anwendung findet, wird nachfolgend nur diese Art der Verteilung dargestellt.

Lineare Abschreibung bedeutet **gleichmäßige** Verteilung über einen bestimmten Zeitraum (hier: den Zeitraum der Zinsbindung). Im Jahr der Darlehensaufnahme und im letzten Jahr der Zinsbindung wird **zeitanteilig** (taggenau) gerechnet.

Beispiel:

Die Unternehmerin Christina Diehl nimmt am 15. Juni 2009 zur Finanzierung einer betrieblichen Investition ein Darlehen in Höhe von 50.000 Euro auf, das in 4 Raten à 12.500 Euro, jeweils zahlbar zum 15. Juni, zu tilgen ist (Laufzeit = 4 Jahre).

Im Darlehensvertrag wird eine Zinsbindung von 8 % p.a. für die gesamte Laufzeit vereinbart. Hierfür muss Frau Diehl ein Damnum von 2 % des Darlehensbetrages an die Bank bezahlen. Frau Diehl erhält deshalb nur 98 % der Darlehenssumme ausgezahlt.

Das Damnum in Höhe von 1.000 Euro (2 % von 50.000 Euro) wird aktiviert und über die Dauer der Zinsbindung (4 Jahre) linear verteilt. Hier wird aus Vereinfachungsgründen nach der kaufmännischen Zinsrechnung gerechnet (1 Jahr = 360 Tage, 1 Monat = 30 Tage).

Abschreibungsverlauf:

Jahr	Aufteilung	Euro
2009	1.000 Euro : 4 Jahre = 250 Euro 250 Euro : 360 Tage x 195 Tage (16. Juni bis 30. Dez.) =	135,42
2010	1.000 Euro : 4 Jahre = 250 Euro	250,00
2011	1.000 Euro : 4 Jahre = 250 Euro	250,00
2012	1.000 Euro : 4 Jahre = 250 Euro	250,00
2013	1.000 Euro : 4 Jahre = 250 Euro 250 Euro : 360 Tage x 165 Tage (1. Januar bis 15. Juni) =	114,58
	Summe	1.000,00

Der Anteil des Damnums, der auf das jeweilige Kalenderjahr entfällt, wird als **Zinsaufwand** erfasst.

Hieraus ergibt sich für die zeitanteilige Auflösung des Damnums der folgende Buchungssatz:

Zinsaufwendungen für langfristige Verbindlichkeiten 2120 (7320)	an	Damnum/Disagio 0986 (1940).

Beispiel:

Fall wie im Beispiel zuvor. Das Darlehen wird am 15. Juni 2009 auf das Girokonto von Frau Diehl ausgezahlt. Die Darlehenszinsen werden am 31.12. von ihrem Girokonto abgebucht.

Für 2009 sind dann die folgenden Buchungen vorzunehmen:

- **15. Juni:**

Sollkonto – SKR 03 (SKR 04)	**Betrag (EUR)**	**Habenkonto** – SKR 03 (SKR 04)
Bank 1200 (1800)	49.000,00	Verbindlichkeiten gegenüber Kreditinstituten 0630 (3150)
Damnum/Disagio 0986 (1940)	1.000,00	Verbindlichkeiten gegenüber Kreditinstituten 0630 (3150)

- **31. Dezember:**

Sollkonto – SKR 03 (SKR 04)	**Betrag (EUR)**	**Habenkonto** – SKR 03 (SKR 04)
Zinsaufwendungen 2120 (7320)	2.166,67*)	Bank 1200 (1800)
Zinsaufwendungen 2120 (7320)	**135,42****)	**Damnum/Disagio 0986 (1940)**

*) Zinsen 2009:

50.000 Euro x 8 % = 4.000 Euro;
4.000 Euro : 360 Tage x 195 Tage = 2.166,67 Euro.

**) Abschreibung Damnum 2009:

1.000 Euro : 4 Jahre = 250 Euro;
250 Euro : 360 Tage x 195 Tage = 135,42 Euro.

51

Der Unternehmer Thomas Forsch nimmt zur Finanzierung einer betrieblichen Investition ein Darlehen in Höhe von 30.000 Euro auf, das eine Laufzeit von 5 Jahren hat und mit 7 % p.a. verzinst wird (Festzinsvereinbarung). Der Darlehensbetrag wird am 31.07.2009 unter Einbehaltung eines Damnums von 2 % auf dem Girokonto von Herrn Forsch gutgeschrieben. Die Tilgung erfolgt in 5 Raten á 6.000 Euro, jeweils zum 31.07. eines Jahres. Die Zinsen für 2009 werden am 31.12.2009 von Herrn Forschs Girokonto abgebucht.

Aufgabe:

Erstellen Sie die erforderlichen Buchungssätze für 2009. Das Damnum soll linear abgeschrieben werden.

Seite 262

52

Bei der zum Vorsteuerabzug berechtigten Unternehmerin Tanja Masselter, Koblenz, haben die Konten der Buchführung zum 1.1.2009 die folgenden Anfangsbestände (vereinfachter Auszug):

Kontobezeichnung	SKR 03 (SKR 04)	EUR
• Bebaute Grundstücke	0085 (0235)	100.000,00
• Geschäftsbauten	0090 (0240)	240.000,00
• Betriebs- und Geschäftsausstattung	0300 (0500)	175.000,00
• Forderungen a LuL	1400 (1200)	47.250,00
• Bank	1200 (1800)	15.350,00
• Kasse	1000 (1600)	1.750,00
• Verbindlichkeiten gegenüber Kreditinstituten	0650 (3170)	225.750,00
• Verbindlichkeiten a LuL	1600 (3300)	56.350,00
• Umsatzsteuer (Verbindlichkeit)	1770 (3800)	4.650,00
• Eigenkapital	0880 (2010)	292.600,00

Im Laufe des Jahres 2009 ereignen sich die nachfolgend aufgeführten Geschäftsvorfälle (Auswahl). Hierbei wird unterstellt, dass ordnungsgemäße Belege vorliegen.

1. Umsatzerlöse aus dem Verkauf von Produkten gegen Bankscheck: 10.000 Euro + 1.900 Euro USt = 11.900 Euro.
2. Eingang der Telefonrechnung in Höhe von 200 Euro + 38 Euro USt (noch nicht bezahlt). Der betriebliche Anteil beträgt 90 %, der private Anteil 10 % (wurde bei der letzten Betriebsprüfung festgelegt).
3. Kauf von Büromaterial für 119 Euro (brutto 19 % USt) gegen Barzahlung.
4. Anschaffung eines neuen Gabelstaplers am 1.9.2009 (Lieferdatum) für 25.000 Euro + USt auf Ziel.
5. Aufnahme eines Bankdarlehens zum 15.9.2009 (= Tag der Wertstellung) in Höhe von 20.000 Euro. Die Auszahlung erfolgt auf das Bankkonto unter Abzug von 2 % Disagio. Die Laufzeit des Darlehens beträgt 6 Jahre.

6. Bezahlung der Rechnung für den Gabelstapler unter Abzug von 2 % Skonto durch Banküberweisung.

7. Am 31.12.2009 Abbuchung der Zinsen für 2009 für das Darlehen der Tz. 5. Der Zinssatz beträgt 7 % p.a. Eine Tilgung erfolgt in 2009 noch nicht (erste Teilrückzahlung in Höhe von 5.000 Euro am 15.9.2010); Berechnung der Zinsen mithilfe der kaufmännischen Zinsrechnung.

8. Überweisung eines Kunden in Höhe von 2.500 Euro zum Ausgleich einer Rechnung, die er von Frau Masselter Ende 2008 erhalten hatte. Frau Masselter hatte die Rechnung als Forderung a LuL erfasst (in den Saldenvorträgen zum 1.1.2009 enthalten).

9. Provisionserlös aus der Vermittlung eines Großauftrags gegen Bankscheck: 20.000 Euro + 3.800 Euro USt = 23.800 Euro.

10. Bezahlung der Telefonrechnung (Tz. 2) durch Banküberweisung.

11. Bezahlung der Umsatzsteuerschuld aus dem Vorjahr (siehe Saldenvorträge, Konto „Umsatzsteuer") durch Banküberweisung an das Finanzamt.

12. Umsatzsteuer-Vorauszahlung 2009 durch Banküberweisung an das Finanzamt: 4.525 Euro.

13. Frau Masselter nutzt den zu ihrem Betriebsvermögen gehörenden Pkw, der 2008 für ihren Betrieb angeschafft wurde, auch für Privatfahrten. Ein Fahrtenbuch hat sie für diesen Pkw nicht geführt.

    Der Bruttolistenpreis hat zum Zeitpunkt der Anschaffung 22.222 Euro betragen. Hier ist die Nutzungsentnahme für 2009 zu ermitteln und zu buchen. Fahrten zwischen Wohnung und Betrieb sind nicht angefallen.

14. Frau Masselter beschäftigt die Großhandelskauffrau Svenja Krämer ganztags als Arbeitnehmerin. Das Bruttogehalt von Frau Krämer beträgt 2.500 Euro monatlich (ohne vwL). Frau Masselter bezahlt zusätzlich 40 Euro vwL an die Bausparkasse von Frau Krämer.

    Frau Krämer ist verheiratet und hat zwei Kinder.

    Frau Krämer erhält zusätzlich zu dem Gehalt ein Firmenfahrzeug zur dauernden privaten Nutzung von Frau Masselter überlassen, für das kein Fahrtenbuch geführt wird. Der Bruttolistenpreis des Fahrzeugs hat zum Zeitpunkt der Erstzulassung 23.130 Euro betragen. Die Entfernung zwischen der Wohnung von Frau Krämer und der Arbeitsstätte beträgt 15 km (einfache Strecke).

    Für Frau Krämer wurden die folgenden Steuerabzüge ermittelt

(hier wird ein einzelner Monat betrachtet):

Lohnsteuer (Steuerklasse IV)	505,50 Euro
Solidaritätszuschlag	19,28 Euro
Kirchensteuer	31,55 Euro

Frau Krämer ist bei der XY-Krankenkasse gesetzlich versichert. Der Beitragssatz beträgt 14,9 % inklusive AN-Zusatzbeitrag. Die anderen Sozialversicherungsprozentsätze betragen: PV = 1,95 %, RV = 19,9 %, ArblV = 2,8 %.

a) Erstellen Sie die vollständige Gehaltsabrechung für die Arbeitnehmerin Svenja Krämer.

b) Buchen Sie die Gehaltsabrechnung einschließlich der Überweisungen; es wird unterstellt, dass alle Zahlungen in 2009 erfolgen (durch Banküberweisung). Hier wird nur der eine Betrachtungsmonat einschließlich aller Zahlungen gebucht.

c) Erfassen Sie die zugehörigen Buchungen auf den T-Konten.

15. Die **zum 1.1. bereits vorhandene** Betriebs- und Geschäftsausstattung wird mit einem Abschreibungsprozentsatz in Höhe von 30 % degressiv abgeschrieben. [Annahme: Alle Gegenstände wurden 2006 und 2007 angeschafft.]

Das Gebäude (Konto „Geschäftsbauten“) wird 2009 in Höhe von 16.000 Euro abgeschrieben.

Der **neue** Gabelstapler (Tz. 4 und 6) ist ebenfalls abzuschreiben. Die betriebsgewöhnliche Nutzungsdauer beträgt 6 Jahre, die Abschreibung erfolgt **höchstmöglich**.

Das Disagio (Tz. 5) ist für 2009 zeitanteilig abzuschreiben.

Die vorgenannten Abschreibungen sind noch zu buchen.

Aufgabe:

a) Erstellen Sie zu den oben aufgeführten Geschäftsvorfällen 1. - 15. die Buchungssätze für 2009.

b) Richten Sie alle notwendigen T-Konten ein und tragen Sie die aufgeführten Anfangsbestände auf den Konten ein (ohne Gegenbuchungen).

c) Buchen Sie die Geschäftsvorfälle 1. - 15. auf den T-Konten (nur die in das Jahr 2009 fallenden Vorgänge).

d) Schließen Sie alle Konten ab.

Seite 263

Lösungen zu den Übungen

01

Fall 1: Frau Hofmann betreibt einen Gewerbebetrieb, der einen in kaufmännischer Weise eingerichteten Geschäftsbetrieb erfordert (die Größe des Unternehmens, insbesondere der Geschäftsumfang, also der Umsatz, die Zahl der Arbeitnehmer usw. legen dies nahe). Sie betreibt somit ein Handelgewerbe nach § 1 Abs. 2 HGB. Dadurch ist sie Kaufmann im Sinne des § 1 HGB (Istkaufmann). Frau Hofmann ist deshalb nach § 238 HGB (Handelsrecht) und nach § 140 AO (Steuerrecht) buchführungspflichtig.

Fall 2: Herr Fölbach betreibt einen Gewerbebetrieb, der jedoch – nach der Gesamtwürdigung der tatsächlichen Verhältnisse – weder nach Art noch nach Umfang der Geschäftstätigkeit einen in kaufmännischer Weise eingerichteten Geschäftsbetrieb erfordert (zumindest noch nicht). Herr Fölbach betreibt also kein Handelsgewerbe im Sinne des § 1 Abs. 2 HGB. Er ist „Kleingewerbetreibender" und somit kein Kaufmann; er ist nicht buchführungspflichtig nach § 238 HGB.

Da Herr Fölbach jedoch die Gewinngrenze des § 141 AO überschreitet (das Überschreiten einer der Grenzen reicht aus), ist Herr Fölbach steuerrechtlich buchführungspflichtig vom Beginn des Wirtschaftsjahres an, das dem Jahr folgt, in dem die Finanzbehörde Herrn Fölbach auf die Buchführungspflicht hingewiesen hat (im vorliegenden Fall vermutlich bereits in einem früheren Jahr erfolgt).

Wenn Herr Fölbach sein Unternehmen in das Handelsregister eintragen lassen würde (nach § 2 HGB), dann wäre Herr Fölbach ab der Eintragung Kaufmann. Er wäre dann buchführungspflichtig nach §§ 238 HGB und 140 AO.

Fall 3: Frau Kleinert betreibt keinen Gewerbebetrieb, sondern eine freiberufliche Praxis (Tierärzte sind Freiberufler; sie erzielen Einkünfte aus selbstständiger Arbeit nach § 18 EStG). Sie ist weder nach Handelsrecht noch nach Steuerrecht buchführungspflichtig.

02

Peter Sailer ist buchführungspflichtig nach § 238 HGB und § 140 AO. Die lückenhafte Aufzeichnung der Betriebseinnahmen und -ausgaben ist keine Buchführung. Er verstößt also sowohl gegen die Buchführungspflicht des Handelsrechts als auch des Steuerrechts.

Das Handelsrecht sieht für diesen Verstoß keine unmittelbaren Sanktionen vor. Er kann nach dem Handelsrecht also nicht zur Erfüllung dieser Verpflichtung gezwungen werden.

Eine Bestrafung kann jedoch nach den §§ 283 und 283b StGB erfolgen, wenn Herr Sailer seine Zahlungen eingestellt hat oder über sein Vermögen das Insolvenzverfahren eröffnet oder der Eröffnungsantrag mangels Masse abgewiesen worden ist.

Das Steuerrecht sieht hingegen direkte Sanktionen vor, die Herrn Sailer treffen könnten.

Zunächst könnte die Finanzbehörde gegen Herrn Sailer ein Zwangsgeld (bzw. Zwangsgelder bei dauerhafter oder wiederholter Nichterfüllung) nach §§ 328-329 AO festsetzen. Die Höhe ist auf 25.000 Euro begrenzt. Eine Androhung des Zwangsgeldes ist zuvor erforderlich (§ 332 AO).

Wenn Herr Sailer dennoch keine Bücher führt, hat das Finanzamt die Besteuerungsgrundlagen (Umsätze, Gewinn) zu schätzen (§ 162 AO).

Wenn Herr Sailer durch lückenhafte und/oder fehlerhafte Aufzeichnungen/Angaben die Besteuerung gefährdet oder Steuern verkürzt, können die Tatbestände der Steuergefährdung (379 Abs. 1 AO) oder der leichtfertigen Steuerverkürzung (§ 378 AO) gegeben sein, die Ordnungswidrigkeiten sind und mit einer Geldbuße geahndet werden (bei der Steuergefährdung bis zu 5.000 Euro und bei der leichtfertigen Steuerverkürzung bis zu 50.000 Euro).

Sofern Herr Sailer vorsätzlich unrichtige oder unvollständige Angaben macht und dadurch Steuern verkürzt oder für sich oder einen anderen ungerechtfertigte Steuervorteile verschafft, könnte der Tatbestand der Steuerhinterziehung gegeben sein. In diesem Fall würde Herrn Sailer eine Geld- oder Freiheitsstrafe drohen (§ 370 AO).

03

Fall 1: Abkürzungen sind zulässig, wenn diese eindeutig und nachvollziehbar sind (vgl. § 239 Abs. 1 HGB), was im vorliegenden Fall gewährleistet ist. Es liegt kein Verstoß gegen die GoB vor.

Fall 2: Die verwendeten Abkürzungen sind nicht eindeutig. Es liegt somit ein Verstoß gegen den Grundsatz der Verständlichkeit vor (Verstoß gegen § 239 Abs. 1 Satz 2 HGB).

Fall 3: Die Eintragungen in den Büchern und die sonst erforderlichen Aufzeichnungen sind zeitnah vorzunehmen (vgl. § 239 Abs. 2 HGB). Die Aufzeichnung der Kassenbewegungen soll hierbei täglich vorgenommen werden (vgl. § 146 Abs. 1 Satz 2 AO). Die Aufzeichnung nur am Monatsende jeweils für den abgelaufenen Monat kann bei Kassenunterlagen somit nicht als zeitgerecht angesehen werden. Es liegt somit ein Verstoß gegen den Grundsatz der zeitnahen Eintragung vor.

Die Eintragungen mit Bleistift sind ebenfalls unzulässig (vgl. 239 Abs. 3 HGB). Sie sind ein Verstoß gegen den Grundsatz der Unveränderlichkeit der Aufzeichnungen.

Fall 4: Aufzeichnungen und Buchungen erfolgen auf der Grundlage vorliegender Belege (vgl. § 238 Abs. 1 Satz 3 HGB). Da die Buchung der Privateinlagen ohne Belege vorgenommen wird, liegt ein Verstoß gegen das Belegprinzip vor. Außerdem könnte auch ein Verstoß gegen den Grundsatz der Vollständigkeit und Richtigkeit vorliegen, sofern Sachverhalte erfasst werden, die nicht stattgefunden haben (Verbot fiktiver Buchungen).

Fall 5: Alle buchungsrelevanten Vorgänge müssen in der Buchführung erfasst werden (vgl. § 239 Abs. 2 HGB). Die Nichterfassung der Warenlieferung ist deshalb ein Verstoß gegen den Grundsatz der Vollständigkeit. Die Forderung aus der Warenlieferung und die Verbindlichkeit aus dem Warenbezug dürfen im Jahresabschluss auch nicht verrechnet werden (Verrechnungsverbot nach § 246 Abs. 2 HGB).

04

Fall	Beginn und Enddatum der Aufbewahrungsfrist
1. Buchungsbelege des Kj. 2005	31.12.2005 um 24:00 Uhr + 10 Jahre = **31.12.2015** um 24:00 Uhr
2. Geschäftskorrespondenz März 2006	31.12.2006 um 24:00 Uhr + 6 Jahre = **31.12.2012** um 24:00 Uhr
3. Eröffnungsbilanz des Kj. 2000, aufgestellt am 20.3.2000	31.12.2000 um 24:00 Uhr + 10 Jahre = **31.12.2010** um 24:00 Uhr
4. Ausgangsrechnungen des Monats Oktober 2003	31.12.2003 um 24:00 Uhr + 10 Jahre = **31.12.2013** um 24:00 Uhr
5. Jahresabschluss 2006, aufgestellt am 15.4.2007	31.12.2007 um 24:00 Uhr + 10 Jahre = **31.12.2017** um 24:00 Uhr

05

			Menge	Wert
Fallvariante 1:		Bestand am 15.11.	234 Stück x 55,00 Euro =	12.870,00 Euro
	+	Zugang 16.11.-31.12.	300 Stück x 55,00 Euro =	16.500,00 Euro
	–	Abgang 16.11.-31.12.	355 Stück x 55,00 Euro =	19.525,00 Euro
	=	Bestand am 31.12.	179 Stück x 55,00 Euro =	9.845,00 Euro
Fallvariante 2:		Bestand am 31.1.	157 Stück x 36,10 Euro =	5.667,70 Euro
	–	Zugang 1.1.-31.1.	250 Stück x 36,10 Euro =	9.025,00 Euro
	+	Abgang 1.1.-31.1.	188 Stück x 36,10 Euro =	6.786,80 Euro
	=	Bestand 31.1.	95 Stück x 36,10 Euro =	3.429,50 Euro

06

Inventar
„FahrRad e.K." für den 31. Dezember 20..

		Euro	Euro
I.	**Vermögen**		
1.	**Anlagevermögen**		
1.1	**Betriebs- und Geschäftsausstattung**		
	1 Pkw VW Passat	18.500	
	1 Ladeneinrichtung	22.350	
	Sonstige Betriebs- und Geschäftsausstattung lt. Verzeichnis 1	15.112	55.962
2.	**Umlaufvermögen**		
2.1	**Waren**		
	Fahrräder und Roller lt. Verzeichnis 2	76.897	
	Fahrradzubehör und Ersatzteile lt. Verzeichnis 3	4.825	
	Fahrradbekleidung lt. Verzeichnis 4	13.463	95.185
2.2	**Forderungen**		
	Forderungen gegenüber Kunden lt. Verzeichnis 5		14.680
2.3	**Bankguthaben und Kassenbestand**		
	Postbank	5.628	
	Kassenbestand	535	6.163
	Summe des Vermögens		171.990
II.	**Schulden**		
1.	**Langfristige Schulden**		
	Darlehensschuld bei der Volksbank Köln		85.300
2.	**Kurzfristige Schulden**		
	Schulden bei der Sparkasse Köln (Girokonto)	2.355	
	Schulden gegenüber Lieferanten lt. Verzeichnis 6	34.335	36.690
	Summe der Schulden		121.990
III.	**Ermittlung des Reinvermögens**		
	Summe des Vermögens		171.990
–	Summe der Schulden		121.990
=	**Reinvermögen (Eigenkapital)**		50.000

07

Aktiva	Bilanz zum 31.12.20.		Passiva
	Euro		Euro
I. Anlagevermögen		**I. Eigenkapital**	50.000
1. Betriebs- und Geschäftsausstattung	55.962	**II. Verbindlichkeiten**	
II. Umlaufvermögen		1. Verbindlichkeiten gegenüber Kreditinstituten	87.655
1. Waren	95.185	2. Verbindlichkeiten aus Lieferungen und Leistungen	34.335
2. Forderungen aus Lieferungen und Leistungen	14.680		
3. Bankguthaben und Kassenbestand	6.163		
	171.990		171.990

08

1. **Aktiv-Passiv-Mehrung**: Erhöhung des Warenbestandes (Vorräte) und Erhöhung der Verbindlichkeiten aus Lieferungen und Leistungen.
2. **Aktiv-Tausch**: Erhöhung des Anlagevermögens (Betriebs- und Geschäftsausstattung) und Verminderung des Umlaufvermögens (Bankguthaben).
3. **Aktiv-Passiv-Minderung**: Verminderung des Umlaufvermögens (Bankguthaben) und Verminderung der Verbindlichkeiten gegenüber Kreditinstituten.
4. **Aktiv-Tausch**: Verminderung der Forderungen aus Lieferungen und Leistungen und Erhöhung des Kassenbestandes.
5. **Aktiv-Passiv-Minderung**: Verminderung des Umlaufvermögens (Forderungen aus Lieferungen und Leistungen) und Verminderung der Verbindlichkeiten (Verbindlichkeiten aus Lieferungen und Leistungen).

09

S	Grund und Boden		H
AB	200.000,00		

S	Eigenkapital		H
		AB	161.000,00

S	Gebäude		H
AB	400.000,00		

S	Verb. gegenüber Kred.		H
		AB	365.000,00

S	Maschinen		H
AB	100.000,00		

S	Verb. aus LuL		H
		AB	235.000,00

S	BGA		H
AB	50.000,00		

S	Bank		H
AB	10.000,00		

S	Kasse		H
AB	1.000,00		

Saldenvorträge

S			H		
AB	Eigenkapital	161.000,00	AB	Grund und Boden	200.000,00
AB	Verb. gegenüber Kreditinstituten	365.000,00	AB	Gebäude	400.000,00
AB	Verb. a LuL	235.000,00	AB	Maschinen	100.000,00
			AB	BGA	50.000,00
			AB	Bank	10.000,00
			AB	Kasse	1.000,00
		761.000,00			761.000,00

10

Grund und Boden

S		H	
AB	200.000,00		

Eigenkapital

S		H	
		AB	161.000,00

Gebäude

S		H	
AB	400.000,00		

Verb. gegenüber Kred.

S		H	
		AB	365.000,00
		5)	5.000,00

Maschinen

S		H	
AB	100.000,00		
1)	10.000,00		

Verb. a. LuL

S		H	
4)	600,00	AB	235.000,00
		1)	10.000,00

BGA

S		H	
AB	50.000,00		
3)	1.000,000		

Bank

S		H	
AB	10.000,00	2)	1.000,00
5)	5.000,00	4)	600,00

Kasse

S		H	
AB	1.000,00	3)	1.000,00
2)	1.000,00		

11

Grund und Boden

S		H	
AB	200.000,00	SBK	200.000,00

Eigenkapital

S		H	
SBK	161.000,00	AB	161.000,00

Gebäude

S		H	
AB	400.000,00	SBK	400.000,00

Verb. geg. Kreditinst.

S		H	
SBK	370.000,00	AB	365.000,00
		5)	5.000,00
	370.000,00		370.000,00

S	Maschinen		H
AB	100.000,00	SBK	110.000,00
1)	10.000,00		
	110.000,00		110.000,00

S	Verb. a LuL		H
4)	600,00	AB	235.000,00
SBK	244.400,00	1)	10.000,00
	245.000,00		245.000,00

S	BGA		H
AB	50.000,00	SBK	51.000,00
3)	1.000,00		
	51.000,00		51.000,00

S	Bank		H
AB	10.000,00	2)	1.000,00
5)	5.000,00	4)	600,00
		SBK	13.400,00
	15.000,00		15.000,00

S	Kasse		H
AB	1.000,00	3)	1.000,00
2)	1.000,00	SBK	1.000,00
	2.000,00		2.000,00

S	Schlussbilanzkonto (SBK)		H
Grund und Boden	200.000,00	Eigenkapital	161.000,00
Gebäude	400.000,00	Verb. geg. Kreditinst.	370.000,00
Maschinen	110.000,00	Verb. a LuL	244.400,00
BGA	51.000,00		
Bank	13.400,00		
Kasse	1.000,00		
	775.400,00		775.400,00

12

1. Maschinen an Verbindl. a LuL 10.000,00 Euro
2. Kasse an Bank 1.000,00 Euro
3. Büroeinrichtung an Kasse 1.000,00 Euro
4. Verbindl. a LuL an Bank 600,00 Euro
5. Bank an Verbindl. geg. Kreditinst. 5.000,00 Euro

Nr.	Sollkonto	Betrag (Euro)	Habenkonto
1.	Maschinen	10.000,00	Verbindl. a LuL
2.	Kasse	1.000,00	Bank
3.	Büroeinrichtung	1.000,00	Kasse
4.	Verbindl. a LuL	600,00	Bank
5.	Bank	5.000,00	Verbindl. geg. Kreditinst.

13

1. Löhne an Kasse 300,00 Euro
2. Bank an Zinserträge 100,00 Euro
3. Kfz-Versicherung an Bank 400,00 Euro
4. Zinsen an Bank 50,00 Euro
5. Porto an Kasse 150,00 Euro
6. Bank an Mieterträge 1.000,00 Euro

Nr.	Sollkonto	Betrag (EUR)	Habenkonto
1.	Löhne	300,00	Kasse
2.	Bank	100,00	Zinserträge
3.	Kfz-Versicherung	400,00	Bank
4.	Zinsen	50,00	Bank
5.	Porto	150,00	Kasse
6.	Bank	1.000,00	Mieterträge

S	Löhne		H
1)	300,00		

S	Kasse		H
		1)	300,00
		5)	150,00

S	Zinserträge		H
		2)	100,00

S	Zinsen		H
4)	50,00		

S	Bank		H
2)	100,00	3)	400,00
6)	1.000,00	4)	50,00

S	Mieterträge		H
		6)	1.000,00

S	Kfz.-Vers.		H
3)	400,00		

S	Porto		H
5)	150,00		

14

Aufwandskonten → GuVK ← Ertragskonten

S	GuVK		H
Löhne	300,00	Zinserträge	100,00
Zinsen	50,00	Mieterträge	1.000,00
Kfz-Vers.	400,00		
Porto	150,00		
EK (Gewinn)	200,00		
	1.100,00		1.100,00

	Erträge	1.100,00 Euro
–	Aufwendungen	900,00 Euro
=	Gewinn	200,00 Euro

15

Bestandskonten

Pkw

S			H
AB	70.000,00	SBK	84.000,00
f)	14.000,00		
	84.000,00		84.000,00

Eigenkapital

S			H
SBK	63.330,00	AB	62.000,00
		GuVK	1.330,00
	63.330,00		63.330,00

Ladeneinrichtung

S			H
AB	15.000,00	SBK	16.800,00
a)	1.800,00		
	16.800,00		16.800,00

Verbindlichkeiten gegenüber Kreditinstituten

S			H
SBK	28.700,00	AB	28.700,00

Bank

S			H
AB	20.000,00	c)	280,00
b)	3.500,00	SBK	23.330,00
e)	110,00		
	23.610,00		23.610,00

Verbindl. a LuL

S			H
SBK	33.600,00	AB	17.800,00
		a)	1.800,00
		f)	14.000,00
	33.600,00		33.600,00

Kasse

S			H
AB	3.500,00	d)	2.000,00
		SBK	1.500,00
	3.500,00		3.500,00

Erfolgskonten

Zinsaufwendungen

S			H
c)	280,00	GuVK	280,00

Zinserträge

S			H
GuVK	110,00	e)	110,00

Gehälter

S			H
d)	2.000,00	GuVK	2.000,00

Provisionserlöse

S			H
GuVK	3.500,00	b)	3.500,00

Abschlusskonten

GuVK

S			H
	280,00		110,00
	2.000,00		3.500,00
Gewinn	1.330,00		
	3.610,00		3.610,00

SBK

S			H
	84.000,00		63.330,00
	16.800,00		28.700,00
	23.330,00		33.600,00
	1.500,00		
	125.630,00		125.630,00

Buchungssätze

	Sollkonto - SKR 03 (SKR 04)		Betrag (EUR)	Habenkonto - SKR 03 (SKR 04)	
a)	Ladeneinrichtung	0430 (0640)	1.800,00	Verbindl. a LuL	1600 (3300)
b)	Bank	1200 (1800)	3.500,00	Provisionserlöse	8510 (4560)
c)	Zinsaufwendungen	2110 (7310)	280,00	Bank	1200 (1800)
d)	Gehälter	4120 (6020)	2.000,00	Kasse	1000 (1600)
e)	Bank	1200 (1800)	110,00	Zinserträge	2650 (7100)
f)	Pkw	0320 (0520)	14.000,00	Verbindl. a LuL	1600 (3300)

Gewinnermittlung

Eigenkapital am Ende (SB)	63.330,00 Euro
Eigenkapital am Anfang (AB)	62.000,00 Euro
Gewinn	1.330,00 Euro

oder:

Erträge	
• Provisionserlöse	3.500,00 Euro
• Zinserträge	110,00 Euro
	3.610,00 Euro
– Aufwendungen	
• Gehälter	2.000,00 Euro
• Zinsaufwendungen	280,00 Euro
Gewinn	1.330,00 Euro

16

	SKR 03	SKR 04
Kasse	1000	1600
Bank	1200	1800
Maschinen	0210	0440
Pkw	0320	0520
Forderungen aus Lieferungen und Leistungen	1400	1200
Verbindlichkeiten aus Lieferungen und Leistungen	1600	3300
Unbebaute Grundstücke	0065	0215
Bebaute Grundstücke	0085	0235
Wareneinkauf	3200	5200
Warenbestand	3980	1140
laufende Kfz-Betriebskosten	4530	6530
Werbekosten	4610	6600

17

USt-Traglast	Nettoumsatz Getränkeverkauf	8.000 Euro	
	Nettoumsatz Vermietung Theke	200 Euro	
	Summe der Umsätze zu 19 % USt	8.200 Euro	
	x 19 % = USt-Traglast		1.558,00 Euro
Vorsteuer			
aus Getränkeeinkauf		950,00 Euro	
aus Telefonrechnung		95,00 Euro	
		1.045,00 Euro	– 1.045,00 Euro
USt-Zahllast			513,00 Euro

18

	Sollkonto – SKR 03 (SKR 04)		**Betrag (EUR)**	**Habenkonto** – SKR 03 (SKR 04)	
1.	Forderungen a LuL	1400 (1200)	80,00	Erlöse zu 19 % USt	8400 (4400)
	Forderungen a LuL	1400 (1200)	15,20	Umsatzsteuer 19 %	1776 (3806)
2.	Kasse	1000 (1600)	200,00	Erlöse zu 19 % USt	8400 (4400)
	Kasse	1000 (1600)	38,00	Umsatzsteuer 19 %	1776 (3806)
3.	Bank	1200 (1800)	500,00	Erlöse zu 19 % USt	8400 (4400)
	Bank	1200 (1800)	95,00	Umsatzsteuer 19 %	1776 (3806)

S Forderungen a LuL H

S		H	
1)	95,20		

S Kasse H

S		H	
2)	238,00		

S Forderungen a LuL H

S		H	
3)	595,00		

S Erlöse zu 19 % USt H

S		H	
		1)	80,00
		2)	200,00
		3)	500,000

S Umsatzsteuer 19 % H

S		H	
		1)	15,20
		2)	38,00
		3)	95,00

19

1.	Bürobedarf	4930 (6815)	100,00	Kasse	1000 (1600)
	Vorsteuer 19 %	1576 (1406)	19,00	Kasse	1000 (1600)
2.	Büroeinrichtung	0420 (0650)	500,00	Verbindl. a LuL	1600 (3300)
	Vorsteuer 19 %	1576 (1406)	95,00	Verbindl. a LuL	1600 (3300)
3.	Telefon	4920 (6805)	200,00	Verbindl. a LuL	1600 (3300)
	Vorsteuer 19 %	1576 (1406)	38,00	Verbindl. a LuL	1600 (3300)
4.	Kfz-Reparaturen	4540 (6540)	600,00	Bank	1200 (1800)
	Vorsteuer 19 %	1576 (1406)	114,00	Bank	1200 (1800)
5.	Verbindl. a LuL	1600 (3300)	238,00	Bank	1200 (1800)

S Bürobedarf H

S		H	
1)	100,00		

S Büroeinrichtung H

S		H	
2)	500,00		

S Verb. a LuL H

S		H	
5)	238,00	2)	595,00
		3)	238,00

S Bank H

S		H	
		4)	714,00
		5)	238,00

S	Telefon		H
3)	200,00		

S	Kasse		H
		1)	119,00

S	Kfz-Reparaturen		H
4)	600,00		

S	Vorsteuer 19 %		H
1)	19,00		
2)	95,00		
3)	38,00		
4)	114,00		

20

	Sollkonto – SKR 03 (SKR 04)		**Betrag**	**Habenkonto** – SKR 03 (SKR 04) (EUR)	
1.	Bürobedarf	4930 (6815)	75,00	Kasse	1000 (1600)
	Vorsteuer 19 %	1576 (1406)	14,25	Kasse	1000 (1600)
2.	Bank	1200 (1800)	1.000,00	Erlöse zu 19 % USt	8400 (4400)
	Bank	1200 (1800)	190,00	Umsatzsteuer 19 %	1776 (3806)
3.	Bank	1200 (1800)	250,00	Zinserträge	2650 (7100)
4.	Betriebs- und Gesch.	0300 (0500)	5.000,00	Verbindl. a LuL	1600 (3300)
	Vorsteuer 19 %	1576 (1406)	950,00	Verbindl. a LuL	1600 (3300)
5.	Telefon	4920 (6805)	150,00	Verbindl. a LuL	1600 (3300)
	Vorsteuer 19 %	1576 (1406)	28,50	Verbindl. a LuL	1600 (3300)
6.	Bank	1200 (1800)	10.000,00	Provisionserlöse	8510 (4560)
	Bank	1200 (1800)	1.900,00	Umsatzsteuer 19 %	1776 (3806)
7.	Verbindl. a LuL	1600 (3300)	178,50	Bank	1200 (1800)
8.	USt-Vorauszahlungen	1780 (3820)	525,00	Bank	1200 (1800)

Bestandskonten

S	Bebaute Grundstücke		H
AB	100.000,00	SBK	100.000,00
	100.000,00		100.000,00

S	Eigenkapital		H
SBK	160.075,00	AB	149.050,00
		GuVK	11.025,00
	160.075,00		160.075,00

S	Geschäftsbauten		H
AB	200.000,00	SBK	200.000,00
	200.000,00		200.000,00

S	Verbindl. geg. Kreditinst.		H
SBK	225.750,00	AB	225.750,00
	225.750,00		225.750,00

S	Betriebs- u. Geschäftsausstattung		H
AB	75.000,00	SBK	80.000,00
4)	5.000,00		
	80.000,00		80.000,00

S	Verbindl. a LuL		H
7)	178,50	AB	6.350,00
SBK	12.300,00	4)	5.950,00
		5)	178,50
	12.478,50		12.478,50

S	Forderungen a LuL		H
AB	5.225,00	SBK	5.225,00
	5.225,00		5.225,00

S	Umsatzsteuer		H
Vorsteuer	992,75	AB	–,—
USt-Vorausz.	525,00	2)	190,00
SBK	572,25	6)	1.900,00
	2.090,00		2.090,00

S	Bank		H
AB	575,00	7)	178,50
2)	1.190,00	8)	525,00
3)	250,000	SBK	13.211,50
6)	11.900,00		
	13.915,00		13.915,00

S	USt-Vorauszahlungen		H
8)	525,00	USt	525,00
	525,00		525,00

S	Kasse		H
AB	350,00	1)	89,25
		SBK	260,75
	350,00		350,00

S	Vorsteuer		H
AB	–,—	USt	992,75
1)	14,25		
4)	950,00		
5)	28,50		
	992,75		992,75

Erfolgskonten

S	Telefon		H
5)	150,00	GuVK	150,00
	150,00		150,00

S	Umsatzerlöse		H
GuVK	1.000,00	2)	1.000,00
	1.000,00		1.000,00

S	Bürobedarf		H
1)	75,00	GuVK	75,00
	75,00		75,00

S	Provisionserlöse		H
GuVK	10.000,00	6)	10.000,00
	10.000,00		10.000,00

S	Zinserträge		H
GuVK	250,00	3)	250,00
	250,00		250,00

Abschlusskonten

S	GuVK		H
Telefon	150,00	Umsatzerl.	1.000,00
Bürobedarf	75,00	Provisionserl.	10.000,00
Gewinn (EK)	11.025,00	Zinsertr.	250,00
	11.250,00		11.250,00

S	SBK		H
Grundstücke	100.000,00	EK	160.075,00
Geschäftsbauten	200.000,00	Verb. Kreditinst.	225.750,00
BGA	80.000,00	Verb. a LuL	12.300,00
Ford. a LuL	5.225,00	USt	572,25
Bank	13.211,50		
Kasse	260,75		
	398.697,25		398.697,25

21

	Sollkonto – SKR 03 (SKR 04)		**Betrag (EUR)**	**Habenkonto** – SKR 03 (SKR 04)	
1.	Wareneingang	3200 (5200)	6.000,00	Verbindl. a LuL	1600 (3300)
	Vorsteuer 19 %	1576 (1406)	1.140,00	Verbindl. a LuL	1600 (3300)
2.	Bezugsnebenkosten	3800 (5800)	200,00	Verbindl. a LuL	1600 (3300)
	Vorsteuer 19 %	1576 (1406)	38,00	Verbindl. a LuL	1600 (3300)
3.	Verbindl. a LuL	1600 (3300)	400,00	Wareneingang	3200 (5200)
	Verbindl. a LuL	1600 (3300)	76,00	Vorsteuer 19 %	1576 (1406)
4.	Wareneingang	3200 (5200)	3.000,00	Verbindl. a LuL	1600 (3300)
	Verbindl. a LuL	1600 (3300)	150,00	Erhaltene Rabatte	3770 (5770)
	Vorsteuer 19 %	1576 (1406)	541,50	Verbindl. a LuL	1600 (3300)
5.	Wareneingang	3200 (5200)	3.000,00	Verbindl. a LuL	1600 (3300)
	Vorsteuer 19 %	1576 (1406)	570,00	Verbindl. a LuL	1600 (3300)
6.	Verbindl. a LuL	1600 (3300)	3.498,60	Bank	1200 (1800)
	Verbindl. a LuL	1600 (3300)	60,00	Erhaltene Skonti	3730 (5730)
	Verbindl. a LuL	1600 (3300)	11,40	Vorsteuer 19 %	1576 (1406)

22

	Sollkonto – SKR 03 (SKR 04)		**Betrag (EUR)**	**Habenkonto** – SKR 03 (SKR 04)	
1.	Forderungen a LuL	1400 (1200)	150,00	Erlöse 19 % USt	8400 (4400)
	Forderungen a LuL	1400 (1200)	28,50	Umsatzsteuer 19 %	1776 (3806)
2.	Verpackungsmat.	4710 (6710)	1.000,00	Verbindl. a LuL	1600 (3300)
	Vorsteuer 19 %	1576 (1406)	190,00	Verbindl. a LuL	1600 (3300)
3.	Forderungen a LuL	1400 (1200)	10.000,00	Erlöse 19 % USt	8400 (4400)
	Forderungen a LuL	1400 (1200)	1.900,00	Umsatzsteuer 19 %	1776 (3806)
4.	Ausgangsfrachten	4730 (6740)	200,00	Verbindl. a LuL	1600 (3300)
	Vorsteuer 19 %	1576 (1406)	38,00	Verbindl. a LuL	1600 (3300)
5.	Transportvers.	4750 (6760)	100,00	Kasse	1000 (1600)

23

	Sollkonto – SKR 03 (SKR 04)		Betrag (EUR)	Habenkonto – SKR 03 (SKR 04)	
1.	Erlösschm. 19 % USt	8720 (4720)	80,00	Forderungen a LuL	1400 (1200)
	Umsatzsteuer 19 %	1776 (3806)	15,20	Forderungen a LuL	1400 (1200)
2.	Forderungen a LuL	1400 (1200)	2.000,00	Erlöse 19 % USt	8400 (4400)
	Gew. Rabatte 19 % USt	8790 (4790)	100,00	Forderungen a LuL	1400 (1200)
	Forderungen a LuL	1400 (1200)	361,00	Umsatzsteuer 19 %	1776 (3806)
3.	Bank	1200 (1800)	2.215,78	Forderungen a LuL	1400 (1200)
	Gew. Skonti 19 % USt	8730 (4730)	38,00	Forderungen a LuL	1400 (1200)
	Umsatzsteuer 19 %	1776 (3806)	7,22	Forderungen a LuL	1400 (1200)
4.	Gew. Rabatte 19 % USt	8790 (4790)	500,00	Forderungen a LuL	1400 (1200)
	Umsatzsteuer 19 %	1776 (3806)	95,00	Forderungen a LuL	1400 (1200)

24

	Sollkonto – SKR 03 (SKR 04)		Betrag (EUR)	Habenkonto – SKR 03 (SKR 04)	
1.	Wareneingang	3400 (5400)	10.000,00	Verbindl. a LuL	1600 (3300)
	Vorsteuer 19 %	1576 (1406)	1.900,00	Verbindl. a LuL	1600 (3300)
2.	Bezugsnebenkosten	3800 (5800)	200,00	Kasse	1000 (1600)
	Vorsteuer 19 %	1576 (1406)	38,00	Kasse	1000 (1600)
3.	Verbindl. a LuL	1600 (3300)	1.000,00	Wareneingang	3400 (5400)
	Verbindl. a LuL	1600 (3300)	190,00	Vorsteuer 19 %	1576 (1406)
4.	Verbindl. a LuL	1600 (3300)	10.495,80	Bank	1200 (1800)
	Verbindl. a LuL	1600 (3300)	180,00	Erhaltene Skonti	3730 (5730)
	Verbindl. a LuL	1600 (3300)	34,20	Vorsteuer 19 %	1576 (1406)
5.	Forderungen a LuL	1400 (1200)	20.000,00	Erlöse 19 % USt	8400 (4400)
	Gew. Rabatte 19 % USt	8790 (4790)	2.000,00	Forderungen a LuL	1400 (1200)
	Forderungen a LuL	1400 (1200)	3.420,00	Umsatzsteuer 19 %	1776 (3806)
6.	Bank	1200 (1800)	20.991,60	Forderungen a LuL	1400 (1200)
	Gew. Skonti 19 % USt	8730 (4730)	360,00	Forderungen a LuL	1400 (1200)
	Umsatzsteuer 19 %	1776 (3806)	68,40	Forderungen a LuL	1400 (1200)
7.	Verpackungsmaterial	4710 (6710)	500,00	Verbindl. a LuL	1600 (3300)
	Vorsteuer 19 %	1576 (1406)	95,00	Verbindl. a LuL	1600 (3300)
8.	Transportversicherungen	4750 (6760)	150,00	Kasse	1000 (1600)

S Betriebs- u. Geschäftsausstattung H

S		H	
AB	100.000,00	SBK	100.000,00

S Eigenkapital H

S		H	
SBK	77.470,00	AB	71.500,00
		GuVK	5.970,00
	77.470,00		77.470,00

S Bestand Waren H

S		H	
AB	50.000,00	SBK	48.000,00
		BVW	2.000,00
	50.000,00		50.000,00

S Verbindl. geg. Kreditinstituten H

S		H	
SBK	80.000,00	AB	80.000,00

S	Forderungen a LuL		H
AB	15.000,00	5)	2.000,00
5)	20.000,00	6)	21.420,00
5)	3.420,00	SBK	15.000,00
	38.420,00		38.420,00

S	Verbindl. a LuL		H
3)	1.190,00	AB	16.000,00
4)	10.710,00	1)	11.900,00
SBK	16.595,00	7)	595,00
	28.495,00		28.495,00

S	Bank		H
AB	2.000,00	4)	10.495,80
6)	20.991,60	SBK	12.495,80
	22.991,60		22.991,60

S	Vorsteuer		H
1)	1.900,00	3)	190,00
2)	38,00	4)	34,20
7)	95,00	USt	1.808,80
	2.033,00		2.033,00

S	Kasse		H
AB	500,00	2)	238,00
		8)	150,00
		SBK	112,00
	500,00		500,00

S	Umsatzsteuer		H
6)	68,40	5)	3.420,00
VoSt	1.808,80		
SBK	1.542,80		
	3.420,00		3.420,00

S	Wareneingang (WE)		H
1)	10.000,00	3)	1.000,00
BVW	2.000,00	Erh. Skonti	180,00
Bezugsnk.	200,00	GuVK	11.020,00
	12.200,00		12.200,00

S	Erlöse		H
Gew. Rabatte	2.000,00	5)	20.000,00
Gew. Skonti	360,00		
GuVK	17.640,00		
	20.000,00		20.000,00

S	Bezugsnebenkosten		H
2)	200,00	WE	200,00

S	Gewährte Rabatte		H
5)	2.000,00	Erlöse	2.000,00

S	Erhaltene Skonti		H
WE	180,00	4)	180,00

S	Gewährte Skonti		H
6)	360,00	Erlöse	360,00

S	Verpackungsmaterial		H
7)	500,00	GuVK	500,00

S	Transportversicherungen		H
8)	150,00	GuVK	150,00

S	Bestandsveränderungen Waren (BVW)		H
Bestand Waren	2.000,00	WE	2.000,00

S	GuVK		H
WE	11.020,00	Erlöse	17,640,00
Verp.mat.	500,00		
Transp.vers.	150,00		
Gewinn EK	5.970,00		
	17.640,00		17.640,00

S	SBK		H
BGA	100.000,00	EK	77.470,00
Bestand Waren	48.000,00	Verb. Kreditinst.	80.000,00
Ford. a LuL	15.000,00	Verb. a LuL	16.595,00
Bank	12.495,80	USt	1.542,80
Kasse	112,00		
	175.607,80		175.607,80

25

	Sollkonto – SKR 03 (SKR 04)		**Betrag (EUR)**	**Habenkonto** – SKR 03 (SKR 04)	
1.	Aufw. für Rohst.	3000 (5000)	10.000,00	Verbindl. a LuL	1600 (3300)
	Vorsteuer 19 %	1576 (1406)	1.900,00	Verbindl. a LuL	1600 (3300)
2.	Bezugsnebenkosten	3800 (5800)	200,00	Kasse	1000 (1600)
	Vorsteuer 19 %	1576 (1406)	38,00	Kasse	1000 (1600)
3.	Verbindl. a LuL	1600 (3300)	1.000,00	Aufw. für Rohst.	3000 (5000)
	Verbindl. a LuL	1600 (3300)	190,00	Vorsteuer 19 %	1576 (1406)
4.	Verbindl. a LuL	1600 (3300)	10.495,80	Bank	1200 (1800)
	Verbindl. a LuL	1600 (3300)	180,00	Erhaltene Skonti	3730 (5730)
	Verbindl. a LuL	1600 (3300)	34,20	Vorsteuer 19 %	1576 (1406)
5.	Forderungen a LuL	1400 (1200)	20.000,00	Erlöse 7 % USt	8300 (4300)
	Gew. Rabatte 7 % USt	8780 (4780)	2.000,00	Forderungen a LuL	1400 (1200)
	Forderungen a LuL	1400 (1200)	1.260,00	Umsatzsteuer 7 %	1771 (3801)

26

	Sollkonto – SKR 03 (SKR 04)		**Betrag (EUR)**	**Habenkonto** – SKR 03 (SKR 04)	
1.	Privatentn. allg.	1800 (2100)	1.190,00	Bank	1200 (1800)
2.	Privatentn. allg.	1800 (2100)	2.000,00	Bank	1200 (1800)
3.	Privatentn. allg.	1800 (2100)	100,00	Kasse	1000 (1600)
4.	Privatsteuern	1810 (2150)	1.600,00	Bank	1200 (1800)

27

	Sollkonto – SKR 03 (SKR 04)	**Betrag (EUR)**	**Habenkonto** – SKR 03 (SKR 04)
1.	Unentgeltl. Wertabg. 1880 (2130)	50,00	Entnahme durch den Untern. (Waren) 19 % USt 8910 (4620)
	Unentgeltl. Wertabg. 1880 (2130)	9,50	Umsatzsteuer 19 % 1776 (3806)
2.	Privatentn. allg. 1800 (2100)	178,50	Bank 1200 (1800)
3.	Unentgeltl. Wertabg. 1880 (2130)	200,00	Entnahme durch den Untern. (Waren) 7 % USt 8915 (4610)
	Unentgeltl. Wertabg. 1880 (2130)	14,00	Umsatzsteuer 7 % 1771 (3801)

28

Berechnung der Nutzungsentnahme:

Bruttolistenpreis: 33.333 Euro Abrundung auf volle 100 Euro ergibt: 33.300 Euro

33.300 Euro x 1 % = 333 Euro/Monat

- Privatnutzung, die der USt unterliegt 333,00 Euro x **80 %** = 266,40 Euro (netto)
- Umsatzsteuer hierzu 266,40 Euro x 19 % = 50,62 Euro
- Privatnutzung, die nicht der USt unterliegt 333,00 Euro x **20 %** = 66,60 Euro

Buchung:

Sollkonto – SKR 03 (SKR 04)	**Betrag (EUR)**	**Habenkonto** – SKR 03 (SKR 04)
Unentgeltl. Wertabgaben 1880 (2130)	266,40	Verwendung von Gegenst. für Zwecke außerhalb des Untern. 19 % USt 8921 (4645)
Unentgeltl. Wertabgaben 1880 (2130)	66,60	Verwendung von Gegenst. für Zwecke außerhalb des Untern. ohne USt 8924 (4639)
Unentgeltl. Wertabgaben 1880 (2130)	50,62	Umsatzsteuer 19 % 1776 (3806)

29

	EK am 31.12.09	115.438 Euro
–	EK am 31.12.08	111.100 Euro
=	Unterschiedsbetrag	4.338 Euro
+	Privatentnahmen innerhalb des Wj.	33.300 Euro
–	Privateinlagen innerhalb des Wj.	638 Euro
=	Gewinn	37.000 Euro

30

	Sollkonto SKR 03 (SKR 04)	Betrag (EUR)	Habenkonto SKR 03 (SKR 04)	Aufwand (EUR)	Ertrag (EUR)
1.	Privatentn. allg. 1800 (2100)	1.000,00	Bank 1200 (1800)		
2.	Unentgeltl. Wertabg. 1880 (2130)	125,00	Sachentnahmen 19 % USt 8910 (4620)		125,00
	Unentgeltl. Wertabg. 1880 (2130)	23,75	Umsatzsteuer 19 % 1775 (3805)		
3.	Telefon 4920 (6805)	207,14	Bank 1200 (1800)	207,14	
	Vorsteuer 19 % 1576 (1406)	39,36	Bank 1200 (1800)		
	Privatentn. allg. 1800 (2100)	43,50	Bank 1200 (1800)		
4.	Unentgeltl. Wertabg. 1880 (2130)	945,00*	Nutzungsentn. 19 % USt 8921 (4645)		945,00
	Unentgeltl. Wertabg. 1880 (2130)	179,55	Umsatzsteuer 19 % 1776 (3806)		
	Unentgeltl. Wertabg. 1880 (2130)	225,00	Nutzungsentn. ohne USt 8924 (4639)		225,00

* privater Nutzungsanteil: 6.300 km : 42.000 km x 100 = 15 %

Nutzungsentnahme netto: gesamte Kfz-Kosten 2009 x priv. Nutzungsanteil in %
(1.700 Euro + 250 Euro + 1.250 Euro + 4.600 Euro) x 15 % = 1.170 Euro

davon umsatzsteuerpflichtig: 1.700 Euro + 4.600 Euro = 6.300 Euro
6.300 Euro x 15 % = 945 Euro (netto)
945 Euro x 19 % = 179,55 Euro USt

nicht umsatzsteuerpflichtig: 250 Euro + 1.250 Euro = 1.500 Euro x 15 % = 225 Euro

31

a)

		Euro	Euro
	Bruttogehalt		2.500,00
–	**Steuern**		
	Lohnsteuer (Steuerklasse I ohne Freibeträge)	392,58	
	Solidaritätszuschlag (5,5 % der Lohnsteuer)	21,59	
	Kirchensteuer (9 % der Lohnsteuer)	35,33	449,50
–	**Sozialversicherungsbeiträge (Arbeitnehmeranteile)**		
	Krankenversicherung (2.500,00 Euro x 7,9 %[1)])	197,50	
	Pflegeversicherung		
	• allgemeiner Beitrag (2.500,00 Euro x 0,975 %)	24,38	
	• Zuschlag für Kinderlose (2.500,00 Euro x 0,25 %)	6,25	
	Rentenversicherung (2.500,00 Euro x 9,95 %)	248,75	
	Arbeitslosenversicherung (2.500,00 Euro x 1,4 %)	35,00	511,88
=	**Nettogehalt**		1.538,62
=	**Auszahlungsbetrag**		1.538,62

1) Die Hälfte von 14 % plus 0,9 % Zuschlag zur KV (Arbeitnehmerbeitrag):
7,0 % + 0,9 % = 7,9 %.

b)

	Bruttogehalt		2.500,00
+	Arbeitgeberanteile zur Sozialversicherung		
	Krankenversicherung (2.500,00 Euro x 7,0 % [2])	175,00	
	Pflegeversicherung (2.500,00 Euro x 0,975 %)	24,38	
	Rentenversicherung (2.500,00 Euro x 9,95 %)	248,75	
	Arbeitslosenversicherung (2.500,00 Euro x 1,4 %)	35,00	483,13
=	direkt zurechenbare Personalkosten		2.983,13

[2] Die Hälfte von 14 % = 7,0 %.

32

a) **Nettomethode** (alle Buchungen für Juli 2009)

	Sollkonto – SKR 03 (SKR 04)	**Betrag (EUR)**	**Habenkonto** – SKR 03 (SKR 04)
1	Gehälter 4120 (6020)	1.538,62	Bank 1200 (1800)
2	Gehälter 4120 (6020)	449,50	Bank 1200 (1800)
3	Gehälter 4120 (6020)	511,88*)	Bank 1200 (1800)
4	Gesetzl. soziale Aufw. 4130 (6110)	483,13**)	Bank 1200 (1800)

*) Arbeitnehmeranteil zur Sozialversicherung
**) Arbeitgeberanteil zur Sozialversicherung

b) **Bruttomethode**

1. Buchungen für Juli 2009

	Sollkonto – SKR 03 (SKR 04)	**Betrag (EUR)**	**Habenkonto** – SKR 03 (SKR 04)
1	Gehälter 4120 (6020)	449,50	Verb. Lohn-/KiSt. 1741 (3730)
2	Gehälter 4120 (6020)	511,88 *)	Verb. soziale Sich. 1742 (3740)
3	Gesetzl. soziale Aufw. 4130 (6110)	483,13 **)	Verb. soziale Sich. 1742 (3740)
4	Gehälter 4120 (6020)	1.538,62	Verb. Lohn/Gehalt 1740 (3720)
5	Verbindl. soziale Sich. 1742 (3740)	995,01 [1]	Bank 1200 (1800)

[1] Arbeitnehmeranteil + Arbeitgeberanteil zur Sozialversicherung
*) Arbeitnehmeranteil zur Sozialversicherung
**) Arbeitgeberanteil zur Sozialversicherung

2. Buchungen für Juli 2009

	Sollkonto – SKR 03 (SKR 04)	**Betrag (EUR)**	**Habenkonto** – SKR 03 (SKR 04)
1	Verbindl. Lohn/Gehalt 1740 (3720)	1.538,62	Bank 1200 (1800)
2	Verbindl. Lohn-/KiSt. 1741 (3730)	449,50	Bank 1200 (1800)

33

Verrechnungsmethode

Buchungen für Juli 2009

	Sollkonto – SKR 03 (SKR 04)	Betrag (EUR)	Habenkonto – SKR 03 (SKR 04)
1	Gehälter 4120 (6020)	2.500,00	Lohn-/Gehaltsverr. 1755 (3790)
2	Lohn-/Gehaltsverr. 1755 (3790)	449,50	Verbindl. Lohn-/KiSt. 1741 (3730)
3	Lohn-/Gehaltsverr. 1755 (3790)	511,88 *)	Verbindl. soziale Sich. 1742 (3740)
4	Gesetzl. soziale Aufw. 4130 (6110)	483,13 **)	Verbindl. soziale Sich. 1742 (3740)
5	Lohn-/Gehaltsverr. 1755 (3790)	1.538,62	Verbindl. Lohn/Gehalt 1740 (3720)
6	Verbindl. soziale Sich. 1742 (3740)	995,01 1)	Bank 1200 (1800)

1) Arbeitnehmeranteil + Arbeitgeberanteil zur Sozialversicherung
*) Arbeitnehmeranteil zur Sozialversicherung
**) Arbeitgeberanteil zur Sozialversicherung

Buchungen für Juli 2009

	Sollkonto – SKR 03 (SKR 04)	Betrag (EUR)	Habenkonto – SKR 03 (SKR 04)
1	Verbindl. Lohn/Gehalt 1740 (3720)	1.538,62	Bank 1200 (1800)
2	Verbindl. Lohn-/KiSt. 1741 (3730)	449,50	Bank 1200 (1800)

34

		Euro
	Bruttogehalt	2.500,00
–	Lohnsteuer, SolZ, KiSt	449,50
–	Sozialversicherungsbeiträge (AN-Anteil)	511,88
=	Nettogehalt	1.538,62
–	vwL	40,00
=	Auszahlungsbetrag	1.498,62

Buchungen für Juli 09

	Sollkonto – SKR 03 (SKR 04)	Betrag (EUR)	Habenkonto – SKR 03 (SKR 04)
1	Gehälter 4120 (6020)	2.500,00	Lohn-/Gehaltsverr. 1755 (3790)
2	Lohn-/Gehaltsverr. 1755 (3790)	449,50	Verbindl. Lohn-/KiSt. 1741 (3730)
3	Lohn-/Gehaltsverr. 1755 (3790)	511,88 *)	Verbindl. soziale Sich. 1742 (3740)
4	Gesetzl. soziale Aufw. 4130 (6110)	483,13 **)	Verbindl. soziale Sich. 1742 (3740)
5	Lohn-/Gehaltsverr. 1755 (3790)	40,00	Verbindl. Vermögensb. 1750 (3770)
6	Lohn-/Gehaltsverr. 1755 (3790)	1.498,62	Verbindl. Lohn/Gehalt 1740 (3720)
7	Verbindl. soziale Sich. 1742 (3740)	995,01 1)	Bank 1200 (1800)

1) Arbeitnehmeranteil + Arbeitgeberanteil zur Sozialversicherung
*) Arbeitnehmeranteil zur Sozialversicherung
**) Arbeitgeberanteil zur Sozialversicherung

35

		Euro	Euro
	Bruttogehalt		3.100,00
+	vwL		40,00
=	steuer- und sozialversicherungspflichtiges Entgelt		3.140,00
–	**Steuern**		
	Lohnsteuer (Steuerklasse III/1 Kinderfreibetrag)	306,33	
	Solidaritätszuschlag	3,90	
	Kirchensteuer	16,33	326,56
–	**Sozialversicherungsbeiträge (Arbeitnehmeranteile)**		
	Krankenversicherung (3.140,00 Euro x 7,90 %)*	248,06	
	Pflegeversicherung (3.140,00 Euro x 0,975 %)	30,62	
	Rentenversicherung (3.140,00 Euro x 9,95 %)	312,43	
	Arbeitslosenversicherung (3.140,00 Euro x 1,4 %)	43,96	635,07
=	**Nettogehalt**		2.178,37
–	vwL		40,00
=	**Auszahlungsbetrag**		2.138,37

*) KV-Beitrag des Arbeitnehmers: 14 % x 1/2 plus 0,90 % Zuschlag zur KV (AN-Beitrag) [KV-Beitrag des Arbeitgebers: 14 % x 1/2 = 7,0 %, also 3.140 Euro x 7,0 % = 219,80 Euro]

Buchungen für Juli 2009

	Sollkonto – SKR 03 (SKR 04)	**Betrag (EUR)**	**Habenkonto** – SKR 03 (SKR 04)
1	Gehälter 4120 (6020)	3.100,00	Lohn-/Gehaltsverr. 1755 (3790)
2	Vermögensw. Leist. 4170 (6080)	40,00	Lohn-/Gehaltsverr. 1755 (3790)
3	Lohn-/Gehaltsverr. 1755 (3790)	326,56	Verbindl. Lohn-/KiSt. 1741 (3730)
4	Lohn-/Gehaltsverr. 1755 (3790)	635,07 *	Verbindl. soziale Sich. 1742 (3740)
5	Gesetzl. soziale Aufw. 4130 (6110)	606,81 **	Verbindl. soziale Sich. 1742 (3740)
6	Lohn-/Gehaltsverr. 1755 (3790)	40,00	Verbindl. Vermögensb. 1750 (3770)
7	Lohn-/Gehaltsverr. 1755 (3790)	2.138,37	Verbindl. Lohn/Gehalt 1740 (3720)
8	Verbindl. soziale Sich. 1742 (3740)	1.241,88	Bank 1200 (1800)

*) Arbeitnehmeranteil Sozialversicherung (siehe Gehaltsabrechnung)
**) Arbeitgeberanteil Sozialversicherung
(219,80 Euro + 30,62 Euro + 312,43 Euro + 43,96 Euro)

Buchungen für Juli 2009

	Sollkonto – SKR 03 (SKR 04)	**Betrag (EUR)**	**Habenkonto** – SKR 03 (SKR 04)
1	Verbindl. Lohn/Gehalt 1740 (3720)	2.138,37	Bank 1200 (1800)
2	Verbindl. Lohn-/KiSt. 1741 (3730)	326,56	Bank 1200 (1800)
3	Verbindl. Vermögensb. 1750 (3770)	40,00	Bank 1200 (1800)

36

	Euro	Euro
Bruttogehalt		2.511,50
+ vwL		40,00
+ Sachbezug Kfz-Gestellung		
23.130 Euro wird auf 23.100 Euro abgerundet		
23.100 Euro x 1 % =	231,00	
23.100 Euro x 0,03 % x 15 km =	103,95	334,95
= steuer- und sozialversicherungspflichtiges Entgelt		2.886,45
– Lohnsteuer, SolZ und KiSt		271,73
– Sozialversicherungsbeiträge (Arbeitnehmeranteile)		
Krankenversicherung (2.886,45 Euro x 7,90 %)*	228,03	
Pflegeversicherung (2.886,45 Euro x 0,975 %)	28,14	
Rentenversicherumg (2.886,45 Euro x 9,95 %)	287,20	
Arbeitslosenversicherung (2.886,45 Euro x 1,4 %)	40,41	583,78
		2.030,94
– Sachbezug		334,95
– vwL		40,00
= **Auszahlungsbetrag**		1.655,99

*) KV-Beitrag des Arbeitnehmers: 14 % x 1/2 plus 0,90 % Zusatzbeitrag für AN [KV-Beitrag des Arbeitgebers: 14 % x 1/2 = 7,0 %, also 2.886,45 Euro x 7,0 % = 202,05 Euro]

Buchungen für Juli 2009

	Sollkonto – SKR 03 (SKR 04)	**Betrag (EUR)**	**Habenkonto** – SKR 03 (SKR 04)
1	Gehälter 4120 (6020)	2.511,50	Lohn-/Gehaltsverr. 1755 (3790)
2	Gehälter 4120 (6020)	334,95	Lohn-/Gehaltsverr. 1755 (3790)
3	Vermögensw. Leist. 4170 (6080)	40,00	Lohn-/Gehaltsverr. 1755 (3790)
4	Lohn-/Gehaltsverr. 1755 (3790)	271,73	Verbindl. Lohn-/KiSt. 1741 (3730)
5	Lohn-/Gehaltsverr. 1755 (3790)	583,78 *	Verbindl. soziale Sich. 1742 (3740)
6	Gesetzl. soziale Aufw. 4130 (6110)	557,80 **	Verbindl. soziale Sich. 1742 (3740)
7	Lohn-/Gehaltsverr. 1755 (3790)	40,00	Verbindl. Vermögensb. 1750 (3770)
8	Lohn-/Gehaltsverr. 1755 (3790)	281,47	Verr. sonst. Sachbez. 19 % USt 8611 (4947)
9	Lohn-/Gehaltsverr. 1755 (3790)	53,48	Umsatzsteuer 19 % 1776 (3806)
10	Lohn-/Gehaltsverr. 1755 (3790)	1.655,99	Verbindl. Lohn/Gehalt 1740 (3720)
11	Verbindl. soziale Sich. 1742 (3740)	1.141,58	Bank 1200 (1800)

*) Arbeitnehmeranteil Sozialversicherung (siehe Gehaltsabrechnung)
**) Arbeitgeberanteil Sozialversicherung
(202,05 Euro + 28,14 Euro + 287,20 Euro + 40,41 Euro)

Buchungen für Juli 2009

	Sollkonto – SKR 03 (SKR 04)	**Betrag (EUR)**	**Habenkonto** – SKR 03 (SKR 04)
1	Verbindl. Lohn/Gehalt 1740 (3720)	1.655,99	Bank 1200 (1800)
2	Verbindl. Lohn-/KiSt. 1741 (3730)	271,73	Bank 1200 (1800)
3	Verbindl. Vermögensb. 1750 (3770)	40,00	Bank 1200 (1800)

37

	a)	b)
Bruttolohn = Nettolohn 19 Tage x 2 Std. x 8 Euro =	304,00 Euro	304,00 Euro
Pauschalabgaben des Arbeitgebers:		
• Lohnsteuer, KiSt, SolZ	–,–	–,–
• pauschale LSt (inkl. SolZ und KiSt		6,08 Euro (2 %)
• RV (pauschal 15 %)	45,60 Euro	45,60 Euro
• KV (pauschal 13 %)	39,52 Euro	39,52 Euro
• U1 + U2 (0,67 %)	2,04 Euro	2,04 Euro
	87,16 Euro	93,24 Euro

Buchungen zu a):

Sollkonto – SKR 03 (SKR 04)		**Betrag (EUR)**	**Habenkonto** – SKR 03 (SKR 04)	
Aushilfslöhne	4190 (6030)	304,00	Kasse	1000 (1600)
Ges. soz. Aufw.*)	4130 (6110)	87,16	Bank	1200 (1800)

*) alternativ: 4191 (6031) Pauschale Abgaben zur Sozialversicherung (selbst eingerichtetes Konto)

Buchungen zu b):

Sollkonto – SKR 03 (SKR 04)		**Betrag (EUR)**	**Habenkonto** – SKR 03 (SKR 04)	
Aushilfslöhne	4190 (6030)	304,00	Kasse	1000 (1600)
Pauschale Steuer	4199 (6040)	6,08	Bank	1200 (1800)
Ges. soz. Aufw.*)	4130 (6110)	87,16	Bank	1200 (1800)

*) alternativ: 4191 (6031) Pauschale Abgaben zur Sozialversicherung (selbst eingerichtetes Konto)

38

- Bruttolohn = Nettolohn: 2 Wochen x 6 Tage x 4 Std. x 8 Euro = **384 Euro**

  ggf. Abwälzung der pauschalen LSt auf die Arbeitnehmerin (dann von den 384 Euro abzuziehen)
- pauschale LSt: 384,00 Euro x 25 % = 96,00 Euro
- SolZ: 96,00 Euro x 5,5 % = 5,28 Euro
- pauschale KiSt: 96,00 Euro x 7 % = 6,72 Euro

108,00 Euro

Buchungen:

Sollkonto – SKR 03 (SKR 04)		**Betrag (EUR)**	**Habenkonto** – SKR 03 (SKR 04)	
Aushilfslöhne	4190 (6030)	384,00	Kasse	1000 (1600)
Pauschale Steuer	4199 (6040)	108,00	Bank	1200 (1800)

39

Ermittlung der AK:

		Euro
a)	Anschaffungspreis, netto	50.000,00
+	Anschaffungsnebenkosten	
	• Transport, netto	500,00
	• Versicherung	150,00
–	Anschaffungspreisminderung, netto (5 % Rabatt von 50.000,- Euro)	2.500,00
=	Anschaffungskosten	48.150,00

		Euro
b)	Anschaffungspreis, netto	30.000,00
+	Anschaffungsnebenkosten	
	• Überführung, netto	500,00
	• Nummernschild, netto	30,00
	• Zulassungsgebühr	25,00
–	Anschaffungspreisminderung, netto (4 % Rabatt von 30.000,- Euro)	1.200,00
=	Anschaffungskosten	29.355,00

40

Grund und Boden: $\frac{\text{Wert des Grund und Bodens (400.000 Euro)}}{\text{Gesamtkaufpreis (700.000 Euro)}} \times 100 = 57{,}14\ \%$

Gebäude: $\frac{\text{Wert des Gebäudes (300.000 Euro)}}{\text{Gesamtkaufpreis (700.000 Euro)}} \times 100 = 42{,}86\ \%$

Anschaffungskosten:

	Kaufpreis	**+ Anschaffungsneben-kosten**	**= AK**
Grund und Boden	400.000 Euro	16.171 Euro (28.300 Euro*) x 57,14 %)	416.171 Euro
Gebäude	300.000 Euro	12.129 Euro (28.300 Euro*) x 42,86 %)	312.129 Euro

*) 700.000 Euro x 3,5 % = 24.500 Euro + 2.500 Euro + 1.300 Euro = 28.300 Euro

41

a)

			Euro	Euro
	Anschaffungspreis, netto			60.000,00
+	Anschaffungsnebenkosten, netto			600,00
–	Anschaffungspreisminderungen, netto			
	Rabatt	3 % von 60.000,- Euro	1.800,00	
	Skonto	2 % von 58.200,- Euro	1.164,00	
		2 % von 600,- Euro	12,00	2.976,00
=	Anschaffungskosten			57.624,00

b) Buchungen für März

	Sollkonto – SKR 03 (SKR 04)		Betrag (EUR)	Habenkonto – SKR 03 (SKR 04)	
1	Sonstige BGA	0490 (0690)	58.200,00 *)	Verbindlichkeiten a LuL	1600 (3300)
	Vorsteuer 19 %	1576 (1406)	11.058,00 **)	Verbindlichkeiten a LuL	1600 (3300)
2	Sonstige BGA	0490 (0690)	600,00	Verbindlichkeiten a LuL	1600 (3300)
	Vorsteuer 19 %	1576 (1406)	114,00	Verbindlichkeiten a LuL	1600 (3300)

*) 60.000,00 Euro – 1.800,00 Euro Rabatt
**) 58.200,00 Euro x 19 %

c) Buchungen für April

	Sollkonto – SKR 03 (SKR 04)		Betrag (EUR)	Habenkonto – SKR 03 (SKR 04)	
1	Verbindlichk. a LuL	1600 (3300)	67.872,84 *)	Bank	1200 (1800)
	Verbindlichk. a LuL	1600 (3300)	1.164,00 **)	Sonstige BGA	0490 (0690)
	Verbindlichk. a LuL	1600 (3300)	221,16 ***)	Vorsteuer 19 %	1576 (1406)
2	Verbindlichk. a LuL	1600 (3300)	699,72 1)	Bank	1200 (1800)
	Verbindlichk. a LuL	1600 (3300)	12,00 2)	Sonstige BGA	0490 (0690)
	Verbindlichk. a LuL	1600 (3300)	2,28 3)	Vorsteuer 19 %	1576 (1406)

*) 58.200,00 Euro + 11.058,00 Euro = 69.258,00 Euro
69.258,00 Euro - 1.385,16 (Skonto) = 67.872,84 Euro
**) Skontoabzug netto: 1.385,16 Euro: 1,19 = 1.164,00 Euro
***) Vorsteuerkorrektur zum Skontoabzug: 1.164,00 Euro x 19 %
1) 714,00 Euro – 14,28 Euro (2 % Skonto von 714,00 Euro) = 699,72 Euro
2) Skontoabzug netto: 14,28 Euro : 1,19 = 12,00 Euro
3) Vorsteuerkorrektur zum Skontoabzug: 12,00 Euro x 19 %

42

I. Ermittlung der HK

	Euro
Materialeinzelkosten: 2.500 Euro + 3.500 Euro =	6.000,00
+ variable Materialgemeinkosten: 6.000 Euro x 20 % =	1.200,00
+ Fertigungseinzelkosten: 60 Stunden x 18 Euro =	1.080,00
+ variable Fertigungsgemeinkosten: 1.080 Euro x 60 % =	648,00
	8.928,00

II. Buchungssätze

Sollkonto – SKR 03 (SKR 04)		Betrag (EUR)	Habenkonto – SKR 03 (SKR 04)	
Rohstoffe	3000 (5100)	2.500,00	Verbindl. a LuL	1600 (3300)
Abziehbare VoSt 19 %	1576 (1406)	475,00	Verbindl. a LuL	1600 (3300)
Hof- und Wegbefestig.	0112 (0285)	8.928,00	aktivierte Eigenleist.	8990 (4820)

43

a) Abschreibung 2009:
12.500,- Euro : 8 Jahre = 1.562,50 Euro
davon 10/12 (März – Dezember) = 1.302,08 Euro, aufgerundet **1.303,- Euro**

Abschreibung 2010:
1.563,- Euro (aufgerundet)

b) Abschreibungsprozentsatz: 100 : 8 Jahre x 2,5 = 31,25 %, höchstens jedoch **25 %**

Abschreibung 2009:
12.500,- Euro x 25 % = **3.125,00 Euro**
davon 10/12 (März – Dezember) = **2.604,00 Euro** (gerundet)

Abschreibung 2010:
Buchwert: 12.500,- Euro minus 2.604,00 Euro = 9.896,00 Euro
9.896 Euro x 25 % = **2.474,00 Euro**

c) Abschreibungsprozentsatz: 100 : 8 Jahre x 3 = 31,25 %, höchstens jedoch **25 %**

Abschreibung 2009:
12.500,- Euro x 25 % x 2/12 (Nov. – Dez.) = **521,00 Euro** (aufgerundet)

Abschreibung 2010:
Buchwert : 12.500,- Euro minus 521,00 Euro = 11.979,00 Euro
11.979,00 Euro x 25 % = 2.994,75 Euro, aufgerundet **2.995,00 Euro**

44

Abschreibung 2009:
5.000,- Euro : 500.000 Kopien Gesamtleistung x 96.586 Kopien Jahresleistung
= 965,86 Euro, aufgerundet **966,00 Euro**

45

	AK	2.000,- Euro	
–	planmäßige Abschreibung	84,- Euro	(2.000,- Euro : 4 Jahre x 2/12 = 83,33 Euro)
–	außerplanm. Abschreibung	1.915,- Euro	
=	Anlagenabgang	1,- Euro	

Buchungen:

	Sollkonto – SKR 03 (SKR 04)		Betrag (EUR)	Habenkonto – SKR 03 (SKR 04)	
a)	Büroeinrichtung	0420 (0650)	2.000,00	Bank	1200 (1800)
	Vorsteuer 19 %	1576 (1406)	380,00	Bank	1200 (1800)
b)	Abschreibungen auf S.	4830 (6220)	84,00	Büroeinrichtung	0420 (0650)
c)	Außerplanm. Abschreib.	4840 (6230)	1.915,00	Büroeinrichtung	0420 (0650)

46

Expert 1: 153 Euro – 4,59 Euro (3 % Skontoabzug) = 148,41 Euro → GWG § 6 Abs. 2 EStG

Sollkonto – SKR 03 (SKR 04)		Betrag (EUR)	Habenkonto – SKR 03 (SKR 04)	
Sofortabschreibung GWG	4855 (6260)	148,41	Bank	1200 (1800)
Abziehbare VoSt 19 %	1576 (1406)	28,20	Bank	1200 (1800)

Expert 2: 447 Euro – 13,41 Eiuro (3 % Skontoabzug) = 433,59 Euro → Poolwirtschaftsgut § 6 Abs. 2a EStG

Sollkonto – SKR 03 (SKR 04)	**Betrag (EUR)**	**Habenkonto** – SKR 03 (SKR 04)
GWG (Sammelposten) 0485 (0675)	433,59	Bank 1200 (1800)
Vorsteuer 19 % 1576 (1406)	82,38	Bank 1200 (1800)
Abschreibungen auf den Sammelposten GWG 4862 (6264)	86,72*)	GWG größer 150 bis 1.000 Euro (Sammelposten) 0485 (0675)

*) 433,59 x 20 % = 86,72 Euro

47

Abschreibung/Jahr: 36.560 Euro : 4 Jahre = **9.140 Euro**

zeitanteilige Abschreibung 2009: 9.140 Euro : 12 Monate x 6 Monate = **4.570 Euro**

Restbuchwert zum Verkaufszeitpunkt:

	AK	36.560 Euro
–	Abschreibung 2007	9.140 Euro
–	Abschreibung 2008	9.140 Euro
–	Abschreibung 2009 (s.o.)	4.570 Euro
=	Restbuchwert	**13.710 Euro**

Ermittlung des Veräußerungserfolgs:

	Verkaufserlös, netto	10.000 Euro
–	Restbuchwert	13.710 Euro
=	Verlust (Buchverlust)	**3.710 Euro**

48

	Sollkonto – SKR 03 (SKR 04)	**Betrag (EUR)**	**Habenkonto** – SKR 03 (SKR 04)
1	Abschreibungen auf Kfz 4832 (6222)	4.570,00	Pkw 0320 (0520)
2	Anlagenabgang Sachanl. (bei Buchverlust) 2310 (6895)	13.710,00	Pkw 0320 (0520)
3	Bank 1200 (1800)	10.000,00	Erlöse aus Verkäufen Sachanl. (bei Buchv.) 8801 (6885)
4	Bank 1200 (1800)	1.900,00	Umsatzsteuer 19 % 1776 (3806)

49

• **Buchungen für März:**

	Sollkonto – SKR 03 (SKR 04)	**Betrag (EUR)**	**Habenkonto** – SKR 03 (SKR 04)
1	Maschinen 0210 (0440)	20.000,00	Verbindl. a LuL 1600 (3300)
2	Vorsteuer 19 % 1576 (1406)	3.800,00	Verbindl. a LuL 1600 (3300)
3	Abschreibungen auf Sachanlagen 4830 (6220)	600,00*)	Maschinen 0210 (0440)
4	Anlagenabgang Sachanl. (bei Buchverlust) 2310 (6895)	4.400,00	Maschinen 0210 (0440)
5	Verbindl. a LuL 1600 (3300)	4.000,00	Erlöse aus Verkäufen Sachanl. (bei Buchv.) 8801 (6885)
6	Verbindl. a LuL 1600 (3300)	760,00	Umsatzsteuer 19 % 1776 (3806)

*) 3.600,00 Euro : 12 Monate x 2 Monate (Januar und Februar) = 600,00 Euro.

• **Buchung für April:**

Sollkonto – SKR 03 (SKR 04)	**Betrag (EUR)**	**Habenkonto** – SKR 03 (SKR 04)
Verbindl. a LuL 1600 (3300)	19.040,00	Bank 1200 (1800)

50

a) **Buchung für Juli:**

Sollkonto – SKR 03 (SKR 04)	**Betrag (EUR)**	**Habenkonto** – SKR 03 (SKR 04)
Bank 1200 (1800)	22.500,00	Verbindlichkeiten gegen. Kreditinst. 0630 (3150)

b) **Buchungen für August:**

Sollkonto – SKR 03 (SKR 04)	**Betrag (EUR)**	**Habenkonto** – SKR 03 (SKR 04)
Zinsaufwendungen für langfristige Verbindlichk. 2120 (7320)	131,25	Bank 1200 (1800)
Verbindlichkeiten gegen. Kreditinst. 0630 (3150)	318,75	Bank 1200 (1800)

51

30. Juli 2009:

Sollkonto – SKR 03 (SKR 04)	**Betyrag (EUR)**	**Habenkonto** – SKR 03 (SKR 04)
Bank 1200 (1800)	29.400,00	Verbindlichkeiten gegen. Kreditinst. 0630 (3150)
Damnum/Disagio 0986 (1940)	600,00	Verbindlichkeiten gegen. Kreditinst. 0630 (3150)

31. Dezember 2009:

Sollkonto – SKR 03 (SKR 04)		**Betrag (EUR)**	**Habenkonto** – SKR 03 (SKR 04)	
Zinsaufwendungen	2120 (7320)	875,00*)	Bank	1200 (1800)
Zinsaufwendungen	2120 (7320)	50,00**)	Damnum/Disagio	0986 (1940)

*) Zinsen 2009:

30.000 Euro x 7 % = 2.100 Euro; 2.100 Euro : 360 Tage x 150 Tage = **875 Euro**.

**) Abschreibung Damnum 2009:

600 Euro : 5 Jahre = 120 Euro; 120 Euro : 360 Tage x 150 Tage = **50 Euro**.

52

	Sollkonto – SKR 03 (SKR 04)		**Betrag (EUR)**	**Habenkonto** – SKR 03 (SKR 04)	
1.	Bank	1200 (1800)	10.000,00	Umsatzerlöse 19 %	8400 (4400)
	Bank	1200 (1800)	1.900,00	Umsatzsteuer 19 %	1776 (3806)
2.	Telefon	4920 (6805)	180,00	Verbindl. a LuL	1600 (3300)
	Vorsteuer 19 %	1576 (1406)	34,20	Verbindl. a LuL	1600 (3300)
	Privatentnahmen	1800 (2100)	23,80	Verbindl. a LuL	1600 (3300)
3.	Büromaterial	4930 (6815)	100,00	Kasse	1000 (1600)
	Vorsteuer 19 %	1576 (1406)	19,00	Kasse	1000 (1600)
4.	Betriebs- u. Gesch.aus.	0300 (0500)	25.000,00	Verbindl. a LuL	1600 (3300)
	Vorsteuer 19 %	1576 (1406)	4.750,00	Verbindl. a LuL	1600 (3300)
5.	Bank	1200 (1800)	19.600,00	Verbindl. g. Kreditinst.	0650 (3170)
	Damnum/Disagio	0986 (1940)	400,00	Verbindl. g. Kreditinst.	0650 (3170)
6.	Verbindl. a LuL	1600 (3300)	29.155,00	Bank	1200 (1800)
	Verbindl. a LuL	1600 (3300)	500,00	Betriebs- u. Gesch.	0300 (0500)
	Verbindl. a LuL	1600 (3300)	95,00	Vorsteuer 19 %	1576 (1406)
7.	Zinsaufwendungen	2120 (7320)	408,33	Bank	1200 (1800)
8.	Bank	1200 (1800)	2.500,00	Forderungen a LuL	1400 (1200)
9.	Bank	1200 (1800)	20.000,00	Provisionserlöse 19 %	8510 (4560)
	Bank	1200 (1800)	3.800,00	Umsatzsteuer 19 %	1776 (3806)
10.	Verbindl. a LuL	1600 (3300)	238,00	Bank	1200 (1800)
11.	Umsatzsteuer	1770 (3800)	4.650,00	Bank	1200 (1800)
12.	Umatzsteuervorausz.	1780 (3820)	4.525,00	Bank	1200 (1800)
13.	Unentgelt. Wertabg.	1880 (2130)	2.131,20[1)]	Verwend. v. Gegenst.	8921 (4645)
	Unentgelt. Wertabg.	1880 (2130)	404,93[2)]	Umsatzsteuer 19 %	1776 (3806)
	Unentgelt. Wertabg.	1880 (2130)	532,80[3)]	Verwend. v. Gegenst.	8924 (4639)
14.	Gehälter	4120 (6020)	2.500,00	Lohn-/Gehaltsverr.	1755 (3790)
	Gehälter	4120 (6020)	334,95	Lohn-/Gehaltsverr.	1755 (3790)
	Vermögensw. Leist.	4170 (6080)	40,00	Lohn-/Gehaltsverr.	1755 (3790)
	Lohn-/Gehaltsverr.	1755 (3790)	556,33	Verbindl. Lohn-/KiSt.	1741 (3730)
	Lohn-/Gehaltsverr.	1755 (3790)	581,46[4)]	Verbindl. soziale Sich.	1742 (3740)
	Gesetzl. soziale Aufw.	4130 (6110)	555,59[5)]	Verbindl. soziale Sich.	1742 (3740)
	Lohn-/Gehaltsverr.	1755 (3790)	40,00	Verbindl. Vermögensb.	1750 (3770)
	Lohn-/Gehaltsverr.	1755 (3790)	281,47[6)]	Verr. sonst. Sachbez.	8611 (4947)
	Lohn-/Gehaltsverr.	1755 (3790)	53,48	Umsatzsteuer 19 %	1776 (3806)
	Lohn-/Gehaltsverr.	1755 (3790)	1.362,21	Verbindl. Lohn/Gehalt	1740 (3720)
	Verbindl. Lohn/Gehalt	1740 (3720)	1.362,21	Bank	1200 (1800)
	Verbindl. Lohn-/KiSt.	1741 (3730)	556,33	Bank	1200 (1800)
	Verbindl. soziale Sich.	1742 (3740)	1.137,05	Bank	1200 (1800)
	Verbindl. Vermögensb.	1750 (3770)	40,00	Bank	1200 (1800)

15.	Abschreibung Sachanl.	4830 (6220)	52.500,00	Betriebs- u. Geschäfts.	0300 (0500)
	Abschreibung Gebäude	4831 (6221)	16.000,00	Geschäftsbauten	0090 (0240)
	Abschreibung Sachanl.	4830 (6220)	2.042,00 7)	Betriebs- u. Geschäfts.	0300 (0500)
	Zinsaufwendungen	2120 (7320)	19,44 8)	Damnum/Disagio	0985 (1940)

1) 22.222 Euro, Abrundung auf volle 100 Euro = 22.200 Euro, x 1 % x 12 Monate x 80 % = 2.131,20 Euro

2) 2.131,20 Euro x 19 % = 404,93 Euro

3) 22.200 Euro x 1 % x 12 Monate x 20 % = 532,80 Euro

4) Arbeitnehmeranteil Sozialversicherung (siehe Gehaltsabrechnung)

5) Arbeitgeberanteil Sozialversicherung: 201,25 Euro + 28,03 Euro + 286,06 Euro + 40,25 Euro = 555,59 Euro

6) 334,95 Euro : 1,19 = 281,47 Euro (Kfz-Gestellung netto)

7) 25.000 Euro – 500 Euro (Skonto netto) = 24.500 Euro x 25 % degr. Abschr. x 4/12 = 2.042 Euro (gerundet)

8) 400 Euro : 6 Jahre = 66,67 Euro/Jahr
66,67 Euro : 360 Tage x 105 Tage in 2007 (15.9. - 30.12.) = 19,44 Euro

zur Tz. 14:			Euro	Euro
	Bruttogehalt			2.500,00
+	vwL			40,00
+	Sachbezug Kfz-Gestellung			
	23.130 Euro wird auf 23.100 Euro abgerundet			
	23.100 Euro x 1 % =		231,00	
	23.100 Euro x 0,03 % x 15 km =		103,95	334,95
=	steuer- und sozialversicherungspflichtiges Entgelt			2.874,95
–	Lohnsteuer, SolZ und KiSt			556,23
–	Sozialversicherungsbeiträge (Arbeitnehmeranteile)			
	Krankenversicherung	(2.874,95 Euro x 7,90 %)*	227,12	
	Pflegeversicherung	(2.874,95 Euro x 0,975 %)	28,03	
	Rentenversicherumg	(2.874,95 Euro x 9,95 %)	286,06	
	Arbeitslosenversicherung	(2.874,95 Euro x 1,40 %)	40,25	581,46
				1.737,16
–	Sachbezug			334,95
–	vwL			40,00
=	**Auszahlungsbetrag**			1.362,21

*) KV-Beitrag des Arbeitnehmers: 14 % x 1/2 plus 0,90 % (Arbeitnehmer-Zusatzbeitrag) [KV-Beitrag des Arbeitgebers: 14 % x 1/2 = 7,0 %, also 2.874,95 Euro x 7,0 % = 201,25 Euro]

S	Bebaute Grundst. 0085 (0235)		H
AB	100.000,00	SBK	100.000,00
	100.000,00		100.000,00

S	Geschäftsbauten 0090 (0240)		H
AB	240.000,00	15)	16.000,00
		SBK	224.000,00
	240.000,00		240.000,00

S	Betriebs- u. Geschäfts. 0300 (0500)		H
AB	175.000,00	6)	500,00
4)	25.000,00	15)	52.500,00
		15)	2.042,00
		SBK	144.958,00
	200.000,00		200.000,00

S	Forderungen a LuL 1400 (1200)		H
AB	47.250,00	8)	2.500,00
		SBK	44.750,00
	47.250,00		47.250,00

S Bank 1200 (1800) H

AB	15.350,00	6)	29.155,00
1)	11.900,00	7)	408,33
5)	19.600,00	10)	238,00
8)	2.500,00	11)	4.650,00
9)	23.800,00	12)	4.525,00
		14)	1.362,21
		14)	556,33
		14)	1.137,05
		14)	40,00
		SBK	31.078,08
	73.150,00		73.150,00

S Kasse 1400 (1200) H

AB	1.750,00	3)	119,00
		SBK	1.631,00
	1.750,00		1.750,00

S Verbindl. geg. Kreditinst. 0650 (3170) H

SBK	245.750,00	AB	225.750,00
		5)	20.000,00
	245.750,00		245.750,00

S Verbindl. a LuL 1600 (3300) H

6)	29.750,00	AB	56.350,00
10)	238,00	2)	238,00
SBK	56.350,00	4)	29.750,00
	86.338,00		86.338,00

S Umsatzsteuer 1770 (3800) H

11)	4.650,00	AB	4.650,00
	4.650,00		4.650,00

S Eigenkapital 0880 (2010) H

GuVK	41.734,84	AB	292.600,00
1800 (2100)	23,80		
1880 (2130)	3.068,93		
SBK	247.772,43		
	292.600,00		292.600,00

S Vorsteuer 1576 (1406) H

2)	34,20	6)	95,00
3)	19,00	1776 (3806)	1.633,41
4)	4.750,00	SBK	3.074,79
	4.803,20		4.803,20

S Umsatzsteuer 1776 (3806) H

1780 (3805)	4.525,00	1)	1.900,00
1576 (1406)	1.633,41	9)	3.800,00
		13)	404,93
		14)	53,48
	6.158,41		6.158,41

S Damnum/Disagio 0986 (1940) H

5)	400,00	15)	19,44
		SBK	380,56
	400,00		400,00

S USt-Vorausz. 1780 (3820) H

12)	4.525,00	1775 (3805)	4.525,00
	4.525,00		4.525,00

S Lohn-/Gehaltsverr. 1755 (3970) H

14)	556,33	14)	2.500,00
14)	581,46	14)	334,95
14)	40,00	14)	40,00
14)	281,47		
14)	53,48		
14)	1.362,21		
	2.874,95		2.874,95

S Verbindl. Lohn/Gehalt 1740 (3720) H

14)	1.362,21	14)	1.362,21
	1.362,21		1.362,21

S Verbindl. Lohn-/KiSt 1741 (3730) H

S		H	
14)	556,33	14)	556,33
	556,33		556,33

S Verbindl. soziale Sich. 1742 (3740) H

S		H	
14)	1.137,05	14)	581,46
		14)	555,59
	1.137,05		1.137,05

S Verbindl. Vermögensb. AN 1750 (3770) H

S		H	
14)	40,00	14)	40,00
	40,00		40,00

S Privatentn. allg. 1800 (2100) H

S		H	
2)	23,80	0880 (2010)	23,80
	23,80		23,80

S Unentgelt. Wertabg. 1880 (2130) H

S		H	
13)	2.131,20	0880 (2010)	3.068,93
13)	404,93		
13)	532,80		
	3.068,93		3.068,93

S Zinsaufw. langf. Verb. 2120 (7320) H

S		H	
7)	408,33	GuVK	427,77
15)	19,44		
	427,77		427,77

S Gehälter 4120 (6020) H

S		H	
14)	2.500,00	GuVK	2.834,95
14)	334,95		
	2.834,95		2.834,95

S Gesetzl. soziale Aufw. 4130 (6110) H

S		H	
14)	555,59	GuVK	555,59
	555,59		555,59

S vwL 4170 (6080) H

S		H	
14)	40,00	GuVK	40,00
	40,00		40,00

S Abschreibungen Sachanl. 4830 (6220) H

S		H	
15)	52.500,00	GuVK	54.542,00
15)	2.042,00		
	54.542,00		54.542,00

S Abchreibungen Gebäude 4831 (6221) H

S		H	
15)	16.000,00	GuVK	16.000,00
	16.000,00		16.000,00

S Telefon 4920 (6805) H

S		H	
2)	180,00	GuVK	180,00
	180,00		180,00

S Bürobedarf 4930 (6815) H

S		H	
3)	100,00	GuVK	100,00
	100,00		100,00

S Erlöse 8400 (4400) H

S		H	
GuVK	10.000,00	1)	10.000,00
	10.000,00		10.000,00

S Provisionserlöse 8510 (4560) H

S		H	
GuVK	20.000,00	9)	20.000,00
	20.000,00		20.000,00

S Verr. Sachbez. 19 % USt 8611 (4947) H

GuVK	281,47	14)	281,47
	281,47		281,47

S Verw. v. Gegenst. 19% USt 8921 (4645) H

GuVK	2.131,20	13)	2.131,20
	2.131,20		2.131,20

S Verw. v. Gegenst. o. USt 8924 (4639) H

GuVK	532,80	13)	532,80
	532,80		532,80

S GuVK H

2120 (7320)	427,77	8400 (4400)	10.000,00
4120 (6020)	2.834,95	8510 (4560)	20.000,00
4130 (6110)	555,59	8611 (4645)	281,47
4170 (6080)	40,00	8921 (4645)	2.131,20
4830 (6220)	54.542,00	8924 (4639)	532,80
4831 (6221)	16.000,00	Verlust	41.734,84
4920 (6805)	180,00	0880 (2010)	
4930 (6815)	100,00		
	74.680,31		74.680,31

S Saldenvorträge 9000 (9000) H

0640(3160)	225.750,00	0085 (0235)	100.000,00
1600 (3300)	56.350,00	0090 (0240)	240.000,00
1770 (3800)	4.650,00	0300 (0500)	175.000,00
0880(2010)	292.600,00	1400 (1200)	47.250,00
		1200 (1800)	15.350,00
		1000 (1600)	1.750,00
	579.350,00		579.350,36

S SBK H

0085 (0235)	100.000,00	0880 (2010)	247.772,43
0090 (0240)	224.000,00	0650 (3170)	245.750,00
0300 (0500)	144.958,00	1600 (3300)	56.350,00
1400 (1200)	44.750,00		
1576 (1406)	3.074,79		
1200 (1800)	31.078,08		
1000 (1600)	1.631,00		
0986 (1940)	380,56		
	549.872,43		549.872,43

Das **MiniLex** enthält die wichtigsten Begriffe, die in diesem Buch behandelt werden. Weitere Begriffe finden sich in:

Olfert/Rahn, Lexikon der Betriebswirtschaftslehre, Kiehl Verlag

Abschreibungen	Sie dienen der Erfassung von Wertminderungen der Vermögensgegenstände in dem jeweils betrachteten Wirtschaftsjahr und können unterteilt werden in *planmäßige* und *außerplanmäßige* Abschreibungen. Beim abnutzbaren Anlagevermögen dienen *planmäßige* Abschreibungen der Verteilung der Anschaffungs- bzw. Herstellungskosten auf die Nutzungsdauer der Gegenstände. Abschreibungen sind Aufwendungen, die den Gewinn mindern.
Abschreibungsplan	Festlegung der Verteilung der Anschaffungs-/Herstellungskosten eines abnutzbaren Anlagegegenstandes auf seine voraussichtliche Nutzungsdauer in einem Plan zu Beginn der Nutzung. Zu berücksichtigende Größen sind die AK/HK, die voraussichtliche Nutzungsdauer (Abschreibungszeitraum), der Abschreibungsbeginn, die Abschreibungsmethode und ggf. der Restverkaufserlös.
Absetzungen für Abnutzung (AfA)	Bezeichnung für planmäßige Abschreibungen auf abnutzbare Gegenstände des Anlagevermögens im deutschen Steuerrecht (z. B. in § 7 EStG). Es handelt sich um Abschreibungen auf Anlagegegenstände, deren Nutzungsdauer größer als 1 Jahr ist.
Aktiva	Zusammenfassender Ausdruck für die in einer Bilanz aufgeführten Vermögensteile des Unternehmens (Anlagevermögen, Umlaufvermögen, Rechnungsabgrenzungsposten). Bei einer in Kontenform aufgestellten Bilanz bezeichnet dieser Ausdruck die „linke Seite" der Bilanz.
Aktivieren	Buchung von Vermögenswerten auf einem aktiven Bestandskonto im Soll (Erfassung auf der Aktivseite der Bilanz).
Aktiv-Passiv-Mehrung	Erhöhung einer Aktiva-Position bei gleichzeitiger Erhöhung einer Passiva-Position (z. B. Kauf einer Maschine auf Ziel).
Aktiv-Passiv-Minderung	Verminderung einer Aktiva-Position bei gleichzeitiger Verminderung einer Passiva-Position (z. B. Bezahlung einer Lieferantenrechnung durch Barzahlung).
Aktiv-Tausch	Erhöhung einer Aktiva-Position bei gleichzeitiger Verminderung einer anderen Aktiva-Position (z. B. Kauf eines Bürostuhls gegen Barzahlung).
Anlagevermögen	Begriff für die Teile des Vermögens einer Unternehmung, die dazu bestimmt sind, dem Geschäftsbetrieb dauernd zu dienen (vgl. § 247 Abs. 2 HGB). Das Anlagevermögen gliedert sich nach § 266 Abs. 2 HGB in *immaterielle Vermögensgegenstände* (Konzessionen, Lizenzen, Firmenwert usw.), *Sachanlagen* (Grundstücke, Bauten, Maschinen usw.) und *Finanzanlagen* (Beteiligungen, Wertpapiere usw.).
Annuität	Von lat. annus = Jahr. Die bei der Tilgung einer Kapitalschuld regelmäßige Jahreszahlung, *die Zins und Tilgung beinhaltet* und in der Regel *in gleichbleibender Höhe* gezahlt wird (z. B. jährlich 10.000 Euro oder monatlich 1.000 Euro). Bei jeder nachfolgenden Zahlung verringert sich der Zinsanteil und erhöht sich der Tilgungsanteil in der Annuität im Vergleich zur vorherigen Zahlung.

Anschaffungs-kosten	Aufwendungen, die geleistet werden, um einen Vermögensgegenstand zu erwerben und in einen betriebsbereiten Zustand zu versetzen, soweit sie dem Vermögensgegenstand einzeln zugeordnet werden können (vgl. § 255 Abs. 1 HGB). Anschaffungskosten sind wie folgt zu ermitteln: Kaufpreis, netto + Anschaffungsnebenkosten (Beschaffungskosten etc.), netto + nachträgliche Anschaffungskosten, netto – Anschaffungspreisminderungen (Skonto, Rabatt etc.), netto = Anschaffungskosten
Aufbewahrungs-fristen	Buchführungs- und Aufzeichnungsunterlagen müssen sowohl nach Handelsrecht als auch nach Steuerrecht aufbewahrt werden. Die Dauer der Aufbewahrungspflicht hängt davon ab, um welche Unterlagen es sich handelt (z. B. Buchungsbelege und Jahresabschlüsse 10 Jahre; empfangene Handelsbriefe und Duplikate von versendeten Geschäftsbriefen 6 Jahre). Die Aufbewahrungsfristen sind in den §§ 257 HGB und 147 AO geregelt.
Aufwand, Aufwendungen	Die von einer Unternehmung in einer Abrechnungsperiode (z.B. Kalenderjahr) verbrauchten Güter und Dienstleistungen in Geld ausgedrückt. Aufwendungen werden auf den Aufwandskonten (z.B. Gehälter, Miete, Abschreibungen) im *Soll* gebucht. In der Gewinn- und Verlustrechnung werden die Aufwendungen der Abrechnungsperiode den Erträgen der selben Abrechnungsperiode als Abzugs- oder „Minusbeträge" gegenübergestellt. Die Differenz aus den Erträgen und den Aufwendungen ist der Gewinn-/Verlust dieser Abrechnungsperiode. Aufwendungen wirken sich somit eigenka-pitalmindernd aus.
Aufwandskonten	Auf den Aufwandskonten werden die Aufwendungen des Abrechnungszeitraums (Wirtschaftsjahr) im *Soll* erfasst. Aufwandskonten sind Unterkonten des Eigenkapitalkontos (aus der Sollseite des EK-Kontos abgeleitet). In der manuellen Buchführung werden sie über das Gewinn- und Verlustkonto (GuVK) abgeschlossen, welches dann über das EK-Konto abgeschlossen wird. In der EDV-Buchführung werden ihre Salden programmgesteuert den jeweiligen GuV-Positionen zugeordnet.
Belegprinzip	Keine Buchung darf ohne Beleg erfolgen. Dadurch soll gewährleistet werden, dass die Entstehung und Abwicklung der Geschäftsvorfälle stets nachvollzogen werden kann. Weiterhin sollen dadurch fiktive Buchungen verhindert werden.
Bestandskonten	Konten, welche die Bestände der Bilanz aufnehmen und deren Veränderungen im Zeitablauf abbilden. Sie werden unterteilt in *Aktivkonten*, welche die Bestände der Aktivseite der Bilanz im *Soll* aufnehmen und *Passivkonten*, welche die Bestände der Passivseite der Bilanz im *Haben* aufnehmen. Für jeden Posten der Bilanz wird mindestens ein Bestandskonto geführt.
Betriebsstoffe	Sie werden für die Herstellung von Erzeugnissen benötigt, gehen aber nicht als Bestandteile in die Erzeugnisse ein (z.B. Reinigungs- und Schmiermittel für Maschinen).

Betriebs-vermögens-vergleich	Gewinnermittlung durch die Gegenüberstellung des Eigenkapitals zum Schluss des Abrechnungszeitraums und des Eigenkapitals zum Schluss des vorangegangenen Abrechnungszeitraums, vermehrt um Privatentnahmen und vermindert um Privateinlagen: EK am Ende des Abrechnungszeitraums (z.B. 31.12.) – EK am Ende des vorangegangenen Abrechnungszeitraums (z. B. 31.12. Vorjahr) + Privatentnahmen des Abrechnungszeitraums – Privateinlagen des Abrechnungszeitraums = Gewinn/Verlust
Bezugsneben-kosten	Aufwendungen, die bei der Beschaffung von Gegenständen (insbesondere beim Wareneinkauf) neben dem Nettoeinkaufspreis durch den Beschaffungsvorgang anfallen. Typische Bezugsnebenkosten sind Verpackungs-, Versand-, Transport- und Versicherungskosten. Sie gehören als Anschaffungsnebenkosten zu den Anschaffungskosten der Gegenstände.
Bilanz	Gegenüberstellung der Aktiva (Vermögensgegenstände und aktive Rechnungsabgrenzungsposten) und der Passiva (Eigenkapital, Schulden und passive Rechnungsabgrenzungsposten) eines Unternehmens zu einem bestimmten Stichtag (z. B. 31.12.). Vom ital. bilancia (= Waage) abgeleitet.
Bilanzstichtag	Zeitpunkt für den die Bilanz (der Jahresabschluss) aufgestellt wird; in der Regel ist dies der 31.12.; es kann aber auch ein anderer regelmäßiger Stichtag gewählt werden (abweichendes Wirtschaftsjahr).
Bruttomethode der Lohnbuch-haltung	Methode der Lohn-/Gehaltsbuchung, bei der die Bruttolöhne/-gehälter unabhängig von den Zahlungszeitpunkten nach dem Kriterium der wirtschaftlichen Zurechnung im *Soll* auf dem Konto „Löhne" bzw. „Gehälter" erfasst werden. Die Gegenbuchungen erfolgen auf Verbindlichkeitskonten („Verbindlichkeiten Lohn/Kirchensteuer", „Verbindlichkeiten im Rahmen der sozialen Sicherung" usw.) im *Haben*.
Bruttoprinzip	Posten der Aktivseite der Bilanz (z. B. Forderungen) dürfen nicht mit Posten der Passivseite (z. B. Schulden), und Aufwendungen dürfen nicht mit Erträgen verrechnet werden (Verrechnungsverbot nach § 246 Abs. 2 HGB).
Buchführung	Planmäßige und lückenlose Dokumentation der Geschäftsvorfälle eines Unternehmens in zeitlicher Abfolge. Die Inhalte und Werte der Geschäftsvorfälle müssen hierbei zu erkennen sein.
Buchführungs-pflicht	Verpflichtung, die Geschäftsvorfälle eines Unternehmens nach bestimmten Regeln zu dokumentieren (aufzuzeichnen). Die handelsrechtliche Buchführungspflicht ist in § 238 HGB, die steuerrechtliche Buchführungspflicht in den §§ 140, 141 AO geregelt.
Buchung	Erfassung eines Geschäftsvorfalls auf den Konten der Buchführung (bei manueller Buchführung: Eintragung auf den Konten; bei elektronischer Buchführung: Eingabe des Buchungssatzes in das EDV-Programm).
Buchungssatz	Die sprachlich ausgedrückte Vorgehensweise bei einer Buchung. Er gibt an, auf welchem Konto im *Soll*, auf welchem Konto im *Haben* und mit welchem *Betrag* zu buchen ist. Zuerst wird das Konto, auf dem im *Soll* und danach das Konto, auf dem im *Haben* gebucht wird, genannt. Beide Konten werden

	mit dem Wort *„an“* verknüpft. Zusätzlich wird der zu erfassende Betrag genannt. Beispiel: *„Kasse an Bank 200 Euro“*.
Buchwert	Wert eines Vermögensgegenstands oder einer Verbindlichkeit in der Buchführung („in den Büchern“). Er ist der aus den ursprünglichen AK/HK abgeleitete Gegenwartswert (fortgeführte AK/HK), der nicht mit dem tatsächlichen Marktwert übereinstimmen muss.
Damnum	Unterschiedsbetrag zwischen dem Nennbetrag eines Darlehens (Rückzahlungsbetrag) und dem tatsächlich ausgezahlten Darlehensbetrag (Auszahlungsbetrag): Darlehensbetrag minus Damnum = Auszahlungsbetrag. Das Damnum wird als vorausgezahlter Zins für einen bestimmten Zeitraum interpretiert (z. B. für eine Festzinsvereinbarung über einen bestimmten Zeitraum). Es wird üblicherweise aktiviert (auf dem aktiven Bestandskonto „Damnum“ im *Soll* erfasst) und über den Zeitraum der Zinsbindung oder die Laufzeit des Darlehens abgeschrieben (zeitanteilige Umbuchung auf das Konto „Zinsaufwendungen”).
Disagio	Abgeld, siehe Damnum
Eigenkapital (EK)	Jene Mittel, die von den Eigentümern einer Unternehmung zu deren Finanzierung aufgebracht oder als erwirtschafteter Gewinn im Unternehmen belassen wurden. Buchmäßiges Eigenkapital: Differenz von Vermögen (Aktiva) und Schulden (Passiva ohne Eigenkapital) zu einem bestimmten Zeitpunkt (z. B. 31.12.): Vermögen – Schulden = Eigenkapital Das EK setzt sich zusammen aus bilanziell ausgewiesenen Einzelpositionen (siehe z. B. § 266 Abs. 3 HGB) und bilanziell nicht erkennbaren stillen Reserven (z. B. infolge von Unterbewertungen des Vermögens und Überbewertungen von Schulden).
Eigenverbrauch	Entnahme oder Verwendung von Gegenständen oder Leistungen des Unternehmens für Zwecke, die nicht mit der Unternehmenstätigkeit in Zusammenhang stehen („Privatverbrauch“). Der Begriff „Eigenverbrauch“ wurde 1999 aus dem UStG gestrichen und in den UStR durch den Begriff *„Unentgeltliche Wertabgaben“* ersetzt. Der Begriff „Eigenverbrauch“ existiert in der Literatur aber mit der bisherigen Bedeutung fort. Der Eigenverbrauch unterliegt grundsätzlich der USt.
Einfuhrumsatzsteuer (EUSt)	Die Einfuhr von Gegenständen aus dem Drittlandsgebiet (Gebiet außerhalb der EU) in das Inland und die österreichischen Gebiete Jungholz und Mittelberg unterliegt der USt (§ 1 Abs. 1 Nr. 4 UStG). Für die eingeführten Gegenstände ist EUSt an das jeweilige Zollamt zu entrichten. Die entrichtete EUSt ist dann als Vorsteuer abziehbar (§ 15 Abs. 1 Nr. 2 UStG).
Einlage	siehe Privateinlage
Einzelkosten	Kosten, die den Kostenträgern oder Kostenstellen einzeln (unmittelbar) zugerechnet werden können, z. B. das Holz, welches zur Produktion eines Stuhls verwendet wurde. Die Einzelkosten werden deshalb auch als *direkte*

	Kosten bezeichnet. Arten der Einzelkosten sind *Materialeinzelkosten*, *Fertigungseinzelkosten* (insbesondere Fertigungslöhne) und *Sondereinzelkosten* der Fertigung (z. B. Baupläne oder Modelle).
Entnahme	siehe Privatentnahme
Erfolg	Ergebnis des Wirtschaftens (positiv oder negativ); Ermittlung durch die *Erfolgsrechnung*.
Erfolgskonten	Konten der Buchführung, auf welchen die Erfolgsvorgänge der Unternehmenstätigkeit erfasst werden. Sie sind Unterkonten des Eigenkapitalkontos und werden in die zwei Gruppen *Aufwandskonten* und *Ertragskonten* unterteilt. Auf den *Aufwandskonten* (z. B. Gehälter, Miete, Strom) werden die Aufwendungen des Unternehmens im *Soll*, auf den *Ertragskonten* (z. B. Verkaufserlöse, Zinserträge, Mieterträge) die Erträge des Unternehmens im *Haben* erfasst. Die Erfolgskonten werden in der manuellen Buchführung über das Gewinn- und Verlustkonto (GuVK) abgeschlossen.
Erfolgsrechnung	Wertmäßige Ermittlung des Erfolgs einer Unternehmung für einen bestimmten Zeitabschnitt (z.B. Wirtschaftsjahr). Die Ermittlung des Erfolgs kann in der Buchführung durch *Betriebsvermögensvergleich* (Eigenkapitalvergleich) oder durch *Gewinn- und Verlustrechnung* erfolgen. Bei dem *Betriebsvermögensvergleich* wird das Eigenkapital zum Ende des Abrechnungszeitraums dem Eigenkapital zum Ende des vorangegangenen Abrechnungszeitraums gegenübergestellt, vermehrt um die Privatentnahmen und vermindert um die Privateinlagen. Der Saldo ist dann der Ge-winn/Verlust dieses Abrechnungszeitraums. Bei der *Gewinn- und Verlustrechnung* werden die Erträge und die Aufwendungen des betrachteten Abrechnungszeitraums einander gegenübergestellt. Der Saldo ist dann der Gewinn/Verlust dieses Abrechnungszeitraums.
Erlös	Der Gegenwert aus dem Verkauf eines Gegenstandes oder einer Leistung. Erlöse werden auf besonderen Erlöskonten, differenziert in verschiedene Erlösarten, ausgewiesen. Die Erfassung eines Erlöses auf einem Erlöskonto erfolgt im *Haben*.
Ertrag	Der von einer Unternehmung in einem bestimmten Abrechnungszeitraum durch die Erstellung von Gütern oder die Erbringung von Dienstleistungen erwirtschaftete Wertzuwachs (positiver Erfolgsbeitrag aus der Unternehmenstätigkeit). Zum Ertrag gehören die *Erlöse* und die *sonstigen Erträge* (z. B. Zuschreibungen auf Anlagegegenstände) einer Abrechnungsperiode.
Ertragskonten	Auf den Ertragskonten werden die Erträge des Abrechnungszeitraums (Wirtschaftsjahr) im *Haben* erfasst. Ertragskonten sind Unterkonten des Eigenkapitalkontos (aus der Habenseite des EK-Kontos abgeleitet). Sie werden über das Gewinn- und Verlustkonto (GuVK) abgeschlossen, welches dann über das EK-Konto abgeschlossen wird.
Erzeugnisse	Produkte, die vom eigenen Betrieb hergestellt oder wenigstens teilweise physisch bearbeitet wurden.
Fahrtenbuchmethode	Ermittlung der privaten Kfz-Nutzung (Nutzungsentnahme) mithilfe eines ordnungsgemäß geführten Fahrtenbuchs. Der Wert der Nutzungsentnahme entspricht bei dieser Methode den auf die private Nutzung entfallenden anteiligen Aufwendungen der Privatfahrten.

Forderungen	Schuldrechtlich begründete Ansprüche auf Leistungen gegenüber anderen Personen.
Forderungen a LuL	Ansprüche auf Leistungen (insbesondere Geldzahlungen) gegenüber Kunden aufgrund von Lieferungen (Warenverkäufe etc.) oder Dienstleistungen.
Fremdkapital	Zusammenfassende Bezeichnung für die in der Bilanz ausgewiesenen Schulden der Unternehmung.
Gehalt	Eine nach Zeitabschnitten (in der Regel Kalendermonat) bemessene Vergütung für Angestellte. Im Sinne des Arbeits- und Sozialversicherungsrechts ein Arbeitsentgelt.
Geldentnahme	Die Entnahme von Geld (Bargeld, Buchgeld) aus dem Betriebsvermögen für Zwecke außerhalb des Unternehmens (z. B. private Zwecke).
Gemeinkosten	Kosten, die den Kostenträgern (z. B. hergestellte Produkte) oder Kostenstellen nicht direkt, sondern nur mithilfe von Zuschlagssätzen oder anderen Umlageinstrumenten zuzurechnen sind, weil sie für mehrere Kostenträger oder Kostenstellen gemeinsam anfallen (z. B. Heizkosten des Materiallagers). Sie werden auch als *indirekte* Kosten bezeichnet.
geometrisch-degressive Abschreibung	Eine Form der Abschreibung mit fallenden jährlichen Abschreibungsbeträgen, die durch Anwendung eines konstanten Abschreibungsprozentsatzes (z.B. 25 %) auf den jeweils verbleibenden Restwert (Buchwert) berechnet wird (Buchwert x Abschreibungsprozentsatz = Abschreibungsbetrag). Steuerlich ist diese Form der Abschreibung in § 7 Abs. 2 EStG geregelt. Der Abschreibungsprozentsatz darf hiernach höchstens das Zweieinhalbfache [2006 und 2007: das Dreifache] des linearen Abschreibungsprozentsatzes und höchstens 25 % [2006 und 2007: 30 %] betragen. Wirtschaftsgüter, die 2008 angeschafft oder hergestellt wurden, dürfen nicht degressiv abgeschrieben werden (2008 war die degressive AfA aufgehoben).
Geringwertige Wirtschaftsgüter (GWG)	Abnutzbare Gegenstände des beweglichen Anlagevermögens, die einer selbständigen Nutzung fähig sind und Anschaffungs-/Herstellungskosten bis zu *150 Euro* (ohne USt) haben. Sie müssen in der steuerlichen Buchführung unabhängig von ihrer geplanten oder tatsächlichen Nutzungsdauer im Jahr der Anschaffung/Herstellung in voller Höhe als Betriebsausgabe behandelt werden (vgl. § 6 Abs. 2 EStG).
Gewinn	Anstieg des Eigenkapitals innerhalb eines Abrechnungszeitraums (z.B. Kalenderjahr) infolge der Unternehmenstätigkeit. Die Ermittlung des Gewinns erfolgt durch *Betriebsvermögensvergleich* oder *Gewinn- und Verlustrechnung*.
Gewinn- und Verlustkonto (GuVK)	Sammelkonto der manuellen Buchführung, auf dem die Salden der *Aufwandskonten* im *Soll* und die Salden der *Ertragskonten* im *Haben* erfasst werden. Die Sollseite des GuVK weist somit alle Aufwendungen des Wirtschaftsjahres (Wj.) aus, die Habenseite die Erträge dieses Wirtschaftsjahres. Der Saldo des GuVK ist dann der Gewinn/Verlust dieses Wj. Der Abschluss des GuVK erfolgt dann über das Eigenkapitalkonto. Eine EDV-Buchführung hat kein Gewinn- und Verlustkonto.
Gewinn- und Verlustrechnung	Verdichtete (zusammengefasste) Gegenüberstellung der in der Buchführung erfassten Aufwendungen und Erträge eines Wj. in Staffel- oder Kontenform. Sie ist neben der Bilanz der zweite Mindestbestandteil des Jahresab-

	schlusses. Als Saldo weist sie den Gewinn/Verlust des Wj. aus. § 275 HGB schreibt für Kapitalgesellschaften den Aufbau in Staffelform unter Ausweis von Zwischenergebnissen vor.
Grundsätze ordnungsmäßiger Buchführung (GoB)	Durch die Wissenschaft und die Praxis entwickelte Grundregeln, die zu beachten sind, damit eine Buchführung als ordnungsgemäß anerkannt werden kann. Sie sind aus den Zielen des Jahresabschlusses abgeleitet und größtenteils als Einzelvorschriften verstreut in den §§ 238 ff. HGB zu finden. Eine nicht den GoB entsprechende Buchführung kann verworfen werden.
Haben	Die rechte Seite eines Kontos der Buchführung.
Herstellungskosten	Maßstab für die Wertermittlung der von dem Unternehmen selbst hergestellten Vermögensgegenstände. Es handelt sich um Aufwendungen, die durch den Verbrauch von Gütern und die Inanspruchnahme von Diensten für die Herstellung eines Vermögensgegenstandes, seine Erweiterung oder wesentliche Verbesserung anfallen. Sowohl handels- als auch steuerrechtlich gibt es Pflichtbestandteile, Einbeziehungswahlrechte und -verbote. Diese gehen aus § 255 Abs. 2 HGB und R 6.3 EStR hervor.
Hilfsstoffe	Sie werden für die Produktion von Erzeugnissen verwendet und gehen als untergeordnete Bestandteile (Nebenstoffe) in die Produkte ein (z. B. Leim für die Herstellung von Büchern).
Inventar	Mengen- und wertmäßiges Verzeichnis aller Vermögensgegenstände und Schulden des Unternehmens für einen bestimmten Zeitpunkt (z. B. zum 31.12.), ermittelt durch eine Inventur.
Inventur	Vorgang der körperlichen und buchmäßigen Bestandsaufnahme aller Vermögensgegenstände und Schulden einer Unternehmung zur Überprüfung der in den Büchern (insbesondere auf den Konten) verzeichneten Bestände. Hinsichtlich der konkreten Durchführung sind verschiedene Methoden und Verfahren zulässig (vgl. §§ 240-241 HGB; R 5.3 und R 5.4 EStR).
Kaufmann	Kaufmann ist, wer die Voraussetzungen der §§ 1, 2, 5 oder 6 HGB erfüllt. Zu unterscheiden sind diesbezüglich ❍ der *Istkaufmann* (§ 1) der einen Gewerbebetrieb mit erforderlicher kaufmännischer Organisation (= Handelsgewerbe) betreibt, ❍ der *Kannkaufmann* (§§ 2 und 3), der durch gewählte (berechtigte) Eintragung in das Handelsregister zum Kaufmann wird (Kleingewerbetreibende und Land- und Forstwirte), ❍ der *Scheinkaufmann* (§ 5), der im Handelsregister als Kaufmann eingetragen ist, obwohl er die Voraussetzungen für die Kaufmannseigenschaft nicht oder nicht mehr erfüllt und ❍ der *Formkaufmann* (§ 6), der durch die Rechtsform (GmbH, AG, Gen.) Kaufmann ist.
Kleingewerbetreibender	Gewerbetreibender, dessen Gewerbebetrieb *keine* kaufmännische Organisation erfordert. Er ist *kein* Kaufmann im Sinne des § 1 HGB. Nach § 2 HGB kann er eine Eintragung in das HR wählen (Eintragungsoption), wodurch er dann zum Kaufmann wird.
Kontenplan	Systematische Gliederung aller Konten einer Buchführung eines Betriebes (unter Berücksichtigung der betriebsindividuellen Gegebenheiten), abgeleitet aus dem zu Grunde liegenden Kontenrahmen.

Kontenrahmen	Übersichtliches Kontenordnungssystem, das für einen bestimmten Wirtschaftszweig entwickelt wurde (z. B. Industriekontenrahmen IKR, Gemeinschaftskontenrahmen GKR oder DATEV-Standardkontenrahmen SKR 03, SKR 04).
Konto	Eine zur Erfassung und wertmäßigen Dokumentation von Geschäftsvorfällen bestimmte Rechnung. Jedes Konto hat eine Soll- und eine Habenseite. Zu unterscheiden sind *Bestandskonten* (Aktivkonten und Passivkonten), *Erfolgskonten* (Aufwandskonten und Ertragskonten) und *Abschlusskonten* (Gewinn- und Verlustkonto und Schlussbilanzkonto).
Leistungs-abschreibung	Abschreibung eines Anlagegegenstandes entsprechend der von diesem in dem Betrachtungszeitraum erbrachten Leistung im Verhältnis zur geplanten Gesamtleistung über die Gesamtnutzungsdauer. Ermittlung des Abschreibungsbetrags für ein Jahr: Leistungs-Abschreibungsbetrag = AK/HK ÷ geplante Gesamtleistung x tatsächliche Jahresleistung. Voraussetzung für die Anwendbarkeit dieser Abschreibungsart sind genaue Aufzeichnungen über die jährlichen Leistungen (z.B. Zählerstände von Maschinen).
lineare Abschreibung	Gleichmäßige Verteilung der AK/HK auf die geplante Nutzungsdauer des Anlagegegenstandes. Ermittlung des Abschreibungsbetrags für ein Jahr: Abschreibungsbetrag = AK/HK ÷ geplante Nutzungsdauer (Jahre).
Lohn	Vergütung (Arbeitsentgelt) für die Arbeitsleistung eines Arbeiters.
Nettomethode der Lohnbuchhaltung	Form der Lohn-/Gehaltsbuchung, bei der die Lohn-/Gehaltsaufwendungen zu den Zeitpunkten in der Buchführung erfasst werden, zu denen sie gezahlt werden (Buchung nach Zahlungszeitpunkten).
Nutzungsdauer	Die (geplante) Nutzungsdauer ist der Zeitraum, in dem ein Vermögensgegenstand des abnutzbaren Anlagevermögens genutzt werden kann bzw. soll (vgl. § 253 Abs. 2 Satz 2 HGB). Sie bildet neben den AK/HK die zweite Berechnungsgrundlage für die Ermittlung der planmäßigen Abschreibung.
Nutzungsentnahme	Entnahme von Nutzungen für Zwecke außerhalb des Unternehmens (z.B. Nutzung eines betrieblichen Kopierers zur Erstellung von Kopien für private Zwecke). Nutzungsentnahmen unterliegen nach § 3 Abs. 9a Nr. 1 i.V. mit § 1 Abs. 1 Nr. 1 UStG grundsätzlich der Umsatzsteuer. In der Buchführung werden sie mit ihren anteiligen Kosten zzgl. USt als Privatentnahmen erfasst.
Passiva	Zusammenfassender Ausdruck für die in der Bilanz aufgeführten Finanzierungsquellen (Eigen- und Fremdkapital); „rechte" Seite der Bilanz.
Passivkonten	Passivkonten sind die aus den Passiva abgeleiteten Bestandskonten. Aus jeder Passivposition der Bilanz wird mindestens ein Konto (in der Regel mit zahlreichen Unterkonten) abgeleitet. Passivkonten sind z.B. die folgenden Konten: *„Eigenkapital"*, *„Verbindlichkeiten a LuL"*, *„Verbindlichkeiten gegenüber Kreditinstituten"* usw. Mehrungen werden auf den Passivkonten im *Haben*, Minderungen werden im *Soll* gebucht.
Passiv-Tausch	Bezeichnung für einen Vorgang, durch den eine Passivposition (z. B. Verbindlichkeiten a LuL) vermindert und gleichzeitig eine andere Passivposition (z. B. Verbindlichkeiten gegenüber Kreditinstituten) vermehrt wird.

Preisabzüge	Verminderungen der ursprünglichen Einkaufs- oder Verkaufspreise durch Abzüge des Käufers (z. B. durch Skontoabzug). Im Einkaufsbereich vermindern die Nettobeträge der Preisabzüge die AK/HK; die hierauf entfallende USt führt zu einer Vorsteuerkorrektur. Im Verkaufsbereich vermindern die Nettobeträge die Umsatzerlöse; die hierauf entfallende USt vermindert die USt-Traglast gegenüber dem Finanzamt.
Preisnachlässe	Verminderungen der ursprünglichen Einkaufs- oder Verkaufspreise durch Nachlässe des Verkäufers (z. B. Rabatte). Im Einkaufsbereich vermindern die Nettobeträge der Preisnachlässe die AK/HK und die in Rechnung zu stellende oder bereits berechnete USt (Vorsteuer). Im Verkaufsbereich vermindern die Nettobeträge die Umsatzerlöse; die hierauf entfallende USt vermindert die USt-Traglast gegenüber dem Finanzamt.
Privateinlagen	Übertragung von Vermögensgegenständen oder Nutzungen aus dem Privatvermögen in das Betriebsvermögen (z. B. Privateinlage von Bargeld in die Kasse des Unternehmens oder Nutzung des privaten Pkw für Zwecke des Unternehmens). Privateinlagen werden auf dem jeweiligen aktiven Bestandskonto (z. B. „Kasse") oder dem entsprechenden Aufwandskonto (z. B. „Kfz-Betriebskosten") im *Soll* und auf dem Konto „Privateinlagen" im *Haben* erfasst. Privateinlagen erhöhen das Eigenkapital.
Privatentnahmen	Übertragung von Geld, Sachen, Nutzungen oder Leistungen aus dem betrieblichen Bereich in den Privatbereich des Unternehmers (z. B. Entnahme von Geld aus der Kasse des Unternehmens für private Zwecke). Privatentnahmen werden auf dem Privatkonto „Privatentnahmen" im *Soll* erfasst. Die Gegenbuchung einer Privatentnahme hängt davon ab, um welche Art der Privatentnahme es sich handelt. Privatentnahmen vermindern das Eigenkapital.
Privatkonten	Konten der Buchführung, auf welchen Privatentnahmen und -einlagen erfasst werden. Sie sind Unterkonten des EK-Kontos und werden deshalb über das EK-Konto abgeschlossen.
Privatvorgänge	Geschäftsvorfälle, die der Privatsphäre des Unternehmers zuzuordnen sind (Privatentnahmen und -einlagen).
Prozentmethode zur Ermittlung der privaten Kfz-Nutzung	Die Prozentmethode ist die bei der Berechnung der privaten Kfz-Nutzung anzuwendende Berechnungsmethode, sofern kein ordnungsgemäß geführtes Fahrtenbuch vorliegt und der Pkw zu mehr als 50 % betrieblichen Zwecken dient (vgl. § 6 Abs. 1 Nr. 4 EStG). Nach der Prozentmethode beträgt der Wert der privaten Pkw-Nutzung durch den Unternehmer für jeden Monat der Privatnutzung 1 % des auf volle 100 Euro abgerundeten Bruttolistenpreises des Fahrzeugs zum Zeitpunkt der Erstzulassung (sog. „1 %-Regelung").
Reinvermögen	Andere Bezeichnung für das Eigenkapital (Vermögen minus Schulden = Reinvermögen bzw. Eigenkapital).
Rohgewinn	Praxisüblicher Ausdruck für die Differenz aus Umsatzerlös(en) und Wareneinsatz eines oder aller Warengeschäfte innerhalb eines Abrechnungszeitraums (Umsatzerlös/e minus Wareneinsatz = Rohgewinn).
Rohstoffe	Sie gehen bei der Produktion von Erzeugnissen unmittelbar in die Produkte ein und bilden deren Hauptbestandteil (z. B. Papier für die Herstellung von Büchern).

Sachanlage-vermögen	Zum Sachanlagevermögen gehören körperliche, greifbare Gegenstände (Sachen). Nach § 266 Abs. 2 HGB gehören hierzu ❍ Grundstücke, grundstücksgleiche Rechte und Bauten, ❍ technische Anlagen und Maschinen und ❍ andere Anlagen, Betriebs- und Geschäftsausstattung.
Sachbezug	Arbeitslohn, der in Form von Wohnung, Kost, Waren, Dienstleistungen oder anderen Sachbezügen (z. B. Überlassung eines betrieblichen Pkw für private Zwecke an einen Arbeitnehmer) gewährt wird. Sachbezüge unterliegen wie der Arbeitslohn in Geld der Lohnsteuer und der Sozialversicherung.
Sachentnahme	Entnahme einer Sache (eines Gegenstandes) durch den Unternehmer aus dem Unternehmensvermögen für Zwecke außerhalb des Unternehmens (z. B. Entnahme einer Ware für private Zwecke). Sachentnahmen sind als Privatentnahmen mit dem Teilwert (Wiederbeschaffungskosten) als Privatentnahmen zu erfassen. Sie unterliegen nach § 3 Abs. 1b Nr. 1 i.V. mit § 1 Abs. 1 Nr. 1 UStG (unentgeltliche Wertabgaben) der USt.
Saldo	Differenzgröße beim Abschluss eines Kontos (ital. = Rechnungsabschluss). Er wird dadurch ermittelt, dass zunächst für beide Seiten des Kontos die Summe gebildet und dann die kleinere von der größeren Summe abgezogen wird. Diese Differenz ist der Saldo, der dann auf der Seite mit der bisher kleineren Summe eingetragen wird. Nach dem Eintragen des Saldos sind die Summen beider Seiten gleich groß.
Saldovortrag	Der Eröffnungsbestand auf einem Bestandskonto zu Beginn eines Abrechnungszeitraums (z. B. 1.1.), der aus dem vorangegangenen Abrechnungszeitraum (z. B. 31.12. Vorjahr) übernommen wurde. In der manuellen Buchführung wird er auch als Anfangsbestand bezeichnet.
Schlussbilanz-konto (SBK)	Konto der manuellen Buchführung, über das alle Bestandskonten (Aktiv- und Passivkonten) abgeschlossen werden. Es ist inhaltlich und wertmäßig mit der aus ihm entwickelten Bilanz (Schlussbilanz) identisch. In der EDV-Buchführung gibt es kein Schlussbilanzkonto. Die Summen- und Saldenbilanz ersetzt das SBK in seiner Funktion als Kontenübersicht.
Schulden	Verbindlichkeiten, Fremdkapital. Auf der Passivseite der Bilanz auszuweisen.
Skonto	Prozentualer Abzug vom Kaufpreis, der dem Käufer vom Verkäufer für schnelles Bezahlen gewährt wird (Preisabzug). Er beträgt in der Regel 2 oder 3 % und wird normalerweise bei Bezahlung innerhalb von 10 Tagen ab Lieferung gewährt. Auswirkungen in der Buchführung: siehe Stichwort Preisabzüge.
Sofortabschreibung geringwertiger Anlagegüter	Abnutzbare Gegenstände des beweglichen Anlagevermögens, die einer selbständigen Nutzung fähig sind und Anschaffungs-/Herstellungskosten bis zu *150 Euro* (ohne USt) haben, müssen in der steuerlichen Buchführung unabhängig von ihrer geplanten oder tatsächlichen Nutzungsdauer im Jahr der Anschaffung/Herstellung in voller Höhe als Betriebsausgabe behandelt werden (Sofortabschreibung).
Soll	Die linke Seite eines Kontos.
Sozialversicherungsbeiträge	Arbeitnehmer, die für ihre Arbeitsleistungen Lohn/Gehalt beziehen, unterliegen der Sozialversicherung (Pflichtversicherung). Sie müssen Pflichtbeiträge

	in die gesetzliche *Kranken-, Pflege-, Renten-* und *Arbeitslosenversicherung* bezahlen, sofern nicht eine besondere Befreiungsvorschrift im Einzelfall vorliegt. Die Sozialversicherungsbeiträge werden anteilig vom Arbeitnehmer (= Arbeitnehmeranteil zum Gesamtsozialversicherungsbeitrag) und Arbeitgeber (= Arbeitgeberanteil zum Gesamtsozialversicherungsbeitrag) getragen (Ausnahme: *gesetzliche Unfallversicherung*, für die der Arbeitgeber die vollen Beiträge allein bezahlen muss). Der Arbeitnehmeranteil wird vom Lohn/Gehalt des Arbeitnehmers einbehalten und zusammen mit dem Arbeitgeberanteil vom Arbeitgeber an die Krankenkasse, bei welcher der Arbeitnehmer versichert ist, gezahlt. Die Krankenkasse leitet den Rentenversicherungsbeitrag an die zuständige Rentenkasse (z. B. Deutsche Rentenversicherung Bund) und den Arbeitslosenversicherungsbeitrag an die Bundesagentur für Arbeit weiter.
stille Reserven	Eigenkapital, welches durch die Bilanz nicht ausgewiesen wird. Es kommt dadurch zu Stande, dass Vermögensgegenstände nicht oder mit einem niedrigeren als ihrem tatsächlichen Wert und Schulden oder andere Passivpositionen ohne Eigenkapital mit einem höheren als ihrem realistischen Wert in der Bilanz ausgewiesen werden (*Unterbewertung von Aktiva und Überbewertung von Passiva)*.
Teilwert	Der Teilwert ist ein Bewertungsmaßstab des Steuerrechts. Er ist der Betrag, den ein fiktiver Erwerber des ganzen Unternehmens für das einzelne Wirtschaftsgut im Gesamtkaufpreis ansetzen würde; dabei ist davon auszugehen, dass der Erwerber das Unternehmen fortführt (vgl. § 6 Abs. 1 Nr. 1 Satz 3 EStG).
Umlaufvermögen	Sammelbegriff für diejenigen Vermögensgegenstände des Betriebsvermögens, die dazu bestimmt sind, dem Geschäftsbetrieb nur *kurzfristig* zu dienen (Umkehrschluss aus § 247 Abs. 2 HGB). Zum Umlaufvermögen gehören ❍ Vorräte, ❍ Forderungen und sonstige Vermögensgegenstände, ❍ Wertpapiere zur kurzfristigen Anlage von Finanzmitteln, ❍ flüssige Mittel (Kassenbestand, Guthaben auf Bankkonten usw.).
Umsatzsteuer-Traglast	Summe der Umsatzsteuerbeträge eines Abrechnungszeitraums, die der Unternehmer vor der Verrechnung mit den abzugsfähigen Vorsteuern dem Finanzamt schuldet (Bemessungsgrundlagen der steuerpflichtigen Umsätze x Steuersatz = Umsatzsteuer-Traglast).
Umsatzsteuer-Vorauszahlung	Abschlagszahlung auf die Umsatzsteuer-Zahllast eines Kalenderjahres (monatlich oder vierteljährlich) an das Finanzamt. Ob Vorauszahlungen zu leisten und ob diese monatlich oder vierteljährlich zu bezahlen sind, richtet sich nach der gesamten USt-Zahllast des Vorjahres; wenn diese *mehr als 7.500 Euro* betragen hatte, sind die Vorauszahlungen *monatlich* zu entrichten, wenn sie *zwischen 1.000 und 7.500 Euro* betragen hatte, sind die Vorauszahlungen *vierteljährlich* zu entrichten, und wenn sie *0 bis 1.000 Euro* betragen hatte, sind *keine* Vorauszahlungen zu leisten.
Umsatzsteuer-Zahllast	USt-Traglast minus abziehbare Vorsteuern = USt-Zahllast (bezogen auf einen bestimmten Zeitraum, z. B. Kalendermonat, Vierteljahr oder Kalenderjahr).

Unentgeltliche Wertabgaben	Wertabgaben des Unternehmens an den außerunternehmerischen Bereich als *Lieferungen ohne Entgelt* (z. B. Entnahme von Waren für private Zwecke des Unternehmers) oder *sonstige Leistungen ohne Entgelt* (z. B. Arbeitsleistungen eines Arbeitnehmers des Unternehmens für den Privatbereich des Unternehmers). Unentgeltliche Wertabgaben unterliegen grundsätzlich der Umsatzsteuer. Wenn es sich um Privatentnahmen des Unternehmers handelt, sind die Werte der unentgeltlichen Wertabgaben brutto im *Soll* auf dem Privatkonto zu erfassen. Die Gegenbuchung erfolgt mit dem Nettobetrag im *Haben* auf einem speziellen Ertragskonto und mit der auf den Nettobetrag entfallenden USt im *Haben* auf dem Umsatzsteuerkonto.
Verbindlichkeiten	Zahlungsverpflichtungen gegenüber Dritten, die dem Grund und der Höhe nach feststehen (= Schulden). Sie sind in der Bilanz auf der Passivseite mit ihrem Rückzahlungsbetrag auszuweisen.
Verbindlichkeiten a LuL	Zahlungsverpflichtungen gegenüber Lieferanten aufgrund von erhaltenen Lieferungen oder Leistungen. In der Regel sind es kurzfristig fällige Verbindlichkeiten (innerhalb von 30-90 Tagen fällig).
Vereinfachungsregel für die Berechnung der Abschreibung	Sowohl im Jahr des Anlagenzugangs als auch im Jahr des Anlagenabgangs liegt in der Regel kein volles Abschreibungsjahr vor. In diesen Jahren muss der Abschreibungsbetrag zeitanteilig ermittelt werden. Streng genommen müsste hierbei taggenau gerechnet werden. Aus Vereinfachungsgründen ist es aber auch zulässig, die Abschreibung *monatsgenau* zu berechnen. Im *Zugangsjahr* kann der *Zugangsmonat als voller Monat* gerechnet werden (unabhängig vom Anschaffungsdatum in diesem Monat). Im *Abgangsjahr* wird der *Monat des Anlagenabgangs* bei der Ermittlung der zeitanteiligen Abschreibung *außer Betracht* gelassen (es werden nur volle Abschreibungsmonate berücksichtigt).
Vermögen	Zusammenfassender Ausdruck für die im Unternehmen vorhandenen Vermögensgegenstände (Anlagevermögen und Umlaufvermögen).
vermögenswirksame Leistungen	Sparleistungen, die der Arbeitgeber für den Arbeitnehmer in einer Anlageform anlegt, die vom Vermögensbildungsgesetz gefördert wird (z. B. Bausparvertrag oder Vermögensbeteiligungssparvertrag). Entweder trägt der Arbeitnehmer den Sparbetrag voll selbst (Abzug vom Nettolohn) oder der Arbeitgeber trägt einen Teil oder den gesamten Sparbetrag zusätzlich zum Lohn/Gehalt. Der vom Arbeitgeber getragene Teil ist steuer- und sozialversicherungspflichtiger Arbeitslohn und somit bei der Gehaltsberechnung dem Bruttolohn/-gehalt hinzuzurechnen und wegen der Einbehaltung vom Nettolohn/-gehalt abzuziehen.
Verrechnungsmethode der Lohnbuchhaltung	Methode der Lohn-/Gehaltsbuchung, die aus der Bruttomethode abgeleitet ist. Das Bruttoentgelt (Lohn/Gehalt) wird im *Soll* auf dem entsprechenden Personalkostenkonto und im *Haben* auf dem Konto „Lohn-/Gehaltsverrechnung" erfasst. Alle Abzüge werden dann schrittweise von dem Verrechnungskonto auf entsprechende Verbindlichkeits-/Zahlungsverkehrskonten umgebucht („Verrechnungskonto an Verbindlichkeitenkonto"). Das Verrechnungskonto muss zum Jahresende „auf Null aufgehen" (Saldo = 0,- Euro).
Vertriebskosten	Aufwendungen für den Vertrieb (Verkauf) von Waren oder Erzeugnissen (Verpackungs-, Versand-, Versicherungskosten usw.). Sie werden als sonstige betriebliche Aufwendungen erfasst (Buchung auf dem entsprechenden Aufwandskonto im *Soll*). Bei der Ermittlung der Herstellungskosten dürfen sie *nicht* in die Kalkulation einbezogen werden.

Vorräte	Sammelbegriff für Gegenstände, die im Rahmen der Betriebstätigkeit bearbeitet, verarbeitet oder verkauft werden sollen (Roh-, Hilfs- und Betriebsstoffe, fertige und halbfertige Erzeugnisse und Waren). Sie werden auf der Aktivseite der Bilanz im Umlaufvermögen in der Position „Vorräte" ausgewiesen.
Vorschuss	Abschlagszahlung im Lohn-/Gehaltsbereich an den Arbeitnehmer vor dem Fälligkeitstag des Lohns/Gehalts. Ein Vorschuss ist ein kurzfristiges Darlehen, das der Arbeitgeber dem Arbeitnehmer gewährt. Bis zur Verrechnung des Vorschusses mit dem fälligen Nettolohn hat der Arbeitgeber gegenüber dem Arbeitnehmer eine Forderung.
Vorsteuer	Umsatzsteuer, die dem Leistungsempfänger, der Unternehmer ist, von dem Leistenden, der ebenfalls Unternehmer ist, in Rechnung gestellt wurde. Der Leistungsempfänger kann die Vorsteuer – wenn die Voraussetzungen für den Vorsteuerabzug erfüllt sind – von seiner Umsatzsteuer-Traglast abziehen (Verrechnung mit der Umsatzsteuer, die er dem Finanzamt schuldet). Abziehbare Vorsteuerbeträge sind somit Forderungen gegenüber dem Finanzamt.
Waren	Produkte, die von anderen Betrieben hergestellt wurden und zwischen dem Ein- und Verkauf in der Regel keine Veränderung erfahren (Fertigprodukte, die gehandelt werden).
Warenbestand	Wert des Warenvorrats zu einem bestimmten Zeitpunkt. In der Buchführung wird der Warenbestand in der Regel nur einmal im Jahr zum Bilanzstichtag durch Inventur (körperliche Bestandsaufnahme) festgestellt. Ausnahme: Ordnungsgemäße Lagerbuchhaltung in Verbindung mit permanenter Inventur. Dann ist der aktuelle Lagerbestand jederzeit feststellbar (Warenbestand = Saldo des Warenbestandskontos).
Wareneingang	Der Einkauf von Waren, der in der Buchführung im *Soll* auf dem Bestandskonto „Warenbestand" oder dem Aufwandskonto „Wareneingang" erfasst wird. Üblich ist die Erfassung auf dem Konto „Wareneingang". Eine Abstimmung des Wareneingangskontos mit dem Warenbestandskonto erfolgt dann im Rahmen des Jahresabschlusses aufgrund der durch Inventur festgestellten Werte.
Wareneinsatz	Die zur Erzielung des Umsatzes eingesetzte Ware (Warenabgang), bewertet zum Einstandswert (Einkaufspreise netto zzgl. Bezugsnebenkosten netto). Der Wareneinsatz ist Aufwand des Unternehmens zur Erzielung des Erlöses aus dem Verkauf und der Entnahme von Waren.
Wiederbeschaffungskosten	Kosten, die notwendig sind, ein aus dem Betrieb ausgeschiedenes Wirtschaftsgut erneut anzuschaffen. Gegenstände die dem Unternehmen für Zwecke außerhalb des Unternehmens entnommen werden (z.B. für private Zwecke des Unternehmers), sind für die Umsatzsteuer mit deren Wiederbeschaffungskosten zu bewerten (Nettoeinkaufspreis zzgl. Nebenkosten zum Zeitpunkt des Umsatzes).
Zinsen	Der Preis für die Überlassung von Kapital oder Geld. In der Buchführung sind geschuldete Zinsen Aufwand und zu erhaltende Zinsen Ertrag.

Literaturverzeichnis

Literaturverzeichnis

A. Grundlagen

Bornhofen, Manfred, Buchführung 1, 20. Auflage, Wiesbaden 2008
Bundesministerium der Finanzen (Hrsg.), Amtliches Einkommensteuer-Handbuch 2008
Bussiek, Jürgen/Ehrmann, Harald, Buchführung, 8. Auflage, Ludwigshafen 2004
Falterbaum, Hermann/Bolk, Wolfgang/Reiß, Wolfram, Buchführung und Bilanz, Grüne Reihe Bd. 10, 19. Auflage, Achim 2003
Fleischmann, Michael, Praktische Auswirkungen des Zugriffsrechts der Steuerprüfer auf die EDV des Steuerpflichtigen, in: ***Bilanz, Buchführung, Kostenrechnung (BBK)*** Fach 27, S. 2255-2262).
Grefe, Cord, Kompakt-Training Bilanzen, 5. Auflage, Ludwigshafen 2007
Kliewer, Ekkehard/Zschenderlein, Oliver, Die Prüfung der Steuerfachangestellten, 27. Auflage, Ludwigshafen 2008
Sorg, Peter, Buchführung, Landsberg/Lech 1999

B. Inventar und Bilanz

Bornhofen, Manfred, Buchführung 1, 20. Auflage, Wiesbaden 2008
Bundesministerium der Finanzen (Hrsg.), Amtliches Einkommensteuer-Handbuch 2008
Bussiek, Jürgen/Ehrmann, Harald, Buchführung, 8. Auflage, Ludwigshafen 2004
Falterbaum, Hermann/Bolk, Wolfgang/Reiß, Wolfram, Buchführung und Bilanz, Grüne Reihe Bd. 10, 19. Auflage, Achim 2003
Grefe, Cord, Kompakt-Training Bilanzen, 5. Auflage, Ludwigshafen 2007
Kliewer, Ekkehard/Zschenderlein, Oliver, Die Prüfung der Steuerfachangestellten, 27. Auflage, Ludwigshafen 2008
Korth, Michael, Kontierungs-Handbuch, 4. Auflage, München 2003
Sorg, Peter, Buchführung, Landsberg/Lech 1999

C. Systematik der Finanzbuchführung

Bieg, Hartmut, Buchführung, Herne/Berlin 2000
Bornhofen, Manfred, Buchführung 1, 20. Auflage, Wiesbaden 2008
Bundesministerium der Finanzen (Hrsg.), Amtliches Einkommensteuer-Handbuch 2008
Bussiek, Jürgen/Ehrmann, Harald, Buchführung, 8. Auflage, Ludwigshafen 2004
Falterbaum, Hermann/Bolk, Wolfgang/Reiß, Wolfram, Buchführung und Bilanz, Grüne Reihe Bd. 10, 19. Auflage, Achim 2003
Kliewer, Ekkehard/Zschenderlein, Oliver, Die Prüfung der Steuerfachangestellten, 27. Auflage, Ludwigshafen 2008

Schmolke, Siegfried und Deitermann, Manfred, Industrielles Rechnungswesen IKR, 34. Auflage, Darmstadt 2006
Sorg, Peter, Buchführung, Landsberg/Lech 1999

D. Umsatzsteuer

Bornhofen, Manfred, Buchführung 1, 20. Auflage, Wiesbaden 2008
Falterbaum, Hermann/Bolk, Wolfgang/Reiß, Wolfram, Buchführung und Bilanz, Grüne Reihe Bd. 10, 19. Auflage, Achim 2004
Kliewer, Ekkehard/Zschenderlein, Oliver, Die Prüfung der Steuerfachangestellten, 27. Auflage, Ludwigshafen 2008

E. Warenverkehr

Bieg, Hartmut, Buchführung, Herne/Berlin 2000
Bornhofen, Manfred, Buchführung 1, 20. Auflage, Wiesbaden 2008
Goldstein, Elmar, Kontieren und Buchen, 2. Auflage, Nürnberg 2001
Schmolke, Siegfried und Deitermann, Manfred, Industrielles Rechnungswesen IKR, 34. Auflage, Darmstadt 2006

F. Roh-, Hilfs- und Betriebsstoffe

Bornhofen, Manfred, Buchführung 1, 20. Auflage, Wiesbaden 2008
Coenenberg, Adolf, G., Jahresabschluß und Jahresabschlußanalyse, 17. Auflage, Landsberg/Lech 2000
Falterbaum, Hermann/Bolk, Wolfgang/Reiß, Wolfram, Buchführung und Bilanz, Grüne Reihe Bd. 10, 19. Auflage, Achim 2003
Goldstein, Elmar, Kontieren und Buchen, 2. Auflage, Nürnberg 2001
Olfert, Klaus/Rahn, Horst-Joachim, Lexikon der Betriebswirtschaftslehre, 6. Auflage, Ludwigshafen 2008

G. Privatentnahmen und -einlagen

Bornhofen, Manfred, Buchführung 1, 20. Auflage, Wiesbaden 2008
Bornhofen, Manfred, Buchführung 2, 19. Auflage, Wiesbaden 2008
Bundesministerium der Finanzen (Hrsg.), Amtliches Einkommensteuer-Handbuch 2008
Falterbaum, Hermann/Bolk, Wolfgang/Reiß, Wolfram, Buchführung und Bilanz, Grüne Reihe Bd. 10, 19. Auflage, Achim 2003
Kliewer, Ekkehard/Zschenderlein, Oliver, Die Prüfung der Steuerfachangestellten, 27. Auflage, Ludwigshafen 2008

Zschenderlein, Oliver/Mayer, Thomas, Private Nutzung betrieblicher Telefonanschlüsse durch Unternehmer, in: ***Bilanz, Buchführung, Kostenrechnung (BBK)***, Fach 30, S. 869-874, Herne/Berlin 1999

H. Löhne und Gehälter

Bornhofen, Manfred, Buchführung 1, 20. Auflage, Wiesbaden 2008
Datev eG, Tabellen und Informationen für den steuerlichen Berater, 1. Auflage, Nürnberg 2009
Kliewer, Ekkehard/Zschenderlein, Oliver, Die Prüfung der Steuerfachangestellten, 27. Auflage, Ludwigshafen 2008
Schmolke, Siegfried und Deitermann, Manfred, Industrielles Rechnungswesen IKR, 34. Auflage, Darmstadt 2006

I. Sachanlagevermögen

Bornhofen, Manfred, Buchführung 1, 20. Auflage, Wiesbaden 2008
Bornhofen, Manfred, Buchführung 2, 19. Auflage, Wiesbaden 2008
Bussiek, Jürgen/Ehrmann, Harald, Buchführung, 8. Auflage, Ludwigshafen 2004
Grefe, Cord, Kompakt-Training Bilanzen, 5. Auflage, Ludwigshafen 2007
Grützner, Dieter, Die Bilanzierung von Grundstücken und Grundstücksteilen (Teil A), in ***Bilanz, Buchführung, Kostenrechnung (BBK)***, Fach 13, S. 4445-4460, Herne/Berlin 2001
Kliewer, Ekkehard/Zschenderlein, Oliver, Die Prüfung der Steuerfachangestellten, 27. Auflage, Ludwigshafen 2008
Korth, Michael, Kontierungs-Handbuch, 4. Auflage, München 2003
Kotz, Helmut, Rechnungswesen für Steuerfachangestellte, Ludwigshafen 2009
Schmolke, Siegfried und Deitermann, Manfred, Industrielles Rechnungswesen IKR, 34. Auflage, Darmstadt 2006

J. Darlehen und Zinsen

Bornhofen, Manfred, Buchführung 2, 19. Auflage, Wiesbaden 2008
Grefe, Cord, Kompakt-Training Bilanzen, 5. Auflage, Ludwigshafen 2007

DATEV-Kontenrahmen

- SKR 03
- SKR 04

DATEV-Kontenrahmen nach dem Bilanzrichtlinien-Gesetz

Standardkontenrahmen (SKR) 03

Gültig ab 2009

DATEV

Bilanz-Posten[2]	Programm-verbindung[4]	0 Anlage- und Kapitalkonten
Aufwendungen für die Ingangsetzung und Erweiterung des Geschäftsbetriebs		**0001 Aufwendungen für die Ingangsetzung und Erweiterung des Geschäftsbetriebs**
		Immaterielle Vermögensgegenstände
Konzessionen, gewerbliche Schutzrechte und ähnliche Rechte und Werte sowie Lizenzen an solchen Rechten und Werten		**0010 Konzessionen, gewerbliche Schutzrechte und ähnliche Rechte und Werte sowie Lizenzen an solchen Rechten und Werten** 0015 Konzessionen 0020 Gewerbliche Schutzrechte 0025 Ähnliche Rechte und Werte 0027 EDV-Software 0030 Lizenzen an gewerblichen Schutzrechten und ähnlichen Rechten und Werten
Geschäfts- oder Firmenwert		**0035 Geschäfts- oder Firmenwert**
Geleistete Anzahlungen		**0038 Anzahlungen auf Geschäfts- oder Firmenwert** **0039 Anzahlungen auf immaterielle Vermögensgegenstände**
Geschäfts- oder Firmenwert		**0040 Verschmelzungsmehrwert**
		Sachanlagen
Grundstücke, grundstücksgleiche Rechte und Bauten einschließlich der Bauten auf fremden Grundstücken		**0050 Grundstücke, grundstücksgleiche Rechte und Bauten einschließlich der Bauten auf fremden Grundstücken** 0059 Grundstücksanteil des häuslichen Arbeitszimmers[13] **0060 Grundstücke und grundstücksgleiche Rechte ohne Bauten** 0065 Unbebaute Grundstücke 0070 Grundstücksgleiche Rechte - (Erbbaurecht, Dauerwohnrecht) 0075 Grundstücke mit Substanzverzehr
Geleistete Anzahlungen und Anlagen im Bau		0079 Anzahlungen auf Grundstücke und grundstücksgleiche Rechte ohne Bauten
Grundstücke, grundstücksgleiche Rechte und Bauten einschließlich der Bauten auf fremden Grundstücken		**0080 Bauten auf eigenen Grundstücken und grundstücksgleichen Rechten** 0085 Grundstückswerte eigener bebauter Grundstücke 0090 Geschäftsbauten 0100 Fabrikbauten 0110 Garagen 0111 Außenanlagen 0112 Hof- und Wegebefestigungen 0113 Einrichtungen für Geschäfts- und Fabrikbauten 0115 Andere Bauten
Geleistete Anzahlungen und Anlagen im Bau		0120 Geschäfts-, Fabrik- und andere Bauten im Bau 0129 Anzahlungen auf Geschäfts-, Fabrik- und andere Bauten auf eigenen Grundstücken und grundstücksgleichen Rechten
Grundstücke, grundstücksgleiche Rechte und Bauten einschließlich der Bauten auf fremden Grundstücken		0140 Wohnbauten 0145 Garagen 0146 Außenanlagen 0147 Hof- und Wegebefestigungen 0148 Einrichtungen für Wohnbauten 0149 Gebäudeteil des häuslichen Arbeitszimmers[13]

Bilanz-Posten[2]	Programm-verbindung[4]	0 Anlage- und Kapitalkonten
Geleistete Anzahlungen und Anlagen im Bau		0150 Wohnbauten im Bau 0159 Anzahlungen auf Wohnbauten auf eigenen Grundstücken und grundstücksgleichen Rechten
Grundstücke, grundstücksgleiche Rechte und Bauten einschließlich der Bauten auf fremden Grundstücken		**0160 Bauten auf fremden Grundstücken** 0165 Geschäftsbauten 0170 Fabrikbauten 0175 Garagen 0176 Außenanlagen 0177 Hof- und Wegebefestigungen 0178 Einrichtungen für Geschäfts- und Fabrikbauten 0179 Andere Bauten
Geleistete Anzahlungen und Anlagen im Bau		0180 Geschäfts-, Fabrik- und andere Bauten im Bau 0189 Anzahlungen auf Geschäfts-, Fabrik- und andere Bauten auf fremden Grundstücken
Grundstücke, grundstücksgleiche Rechte und Bauten einschließlich der Bauten auf fremden Grundstücken		0190 Wohnbauten 0191 Garagen 0192 Außenanlagen 0193 Hof- und Wegebefestigungen 0194 Einrichtungen für Wohnbauten
Geleistete Anzahlungen und Anlagen im Bau		0195 Wohnbauten im Bau 0199 Anzahlungen auf Wohnbauten auf fremden Grundstücken
Technische Anlagen und Maschinen		**0200 Technische Anlagen und Maschinen** 0210 Maschinen 0220 Maschinengebundene Werkzeuge 0240 Maschinelle Anlagen 0260 Transportanlagen und Ähnliches 0280 Betriebsvorrichtungen
Geleistete Anzahlungen und Anlagen im Bau		0290 Technische Anlagen und Maschinen im Bau 0299 Anzahlungen auf technische Anlagen und Maschinen
Andere Anlagen, Betriebs- und Geschäftsausstattung		**0300 Andere Anlagen, Betriebs- und Geschäftsausstattung** 0310 Andere Anlagen 0320 Pkw 0350 Lkw 0380 Sonstige Transportmittel 0400 Betriebsausstattung 0410 Geschäftsausstattung 0420 Büroeinrichtung 0430 Ladeneinrichtung 0440 Werkzeuge 0450 Einbauten 0460 Gerüst- und Schalungsmaterial 0480 Geringwertige Wirtschaftsgüter 0485 Geringwertige Wirtschaftsgüter größer 150 bis 1.000 Euro (Sammelposten) 0490 Sonstige Betriebs- und Geschäftsausstattung
Geleistete Anzahlungen und Anlagen im Bau		0498 Andere Anlagen, Betriebs- und Geschäftsausstattung im Bau 0499 Anzahlungen auf andere Anlagen, Betriebs- und Geschäftsausstattung
		Finanzanlagen
Anteile an verbundenen Unternehmen		**0500 Anteile an verbundenen Unternehmen (Anlagevermögen)** **0504 Anteile an herrschender oder mit Mehrheit beteiligter Gesellschaft**
Ausleihungen an verbundene Unternehmen		**0505 Ausleihungen an verbundene Unternehmen**

Bilanz-Posten[2]	Programm-verbindung[4]	0 Anlage- und Kapitalkonten
Beteiligungen		**0510 Beteiligungen** 0513 Typisch stille Beteiligungen 0516 Atypisch stille Beteiligungen 0517 Andere Beteiligungen an Kapitalgesellschaften 0518 Andere Beteiligungen an Personengesellschaften 0519 Beteiligung einer GmbH & Co.KG an einer Komplementär GmbH
Ausleihungen an Unternehmen, mit denen ein Beteiligungsverhältnis besteht		**0520 Ausleihungen an Unternehmen, mit denen ein Beteiligungsverhältnis besteht**
Wertpapiere des Anlagevermögens		**0525 Wertpapiere des Anlagevermögens** 0530 Wertpapiere mit Gewinnbeteiligungsansprüchen, die dem Teileinkünfteverfahren unterliegen 0535 Festverzinsliche Wertpapiere
Sonstige Ausleihungen		**0540 Sonstige Ausleihungen** 0550 Darlehen
Genossenschaftsanteile		**0570 Genossenschaftsanteile zum langfristigen Verbleib**
Sonstige Ausleihungen		0580 Ausleihungen an Gesellschafter 0590 Ausleihungen an nahe stehende Personen
Rückdeckungsansprüche aus Lebensversicherungen		**0595 Rückdeckungsansprüche aus Lebensversicherungen zum langfristigen Verbleib**
		Verbindlichkeiten
Anleihen		**0600 Anleihen** nicht konvertibel 0601 – Restlaufzeit bis 1 Jahr 0605 – Restlaufzeit 1 bis 5 Jahre 0610 – Restlaufzeit größer 5 Jahre 0615 Anleihen konvertibel 0616 – Restlaufzeit bis 1 Jahr 0620 – Restlaufzeit 1 bis 5 Jahre 0625 – Restlaufzeit größer 5 Jahre
Verbindlichkeiten gegenüber Kreditinstituten oder *Schecks, Kassenbestand, Bundesbank- und Postbankguthaben, Guthaben bei Kreditinstituten*		**0630 Verbindlichkeiten gegenüber Kreditinstituten** 0631 – Restlaufzeit bis 1 Jahr 0640 – Restlaufzeit 1 bis 5 Jahre 0650 – Restlaufzeit größer 5 Jahre 0660 Verbindlichkeiten gegenüber Kreditinstituten aus Teilzahlungsverträgen 0661 – Restlaufzeit bis 1 Jahr 0670 – Restlaufzeit 1 bis 5 Jahre 0680 – Restlaufzeit größer 5 Jahre 0690 -98 (frei, in Bilanz kein Restlaufzeitvermerk)
Verbindlichkeiten gegenüber Kreditinstituten		0699 Gegenkonto 0630-0689 bei Aufteilung der Konten 0690-0698
Verbindlichkeiten gegenüber verbundenen Unternehmen oder *Forderungen gegen verbundene Unternehmen*		**0700 Verbindlichkeiten gegenüber verbundenen Unternehmen** 0701 – Restlaufzeit bis 1 Jahr 0705 – Restlaufzeit 1 bis 5 Jahre 0710 – Restlaufzeit größer 5 Jahre

Bilanz-Posten[2]	Programm-verbindung[4]	0 Anlage- und Kapitalkonten
Verbindlichkeiten gegenüber Unternehmen, mit denen ein Beteiligungsverhältnis besteht oder *Forderungen gegen Unternehmen, mit denen ein Beteiligungsverhältnis besteht*		**0715 Verbindlichkeiten gegenüber Unternehmen, mit denen ein Beteiligungsverhältnis besteht** 0716 – Restlaufzeit bis 1 Jahr 0720 – Restlaufzeit 1 bis 5 Jahre 0725 – Restlaufzeit größer 5 Jahre
Sonstige Verbindlichkeiten		**0730 Verbindlichkeiten gegenüber Gesellschaftern** 0731 – Restlaufzeit bis 1 Jahr 0740 – Restlaufzeit 1 bis 5 Jahre 0750 – Restlaufzeit größer 5 Jahre 0755 Verbindlichkeiten gegenüber Gesellschaftern für offene Ausschüttungen 0760 Darlehen typisch stiller Gesellschafter 0761 – Restlaufzeit bis 1 Jahr 0764 – Restlaufzeit 1 bis 5 Jahre 0767 – Restlaufzeit größer 5 Jahre 0770 Darlehen atypisch stiller Gesellschafter 0771 – Restlaufzeit bis 1 Jahr 0774 – Restlaufzeit 1 bis 5 Jahre 0777 – Restlaufzeit größer 5 Jahre 0780 Partiarische Darlehen 0781 – Restlaufzeit bis 1 Jahr 0784 – Restlaufzeit 1 bis 5 Jahre 0787 – Restlaufzeit größer 5 Jahre 0790 -98 (frei, in Bilanz kein Restlaufzeitvermerk) 0799 Gegenkonto 0730-0789 bei Aufteilung der Konten 0790-0798
		Kapital Kapitalgesellschaft
Gezeichnetes Kapital	K	**0800 Gezeichnetes Kapital**[17]
Ausstehende Einlagen auf das gezeichnete Kapital		**0801 -09 Ausstehende Einlagen auf das gezeichnete Kapital,** nicht eingefordert (Aktivausweis) 0810 -19 Ausstehende Einlagen auf das gezeichnete Kapital, eingefordert (Aktivausweis)
Nicht eingeforderte ausstehende Einlagen		0820 -29 Ausstehende Einlagen auf das gezeichnete Kapital, nicht eingefordert (Passivausweis, von gezeichnetem Kapital offen abgesetzt; eingeforderte ausstehende Einlagen s. Konten 0830-0838)
Eingeforderte, noch ausstehende Kapitaleinlagen		0830 -38 Ausstehende Einlagen auf das gezeichnete Kapital, eingefordert (Forderungen, nicht eingeforderte ausstehende Einlagen s. Konten 0820-0829)
Eingeforderte Nachschüsse		0839 Eingeforderte Nachschüsse (Forderungen, Gegenkonto 0845)

Bilanz-Posten[2]	Programm-verbindung[4]	0 Anlage- und Kapitalkonten
		Kapitalrücklage
Kapitalrücklage	K	**0840 Kapitalrücklage[17]**
	K	0841 Kapitalrücklage durch Ausgabe von Anteilen über Nennbetrag[17]
	K	0842 Kapitalrücklage durch Ausgabe von Schuldverschreibungen für Wandlungsrechte und Optionsrechte zum Erwerb von Anteilen[17]
	K	0843 Kapitalrücklage durch Zuzahlungen gegen Gewährung eines Vorzugs für Anteile[17]
	K	0844 Kapitalrücklage durch andere Zuzahlungen in das Eigenkapital[17]
	K	0845 Eingefordertes Nachschusskapital (Gegenkonto 0839)[17]
		Gewinnrücklagen
Gesetzliche Rücklage	K	**0846 Gesetzliche Rücklage[17]**
Rücklage für eigene Anteile	K	**0850 Rücklage für eigene Anteile[17]**
Satzungsmäßige Rücklagen	K	**0851 Satzungsmäßige Rücklagen[17]**
Andere Gewinnrücklagen	K	**0855 Andere Gewinnrücklagen[17]**
	K	0856 Eigenkapitalanteil von Wertaufholungen[17]
Gewinnvortrag oder *Verlustvortrag*	K	**0860 Gewinnvortrag vor Verwendung[17]**
	K	**0868 Verlustvortrag vor Verwendung[17]**
Vortrag auf neue Rechnung	K	**0869 Vortrag auf neue Rechnung (Bilanz)[17]**
		Kapital
		Eigenkapital Vollhafter/Einzelunternehmer
		0870 Festkapital -79
		0880 Variables Kapital -89
		Fremdkapital Vollhafter
		0890 Gesellschafter-Darlehen[12] -99
		Eigenkapital Teilhafter
		0900 Kommandit-Kapital -09
		0910 Verlustausgleichskonto -19
		Fremdkapital Teilhafter
		0920 Gesellschafter-Darlehen[12] -29
		Sonderposten mit Rücklageanteil
Sonderposten mit Rücklageanteil		0930 Sonderposten mit Rücklageanteil, steuerfreie Rücklagen[6]
		0931 Sonderposten mit Rücklageanteil nach § 6b EStG
		0932 Sonderposten mit Rücklageanteil nach EStR R 6.6
		0939 Sonderposten mit Rücklageanteil nach § 52 Abs. 16 EStG
		0940 Sonderposten mit Rücklageanteil, Sonderabschreibungen[6]
		0943 Sonderposten mit Rücklageanteil nach § 7g Abs. 2 EStG n. F.
		0947 Sonderposten mit Rücklageanteil nach § 7g Abs. 1 EStG a. F./ § 7g Abs. 5 EStG n. F.
		0948 Sonderposten mit Rücklageanteil nach § 7g Abs. 3 und 7 EStG a. F.

Bilanz-Posten[2]	Programm-verbindung[4]	0 Anlage- und Kapitalkonten
Sonderposten für Zuschüsse und Zulagen		0949 Sonderposten für Zuschüsse und Zulagen
		Rückstellungen
Rückstellungen für Pensionen und ähnliche Verpflichtungen		**0950 Rückstellungen für Pensionen und ähnliche Verpflichtungen**
Steuerrückstellungen		**0955 Steuerrückstellungen**
		0956 Gewerbesteuerrückstellung, § 4 Abs. 5b EStG
		0957 Gewerbesteuerrückstellung
		0963 Körperschaftsteuerrückstellung
Sonstige Rückstellungen		0965 Rückstellungen für Personalkosten
		0966 Rückstellungen zur Erfüllung der Aufbewahrungspflichten
Steuerrückstellungen		0969 Rückstellung für latente Steuern
Sonstige Rückstellungen		0970 Sonstige Rückstellungen
		0971 Rückstellungen für unterlassene Aufwendungen für Instandhaltung, Nachholung in den ersten drei Monaten
		0972 Rückstellungen für unterlassene Aufwendungen für Instandhaltung, Nachholung innerhalb des 4. bis 12. Monats
		0973 Rückstellungen für Abraum- und Abfallbeseitigung
		0974 Rückstellungen für Gewährleistungen (Gegenkonto 4790)
		0976 Rückstellungen für drohende Verluste aus schwebenden Geschäften
		0977 Rückstellungen für Abschluss- und Prüfungskosten
		0978 Aufwandsrückstellungen gemäß § 249 Abs. 2 HGB
		0979 Rückstellungen für Umweltschutz
		Abgrenzungsposten
Rechnungsabgrenzungsposten (Aktiva)		**0980 Aktive Rechnungsabgrenzung**
Abgrenzung latenter Steuern		0983 Abgrenzung aktive latente Steuern
Rechnungsabgrenzungsposten (Aktiva)		0984 Als Aufwand berücksichtigte Zölle und Verbrauchsteuern auf Vorräte
		0985 Als Aufwand berücksichtigte Umsatzsteuer auf Anzahlungen
		0986 Damnum/Disagio
Rechnungsabgrenzungsposten (Passiva)		**0990 Passive Rechnungsabgrenzung**
Sonstige Aktiva oder *sonstige Passiva*		**0992 Abgrenzungen unterjährig pauschal gebuchter Abschreibungen für BWA**
Forderungen aus Lieferungen und Leistungen H-Saldo		0996 Pauschalwertberichtigung auf Forderungen mit einer Restlaufzeit bis zu 1 Jahr
		0997 Pauschalwertberichtigung auf Forderungen mit einer Restlaufzeit von mehr als 1 Jahr
		0998 Einzelwertberichtigungen auf Forderungen mit einer Restlaufzeit bis zu 1 Jahr
		0999 Einzelwertberichtigungen auf Forderungen mit einer Restlaufzeit von mehr als 1 Jahr

Bilanz-Posten[2)]	Programm-verbindung[4)]	1 Finanz- und Privatkonten
		KU 1000-1371 V 1372 KU 1373-1509 V 1510-1520 KU 1521-1709 M 1710-1729 KU 1730-1868 V 1869[10)] KU 1870-1878 M 1879[10)] KU 1880-1999
		Schecks, Kassenbestand, Bundesbank- und Postbank-guthaben, Guthaben bei Kredit-instituten
Kassenbestand, Bundesbank-guthaben, Guthaben bei Kreditinstituten und Schecks		**F 1000 Kasse** F 1010 Nebenkasse 1 F 1020 Nebenkasse 2
Kassenbestand, Bundesbank-guthaben, Guthaben bei Kreditinstituten und Schecks oder *Verbindlichkeiten gegenüber Kreditinstituten*		**F 1100 Postbank** F 1110 Postbank 1 F 1120 Postbank 2 F 1130 Postbank 3 F 1190 LZB-Guthaben F 1195 Bundesbankguthaben **F 1200 Bank** F 1210 Bank 1 F 1220 Bank 2 F 1230 Bank 3 F 1240 Bank 4 F 1250 Bank 5 1290 Finanzmittelanlagen im Rahmen der kurzfristigen Finanzdisposition 1295 Verbindlichkeiten gegenüber Kreditinstituten (nicht im Finanzmittelfonds enthalten)
Forderungen aus Lieferungen und Leistungen oder *sonstige Verbindlichkeiten*		F 1300 Wechsel aus Lieferungen und Leistungen F 1301 - Restlaufzeit bis 1 Jahr F 1302 - Restlaufzeit größer 1 Jahr F 1305 Wechsel aus Lieferungen und Leistungen, bundesbankfähig
Forderungen gegen verbundene Unternehmen oder *Verbindlichkeiten gegenüber verbundenen Unternehmen*		1310 Besitzwechsel gegen verbundene Unternehmen 1311 - Restlaufzeit bis 1 Jahr 1312 - Restlaufzeit größer 1 Jahr 1315 Besitzwechsel gegen verbundene Unternehmen, bundesbankfähig
Forderungen gegenüber Unternehmen, mit denen ein Beteiligungsverhältnis besteht oder *Verbindlichkeiten gegenüber Unternehmen, mit denen ein Beteiligungsverhältnis besteht*		1320 Besitzwechsel gegen Unternehmen, mit denen ein Beteiligungsverhältnis besteht 1321 - Restlaufzeit bis 1 Jahr 1322 - Restlaufzeit größer 1 Jahr 1325 Besitzwechsel gegen Unternehmen, mit denen ein Beteiligungsverhältnis besteht, bundesbankfähig
Sonstige Wertpapiere		1327 Finanzwechsel 1329 Andere Wertpapiere mit unwesentlichen Wertschwankungen im Sinne Textziffer 18 DRS 2
Kassenbestand, Bundesbank-guthaben, Guthaben bei Kreditinstituten und Schecks		**F 1330 Schecks**

Bilanz-Posten[2)]	Programm-verbindung[4)]	1 Finanz- und Privatkonten
		Wertpapiere
Anteile an verbundenen Unternehmen		**1340 Anteile an verbundenen Unternehmen (Umlaufvermögen)** **1344 Anteile an herrschender oder mit Mehrheit beteiligter Gesellschaft**
Eigene Anteile		**1345 Eigene Anteile**
Sonstige Wertpapiere		**1348 Sonstige Wertpapiere** 1349 Wertpapieranlagen im Rahmen der kurzfristigen Finanzdisposition
		Forderungen und sonstige Vermögensgegenstände
Sonstige Vermögensgegenstände		1350 GmbH-Anteile zum kurzfristigen Verbleib 1352 Genossenschaftsanteile zum kurzfristigen Verbleib 1355 Ansprüche aus Rückdeckungsversicherungen
Sonstige Vermögensgegenstände oder *sonstige Verbindlichkeiten*		F 1358 -59 F 1360 Geldtransit F 1370 Verrechnungskonto für Gewinnermittlung § 4/3 EStG, ergebniswirksam F 1371 Verrechnungskonto für Gewinnermittlung § 4/3 EStG, nicht ergebniswirksam 1372 Wirtschaftsgüter des Umlaufvermögens gemäß § 4 Abs. 3 Satz 4 EStG F 1380 Überleitungskonto Kostenstelle F 1390 Verrechnungskonto Ist-Versteuerung
Forderungen aus Lieferungen und Leistungen oder *sonstige Verbindlichkeiten*		**S 1400 Forderungen aus Lieferungen und Leistungen** R 1401 -06 Forderungen aus Lieferungen und Leistungen F 1410 -44 Forderungen aus Lieferungen und Leistungen ohne Kontokorrent F 1445 Forderungen aus Lieferungen und Leistungen zum allgemeinen Umsatzsteuersatz oder eines Kleinunternehmers (EÜR)[13)] F 1446 Forderungen aus Lieferungen und Leistungen zum ermäßigten Umsatzsteuersatz (EÜR)[13)] F 1447 Forderungen aus steuerfreien oder nicht steuerbaren Lieferungen und Leistungen (EÜR)[13)] F 1448 Forderungen aus Lieferungen und Leistungen nach Durchschnittssätzen gemäß § 24 UStG (EÜR)[13)] F 1449 Gegenkonto 1445-1448 bei Aufteilung der Forderungen nach Steuersätzen (EÜR)[13)] F 1450 Forderungen nach § 11 Abs. 1 Satz 2 EStG für § 4/3 EStG F 1451 Forderungen aus Lieferungen und Leistungen ohne Kontokorrent - Restlaufzeit bis 1 Jahr F 1455 - Restlaufzeit größer 1 Jahr F 1460 Zweifelhafte Forderungen F 1461 - Restlaufzeit bis 1 Jahr F 1465 - Restlaufzeit größer 1 Jahr
Forderungen gegen verbundene Unternehmen oder *Verbindlichkeiten gegenüber verbundenen Unternehmen*		F 1470 Forderungen aus Lieferungen und Leistungen gegen verbundene Unternehmen F 1471 - Restlaufzeit bis 1 Jahr F 1475 - Restlaufzeit größer 1 Jahr

Bilanz-Posten[2)]	Programmverbindung[4)]	1 Finanz- und Privatkonten
Forderungen gegen verbundene Unternehmen H-Saldo		1478 Wertberichtigungen auf Forderungen mit einer Restlaufzeit bis zu 1 Jahr gegen verbundene Unternehmen 1479 Wertberichtigungen auf Forderungen mit einer Restlaufzeit von mehr als 1 Jahr gegen verbundene Unternehmen
Forderungen gegen Unternehmen, mit denen ein Beteiligungsverhältnis besteht oder *Verbindlichkeiten gegenüber Unternehmen, mit denen ein Beteiligungsverhältnis besteht*		F 1480 Forderungen aus Lieferungen und Leistungen gegen Unternehmen, mit denen ein Beteiligungsverhältnis besteht F 1481 - Restlaufzeit bis 1 Jahr F 1485 - Restlaufzeit größer 1 Jahr
Forderungen gegen Unternehmen, mit denen ein Beteiligungsverhältnis besteht H-Saldo		1488 Wertberichtigungen auf Forderungen mit einer Restlaufzeit bis zu 1 Jahr gegen Unternehmen, mit denen ein Beteiligungsverhältnis besteht 1489 Wertberichtigungen auf Forderungen mit einer Restlaufzeit von mehr als 1 Jahr gegen Unternehmen, mit denen ein Beteiligungsverhältnis besteht
Forderungen aus Lieferungen und Leistungen oder *sonstige Verbindlichkeiten*		F 1490 Forderungen aus Lieferungen und Leistungen gegen Gesellschafter F 1491 - Restlaufzeit bis 1 Jahr F 1495 - Restlaufzeit größer 1 Jahr
Forderungen aus Lieferungen und Leistungen H-Saldo		1498 Gegenkonto zu sonstigen Vermögensgegenständen bei Buchungen über Debitorenkonto
Forderungen aus Lieferungen und Leistungen H-Saldo oder *sonstige Verbindlichkeiten S-Saldo*		1499 Gegenkonto 1451-1497 bei Aufteilung Debitorenkonto
Sonstige Vermögensgegenstände		**1500 Sonstige Vermögensgegenstände** 1501 - Restlaufzeit bis 1 Jahr 1502 - Restlaufzeit größer 1 Jahr 1503 Forderungen gegen Vorstandsmitglieder und Geschäftsführer - Restlaufzeit bis 1 Jahr 1504 Forderungen gegen Vorstandsmitglieder und Geschäftsführer - Restlaufzeit größer 1 Jahr 1505 Forderungen gegen Aufsichtsrats- und Beiratsmitglieder - Restlaufzeit bis 1 Jahr 1506 Forderungen gegen Aufsichtsrats- und Beiratsmitglieder - Restlaufzeit größer 1 Jahr 1507 Forderungen gegen Gesellschafter - Restlaufzeit bis 1 Jahr 1508 Forderungen gegen Gesellschafter - Restlaufzeit größer 1 Jahr

Bilanz-Posten[2)]	Programmverbindung[4)]	1 Finanz- und Privatkonten
Geleistete Anzahlungen		**1510 Geleistete Anzahlungen auf Vorräte** AV 1511 Geleistete Anzahlungen, 7 % Vorsteuer R 1512 -15 AV 1516 Geleistete Anzahlungen, 15 % Vorsteuer AV 1517 Geleistete Anzahlungen, 16 % Vorsteuer AV 1518 Geleistete Anzahlungen, 19 % Vorsteuer
Sonstige Vermögensgegenstände		1521 Agenturwarenabrechnung 1525 Kautionen 1526 - Restlaufzeit bis 1 Jahr 1527 - Restlaufzeit größer 1 Jahr
Sonstige Vermögensgegenstände oder *sonstige Verbindlichkeiten*	U U	F 1528 Nachträglich abziehbare Vorsteuer, § 15a Abs. 2 UStG F 1529 Zurückzuzahlende Vorsteuer, § 15a Abs. 2 UStG
Sonstige Vermögensgegenstände		1530 Forderungen gegen Personal aus Lohn- und Gehaltsabrechnung 1531 - Restlaufzeit bis 1 Jahr 1537 - Restlaufzeit größer 1 Jahr 1538 Körperschaftsteuerguthaben nach § 37 KStG - Restlaufzeit bis 1 Jahr 1539 - Restlaufzeit größer 1 Jahr 1540 Steuerüberzahlungen 1542 Steuererstattungsansprüche gegenüber anderen EG-Ländern F 1543 Forderungen an das Finanzamt aus abgeführtem Bauabzugsbetrag 1545 Umsatzsteuerforderungen 1547 Forderungen aus entrichteten Verbrauchsteuern
Sonstige Vermögensgegenstände oder *sonstige Verbindlichkeiten*		1548 Vorsteuer im Folgejahr abziehbar
Sonstige Vermögensgegenstände		1549 Körperschaftsteuerrückforderung 1550 Darlehen 1551 - Restlaufzeit bis 1 Jahr 1555 - Restlaufzeit größer 1 Jahr
Sonstige Vermögensgegenstände oder *sonstige Verbindlichkeiten*	U (1556) U (1557) U (1558) U (1559) U (1570) U (1571) U (1572) U (1573) U (1574)	F 1556 Nachträglich abziehbare Vorsteuer, § 15a Abs. 1 UStG, bewegliche Wirtschaftsgüter F 1557 Zurückzuzahlende Vorsteuer, § 15a Abs. 1 UStG, bewegliche Wirtschaftsgüter F 1558 Nachträglich abziehbare Vorsteuer, § 15a Abs. 1 UStG, unbewegliche Wirtschaftsgüter F 1559 Zurückzuzahlende Vorsteuer, § 15a Abs. 1 UStG, unbewegliche Wirtschaftsgüter S 1560 Aufzuteilende Vorsteuer S 1561 Aufzuteilende Vorsteuer 7 % S 1562 Aufzuteilende Vorsteuer aus innergemeinschaftlichem Erwerb S 1563 Aufzuteilende Vorsteuer aus innergemeinschaftlichem Erwerb 19 % R 1564 S 1565 Aufzuteilende Vorsteuer 16 % S 1566 Aufzuteilende Vorsteuer 19 % S 1567 Aufzuteilende Vorsteuer nach §§ 13a/13b UStG S 1568 Aufzuteilende Vorsteuer nach §§ 13a/13b UStG 16 % S 1569 Aufzuteilende Vorsteuer nach §§ 13a/13b UStG 19 % S 1570 Abziehbare Vorsteuer S 1571 Abziehbare Vorsteuer 7 % S 1572 Abziehbare Vorsteuer aus innergemeinschaftlichem Erwerb S 1573 Abziehbare Vorsteuer aus innergemeinschaftlichem Erwerb 16 % S 1574 Abziehbare Vorsteuer aus innergemeinschaftlichem Erwerb 19 %

Bilanz-Posten[2]	Programmverbindung[4]	1 Finanz- und Privatkonten
Sonstige Vermögensgegenstände oder *sonstige Verbindlichkeiten*	U	S 1575 Abziehbare Vorsteuer 16 %
	U	S 1576 Abziehbare Vorsteuer 19 %
	U	S 1577 Abziehbare Vorsteuer nach § 13b UStG 19 %
	U	S 1578 Abziehbare Vorsteuer nach § 13b UStG
	U	S 1579 Abziehbare Vorsteuer nach § 13b UStG 16 %
		1580 Gegenkonto Vorsteuer § 4/3 EStG
		1581 Auflösung Vorsteuer aus Vorjahr § 4/3 EStG
		1582 Vorsteuer aus Investitionen § 4/3 EStG
		1583 Gegenkonto für Vorsteuer nach Durchschnittssätzen für § 4 Abs. 3 EStG[13]
	U	S 1584 Abziehbare Vorsteuer aus innergemeinschaftlichem Erwerb von Neufahrzeugen von Lieferanten ohne USt-IdNr.
	U	S 1585 Abziehbare Vorsteuer aus der Auslagerung von Gegenständen aus einem Umsatzsteuerlager
		R 1586
	U	F 1587 Vorsteuer nach allgemeinen Durchschnittssätzen UStVA Kz. 63
	U	F 1588 Bezahlte Einfuhrumsatzsteuer
		R 1589
		1590 Durchlaufende Posten
		1592 Fremdgeld
Sonstige Verbindlichkeiten S-Saldo		F 1593 Verrechnungskonto erhaltene Anzahlungen bei Buchung über Debitorenkonto
Forderungen gegen verbundene Unternehmen oder *Verbindlichkeiten gegenüber verbundenen Unternehmen*		**1594 Forderungen gegen verbundene Unternehmen**
		1595 - Restlaufzeit bis 1 Jahr
		1596 - Restlaufzeit größer 1 Jahr
Forderungen gegen Unternehmen, mit denen ein Beteiligungsverhältnis besteht oder *Verbindlichkeiten gegenüber Unternehmen, mit denen ein Beteiligungsverhältnis besteht*		1597 Forderungen gegen Unternehmen, mit denen ein Beteiligungsverhältnis besteht
		1598 - Restlaufzeit bis 1 Jahr
		1599 - Restlaufzeit größer 1 Jahr
		Verbindlichkeiten
Verbindlichkeiten aus Lieferungen und Leistungen oder *sonstige Vermögensgegenstände*		**S 1600 Verbindlichkeiten aus Lieferungen und Leistungen**
		R 1601 -03 Verbindlichkeiten aus Lieferungen und Leistungen
		F 1605 Verbindlichkeiten aus Lieferungen und Leistungen zum allgemeinen Umsatzsteuersatz (EÜR)[13]
		F 1606 Verbindlichkeiten aus Lieferungen und Leistungen zum ermäßigten Umsatzsteuersatz (EÜR)[13]
		F 1607 Verbindlichkeiten aus Lieferungen und Leistungen ohne Vorsteuer (EÜR)
		F 1609 Gegenkonto 1605-1607 bei Aufteilung der Verbindlichkeiten nach Steuersätzen (EÜR)[13]
		F 1610 -23 Verbindlichkeiten aus Lieferungen und Leistungen ohne Kontokorrent
		F 1624 Verbindlichkeiten aus Lieferungen und Leistungen für Investitionen für § 4/3 EStG
		F 1625 Verbindlichkeiten aus Lieferungen und Leistungen ohne Kontokorrent - Restlaufzeit bis 1 Jahr
		F 1626 - Restlaufzeit 1 bis 5 Jahre
		F 1628 - Restlaufzeit größer 5 Jahre

Bilanz-Posten[2]	Programmverbindung[4]	1 Finanz- und Privatkonten
Verbindlichkeiten gegenüber verbundenen Unternehmen oder *Forderungen gegen verbundene Unternehmen*		F 1630 Verbindlichkeiten aus Lieferungen und Leistungen gegenüber verbundenen Unternehmen
		F 1631 - Restlaufzeit bis 1 Jahr
		F 1635 - Restlaufzeit 1 bis 5 Jahre
		F 1638 - Restlaufzeit größer 5 Jahre
Verbindlichkeiten gegenüber Unternehmen, mit denen ein Beteiligungsverhältnis besteht oder *Forderungen gegen Unternehmen, mit denen ein Beteiligungsverhältnis besteht*		F 1640 Verbindlichkeiten aus Lieferungen und Leistungen gegenüber Unternehmen, mit denen ein Beteiligungsverhältnis besteht
		F 1641 - Restlaufzeit bis 1 Jahr
		F 1645 - Restlaufzeit 1 bis 5 Jahre
		F 1648 - Restlaufzeit größer 5 Jahre
Verbindlichkeiten aus Lieferungen und Leistungen oder *sonstige Vermögensgegenstände*		F 1650 Verbindlichkeiten aus Lieferungen und Leistungen gegenüber Gesellschaftern
		F 1651 - Restlaufzeit bis 1 Jahr
		F 1655 - Restlaufzeit 1 bis 5 Jahre
		F 1658 - Restlaufzeit größer 5 Jahre
Verbindlichkeiten aus Lieferungen und Leistungen S-Saldo oder *sonstige Vermögensgegenstände H-Saldo*		1659 Gegenkonto 1625-1658 bei Aufteilung Kreditorenkonto
Verbindlichkeiten aus der Annahme gezogener Wechsel und aus der Ausstellung eigener Wechsel		**F 1660 Schuldwechsel**
		F 1661 - Restlaufzeit bis 1 Jahr
		F 1680 - Restlaufzeit 1 bis 5 Jahre
		F 1690 - Restlaufzeit größer 5 Jahre
Sonstige Verbindlichkeiten		**1700 Sonstige Verbindlichkeiten**
		1701 - Restlaufzeit bis 1 Jahr
		1702 - Restlaufzeit 1 bis 5 Jahre
		1703 - Restlaufzeit größer 5 Jahre
		1704 Sonstige Verbindlichkeiten z. B. nach § 11 Abs. 2 Satz 2 EStG für § 4/3 EStG
		1705 Darlehen
		1706 - Restlaufzeit bis 1 Jahr
		1707 - Restlaufzeit 1 bis 5 Jahre
		1708 - Restlaufzeit größer 5 Jahre
Sonstige Verbindlichkeiten oder *sonstige Vermögensgegenstände*		1709 Gewinnverfügungskonto stiller Gesellschafter
Erhaltene Anzahlungen auf Bestellungen (Passiva)		**1710 Erhaltene Anzahlungen (Verbindlichkeiten)**
	U	AM 1711 Erhaltene, versteuerte Anzahlungen 7 % USt (Verbindlichkeiten)
		R 1712 -15
	U	AM 1716 Erhaltene, versteuerte Anzahlungen 15 % USt (Verbindlichkeiten)
	U	AM 1717 Erhaltene, versteuerte Anzahlungen 16 % USt (Verbindlichkeiten)
	U	AM 1718 Erhaltene, versteuerte Anzahlungen 19 % USt (Verbindlichkeiten)
		1719 Erhaltene Anzahlungen - Restlaufzeit bis 1 Jahr
		1720 - Restlaufzeit 1 bis 5 Jahre
		1721 - Restlaufzeit größer 5 Jahre

Bilanz-Posten[2]	Programmverbindung[4]	1 Finanz- und Privatkonten
Erhaltene Anzahlungen auf Bestellungen (Aktiva)		1722 Erhaltene Anzahlungen (von Vorräten offen abgesetzt)
Sonstige Verbindlichkeiten		1730 Kreditkartenabrechnung
		1731 Agenturwarenabrechnung
		1732 Erhaltene Kautionen
		1733 - Restlaufzeit bis 1 Jahr
		1734 - Restlaufzeit 1 bis 5 Jahre
		1735 - Restlaufzeit größer 5 Jahre
		1736 Verbindlichkeiten aus Steuern und Abgaben
		1737 - Restlaufzeit bis 1 Jahr
		1738 - Restlaufzeit 1 bis 5 Jahre
		1739 - Restlaufzeit größer 5 Jahre
		1740 Verbindlichkeiten aus Lohn und Gehalt
Sonstige Verbindlichkeiten oder *sonstige Vermögensgegenstände*		1741 Verbindlichkeiten aus Lohn- und Kirchensteuer
		1742 Verbindlichkeiten im Rahmen der sozialen Sicherheit
		1743 - Restlaufzeit bis 1 Jahr
		1744 - Restlaufzeit 1 bis 5 Jahre
		1745 - Restlaufzeit größer 5 Jahre
Sonstige Verbindlichkeiten		1746 Verbindlichkeiten aus Einbehaltungen (KapESt und SolZ auf KapESt)
		1747 Verbindlichkeiten für Verbrauchsteuern
		1748 Verbindlichkeiten für Einbehaltungen von Arbeitnehmern
		1749 Verbindlichkeiten an das Finanzamt aus abzuführendem Bauabzugsbetrag
		1750 Verbindlichkeiten aus Vermögensbildung
		1751 - Restlaufzeit bis 1 Jahr
		1752 - Restlaufzeit 1 bis 5 Jahre
		1753 - Restlaufzeit größer 5 Jahre
		1754 Steuerzahlungen an andere EG-Länder
Sonstige Verbindlichkeiten oder *sonstige Vermögensgegenstände*		**1755 Lohn- und Gehaltsverrechnung**
		1756 Lohn- und Gehaltsverrechnung § 11 Abs. 2 EStG für § 4/3 EStG
		R 1758
		1759 Voraussichtliche Beitragsschuld gegenüber den Sozialversicherungsträgern
Steuerrückstellungen oder *sonstige Vermögensgegenstände*		S 1760 Umsatzsteuer nicht fällig
		S 1761 Umsatzsteuer nicht fällig 7 %
		S 1762 Umsatzsteuer nicht fällig aus im Inland steuerpflichtigen EG-Lieferungen
		S 1763 Umsatzsteuer nicht fällig aus im Inland steuerpflichtigen EG-Lieferungen 16 %
		S 1764 Umsatzsteuer nicht fällig aus im Inland steuerpflichtigen EG-Lieferungen 19 %
		S 1765 Umsatzsteuer nicht fällig 16 %
		S 1766 Umsatzsteuer nicht fällig 19 %
Sonstige Verbindlichkeiten		S 1767 Umsatzsteuer aus im anderen EG-Land steuerpflichtigen Lieferungen
		S 1768 Umsatzsteuer aus im anderen EG-Land steuerpflichtigen sonstigen Leistungen/Werklieferungen

Bilanz-Posten[2]	Programmverbindung[4]	1 Finanz- und Privatkonten
Sonstige Verbindlichkeiten oder *sonstige Vermögensgegenstände*	U	S 1769 Umsatzsteuer aus der Auslagerung von Gegenständen aus einem Umsatzsteuerlager
		S 1770 Umsatzsteuer
		S 1771 Umsatzsteuer 7 %
		S 1772 Umsatzsteuer aus innergemeinschaftlichem Erwerb
		S 1773 Umsatzsteuer aus innergemeinschaftlichem Erwerb 16 %
		S 1774 Umsatzsteuer aus innergemeinschaftlichem Erwerb 19 %
		S 1775 Umsatzsteuer 16 %
		S 1776 Umsatzsteuer 19 %
		S 1777 Umsatzsteuer aus im Inland steuerpflichtigen EG-Lieferungen
		S 1778 Umsatzsteuer aus im Inland steuerpflichtigen EG-Lieferungen 19 %
		S 1779 Umsatzsteuer aus innergemeinschaftlichem Erwerb ohne Vorsteuerabzug
	U	F 1780 Umsatzsteuer-Vorauszahlungen
	U	F 1781 Umsatzsteuer-Vorauszahlung 1/11
	U	F 1782 Nachsteuer, UStVA Kz. 65
	U	F 1783 In Rechnung unrichtig oder unberechtigt ausgewiesene Steuerbeträge, UStVA Kz. 69
	U	S 1784 Umsatzsteuer aus innergemeinschaftlichem Erwerb von Neufahrzeugen von Lieferanten ohne Umsatzsteuer-Identifikationsnummer
	U	S 1785 Umsatzsteuer nach § 13b UStG
	U	S 1786 Umsatzsteuer nach § 13b UStG 16 %
	U	S 1787 Umsatzsteuer nach § 13b UStG 19 %
		1788 Einfuhrumsatzsteuer aufgeschoben bis
		1789 Umsatzsteuer laufendes Jahr
		1790 Umsatzsteuer Vorjahr
		1791 Umsatzsteuer frühere Jahre
Sonstige Vermögensgegenstände oder *sonstige Verbindlichkeiten*		1792 Sonstige Verrechnungskonten (Interimskonten)
Sonstige Vermögensgegenstände H-Saldo		1793 Verrechnungskonto geleistete Anzahlungen bei Buchung über Kreditorenkonto
		1795 Verbindlichkeiten im Rahmen der sozialen Sicherheit (für § 4/3 EStG)
Sonstige Vermögensgegenstände oder *sonstige Verbindlichkeiten*		F 1799

Bilanz-Posten[2]	Programmverbindung[4]	1 Finanz- und Privatkonten	GuV-Posten[2]	Programmverbindung[4]	2 Abgrenzungskonten
		Privat (Eigenkapital) Vollhafter/Einzelunternehmer			M 2400-2449
		1800 Privatentnahmen allgemein			**Außerordentliche Aufwendungen i. S. d. BiRiLiG**
		-09			
		1810 Privatsteuern			
		-19	Außerordentliche Aufwendungen		2000 Außerordentliche Aufwendungen
		1820 Sonderausgaben beschränkt -29 abzugsfähig			2001 Außerordentliche Aufwendungen finanzwirksam
		1830 Sonderausgaben unbeschränkt -39 abzugsfähig			2005 Außerordentliche Aufwendungen nicht finanzwirksam
		1840 Zuwendungen, Spenden			
		-49			**Betriebsfremde und periodenfremde Aufwendungen**
		1850 Außergewöhnliche Belastungen			
		-59	Sonstige betriebliche Aufwendungen		2010 Betriebsfremde Aufwendungen (soweit nicht außerordentlich)
		1860 Grundstücksaufwand			
		-68			2020 Periodenfremde Aufwendungen (soweit nicht außerordentlich)
		1869 Grundstücksaufwand (Umsatzsteuerschlüssel möglich)[10]			
		1870 Grundstücksertrag			
		-78			**Zinsen und ähnliche Aufwendungen**
		1879 Grundstücksertrag (Umsatzsteuerschlüssel möglich)[10]			
		1880 Unentgeltliche Wertabgaben	Zinsen und ähnliche Aufwendungen	G K	**2100 Zinsen und ähnliche Aufwendungen**
		-89			2103 Steuerlich abzugsfähige, andere Nebenleistungen zu Steuern
		1890 Privateinlagen			
		-99		G K	2104 Steuerlich nicht abzugsfähige, andere Nebenleistungen zu Steuern
		Privat (Fremdkapital) Teilhafter		G K	2105 Zinsaufwendungen § 233a AO, § 4 Abs. 5b EStG[1]
		1900 Privatentnahmen allgemein		K	2106 Zinsen aus Abzinsung des Körperschaftsteuer-Erhöhungbetrages § 38 KStG
		-09			
		1910 Privatsteuern			
		-19		G K	2107 Zinsaufwendungen § 233a AO betriebliche Steuern
		1920 Sonderausgaben beschränkt -29 abzugsfähig		G K	2108 Zinsaufwendungen §§ 233a bis 237 AO Personensteuern
		1930 Sonderausgaben unbeschränkt -39 abzugsfähig		G K	2109 Zinsaufwendungen an verbundene Unternehmen
		1940 Zuwendungen, Spenden			
		-49		G K	2110 Zinsaufwendungen für kurzfristige Verbindlichkeiten
		1950 Außergewöhnliche Belastungen			
		-59		G	2113 Nicht abzugsfähige Schuldzinsen gemäß § 4 Abs. 4a EStG (Hinzurechnungsbetrag)[13]
		1960 Grundstücksaufwand			
		-69			
		1970 Grundstücksertrag		G K	2115 Zinsen und ähnliche Aufwendungen §§ 3 Nr. 40, 3c EStG/§ 8b KStG (inländische Kap.Ges.)[9,16]
		-79			
		1980 Unentgeltliche Wertabgaben			
		-89		G K	2116 Zinsen und ähnliche Aufwendungen an verbundene Unternehmen §§ 3 Nr. 40, 3c EStG/§ 8b KStG (inländische Kap.Ges.)[9,16]
		1990 Privateinlagen			
		-99			
				G K	2118 Zinsen auf Kontokorrentkonten
				G K	2119 Zinsaufwendungen für kurzfristige Verbindlichkeiten an verbundene Unternehmen
				G K	2120 Zinsaufwendungen für langfristige Verbindlichkeiten
				G K	2125 Zinsaufwendungen für Gebäude, die zum Betriebsvermögen gehören[13]
				G K	2126 Zinsen zur Finanzierung des Anlagevermögens
				G K	2127 Renten und dauernde Lasten
				G	2128 Zinsaufwendungen an Mitunternehmer für die Hingabe von Kapital § 15 EStG
				G K	2129 Zinsaufwendungen für langfristige Verbindlichkeiten an verbundene Unternehmen
				G K	2130 Diskontaufwendungen
				G K	2139 Diskontaufwendungen an verbundene Unternehmen
					2140 Zinsähnliche Aufwendungen
					2149 Zinsähnliche Aufwendungen an verbundene Unternehmen
			Sonstige betriebliche Aufwendungen		2150 Aufwendungen aus Kursdifferenzen
					2166 Aufwendungen aus Bewertung Finanzmittelfonds
					2170 Nicht abziehbare Vorsteuer
					2171 Nicht abziehbare Vorsteuer 7 %
					R 2174 -75
					2176 Nicht abziehbare Vorsteuer 19 %

GuV-Posten[2]	Programmverbindung[4]	2 Abgrenzungskonten
		Steueraufwendungen
Steuern vom Einkommen und Ertrag	K	2200 Körperschaftsteuer
	K	2203 Körperschaftsteuer für Vorjahre
	K	2204 Körperschaftsteuererstattungen für Vorjahre
	K	2205 Körperschaftsteuererstattung für Vorjahre nach § 37 KStG
	K	2206 Körperschaftsteuer-Erhöhungsbetrag § 38 Abs. 5 KStG
	K	2208 Solidaritätszuschlag
	K	2209 Solidaritätszuschlag für Vorjahre
	K	2210 Solidaritätszuschlagerstattungen für Vorjahre
	G K	2212 Kapitalertragsteuer 20 %
	G K	2213 Kapitalertragsteuer 25 %
	G K	2214 Anrechenbarer Solidaritätszuschlag auf Kapitalertragsteuer 20 %
	G K	2215 Zinsabschlagsteuer
	G K	2216 Anrechenbarer Solidaritätszuschlag auf Kapitalertragsteuer 25 %
	G K	2218 Anrechenbarer Solidaritätszuschlag auf Zinsabschlagsteuer
	G K	2219 Anzurechnende ausländische Quellensteuer
	G K	2250 Aufwendungen aus der Zuführung und Auflösung von latenten Steuern[1]
	G K	2255 Erträge aus der Zuführung und Auflösung von latenten Steuern[1]
		2280 Gewerbesteuernachzahlungen Vorjahre
	G K	2281 Gewerbesteuernachzahlungen und Gewerbesteuererstattungen für Vorjahre, § 4 Abs. 5b EStG
		2282 Gewerbesteuererstattungen Vorjahre
	G K	2283 Erträge aus der Auflösung von Gewerbesteuerrückstellungen, § 4 Abs. 5b EStG
		2284 Erträge aus der Auflösung von Gewerbesteuerrückstellungen
Sonstige Steuern		2285 Steuernachzahlungen Vorjahre für sonstige Steuern
		2287 Steuererstattungen Vorjahre für sonstige Steuern
		2289 Erträge aus der Auflösung von Rückstellungen für sonstige Steuern
		Sonstige Aufwendungen
Sonstige betriebliche Aufwendungen		**2300 Sonstige Aufwendungen**
		2307 Sonstige Aufwendungen betriebsfremd und regelmäßig
		2309 Sonstige Aufwendungen unregelmäßig
		2310 Anlagenabgänge Sachanlagen (Restbuchwert bei Buchverlust)
		2311 Anlagenabgänge immaterielle Vermögensgegenstände (Restbuchwert bei Buchverlust)
		2312 Anlagenabgänge Finanzanlagen (Restbuchwert bei Buchverlust)
	G K	2313 Anlagenabgänge Finanzanlagen §§ 3 Nr. 40, 3c EStG/§ 8b KStG (inländische Kap.Ges.) (Restbuchwert bei Buchverlust)[9]
Sonstige betriebliche Erträge		2315 Anlagenabgänge Sachanlagen (Restbuchwert bei Buchgewinn)
		2316 Anlagenabgänge immaterielle Vermögensgegenstände (Restbuchwert bei Buchgewinn)
		2317 Anlagenabgänge Finanzanlagen (Restbuchwert bei Buchgewinn)
	G K	2318 Anlagenabgänge Finanzanlagen §§ 3 Nr. 40, 3c EStG/§ 8b KStG (inländische Kap.Ges.) (Restbuchwert bei Buchgewinn)[9]
Sonstige betriebliche Aufwendungen		2320 Verluste aus dem Abgang von Gegenständen des Anlagevermögens
	G K	2323 Verluste aus der Veräußerung von Anteilen an Kapitalgesellschaften §§ 3 Nr. 40, 3c EStG/§ 8b KStG (inländische Kap.Ges.)[9]
		2325 Verluste aus dem Abgang von Gegenständen des Umlaufvermögens (außer Vorräte)
	G K	2326 Verluste aus dem Abgang von Gegenständen des Umlaufvermögens (außer Vorräte) §§ 3 Nr. 40, 3c EStG/§ 8b KStG (inländische Kap.Ges.)[9]
		2327 Abgang von Wirtschaftsgütern des Umlaufvermögens nach § 4 Abs. 3 Satz 4 EStG[13]
	G K	2328 Abgang von Wirtschaftsgütern des Umlaufvermögens §§ 3 Nr. 40, 3c EStG/§ 8b KStG (inländische Kap.Ges.) nach § 4 Abs. 3 Satz 4 EStG[9][13]
		2340 Einstellungen in Sonderposten mit Rücklageanteil (steuerfreie Rücklagen)
		2341 Einstellungen in Sonderposten mit Rücklageanteil (§ 7g Abs. 2 EStG n. F.)
		2345 Einstellungen in Sonderposten mit Rücklageanteil (Sonderabschreibungen)
	G K	2348 Aufwendungen aus der Zuschreibung von steuerlich niedriger bewerteten Verbindlichkeiten
		2349 Aufwendungen aus der Zuschreibung von steuerlich niedriger bewerteten Rückstellungen
		2350 Grundstücksaufwendungen, neutral
Sonstige Steuern		2375 Grundsteuer
Sonstige betriebliche Aufwendungen	G K	2380 Zuwendungen, Spenden, steuerlich nicht abziehbar
	G K	2381 Zuwendungen, Spenden für wissenschaftliche und kulturelle Zwecke
	G K	2382 Zuwendungen, Spenden für mildtätige Zwecke
	G K	2383 Zuwendungen, Spenden für kirchliche, religiöse und gemeinnützige Zwecke
	G K	2384 Zuwendungen, Spenden an politische Parteien
	K	2385 Nicht abziehbare Hälfte der Aufsichtsratsvergütungen
		2386 Abziehbare Aufsichtsratsvergütungen
	G K	2387 Zuwendungen, Spenden an Stiftungen für gemeinnützige Zwecke i. S. d. § 52 Abs. 2 Nr. 1-3 AO
	G K	2388 Zuwendungen, Spenden an Stiftungen für gemeinnützige Zwecke i. S. d. § 52 Abs. 2 Nr. 4 AO
	G K	2389 Zuwendungen, Spenden an Stiftungen für kirchliche, religiöse und gemeinnützige Zwecke
	G K	2390 Zuwendungen, Spenden an Stiftungen für wissenschaftliche, mildtätige, kulturelle Zwecke

GuV-Posten[2)]	Programmverbindung[4)]	2 Abgrenzungskonten
Sonstige betriebliche Aufwendungen		**2400 Forderungsverluste (übliche Höhe)**
	U	AM 2401 Forderungsverluste 7 % USt (übliche Höhe)
	U	AM 2402 Forderungsverluste aus steuerfreien EG-Lieferungen (übliche Höhe)
	U	AM 2403 Forderungsverluste aus im Inland steuerpflichtigen EG-Lieferungen 7 % USt (übliche Höhe)
	U	AM 2404 Forderungsverluste aus im Inland steuerpflichtigen EG-Lieferungen 16 % USt (übliche Höhe)
	U	AM 2405 Forderungsverluste 16 % USt (übliche Höhe)
	U	AM 2406 Forderungsverluste 19 % USt (übliche Höhe)
	U	AM 2407 Forderungsverluste 15 % USt (übliche Höhe)
	U	AM 2408 Forderungsverluste aus im Inland steuerpflichtigen EG-Lieferungen 19 % USt (übliche Höhe)
	U	AM 2409 Forderungsverluste aus im Inland steuerpflichtigen EG-Lieferungen 15 % USt (übliche Höhe)
Abschreibungen auf Vermögensgegenstände des Umlaufvermögens, soweit diese die in der Kapitalgesellschaft üblichen Abschreibungen überschreiten		2430 Forderungsverluste, unüblich hoch
Sonstige betriebliche Aufwendungen		2450 Einstellungen in die Pauschalwertberichtigung zu Forderungen
		2451 Einstellung in die Einzelwertberichtigung zu Forderungen
Aufwendungen aus Verlustübernahme	G K	2490 Aufwendungen aus Verlustübernahme
Auf Grund einer Gewinngemeinschaft, eines Gewinn- oder Teilgewinnabführungsvertrags abgeführte Gewinne		2492 Abgeführte Gewinne auf Grund einer Gewinngemeinschaft
	G K	2493 Abgeführte Gewinnanteile an stille Gesellschafter § 8 GewStG
	K	2494 Abgeführte Gewinne auf Grund eines Gewinn- oder Teilgewinnabführungsvertrages
Einstellungen in die Kapitalrücklage nach den Vorschriften über die vereinfachte Kapitalherabsetzung		2495 Einstellungen in die Kapitalrücklage nach den Vorschriften über die vereinfachte Kapitalherabsetzung
Einstellungen in Gewinnrücklagen in die gesetzliche Rücklage		2496 Einstellungen in die gesetzliche Rücklage
Einstellungen in Gewinnrücklagen in satzungsmäßige Rücklagen		2497 Einstellungen in satzungsmäßige Rücklagen
Einstellungen in Gewinnrücklagen in die Rücklage für eigene Anteile		2498 Einstellungen in die Rücklage für eigene Anteile
Einstellungen in Gewinnrücklagen in andere Gewinnrücklagen		2499 Einstellungen in andere Gewinnrücklagen

GuV-Posten[2)]	Programmverbindung[4)]	2 Abgrenzungskonten
		Außerordentliche Erträge i. S. d. BiRiLiG
Außerordentliche Erträge		2500 Außerordentliche Erträge
		2501 Außerordentliche Erträge finanzwirksam
		2505 Außerordentliche Erträge nicht finanzwirksam
		Betriebsfremde und periodenfremde Erträge
Sonstige betriebliche Erträge		2510 Betriebsfremde Erträge (soweit nicht außerordentlich)
		2520 Periodenfremde Erträge (soweit nicht außerordentlich)
		Zinserträge
Erträge aus Beteiligungen		**2600 Erträge aus Beteiligungen**
	G K	2615 Laufende Erträge aus Anteilen an Kapitalgesellschaften (Beteiligung) § 3 Nr. 40 EStG/§ 8b KStG (inländische Kap.Ges.)[9)]
	G K	2616 Laufende Erträge aus Anteilen an Kapitalgesellschaften (verbundene Unternehmen) § 3 Nr. 40 EStG/ § 8b KStG (inländische Kap.Ges.)[9)]
	G K	2617 Sonstige gewerbesteuerfreie Gewinne aus Anteilen an einer Kapitalgesellschaft (Kürzung gem. § 9 Nr. 2a GewStG)[8)]
	G K	2618 Gewinnanteile aus Mitunternehmerschaften § 9 GewStG
		2619 Erträge aus Beteiligungen an verbundenen Unternehmen
Erträge aus anderen Wertpapieren und Ausleihungen des Finanzanlagevermögens		**2620 Erträge aus anderen Wertpapieren und Ausleihungen des Finanzanlagevermögens**
	G K	2625 Laufende Erträge aus Anteilen an Kapitalgesellschaften (Finanzanlagevermögen) § 3 Nr. 40 EStG/ § 8b KStG (inländische Kap.Ges.)[9)]
	G K	2626 Laufende Erträge aus Anteilen an Kapitalgesellschaften (verbundene Unternehmen) § 3 Nr. 40 EStG/ § 8b KStG (inländische Kap.Ges.)[9)]
		2649 Erträge aus anderen Wertpapieren und Ausleihungen des Finanzanlagevermögens aus verbundenen Unternehmen
Sonstige Zinsen und ähnliche Erträge		**2650 Sonstige Zinsen und ähnliche Erträge**
	K	2652 Steuerfreie Aufzinsung des Körperschaftsteuerguthabens nach § 37 KStG
	G K	2653 Zinserträge § 233a AO, § 4 Abs. 5b EStG
		2654 Erträge aus anderen Wertpapieren und Ausleihungen des Umlaufvermögens
	G K	2655 Laufende Erträge aus Anteilen an Kapitalgesellschaften (Umlaufvermögen) § 3 Nr. 40 EStG/§ 8b KStG (inländische Kap.Ges.)[9)]
	G K	2656 Laufende Erträge aus Anteilen an Kapitalgesellschaften (verbundene Unternehmen) § 3 Nr. 40 EStG/ § 8b KStG (inländische Kap.Ges.)[9)]
		2657 Zinserträge § 233a AO
	G K	2658 Zinserträge § 233a AO Sonderfall Anlage A KSt
		2659 Sonstige Zinsen und ähnliche Erträge aus verbundenen Unternehmen
Sonstige betriebliche Erträge		2660 Erträge aus Kursdifferenzen
		2666 Erträge aus Bewertung Finanzmittelfonds

GuV-Posten[2]	Programmverbindung[4]	2 Abgrenzungskonten
Sonstige Zinsen und ähnliche Erträge		2670 Diskonterträge
		2679 Diskonterträge aus verbundenen Unternehmen
		2680 Zinsähnliche Erträge
	K	2688 Zinsertrag aus vorzeitiger Rückzahlung des Körperschaftsteuer-Erhöhungbetrages § 38 KStG
		2689 Zinsähnliche Erträge aus verbundenen Unternehmen
		Sonstige Erträge
Sonstige betriebliche Erträge		**2700 Sonstige Erträge**
		2705 Sonstige Erträge betrieblich und regelmäßig
		2707 Sonstige Erträge betriebsfremd und regelmäßig
		2709 Sonstige Erträge unregelmäßig
		2710 Erträge aus Zuschreibungen des Sachanlagevermögens
		2711 Erträge aus Zuschreibungen des immateriellen Anlagevermögens
		2712 Erträge aus Zuschreibungen des Finanzanlagevermögens
	G K	2713 Erträge aus Zuschreibungen des Finanzanlagevermögens § 3 Nr. 40 EStG/§ 8b KStG (inländische Kap.Ges.)[9]
	G K	2714 Erträge aus Zuschreibungen des anderen Anlagevermögens § 3 Nr. 40 EStG/§ 8b KStG (inländische Kap.Ges.)[9]
		2715 Erträge aus Zuschreibungen des Umlaufvermögens
	G K	2716 Erträge aus Zuschreibungen des Umlaufvermögens § 3 Nr. 40 EStG/§ 8b KStG (inländische Kap.Ges.)[9]
		2720 Erträge aus dem Abgang von Gegenständen des Anlagevermögens
	G K	2723 Erträge aus der Veräußerung von Anteilen an Kapitalgesellschaften § 3 Nr. 40 EStG/§ 8b KStG (inländische Kap.Ges.)[9]
		2725 Erträge aus dem Abgang von Gegenständen des Umlaufvermögens (außer Vorräte)
	G K	2726 Erträge aus dem Abgang von Gegenständen des Umlaufvermögens (außer Vorräte) § 3 Nr. 40 EStG/§ 8b KStG (inländische Kap.Ges.)[9]
		2730 Erträge aus Herabsetzung der Pauschalwertberichtigung zu Forderungen
		2731 Erträge aus Herabsetzung der Einzelwertberichtigung zu Forderungen
		2732 Erträge aus abgeschriebenen Forderungen
		2733 Erträge aus der Auflösung von Sonderposten mit Rücklageanteil (Existenzgründerrücklage)[13]
		2734 Erträge aus der steuerlich niedrigeren Bewertung von Verbindlichkeiten
		2735 Erträge aus der Auflösung von Rückstellungen
		2736 Erträge aus der steuerlich niedrigeren Bewertung von Rückstellungen
		2738 Erträge aus der Auflösung von Sonderposten mit Rücklageanteil nach § 52 Abs. 16 EStG
		2739 Erträge aus der Auflösung von Sonderposten mit Rücklageanteil (Ansparabschreibungen nach § 7g Abs. 3 EStG a. F./§ 7g Abs. 2 EStG n. F.)
Sonstige betriebliche Erträge		2740 Erträge aus der Auflösung von Sonderposten mit Rücklageanteil (steuerfreie Rücklagen)
		2741 Erträge aus der Auflösung von Sonderposten mit Rücklageanteil (Sonderabschreibungen)
		2742 Versicherungsentschädigungen
		2743 Investitionszuschüsse (steuerpflichtig)
	G K	2744 Investitionszulagen (steuerfrei)
Erträge aus Kapitalherabsetzung		2745 Erträge aus Kapitalherabsetzung
Sonstige betriebliche Erträge	G K	2746 Steuerfreie Erträge aus der Auflösung von Sonderposten mit Rücklageanteil[13]
	G K	2747 Sonstige steuerfreie Betriebseinnahmen[13]
		2750 Grundstückserträge
Erträge aus Verlustübernahme	K	2790 Erträge aus Verlustübernahme
Auf Grund einer Gewinngemeinschaft, eines Gewinn- oder Teilgewinnabführungsvertrags erhaltene Gewinne		2792 Erhaltene Gewinne auf Grund einer Gewinngemeinschaft
	G K	2794 Erhaltene Gewinne auf Grund eines Gewinn- oder Teilgewinnabführungsvertrags
Entnahmen aus der Kapitalrücklage		2795 Entnahmen aus der Kapitalrücklage
Entnahmen aus Gewinnrücklagen aus der gesetzlichen Rücklage		2796 Entnahmen aus der gesetzlichen Rücklage
Entnahmen aus Gewinnrücklagen aus satzungsmäßigen Rücklagen		2797 Entnahmen aus satzungsmäßigen Rücklagen
Entnahmen aus Gewinnrücklagen aus der Rücklage für eigene Anteile		2798 Entnahmen aus der Rücklage für eigene Anteile
Entnahmen aus Gewinnrücklagen aus anderen Gewinnrücklagen		2799 Entnahmen aus anderen Gewinnrücklagen
Gewinnvortrag oder *Verlustvortrag*		**2860 Gewinnvortrag nach Verwendung**
		2868 Verlustvortrag nach Verwendung
Vortrag auf neue Rechnung		**2869 Vortrag auf neue Rechnung (GuV)**
Ausschüttung	K	2870 Vorabausschüttung

GuV-Posten[2)]	Programmverbindung[4)]	**2** Abgrenzungskonten	Bilanz-/GuV-Posten[2)]	Programmverbindung[4)]	**3** Wareneingangs- und Bestandskonten
		Verrechnete kalkulatorische Kosten			V 3000-3599 V 3700-3959 KU 3960-3999
Sonstige betriebliche Aufwendungen		2890 Verrechneter kalkulatorischer Unternehmerlohn			
		2891 Verrechnete kalkulatorische Miete und Pacht			**Materialaufwand**
		2892 Verrechnete kalkulatorische Zinsen	Aufwendungen für Roh-, Hilfs- und Betriebsstoffe und für bezogene Waren		3000 Roh-, Hilfs- und Betriebsstoffe
		2893 Verrechnete kalkulatorische Abschreibungen			3090 Energiestoffe (Fertigung)
		2894 Verrechnete kalkulatorische Wagnisse			
		2895 Verrechneter kalkulatorischer Lohn für unentgeltliche Mitarbeiter	Aufwendungen für bezogene Leistungen		**3100 Fremdleistungen**
		R 2900 -01			**Umsätze, für die als Leistungsempfänger die Steuer nach § 13b Abs. 2 UStG geschuldet wird**
		R 2907			
		R 2912 -14		U	AV 3110 Bauleistungen eines im Inland ansässigen Unternehmers 7 % Vorsteuer und 7 % Umsatzsteuer
		R 2917			
		R 2920 -31			R 3111 -14
		R 2950 -53		U	AV 3115 Leistungen eines im Ausland ansässigen Unternehmers 7 % Vorsteuer und 7 % Umsatzsteuer
		R 2960 -63			R 3116 -19
Sonstige betriebliche Erträge oder *sonstige betriebliche Aufwendungen*		2990 Aufwendungen/Erträge aus Umrechnungsdifferenzen		U	AV 3120 -21 Bauleistungen eines im Inland ansässigen Unternehmers 19 % Vorsteuer und 19 % Umsatzsteuer
					R 3122 -24
				U	AV 3125 -26 Leistungen eines im Ausland ansässigen Unternehmers 19 % Vorsteuer und 19 % Umsatzsteuer
					R 3127 -29
				U	AV 3130 Bauleistungen eines im Inland ansässigen Unternehmers ohne Vorsteuer und 7 % Umsatzsteuer
					R 3131 -34
				U	AV 3135 Leistungen eines im Ausland ansässigen Unternehmers ohne Vorsteuer und 7 % Umsatzsteuer
					R 3136 -39
				U	AV 3140 -41 Bauleistungen eines im Inland ansässigen Unternehmers ohne Vorsteuer und 19 % Umsatzsteuer
					R 3142 -44
				U	AV 3145 -46 Leistungen eines im Ausland ansässigen Unternehmers ohne Vorsteuer und 19 % Umsatzsteuer
					R 3147 -49
					S 3150 Erhaltene Skonti aus Leistungen, für die als Leistungsempfänger die Steuer nach § 13b UStG geschuldet wird
				U	S/AV 3151 Erhaltene Skonti aus Leistungen, für die als Leistungsempfänger die Steuer nach § 13b UStG geschuldet wird 19 % Vorsteuer und 19 % Umsatzsteuer
				U	S/AV 3152 Erhaltene Skonti aus Leistungen, für die als Leistungsempfänger die Steuer nach § 13b UStG geschuldet wird 16 % Vorsteuer und 16 % Umsatzsteuer

Bilanz-/GuV-Posten[2)]	Programmverbindung[4)]	3	Wareneingangs- und Bestandskonten
Aufwendungen für bezogene Leistungen		S 3153	Erhaltene Skonti aus Leistungen, für die als Leistungsempfänger die Steuer nach § 13b UStG geschuldet wird ohne Vorsteuer aber mit Umsatzsteuer
	U	S 3154	Erhaltene Skonti aus Leistungen, für die als Leistungsempfänger die Steuer nach § 13b UStG geschuldet wird ohne Vorsteuer, mit 19 % Umsatzsteuer
	U	S 3155	Erhaltene Skonti aus Leistungen, für die als Leistungsempfänger die Steuer nach § 13b UStG geschuldet wird ohne Vorsteuer, mit 16 % Umsatzsteuer
		R 3156 -59	
Aufwendungen für Roh-, Hilfs- und Betriebsstoffe und für bezogene Waren		**3200**	**Wareneingang**
		AV 3300 -09	Wareneingang 7 % Vorsteuer
		R 3310 -49	
		AV 3400 -09	Wareneingang 19 % Vorsteuer
		R 3410 -19	
	U	AV 3420 -24	Innergemeinschaftlicher Erwerb 7 % Vorsteuer und 7 % Umsatzsteuer
	U	AV 3425 -29	Innergemeinschaftlicher Erwerb 19 % Vorsteuer und 19 % Umsatzsteuer
	U	AV 3430	Innergemeinschaftlicher Erwerb ohne Vorsteuer und 7 % Umsatzsteuer
		R 3431 -34	
	U	AV 3435	Innergemeinschaftlicher Erwerb ohne Vorsteuer und 19 % Umsatzsteuer
		R 3436 -39	
	U	AV 3440	Innergemeinschaftlicher Erwerb von Neufahrzeugen von Lieferanten ohne Umsatzsteuer-Identifikationsnummer 19 % Vorsteuer und 19 % Umsatzsteuer
		R 3441 -49	
		R 3500 -04	
		AV 3505 -09	Wareneingang 5,5 % Vorsteuer
		R 3510 -39	
		AV 3540 -49	Wareneingang 10,7 % Vorsteuer
	U	AV 3550	Steuerfreier innergemeinschaftlicher Erwerb
		3551	Wareneingang im Drittland steuerbar
		3552	Erwerb 1. Abnehmer innerhalb eines Dreiecksgeschäftes
		R 3553 -57	
		3558	Wareneingang im anderen EG-Land steuerbar
		3559	Steuerfreie Einfuhren
Aufwendungen für Roh-, Hilfs- und Betriebsstoffe und für bezogene Waren	U	AV 3560	Waren aus einem Umsatzsteuerlager, § 13a UStG 7 % Vorsteuer und 7 % Umsatzsteuer
		R 3561 -64	
	U	AV 3565	Waren aus einem Umsatzsteuerlager, § 13a UStG 19 % Vorsteuer und 19 % Umsatzsteuer
		R 3566 -69	
		3600 -09	Nicht abziehbare Vorsteuer
		3610 -19	Nicht abziehbare Vorsteuer 7 %
		R 3620 -29	
		R 3650 -59	
		3660 -69	Nicht abziehbare Vorsteuer 19 %
		3700	Nachlässe
		AV 3710 -11	Nachlässe 7 % Vorsteuer
		R 3712 -19	
		AV 3720 -21	Nachlässe 19 % Vorsteuer
		AV 3722	Nachlässe 16 % Vorsteuer
		AV 3723	Nachlässe 15 % Vorsteuer
	U	AV 3724	Nachlässe aus innergemeinschaftlichem Erwerb 7 % Vorsteuer und 7 % Umsatzsteuer
	U	AV 3725	Nachlässe aus innergemeinschaftlichem Erwerb 19 % Vorsteuer und 19 % Umsatzsteuer
	U	AV 3726	Nachlässe aus innergemeinschaftlichem Erwerb 16 % Vorsteuer und 16 % Umsatzsteuer
	U	AV 3727	Nachlässe aus innergemeinschaftlichem Erwerb 15 % Vorsteuer und 15 % Umsatzsteuer
		R 3728 -29	
		S 3730	Erhaltene Skonti
		S/AV 3731	Erhaltene Skonti 7 % Vorsteuer
		R 3732 -34	
		S/AV 3735	Erhaltene Skonti 16 % Vorsteuer
		S/AV 3736	Erhaltene Skonti 19 % Vorsteuer
		R 3737 -38	
		S 3745	Erhaltene Skonti aus steuerpflichtigem innergemeinschaftlichem Erwerb
	U	S/AV 3746	Erhaltene Skonti aus steuerpflichtigem innergemeinschaftlichem Erwerb 7 % Vorsteuer und 7 % Umsatzsteuer
		R 3747	
	U	S/AV 3748	Erhaltene Skonti aus steuerpflichtigem innergemeinschaftlichem Erwerb 19 % Vorsteuer und 19 % Umsatzsteuer
	U	S/AV 3749	Erhaltene Skonti aus steuerpflichtigem innergemeinschaftlichem Erwerb 16 % Vorsteuer und 16 % Umsatzsteuer
		AV 3750 -51	Erhaltene Boni 7 % Vorsteuer
		R 3752 -59	
		AV 3760 -61	Erhaltene Boni 19 % Vorsteuer
		R 3762 -63	
		AV 3764 -65	Erhaltene Boni 16 % Vorsteuer
		R 3766 -68	
		3769	Erhaltene Boni

Bilanz-/GuV-Posten[2]	Programmverbindung[4]	3 Wareneingangs- und Bestandskonten
Aufwendungen für Roh-, Hilfs- und Betriebsstoffe und für bezogene Waren		3770 Erhaltene Rabatte AV 3780 Erhaltene Rabatte 7 % -81 Vorsteuer R 3782 -89 AV 3790 Erhaltene Rabatte 19 % -91 Vorsteuer R 3792 -93 AV 3794 Erhaltene Rabatte 16 % -95 Vorsteuer R 3796 -99 3800 Bezugsnebenkosten 3830 Leergut 3850 Zölle und Einfuhrabgaben 3960 Bestandsveränderungen Roh-, -69 Hilfs- und Betriebsstoffe sowie bezogene Waren
		Bestand an Vorräten
Roh-, Hilfs- und Betriebsstoffe		3970 Bestand Roh-, Hilfs- und -79 Betriebsstoffe
Fertige Erzeugnisse und Waren		3980 Bestand Waren -89
		Verrechnete Stoffkosten
Aufwendungen für Roh-, Hilfs- und Betriebsstoffe und für bezogene Waren		3990 Verrechnete Stoffkosten -99 (Gegenkonto zu 4000-99)

GuV-Posten[2]	Programmverbindung[4]	4 Betriebliche Aufwendungen
		V 4000-4099 V 4200-4299 V 4400-4819 V 4900-4989
		Material- und Stoffverbrauch
Aufwendungen für Roh-, Hilfs- und Betriebsstoffe und für bezogene Waren		4000 Material- und Stoffverbrauch -99
		Personalaufwendungen
Löhne und Gehälter		4100 Löhne und Gehälter 4110 Löhne 4120 Gehälter 4124 Geschäftsführergehälter der GmbH-Gesellschafter 4125 Ehegattengehalt
	K	4126 Tantiemen 4127 Geschäftsführergehälter
	G	4128 Vergütungen an angestellte Mitunternehmer § 15 EStG
Soziale Abgaben und Aufwendungen für Altersversorgung und für Unterstützung		4130 Gesetzliche soziale Aufwendungen
	G	4137 Gesetzliche soziale Aufwendungen für Mitunternehmer § 15 EStG
		4138 Beiträge zur Berufsgenossenschaft
Sonstige betriebliche Aufwendungen		4139 Ausgleichsabgabe i. S. d. Schwerbehindertengesetzes
Soziale Abgaben und Aufwendungen für Altersversorgung und für Unterstützung		4140 Freiwillige soziale Aufwendungen, lohnsteuerfrei
Löhne und Gehälter		4145 Freiwillige soziale Aufwendungen, lohnsteuerpflichtig 4149 Pauschale Steuer auf sonstige Bezüge (z. B. Fahrtkostenzuschüsse) 4150 Krankengeldzuschüsse 4152 Sachzuwendungen und Dienstleistungen an Arbeitnehmer 4155 Zuschüsse der Agenturen für Arbeit (Haben)
Soziale Abgaben und Aufwendungen für Altersversorgung und für Unterstützung		4160 Versorgungskassen 4165 Aufwendungen für Altersversorgung 4167 Pauschale Steuer auf sonstige Bezüge (z. B. Direktversicherungen)
	G	4168 Aufwendungen für Altersversorgung für Mitunternehmer § 15 EStG
		4169 Aufwendungen für Unterstützung
Löhne und Gehälter		4170 Vermögenswirksame Leistungen 4175 Fahrtkostenerstattung - Wohnung/Arbeitsstätte 4180 Bedienungsgelder 4190 Aushilfslöhne 4198 Pauschale Steuern und Abgaben für Sachzuwendungen und Dienstleistungen an Arbeitnehmer 4199 Pauschale Steuer für Aushilfen

GuV-Posten[2]	Programmverbindung[4]	4 Betriebliche Aufwendungen
		Sonstige betriebliche Aufwendungen und Abschreibungen
Sonstige betriebliche Aufwendungen		4200 Raumkosten
	G K	4210 Miete (unbewegliche Wirtschaftsgüter)
	G K	4215 Leasing (unbewegliche Wirtschaftsgüter)
	G	4219 Vergütungen an Mitunternehmer für die mietweise Überlassung ihrer Wirtschaftsgüter § 15 EStG
	G K	4220 Pacht (unbewegliche Wirtschaftsgüter)
		4228 Miet- und Pachtnebenkosten (Gewerbesteuerlich nicht zu berücksichtigen)[1]
	G	4229 Vergütungen an Mitunternehmer für die pachtweise Überlassung ihrer Wirtschaftsgüter § 15 EStG
		4230 Heizung
		4240 Gas, Strom, Wasser
		4250 Reinigung
		4260 Instandhaltung betrieblicher Räume
		4270 Abgaben für betrieblich genutzten Grundbesitz
		4280 Sonstige Raumkosten
		4288 Aufwendungen für ein häusliches Arbeitszimmer (abziehbarer Anteil)[13]
	G	4289 Aufwendungen für ein häusliches Arbeitszimmer (nicht abziehbarer Anteil)[13]
		4290 Grundstücksaufwendungen betrieblich
		4300 Nicht abziehbare Vorsteuer
		4301 Nicht abziehbare Vorsteuer 7 %
		R 4304 -05
		4306 Nicht abziehbare Vorsteuer 19 %
Steuern vom Einkommen und Ertrag	G K	4320 Gewerbesteuer
Sonstige Steuern		4340 Sonstige Betriebssteuern
		4350 Verbrauchsteuer
		4355 Ökosteuer
Sonstige betriebliche Aufwendungen		4360 Versicherungen
		4366 Versicherungen für Gebäude
		4370 Netto-Prämie für Rückdeckung künftiger Versorgungsleistungen
		4380 Beiträge
		4390 Sonstige Abgaben
		4396 Steuerlich abzugsfähige Verspätungszuschläge und Zwangsgelder
	G K	4397 Steuerlich nicht abzugsfähige Verspätungszuschläge und Zwangsgelder
		4400 -99 (zur freien Verfügung)
		4500 Fahrzeugkosten
Sonstige Steuern		4510 Kfz-Steuer
Sonstige betriebliche Aufwendungen		4520 Kfz-Versicherungen
		4530 Laufende Kfz-Betriebskosten
		4540 Kfz-Reparaturen
	G K	4550 Garagenmiete
		4560 Mautgebühren
	G K	4570 Mietleasing Kfz[8]
		4580 Sonstige Kfz-Kosten
		4590 Kfz-Kosten für betrieblich genutzte zum Privatvermögen gehörende Kraftfahrzeuge[13]
		4595 Fremdfahrzeugkosten[13]
Sonstige betriebliche Aufwendungen		4600 Werbekosten
		4630 Geschenke abzugsfähig
		4631 Zuwendungen an Dritte abzugsfähig
		4632 Pauschale Steuern und Abgaben für Geschenke und Zuwendungen abzugsfähig
	G K	4635 Geschenke nicht abzugsfähig
	G K	4636 Zuwendungen an Dritte nicht abzugsfähig
	G K	4637 Pauschale Steuern und Abgaben für Geschenke und Zuwendungen nicht abzugsfähig
		4638 Geschenke ausschließlich betrieblich genutzt
		4640 Repräsentationskosten
		4650 Bewirtungskosten
		4651 Sonstige eingeschränkt abziehbare Betriebsausgaben (abziehbarer Anteil)[13]
	G K	4652 Sonstige eingeschränkt abziehbare Betriebsausgaben (nicht abziehbarer Anteil)[13]
		4653 Aufmerksamkeiten
	G K	4654 Nicht abzugsfähige Bewirtungskosten
	G K	4655 Nicht abzugsfähige Betriebsausgaben aus Werbe- und Repräsentationskosten
		4660 Reisekosten Arbeitnehmer
	G K	4662 Reisekosten Arbeitnehmer (nicht abziehbarer Anteil)
		4663 Reisekosten Arbeitnehmer Fahrtkosten
		4664 Reisekosten Arbeitnehmer Verpflegungsmehraufwand
		4666 Reisekosten Arbeitnehmer Übernachtungsaufwand
		R 4667
		4668 Kilometergelderstattung Arbeitnehmer
		4670 Reisekosten Unternehmer
	G K	4672 Reisekosten Unternehmer (nicht abziehbarer Anteil)
		4673 Reisekosten Unternehmer Fahrtkosten
		4674 Reisekosten Unternehmer Verpflegungsmehraufwand
		R 4675
		4676 Reisekosten Unternehmer Übernachtungsaufwand
		R 4677
		4678 Fahrten zwischen Wohnung und Betriebsstätte (abziehbarer Anteil)[13]
	G	4679 Fahrten zwischen Wohnung und Betriebsstätte (nicht abziehbarer Anteil)[13]
		4680 Fahrten zwischen Wohnung und Betriebsstätte (Haben)[13]
		R 4685
		4700 Kosten der Warenabgabe
		4710 Verpackungsmaterial
		4730 Ausgangsfrachten
		4750 Transportversicherungen
		4760 Verkaufsprovisionen
		4780 Fremdarbeiten (Vertrieb)
		4790 Aufwand für Gewährleistungen
		4800 Reparaturen und Instandhaltungen von technischen Anlagen und Maschinen
		4805 Reparaturen und Instandhaltungen von anderen Anlagen und Betriebs- und Geschäftsausstattung
		4806 Wartungskosten für Hard- und Software
		4809 Sonstige Reparaturen und Instandhaltungen
	G K	4810 Mietleasing (bewegliche Wirtschaftsgüter)

GuV-Posten[2]	Programmverbindung[4]	4 Betriebliche Aufwendungen
		4815 Kaufleasing
Abschreibungen auf immaterielle Vermögensgegenstände des Anlagevermögens und Sachanlagen sowie auf aktivierte Aufwendungen für die Ingangsetzung und Erweiterung des Geschäftsbetriebs		**4820 Abschreibungen** auf Aufwendungen für die Ingangsetzung und Erweiterung des Geschäftsbetriebs
		4822 Abschreibungen auf immaterielle Vermögensgegenstände
		4824 Abschreibungen auf den Geschäfts- oder Firmenwert
		4826 Außerplanmäßige Abschreibungen auf immaterielle Vermögensgegenstände
		4830 Abschreibungen auf Sachanlagen (ohne AfA auf Kfz und Gebäude)
		4831 Abschreibungen auf Gebäude[13]
		4832 Abschreibungen auf Kfz[13]
		4833 Abschreibungen auf Gebäudeanteil des häuslichen Arbeitszimmers
		4840 Außerplanmäßige Abschreibungen auf Sachanlagen
		4841 Absetzung für außergewöhnliche technische und wirtschaftliche Abnutzung der Gebäude[13]
		4842 Absetzung für außergewöhnliche technische und wirtschaftliche Abnutzung des Kfz[13]
		4843 Absetzung für außergewöhnliche technische und wirtschaftliche Abnutzung sonstiger Wirtschaftsgüter[13]
		4850 Abschreibungen auf Sachanlagen auf Grund steuerlicher Sondervorschriften
		4851 Sonderabschreibungen nach § 7g Abs. 1 und 2 EStG a. F./§ 7g Abs. 5 EStG n. F. (ohne Kfz)[13]
		4852 Sonderabschreibungen nach § 7g Abs. 1 und 2 EStG a. F./§ 7g Abs. 5 EStG n. F. (für Kfz)[13]
		4853 Kürzung der Anschaffungs- oder Herstellungskosten gemäß § 7g Abs. 2 EStG n. F. (ohne Kfz)[8,13]
		4854 Kürzung der Anschaffungs- oder Herstellungskosten gemäß § 7g Abs. 2 EStG n. F. (für Kfz)[8,13]
		4855 Sofortabschreibung geringwertiger Wirtschaftsgüter
		4860 Abschreibungen auf aktivierte, geringwertige Wirtschaftsgüter
		4862 Abschreibungen auf den Sammelposten geringwertige Wirtschaftsgüter
		4865 Außerplanmäßige Abschreibungen auf aktivierte, geringwertige Wirtschaftsgüter
Abschreibungen auf Finanzanlagen und auf Wertpapiere des Umlaufvermögens		4870 Abschreibungen auf Finanzanlagen
	G K	4871 Abschreibungen auf Finanzanlagen §§ 3 Nr. 40, 3c EStG/§ 8b KStG (inländische Kap.Ges.)[9]
	G K	4872 Abschreibungen auf Grund von Verlustanteilen an Mitunternehmerschaften § 8 GewStG
	G K	4873 Abschreibungen auf Finanzanlagen auf Grund steuerlicher Sondervorschriften §§ 3 Nr. 40, 3c EStG/§ 8b KStG (inländische Kap.Ges.)[9]
		4874 Abschreibungen auf Finanzanlagen auf Grund steuerlicher Sondervorschriften
		4875 Abschreibungen auf Wertpapiere des Umlaufvermögens
	G K	4876 Abschreibungen auf Wertpapiere des Umlaufvermögens §§ 3 Nr. 40, 3c EStG/ § 8b KStG (inländische Kap.Ges.)[9]
		4879 Vorwegnahme künftiger Wertschwankungen bei Wertpapieren des Umlaufvermögens
Abschreibungen auf Vermögensgegenstände des Umlaufvermögens, soweit diese die in der Kapitalgesellschaft üblichen Abschreibungen überschreiten		4880 Abschreibungen auf Umlaufvermögen ohne Wertpapiere (soweit unübliche Höhe)
		4882 Abschreibungen auf Umlaufvermögen, steuerrechtlich bedingt (soweit unübliche Höhe)
Sonstige betriebliche Aufwendungen		4885 Vorwegnahme künftiger Wertschwankungen im Umlaufvermögen außer Vorräte und Wertpapiere des Umlaufvermögens
		4886 Abschreibungen auf Umlaufvermögen außer Vorräte und Wertpapiere des Umlaufvermögens (soweit übliche Höhe)
		4887 Abschreibungen auf Umlaufvermögen, steuerrechtlich bedingt (soweit übliche Höhe)
Abschreibungen auf Vermögensgegenstände des Umlaufvermögens, soweit diese die in der Kapitalgesellschaft üblichen Abschreibungen überschreiten		4890 Vorwegnahme künftiger Wertschwankungen im Umlaufvermögen (soweit unübliche Höhe)
Sonstige betriebliche Aufwendungen		4900 Sonstige betriebliche Aufwendungen
		4905 Sonstige Aufwendungen betrieblich und regelmäßig
		4909 Fremdleistungen/Fremdarbeiten
		4910 Porto
		4920 Telefon
		4925 Telefax und Internetkosten
		4930 Bürobedarf
		4940 Zeitschriften, Bücher
		4945 Fortbildungskosten
		4946 Freiwillige Sozialleistungen
	G	4948 Vergütungen an Mitunternehmer § 15 EStG
	G	4949 Haftungsvergütung an Mitunternehmer § 15 EStG
		4950 Rechts- und Beratungskosten
		4955 Buchführungskosten
		4957 Abschluss- und Prüfungskosten
	G K	4960 Mieten für Einrichtungen (bewegliche Wirtschaftsgüter)
	G K	4961 Pacht (bewegliche Wirtschaftsgüter)[1]
	G K	4964 Aufwendungen für die zeitlich befristete Überlassung von Rechten (Lizenzen, Konzessionen)
	G K	4965 Mietleasing (bewegliche Wirtschaftsgüter)
		4969 Aufwendungen für Abraum- und Abfallbeseitigung
		4970 Nebenkosten des Geldverkehrs
	G K	4975 Aufwendungen aus Anteilen an Kapitalgesellschaften §§ 3 Nr. 40, 3c EStG/§ 8b KStG (inländische Kap.Ges.)[9,16]
	G	4976 Aufwendungen aus der Veräußerung von Anteilen an Kapitalgesellschaften §§ 3 Nr. 40, 3c EStG/§ 8b KStG (inländische Kap.Ges.)[9]
		4980 Betriebsbedarf
		4985 Werkzeuge und Kleingeräte

GuV-Posten[2)]	Programmverbindung[4)]	4 Betriebliche Aufwendungen	Bilanz-Posten[2)]	Programmverbindung[4)]	7 Bestände an Erzeugnissen
		Kalkulatorische Kosten			KU 7000-7999
Sonstige betriebliche Aufwendungen		4990 Kalkulatorischer Unternehmerlohn 4991 Kalkulatorische Miete und Pacht 4992 Kalkulatorische Zinsen 4993 Kalkulatorische Abschreibungen 4994 Kalkulatorische Wagnisse 4995 Kalkulatorischer Lohn für unentgeltliche Mitarbeiter	Unfertige Erzeugnisse, unfertige Leistungen		**7000 Unfertige Erzeugnisse, unfertige Leistungen (Bestand)** 7050 Unfertige Erzeugnisse (Bestand) 7080 Unfertige Leistungen (Bestand)
			In Ausführung befindliche Bauaufträge		7090 In Ausführung befindliche Bauaufträge
		Kosten bei Anwendung des Umsatzkostenverfahrens			
Sonstige betriebliche Aufwendungen		4996 Herstellungskosten 4997 Verwaltungskosten 4998 Vertriebskosten 4999 Gegenkonto 4996-4998	In Arbeit befindliche Aufträge		7095 In Arbeit befindliche Aufträge
			Fertige Erzeugnisse und Waren		**7100 Fertige Erzeugnisse und Waren (Bestand)** 7110 Fertige Erzeugnisse (Bestand) 7140 Waren (Bestand)

GuV-Posten[2)]	Programmverbindung[4)]	5
Sonstige betriebliche Aufwendungen		**5000 -5999**

GuV-Posten[2)]	Programmverbindung[4)]	6
Sonstige betriebliche Aufwendungen		**6000 -6999**

GuV-Posten[2)]	Programmverbindung[4)]	8 Erlöskonten
		M 8000-8612 KU 8613-8614 M 8615-8904 KU 8905-8906 M 8907-8917 KU 8918-8919 M 8920-8923 KU 8924 M 8925-8928 KU 8929 M 8930-8938 KU 8939 M 8940-8948 KU 8949-8999
		Umsatzerlöse
Umsatzerlöse		8000 -99 (Zur freien Verfügung)
	U	AM 8100 Steuerfreie Umsätze § 4 Nr. 8 ff. UStG
	U	AM 8105 Steuerfreie Umsätze nach § 4 Nr. 12 UStG (Vermietung und Verpachtung)
	U	AM 8110 Sonstige steuerfreie Umsätze Inland
	U	AM 8120 Steuerfreie Umsätze § 4 Nr. 1a UStG
	U	AM 8125 Steuerfreie innergemeinschaftliche Lieferungen § 4 Nr. 1b UStG
		R 8128
	U	AM 8130 Lieferungen des ersten Abnehmers bei innergemeinschaftlichen Dreiecksgeschäften § 25 b Abs. 2 UStG
	U	AM 8135 Steuerfreie innergemeinschaftliche Lieferungen von Neufahrzeugen an Abnehmer ohne Umsatzsteuer-Identifikationsnummer
	U	AM 8140 Steuerfreie Umsätze Offshore usw.
	U	AM 8150 Sonstige steuerfreie Umsätze (z. B. § 4 Nr. 2-7 UStG)
	U	AM 8160 Steuerfreie Umsätze ohne Vorsteuerabzug zum Gesamtumsatz gehörend
		8190 Erlöse, die mit den Durchschnittssätzen des § 24 UStG versteuert werden[13)]
		R 8192 -93
	U	8195 Erlöse als Kleinunternehmer i. S. d. § 19 Abs. 1 UStG[13)]
	U	AM 8196 Erlöse aus Geldspielautomaten 19 % USt
		R 8197 -98
		8200 Erlöse
	U	AM 8300 -09 Erlöse 7 % USt
	U	AM 8310 -14 Erlöse aus im Inland steuerpflichtigen EG-Lieferungen 7 % USt
	U	AM 8315 -19 Erlöse aus im Inland steuerpflichtigen EG-Lieferungen 19 % USt
		8320 -29 Erlöse aus im anderen EG-Land steuerpflichtigen Lieferungen[3)]
	U	AM 8330 Erlöse aus im Inland steuerpflichtigen EG-Lieferungen 16 % USt
		R 8331 -36
	U	AM 8337 Erlöse aus Leistungen, für die der Leistungsempfänger die Umsatzsteuer nach § 13b UStG schuldet
	U	AM 8338 Erlöse aus im Drittland steuerbaren Leistungen, im Inland nicht steuerbare Umsätze
	U	AM 8339 Erlöse aus im anderen EG-Land steuerbaren Leistungen, im Inland nicht steuerbare Umsätze

GuV-Posten[2)]	Programmverbindung[4)]	8 Erlöskonten
Umsatzerlöse	U	AM 8340 -49 Erlöse 16 % USt
	U	AM 8400 -09 Erlöse 19 % USt
	U	AM 8410 Erlöse 19 % USt
		R 8411 -49
		R 8507
		R 8509
		8510 Provisionsumsätze
		R 8511 -13
	U	AM 8514 Provisionsumsätze, steuerfrei § 4 Nr. 8 ff UStG
	U	AM 8515 Provisionsumsätze, steuerfrei § 4 Nr. 5 UStG
	U	AM 8516 Provisionsumsätze 7 % USt
		R 8517
	U	AM 8518 Provisionsumsätze 16 % USt
	U	AM 8519 Provisionsumsätze 19 % USt
		8520 Erlöse Abfallverwertung
		8540 Erlöse Leergut
Sonstige betriebliche Erträge		8570 Provision, sonstige Erträge
		R 8571 -73
	U	AM 8574 Provision, sonstige Erträge steuerfrei § 4 Nr. 8 ff UStG
	U	AM 8575 Provision, sonstige Erträge steuerfrei § 4 Nr. 5 UStG
	U	AM 8576 Provision, sonstige Erträge 7 % USt
		R 8577 -78
	U	AM 8579 Provision, sonstige Erträge 19 % USt
Umsatzerlöse		**Statistische Konten EÜR[15)]**
		8580 Statistisches Konto Erlöse zum allgemeinen Umsatzsteuersatz (EÜR)[13)15)]
		8581 Statistisches Konto Erlöse zum ermäßigten Umsatzsteuersatz (EÜR)[13)15)]
		8582 Statistisches Konto Erlöse steuerfrei und nicht steuerbar (EÜR)[13)15)]
		8589 Gegenkonto 8580-8582 bei Aufteilung der Erlöse nach Steuersätzen (EÜR)[13)]
Sonstige betriebliche Erträge		8590 Verrechnete sonstige Sachbezüge (keine Waren)
	U	AM 8591 Sachbezüge 7 % USt (Waren)
		R 8594
	U	AM 8595 Sachbezüge 19 % USt (Waren)
		R 8596 -97
		8600 Sonstige Erlöse betrieblich und regelmäßig
		8605 Sonstige Erträge betrieblich und regelmäßig
	U	AM 8609 Sonstige Erlöse betrieblich und regelmäßig, steuerfrei § 4 Nr. 8 ff UStG
		8610 Verrechnete sonstige Sachbezüge
	U	AM 8611 Verrechnete sonstige Sachbezüge 19 % USt (z. B. Kfz-Gestellung)
		R 8612 -13
		8614 Verrechnete sonstige Sachbezüge ohne Umsatzsteuer
	U	AM 8625 -29 Sonstige Erlöse betrieblich und regelmäßig, steuerfrei z. B. § 4 Nr. 2-7 UStG
	U	AM 8630 -34 Sonstige Erlöse betrieblich und regelmäßig 7 % USt
		R 8635 -39
	U	AM 8640 -44 Sonstige Erlöse betrieblich und regelmäßig 19 % USt
		R 8645 -47
	U	AM 8648 -49 Sonstige Erlöse betrieblich und regelmäßig 16 % USt

GuV-Posten[2]	Programmverbindung[4]	8 Erlöskonten	
Sonstige Zinsen und ähnliche Erträge		8650	Erlöse Zinsen und Diskontspesen
		8660	Erlöse Zinsen und Diskontspesen aus verbundenen Unternehmen
Umsatzerlöse		8700	Erlösschmälerungen
	U	AM 8705	Erlösschmälerungen aus steuerfreien Umsätzen § 4 Nr. 1a UStG
	U	AM 8710 -11	Erlösschmälerungen 7 % USt
		R 8712 -19	
	U	AM 8720 -21	Erlösschmälerungen 19 % USt
		R 8722	
	U	AM 8723	Erlösschmälerungen 16 % USt
	U	AM 8724	Erlösschmälerungen aus steuerfreien innergemeinschaftlichen Lieferungen
	U	AM 8725	Erlösschmälerungen aus im Inland steuerpflichtigen EG-Lieferungen 7 % USt
	U	AM 8726	Erlösschmälerungen aus im Inland steuerpflichtigen EG-Lieferungen 19 % USt
		8727	Erlösschmälerungen aus im anderen EG-Land steuerpflichtigen Lieferungen[3]
		R 8728	
	U	AM 8729	Erlösschmälerungen aus im Inland steuerpflichtigen EG-Lieferungen 16 % USt
		S 8730	Gewährte Skonti
	U	S/AM 8731	Gewährte Skonti 7 % USt
		R 8732 -34	
	U	S/AM 8735	Gewährte Skonti 16 % USt
	U	S/AM 8736	Gewährte Skonti 19 % USt
		R 8737 -38	
	U	S/AM 8741	Gewährte Skonti aus Leistungen, für die der Leistungsempfänger die Umsatzsteuer nach § 13b UStG schuldet
		R 8742	
	U	S/AM 8743	Gewährte Skonti aus steuerfreien innergemeinschaftlichen Lieferungen § 4 Nr. 1b UStG
		R 8744	
		S 8745	Gewährte Skonti aus im Inland steuerpflichtigen EG-Lieferungen
	U	S/AM 8746	Gewährte Skonti aus im Inland steuerpflichtigen EG-Lieferungen 7 % USt
		R 8747	
	U	S/AM 8748	Gewährte Skonti aus im Inland steuerpflichtigen EG-Lieferungen 19 % USt
	U	S/AM 8749	Gewährte Skonti aus im Inland steuerpflichtigen EG-Lieferungen 16 % USt
	U	AM 8750 -51	Gewährte Boni 7 % USt
		R 8752 -59	
	U	AM 8760 -61	Gewährte Boni 19 % USt
		R 8762 -63	
	U	AM 8764 -65	Gewährte Boni 16 % USt
		R 8766 -68	
		8769	Gewährte Boni
		8770	Gewährte Rabatte
	U	AM 8780 -81	Gewährte Rabatte 7 % USt
		R 8782 -89	
	U	AM 8790 -91	Gewährte Rabatte 19 % USt
		R 8792 -93	
	U	AM 8794 -95	Gewährte Rabatte 16 % USt
		R 8796 -99	
Sonstige betriebliche Aufwendungen		8800	Erlöse aus Verkäufen Sachanlagevermögen (bei Buchverlust)
	U	AM 8801 -06	Erlöse aus Verkäufen Sachanlagevermögen 19 % USt (bei Buchverlust)
	U	AM 8807	Erlöse aus Verkäufen Sachanlagevermögen steuerfrei § 4 Nr. 1a UStG (bei Buchverlust)
	U	AM 8808	Erlöse aus Verkäufen Sachanlagevermögen steuerfrei § 4 Nr. 1b UStG (bei Buchverlust)
		R 8809 -16	
		8817	Erlöse aus Verkäufen immaterieller Vermögensgegenstände (bei Buchverlust)
		8818	Erlöse aus Verkäufen Finanzanlagen (bei Buchverlust)
	G K	8819	Erlöse aus Verkäufen Finanzanlagen § 3 Nr. 40 EStG/§ 8b KStG (inländische Kap.Ges.) (bei Buchverlust)[9]
Sonstige betriebliche Erträge	U	AM 8820 -25	Erlöse aus Verkäufen Sachanlagevermögen 19 % USt (bei Buchgewinn)
		R 8826	
	U	AM 8827	Erlöse aus Verkäufen Sachanlagevermögen steuerfrei § 4 Nr. 1a UStG (bei Buchgewinn)
	U	AM 8828	Erlöse aus Verkäufen Sachanlagevermögen steuerfrei § 4 Nr. 1b UStG (bei Buchgewinn)
		8829	Erlöse aus Verkäufen Sachanlagevermögen (bei Buchgewinn)
		R 8830 -36	
		8837	Erlöse aus Verkäufen immaterieller Vermögensgegenstände (bei Buchgewinn)
		8838	Erlöse aus Verkäufen Finanzanlagen (bei Buchgewinn)
	G K	8839	Erlöse aus Verkäufen Finanzanlagen § 3 Nr. 40 EStG/§ 8b KStG (inländische Kap.Ges.) (bei Buchgewinn)[9]
	U	AM 8850	Erlöse aus Verkäufen von Wirtschaftsgütern des Umlaufvermögens 19 % USt für § 4 Abs. 3 Satz 4 EStG[13]
	U	AM 8851	Erlöse aus Verkäufen von Wirtschaftsgütern des Umlaufvermögens, umsatzsteuerfrei § 4 Nr. 8 ff UStG i. V. m. § 4 Abs. 3 Satz 4 EStG[13]
	U G K	AM 8852	Erlöse aus Verkäufen von Wirtschaftsgütern des Umlaufvermögens, umsatzsteuerfrei § 4 Nr. 8 ff. UStG i. V. m. § 4 Abs. 3 Satz 4 EStG, § 3 Nr. 40 EStG/§ 8b KStG (inländische Kap.Ges.)[9][13]
		8853	Erlöse aus Verkäufen von Wirtschaftsgütern des Umlaufvermögens nach § 4 Abs. 3 Satz 4 EStG[13]
Umsatzerlöse		8900	Unentgeltliche Wertabgaben
		8905	Entnahme von Gegenständen ohne USt
Sonstige betriebliche Erträge		8906	Verwendung von Gegenständen für Zwecke außerhalb des Unternehmens ohne USt
		R 8908 -09	
Umsatzerlöse	U	AM 8910 -13	Entnahme durch den Unternehmer für Zwecke außerhalb des Unternehmens (Waren) 19 % USt
		R 8914	
	U	AM 8915 -17	Entnahme durch den Unternehmer für Zwecke außerhalb des Unternehmens (Waren) 7 % USt
		8918	Verwendung von Gegenständen für Zwecke außerhalb des Unternehmens ohne USt (Telefon-Nutzung)
		8919	Entnahme durch den Unternehmer für Zwecke außerhalb des Unternehmens (Waren) ohne USt

GuV-Posten[2]	Programmverbindung[4]	8 Erlöskonten
Sonstige betriebliche Erträge	U	AM 8920 Verwendung von Gegenständen für Zwecke außerhalb des Unternehmens 19 % USt
	U	AM 8921 Verwendung von Gegenständen für Zwecke außerhalb des Unternehmens 19 % USt (Kfz-Nutzung)
	U	AM 8922 Verwendung von Gegenständen für Zwecke außerhalb des Unternehmens 19 % USt (Telefon-Nutzung)
		R 8923
		8924 Verwendung von Gegenständen für Zwecke außerhalb des Unternehmens ohne USt (Kfz-Nutzung)
	U	AM 8925 -27 Unentgeltliche Erbringung einer sonstigen Leistung 19 % USt
		R 8928
		8929 Unentgeltliche Erbringung einer sonstigen Leistung ohne USt
	U	AM 8930 -31 Verwendung von Gegenständen für Zwecke außerhalb des Unternehmens 7 % USt
	U	AM 8932 -33 Unentgeltliche Erbringung einer sonstigen Leistung 7 % USt
		R 8934
	U	AM 8935 -37 Unentgeltliche Zuwendung von Gegenständen 19 % USt
		R 8938
		8939 Unentgeltliche Zuwendung von Gegenständen ohne USt
Umsatzerlöse	U	AM 8940 -43 Unentgeltliche Zuwendung von Waren 19 % USt
		R 8944
	U	AM 8945 -47 Unentgeltliche Zuwendung von Waren 7 % USt
Sonstige betriebliche Erträge		R 8948
Umsatzerlöse		8949 Unentgeltliche Zuwendung von Waren ohne USt
		8950 Nicht steuerbare Umsätze (Innenumsätze)
		8955 Umsatzsteuervergütungen
Erhöhung des Bestands an fertigen und unfertigen Erzeugnissen oder *Verminderung des Bestands an fertigen und unfertigen Erzeugnissen*		**8960 Bestandsveränderungen - unfertige Erzeugnisse**
		8970 Bestandsveränderungen - unfertige Leistungen
Erhöhung des Bestands in Ausführung befindlicher Bauaufträge oder *Verminderung des Bestands in Ausführung befindlicher Bauaufträge*		**8975 Bestandsveränderungen - in Ausführung befindliche Bauaufträge**
Erhöhung des Bestands in Arbeit befindlicher Aufträge oder *Verminderung des Bestands in Arbeit befindlicher Aufträge*		**8977 Bestandsveränderungen - in Arbeit befindliche Aufträge**
Erhöhung des Bestands an fertigen und unfertigen Erzeugnissen oder *Verminderung des Bestands an fertigen und unfertigen Erzeugnissen*		**8980 Bestandsveränderungen - fertige Erzeugnisse**
Andere aktivierte Eigenleistungen		**8990 Andere aktivierte Eigenleistungen**

Bilanz-Posten[2]	Programmverbindung[4]	9 Vortrags-, Kapital- und statistische Konten
		KU 9000-9999
		Vortragskonten
		S 9000 Saldenvorträge, Sachkonten
		F 9001 -07 Saldenvorträge, Sachkonten
		S 9008 Saldenvorträge, Debitoren
		S 9009 Saldenvorträge, Kreditoren
		F 9060 Offene Posten aus 1990
		F 9069 Offene Posten aus 1999
		F 9070 Offene Posten aus 2000
		F 9071 Offene Posten aus 2001
		F 9072 Offene Posten aus 2002
		F 9073 Offene Posten aus 2003
		F 9074 Offene Posten aus 2004
		F 9075 Offene Posten aus 2005
		F 9076 Offene Posten aus 2006
		F 9077 Offene Posten aus 2007
		F 9078 Offene Posten aus 2008
		F 9079 Offene Posten aus 2009[1]
		F 9090 Summenvortragskonto
		F 9091 Offene Posten aus 1991
		F 9092 Offene Posten aus 1992
		F 9093 Offene Posten aus 1993
		F 9094 Offene Posten aus 1994
		F 9095 Offene Posten aus 1995
		F 9096 Offene Posten aus 1996
		F 9097 Offene Posten aus 1997
		F 9098 Offene Posten aus 1998
		Statistische Konten für Betriebswirtschaftliche Auswertungen (BWA)
		F 9101 Verkaufstage
		F 9102 Anzahl der Barkunden
		F 9103 Beschäftigte Personen
		F 9104 Unbezahlte Personen
		F 9105 Verkaufskräfte
		F 9106 Geschäftsraum m^2
		F 9107 Verkaufsraum m^2
		F 9116 Anzahl Rechnungen
		F 9117 Anzahl Kreditkunden monatlich
		F 9118 Anzahl Kreditkunden aufgelaufen
		9120 Erweiterungsinvestitionen
		F 9130 -31 [7]
		9135 Auftragseingang im Geschäftsjahr
		9140 Auftragsbestand
		F 9190 Gegenkonto für statistische Mengeneinheiten Konten 9101-9107 und Konten 9116-9118
		9199 Gegenkonto zu Konten 9120, 9135-9140
		Statistische Konten für den Kennzifferteil der Bilanz
		F 9200 Beschäftigte Personen
		F 9201 -08 [7]
		F 9209 Gegenkonto zu 9200
		9210 Produktive Löhne
		9219 Gegenkonto zu 9210
		Statistische Konten zur informativen Angabe des gezeichneten Kapitals in anderer Währung
Gezeichnetes Kapital in DM		F 9220 Gezeichnetes Kapital in DM (Art. 42 Abs. 3 S. 1 EGHGB)
Gezeichnetes Kapital in Euro		F 9221 Gezeichnetes Kapital in Euro (Art. 42 Abs. 3 S. 2 EGHGB)
		F 9229 Gegenkonto zu 9220-9221

Bilanz-Posten[2]	Programmverbindung[4]	9 Vortrags-, Kapital- und statistische Konten
		Passive Rechnungsabgrenzung
		9230 Baukostenzuschüsse
		9232 Investitionszulagen
		9234 Investitionszuschüsse
		9239 Gegenkonto zu Konten 9230-9238
		9240 Investitionsverbindlichkeiten bei den Leistungsverbindlichkeiten
		9241 Investitionsverbindlichkeiten aus Sachanlagenkäufen bei Leistungsverbindlichkeiten
		9242 Investitionsverbindlichkeiten aus Käufen von immateriellen Vermögensgegenständen bei Leistungsverbindlichkeiten
		9243 Investitionsverbindlichkeiten aus Käufen von Finanzanlagen bei Leistungsverbindlichkeiten
		9244 Gegenkonto zu Konten 9240-9243
		9245 Forderungen aus Sachanlagenverkäufen bei sonstigen Vermögensgegenständen
		9246 Forderungen aus Verkäufen immaterieller Vermögensgegenstände bei sonstigen Vermögensgegenständen
		9247 Forderungen aus Verkäufen von Finanzanlagen bei sonstigen Vermögensgegenständen
		9249 Gegenkonto zu Konten 9245-9247
		Eigenkapitalersetzende Gesellschafterdarlehen
		9250 Eigenkapitalersetzende Gesellschafterdarlehen
		9255 Ungesicherte Gesellschafterdarlehen mit Restlaufzeit größer 5 Jahre
		9259 Gegenkonto zu 9250 und 9255
		Aufgliederung der Rückstellungen
		9260 Kurzfristige Rückstellungen
		9262 Mittelfristige Rückstellungen
		9264 Langfristige Rückstellungen, außer Pensionen
		9269 Gegenkonto zu Konten 9260-9268
		Statistische Konten für in der Bilanz auszuweisende Haftungsverhältnisse
		9270 Gegenkonto zu 9271-9279 (Soll-Buchung)
		9271 Verbindlichkeiten aus der Begebung und Übertragung von Wechseln
		9272 Verbindlichkeiten aus der Begebung und Übertragung von Wechseln gegenüber verbundenen Unternehmen
		9273 Verbindlichkeiten aus Bürgschaften, Wechsel- und Scheckbürgschaften
		9274 Verbindlichkeiten aus Bürgschaften, Wechsel- und Scheckbürgschaften gegenüber verbundenen Unternehmen
		9275 Verbindlichkeiten aus Gewährleistungsverträgen
		9276 Verbindlichkeiten aus Gewährleistungsverträgen gegenüber verbundenen Unternehmen
		9277 Haftung aus der Bestellung von Sicherheiten für fremde Verbindlichkeiten
		9278 Haftung aus der Bestellung von Sicherheiten für fremde Verbindlichkeiten gegenüber verbundenen Unternehmen
		9279 Verpflichtungen aus Treuhandvermögen

Bilanz-Posten[2]	Programmverbindung[4]	9 Vortrags-, Kapital- und statistische Konten
		Statistische Konten für die im Anhang anzugebenden sonstigen finanziellen Verpflichtungen
		9280 Gegenkonto zu 9281-9286
		9281 Verpflichtungen aus Miet- und Leasingverträgen
		9282 Verpflichtungen aus Miet- und Leasingverträgen gegenüber verbundenen Unternehmen
		9283 Andere Verpflichtungen gem. § 285 Nr. 3 HGB
		9284 Andere Verpflichtungen gem. § 285 Nr. 3 HGB gegenüber verbundenen Unternehmen
		9285 [19]
		9286 [19]
		Statistische Konten für § 4 Abs. 3 EStG
		9287 Zinsen bei Buchungen über Debitoren bei § 4 Abs. 3 EStG[13]
		9288 Mahngebühren bei Buchungen über Debitoren bei § 4 Abs. 3 EStG[13]
		9289 Gegenkonto zu 9287 und 9288[13]
		9290 Statistisches Konto steuerfreie Auslagen
		9291 Gegenkonto zu 9290
		9292 Statistisches Konto Fremdgeld
		9293 Gegenkonto zu 9292
Einlagen stiller Gesellschafter	G K	9295 Einlagen stiller Gesellschafter
Steuerrechtlicher Ausgleichsposten		9297 Steuerrechtlicher Ausgleichsposten
		F 9300 -20 [7]
		F 9326 -43 [7]
		F 9346 -49 [7]
		F 9357 -60 [7]
		F 9365 -67 [7]
		F 9371 -72 [7]
		F9399 [7]
		Privat Teilhafter (für Verrechnung Gesellschafterdarlehen mit Eigenkapitalcharakter - Konto 9840-9849)
		9400 -09 Privatentnahmen allgemein
		9410 -19 Privatsteuern
		9420 -29 Sonderausgaben beschränkt abzugsfähig
		9430 -39 Sonderausgaben unbeschränkt abzugsfähig
		9440 -49 Zuwendungen, Spenden
		9450 -59 Außergewöhnliche Belastungen
		9460 -69 Grundstücksaufwand
		9470 -79 Grundstücksertrag
		9480 -89 Unentgeltliche Wertabgaben
		9490 -99 Privateinlagen

Bilanz-Posten[2]	Programm-verbindung[4]	9 Vortrags-, Kapital- und statistische Konten
		Statistische Konten für die Kapitalkontenentwicklung
		9500 Anteil für Konto 0900-09 -09 Teilhafter
		9510 Anteil für Konto 0910-19 -19 Teilhafter
		9520 Anteil für Konto 0920-29 -29 Teilhafter[12]
		9530 Anteil für Konto 9950-59 -39 Teilhafter[8]
		9540 Anteil für Konto 9930-39 -49 Vollhafter[8]
		9550 Anteil für Konto 9810-19 -59 Vollhafter
		9560 Anteil für Konto 9820-29 -69 Vollhafter
		9570 Anteil für Konto 0870-79 -79 Vollhafter
		9580 Anteil für Konto 0880-89 -89 Vollhafter
		9590 Anteil für Konto 0890-99 -99 Vollhafter[12]
		9600 Name des Gesellschafters -09 Vollhafter
		9610 Tätigkeitsvergütung -19 Vollhafter
		9620 Tantieme -29 Vollhafter
		9630 Darlehensverzinsung -39 Vollhafter
		9640 Gebrauchsüberlassung -49 Vollhafter
		9650 Sonstige Vergütungen -89 Vollhafter
		9690 Restanteil -99 Vollhafter
		9700 Name des Gesellschafters -09 Teilhafter
		9710 Tätigkeitsvergütung -19 Teilhafter
		9720 Tantieme -29 Teilhafter
		9730 Darlehensverzinsung -39 Teilhafter
		9740 Gebrauchsüberlassung -49 Teilhafter
		9750 Sonstige Vergütungen -79 Teilhafter
		9780 Anteil für Konto 9840-49 -89 Teilhafter
		9790 Restanteil -99 Teilhafter
		9800 Lösch- und Korrekturschlüssel
		9801 Lösch- und Korrekturschlüssel
		Kapital Personenhandelsgesellschaft Vollhafter
		9810 Gesellschafter-Darlehen -19
		9820 Verlust-/Vortragskonto -29
		9830 Verrechnungskonto für -39 Einzahlungsverpflichtungen
		Kapital Personenhandelsgesellschaft Teilhafter
		9840 Gesellschafter-Darlehen -49
		9850 Verrechnungskonto für -59 Einzahlungsverpflichtungen
		Einzahlungsverpflichtungen im Bereich der Forderungen
		9860 Einzahlungsverpflichtungen per- -69 sönlich haftender Gesellschafter
		9870 Einzahlungsverpflichtungen -79 Kommanditisten

Bilanz-Posten[2]	Programm-verbindung[4]	9 Vortrags-, Kapital- und statistische Konten
		Ausgleichsposten für aktivierte eigene Anteile und Bilanzierungshilfen
		9880 Ausgleichsposten für aktivierte eigene Anteile
		9882 Ausgleichsposten für aktivierte Bilanzierungshilfen
		Nicht durch Vermögenseinlagen gedeckte Entnahmen
		9883 Nicht durch Vermögenseinlagen gedeckte Entnahmen persönlich haftender Gesellschafter
		9884 Nicht durch Vermögenseinlagen gedeckte Entnahmen Kommanditisten
		Verrechnungskonto für nicht durch Vermögenseinlagen gedeckte Entnahmen
		9885 Verrechnungskonto für nicht durch Vermögenseinlagen gedeckte Entnahmen persönlich haftender Gesellschafter
		9886 Verrechnungskonto für nicht durch Vermögenseinlagen gedeckte Entnahmen Kommanditisten
		Steueraufwand der Gesellschafter
		9887 Steueraufwand der Gesellschafter
		9889 Gegenkonto zu 9887
		Statistische Konten für Gewinnzuschlag
		9890 Statistisches Konto für den Gewinnzuschlag nach §§ 6b, 6c und 7g a. F. EStG (Haben)
	G K	9891 Statistisches Konto für den Gewinnzuschlag nach §§ 6b, 6c und 7g a. F. EStG (Soll) - Gegenkonto zu 9890
		Vorsteuer-/Umsatzsteuerkonten zur Korrektur der Forderungen/Verbindlichkeiten (EÜR)
		9893 Umsatzsteuer in den Forderungen zum allgemeinen Umsatzsteuersatz (EÜR)[13]
		9894 Umsatzsteuer in den Forderungen zum ermäßigten Umsatzsteuersatz (EÜR)[13]
		9895 Gegenkonto 9893-9894 für die Aufteilung der Umsatzsteuer (EÜR)[13]
		9896 Vorsteuer in den Verbindlichkeiten zum allgemeinen Umsatzsteuersatz (EÜR)[13]
		9897 Vorsteuer in den Verbindlichkeiten zum ermäßigten Umsatzsteuersatz (EÜR)[13]
		9899 Gegenkonto 9896-9897 für die Aufteilung der Vorsteuer (EÜR)[13]
		Statistische Konten zu § 4 (4a) EStG
		9910 Gegenkonto zur Minderung der Entnahmen § 4 (4a) EStG
		9911 Minderung der Entnahmen § 4 (4a) EStG (Haben)
		9912 Erhöhung der Entnahmen § 4 (4a) EStG
		9913 Gegenkonto zur Erhöhung der Entnahmen § 4 (4a) EStG (Haben)
		Statistische Konten für Kinderbetreuungskosten
	G	9918 Kinderbetreuungskosten (wie Betriebsausgaben steuerlich anzusetzender Betrag)
		9919 Kinderbetreuungskosten - Gegenkonto zu 9918 (Haben)

Bilanz-Posten[2]	Programmverbindung[4]	9 Vortrags-, Kapital- und statistische Konten

Ausstehende Einlagen

9920-29 Ausstehende Einlagen auf das Komplementär-Kapital, nicht eingefordert
9930-39 Ausstehende Einlagen auf das Komplementär-Kapital, eingefordert
9940-49 Ausstehende Einlagen auf das Kommandit-Kapital, nicht eingefordert
9950-59 Ausstehende Einlagen auf das Kommandit-Kapital, eingefordert

Statistische Konten für den außerhalb der Bilanz zu berücksichtigenden Investitionsabzugsbetrag nach § 7g EStG

G K 9970 Investitionsabzugsbetrag § 7g Abs. 1 EStG, außerbilanziell (Soll)
9971 Investitionsabzugsbetrag § 7g Abs. 1 EStG, außerbilanziell (Haben) - Gegenkonto zu 9970
G K 9972 Auflösung Investitionsabzugsbetrag § 7g Abs. 2 EStG, außerbilanziell (Haben)
9973 Auflösung Investitionsabzugsbetrag § 7g Abs. 2 EStG, außerbilanziell (Soll) - Gegenkonto zu 9972
9974 Auflösung Investitionsabzugsbetrag § 7g Abs. 2, 3, 4 EStG aus Korrekturen und Rückgängigmachung früherer Veranlagungszeiträume (Haben)[8]
9975 Auflösung Investitionsabzugsbetrag § 7g Abs. 2, 3, 4 EStG aus Korrekturen und Rückgängigmachung früherer Veranlagungszeiträume (Soll) - Gegenkonto zu 9974[8]

Statistische Konten für die Zinsschranke § 4h EStG/§ 8a KStG

G K 9976 Nicht abzugsfähige Zinsaufwendungen gemäß § 4h EStG (Haben)
9977 Nicht abzugsfähige Zinsaufwendungen gemäß § 4h EStG (Soll) - Gegenkonto zu 9976
G 9978 Abziehbare Zinsaufwendungen aus Vorjahren gemäß § 4h EStG (Soll)
9979 Abziehbare Zinsaufwendungen aus Vorjahren gemäß § 4h EStG (Haben) - Gegenkonto zu 9978

Statistische Konten für den GuV-Ausweis in „Gutschrift bzw. Belastung auf Verbindlichkeitskonten" bei den Zuordnungstabellen für PersHG nach KapCoRiLiG

9980 Anteil Belastung auf Verbindlichkeitskonten
9981 Verrechnungskonto für Anteil Belastung auf Verbindlichkeitskonten
9982 Anteil Gutschrift auf Verbindlichkeitskonten
9983 Verrechnungskonto für Anteil Gutschrift auf Verbindlichkeitskonten

Personenkonten

Sollsalden: Forderungen aus Lieferungen und Leistungen / *Habensalden: Sonstige Verbindlichkeiten* — 10000-69999 Debitoren

Habensalden: Verbindlichkeiten aus Lieferungen und Leistungen / *Sollsalden: Sonstige Vermögensgegenstände* — 70000-99999 Kreditoren

Erläuterungen zu den Kontenfunktionen:
Zusatzfunktionen (über einer Kontenklasse):
KU Keine Errechnung der Umsatzsteuer möglich
V Zusatzfunktion „Vorsteuer"
M Zusatzfunktion „Umsatzsteuer"

Hauptfunktionen (vor einem Konto)
AV Automatische Errechnung der Vorsteuer
AM Automatische Errechnung der Umsatzsteuer
S Sammelkonten
F Konten mit allgemeiner Funktion
R Diese Konten dürfen erst dann bebucht werden, wenn ihnen eine andere Funktion zugeteilt wurde.

Hinweise zu den Konten sind durch Fußnoten gekennzeichnet:

1) Konto für das Buchungsjahr 2009 neu eingeführt.
2) Bilanz- und GuV-Posten große Kapitalgesellschaft GuV-Gesamtkostenverfahren Tabelle S4003.
3) Diese Konten können mit BU-Schlüssel 10 bebucht werden. Das EG-Land und der ausländische Steuersatz werden über das EG-Fenster eingegeben.
4) Kontenbezogene Kennzeichnung der Programmverbindung in Kanzlei-Rechnungswesen/Bilanz zu Umsatzsteuererklärung (U), Gewerbesteuer (G) und Körperschaftsteuer (K).
Da bei Erstellung des SKR-Formulars die Steuererklärungsformulare noch nicht vorlagen, können sich Abweichungen zwischen den in der Programmverbindung berücksichtigten Konten und den Programmverbindungskennzeichen ergeben.
5) Programmseitige Reduzierung des vollen Betrags auf die gewerbesteuerlich relevante Höhe.
6) Die Konten Sonderposten mit Rücklageanteil, steuerfreie Rücklagen und Sonderposten mit Rücklageanteil, Sonderabschreibungen gelten als Hauptkonten für Sachverhalte, die in diesen Kontenbereichen nicht als spezieller Sachverhalt auf Einzelkonten dargestellt sind.
7) Diese Konten werden für die BWA-Formen 03, 10 und 70 mit statistischen Mengeneinheiten bebucht und wurden mit der Umrechnungssperre, Funktion 18000 belegt.
8) Kontenbeschriftung in 2009 geändert.
9) An der Schnittstelle zu GewSt werden die Erträge zu 40 % (VAZ 2009) als steuerfrei und die Aufwendungen zu 40 % (VAZ 2009) als nicht abziehbar behandelt.
An der Schnittstelle zur KSt werden die Erträge zu 100 % als steuerfrei und die Aufwendungen zu 100 % als nicht abziehbar behandelt. Siehe §§ 3 Nr. 40, 3c EStG, § 8b KStG. Bei der Ermittlung des Gewerbeertrags wird das Vorliegen einer Schachtelbeteiligung unterstellt. Hinzurechnungen nach § 8 Nr. 5 GewStG bei Streubesitz sind manuell zu erfassen.
10) Diese Konten haben ab Buchungsjahr 2005 nicht mehr die Zusatzfunktion KU. Bitte verwenden Sie diese Konten nur noch in Verbindung mit einem Gegenkonto mit Geldkontenfunktion.
11) Das Konto wird nur noch für Auswertungen mit Vorjahresvergleich benötigt
12) Die Konten haben in den Zuordnungstabellen Fremdkapitalcharakter. Bei Ausweis als Eigenkapital bitte die Konten 9810-9819 (Vollhafter/Einzelunternehmer) bzw. 9840-9849 (Teilhafter) verwenden.
13) Das Konto wurde für die Gewinnermittlung nach § 4 Abs. 3 EStG eingeführt.
Nach § 60 Abs. 4 EStDV ist bei einer Gewinnermittlung nach § 4 Abs. 3 EStG der Steuererklärung ein amtlich vorgeschriebener Vordruck beizufügen, -Einnahmenüberschussrechnung - EÜR-.
14) frei
15) Die Konten wurden zur Aufteilung nach Steuersätzen am Jahresende eingerichtet und sollten unterjährig nicht bebucht werden. Bitte beachten Sie die Buchungsregeln im Dok.-Nr. 1012932 der Informations-Datenbank.
16) Das Konto wird in KSt nur bei Organgesellschaften berücksichtigt.
17) Das Konto wird in Körperschaftsteuer ausschließlich in die Positionen „Eigen-/Nennkapital zum Schluss des vorangegangenen Wirtschaftjahres" übernommen.
18) frei
19) Konto 9285: statistisches Konto für den oberen Grenzwert, eingerichtet für die Darstellung der ABC-Analyse in den Programmen der Abschlussprüfung.
Konto 9286: statistisches Konto für den unteren Grenzwert, eingerichtet für die Darstellung der ABC-Analyse in den Programmen der Abschlussprüfung.
20) Das Konto wird ab dem Buchungsjahr 2010 gelöscht.

Bedeutung der Steuerschlüssel:

1 Umsatzsteuerfrei (mit Vorsteuerabzug)
2 Umsatzsteuer 7 %
3 Umsatzsteuer 19 %
4 gesperrt
5 Umsatzsteuer 16 %
6 gesperrt
7 Vorsteuer 16 %
8 Vorsteuer 7 %
9 Vorsteuer 19 %

Bedeutung der Berichtigungsschlüssel:

1 Steuerschlüssel bei Buchungen mit einem EG-Tatbestand ab Buchungsjahr 1993
2 Generalumkehr
3 Generalumkehr bei aufzuteilender Vorsteuer
4 Aufhebung der Automatik
5 Individueller Umsatzsteuer-Schlüssel
6 Generalumkehr bei Buchungen mit einem EG-Tatbestand ab Buchungsjahr 1993
7 Generalumkehr bei individuellem Umsatzsteuer-Schlüssel
8 Generalumkehr bei Aufhebung der Automatik
9 Aufzuteilende Vorsteuer

Bedeutung der Steuerschlüssel bei Buchungen mit einem EG-Tatbestand (6. und 7. Stelle des Gegenkontos):

10 nicht steuerbarer Umsatz in Deutschland (Steuerpflicht im anderen EG-Land)
11 Umsatzsteuerfrei (mit Vorsteuerabzug)
12 Umsatzsteuer 7 %
13 Umsatzsteuer 19 %
15 Umsatzsteuer 16 %
17 Umsatzsteuer/ 16 % Vorsteuer 16 %
18 Umsatzsteuer/ 7 % Vorsteuer 7 %
19 Umsatzsteuer/ 19 % Vorsteuer 19 %

Bedeutung der Generalumkehrschlüssel bei Buchungen mit einem EG-Tatbestand (6. und 7. Stelle des Gegenkontos):

60 nicht steuerbarer Umsatz in Deutschland (Steuerpflicht im anderen EG-Land)
61 Umsatzsteuerfrei (mit Vorsteuerabzug)
62 Umsatzsteuer 7 %
63 Umsatzsteuer 19 %
65 Umsatzsteuer 16 %
67 Umsatzsteuer/ 16 % Vorsteuer 16 %
68 Umsatzsteuer/ 7 % Vorsteuer 7 %
69 Umsatzsteuer/ 19 % Vorsteuer 19 %

Bedeutung der Steuerschlüssel 91/92/94/95 und 46 (6. und 7. Stelle des Gegenkontos)
Umsatzsteuerschlüssel für die Verbuchung von Umsätzen, für die der Leistungsempfänger die Steuer nach § 13b UStG schuldet.

Beim Leistungsempfänger:

91 7 % Vorsteuer und 7 % Umsatzsteuer
92 ohne Vorsteuer und 7 % Umsatzsteuer
94 19 % Vorsteuer und 19 % Umsatzsteuer
95 ohne Vorsteuer und 19 % Umsatzsteuer

Die Unterscheidung der verschiedenen Sachverhalte nach § 13b UStG **erfolgt** nach Eingabe des Steuerschlüssels direkt bei der Erfassung des Buchungssatzes.
Hier erfolgt auch die Eingabe, falls Sie ab Buchungsjahr 2007 noch die Steuerrechnung mit 16 % benötigen.

Beim Leistenden:

46 Ausweis Kennzahl 60 der UStVA

Erläuterungen zur Kennzeichnung von Konten für die Programmverbindung zwischen Kanzlei-Rechnungswesen/Bilanz und Steuerprogrammen:
Die Erweiterung des Standardkontenrahmens um zusätzliche Konten und besondere Kennzeichen verbessert weiter die Integration der DATEV-Programme und erleichtert die Arbeit für Anwender von Kanzlei-Rechnungswesen/Bilanz, die gleichzeitig DATEV-Steuerprogramme nutzen. Steuerliche Belange können bereits während des Kontierens stärker berücksichtigt werden.
In der Spalte Programmverbindung werden die Konten gekennzeichnet, die über die Schnittstelle in Kanzlei-Rechnungswesen/Bilanz an das entsprechende Steuerprogramm Umsatzsteuererklärung (U), Gewerbesteuer (G) und Körperschaftsteuer (K) weitergegeben und an entsprechender Stelle der Steuerberechnung zu Grunde gelegt werden.
Die Kennzeichnung „G" und „K" an Standardkonten umfasst für die Weitergabe an Gewerbesteuer und Körperschaftsteuer auch die nachfolgenden Konten bis zum nächsten standardmäßig belegten Konto. Die Kennzeichnung „U" an Standardkonten stellt die Weitergabe an Umsatzsteuererklärung dar. Kontenbereiche werden nur weitergegeben, wenn sie im Standardkontenrahmen ausgewiesen sind (z. B. AM 8400-09).
Nicht gekennzeichnet sind solche Konten, die lediglich eine rechnerische Hilfsfunktion im steuerlichen Sinne ausüben wie Löhne und Gehälter sowie Umsätze für die Berechnung des zulässigen Spendenabzugs im Rahmen von Gewerbesteuer und Körperschaftsteuer.
Abgebildet wird mit den Kennzeichen die Programmverbindung, nicht der steuerliche Ursprung. Die Gewerbesteuer-Berechnung für Körperschaften ist in das Produkt Körperschaftsteuer integriert. Daher ist an Konten mit gewerbesteuerlichem Merkmal auch ein „K" für diese Programmverbindung zu finden.

DATEV-Kontenrahmen nach dem Bilanzrichtlinien-Gesetz

Standardkontenrahmen (SKR) 04 – (Abschlussgliederungsprinzip)

Gültig ab 2009

DATEV

Bilanz-Posten[2]	Programm-verbindung[4]	0 Anlagevermögenskonten	
			Ausstehende Einlagen auf das gezeichnete Kapital
Ausstehende Einlagen auf das gezeichnete Kapital		0001	Ausstehende Einlagen auf das gezeichnete Kapital, nicht eingefordert (Aktivausweis)
		0040	Ausstehende Einlagen auf das gezeichnete Kapital, eingefordert (Aktivausweis)
Sonstige Aktiva oder *sonstige Passiva*		0050 -59	Ausstehende Einlagen auf das Komplementär-Kapital, nicht eingefordert
		0060 -69	Ausstehende Einlagen auf das Komplementär-Kapital, eingefordert
		0070 -79	Ausstehende Einlagen auf das Kommandit-Kapital, nicht eingefordert
		0080 -89	Ausstehende Einlagen auf das Kommandit-Kapital, eingefordert
			Aufwendungen für die Ingangsetzung und Erweiterung des Geschäftsbetriebs
Aufwendungen für die Ingangsetzung und Erweiterung des Geschäftsbetriebs		0095	Aufwendungen für die Ingangsetzung und Erweiterung des Geschäftsbetriebs
			Anlagevermögen
			Immaterielle Vermögensgegenstände
Konzessionen, gewerbliche Schutzrechte und ähnliche Rechte und Werte sowie Lizenzen an solchen Rechten und Werten		**0100**	**Konzessionen, gewerbliche Schutzrechte und ähnliche Rechte und Werte sowie Lizenzen an solchen Rechten und Werten**
		0110	Konzessionen
		0120	Gewerbliche Schutzrechte
		0130	Ähnliche Rechte und Werte
		0135	EDV-Software
		0140	Lizenzen an gewerblichen Schutzrechten und ähnlichen Rechten und Werten
Geschäfts- oder Firmenwert		**0150**	**Geschäfts- oder Firmenwert**
		0160	**Verschmelzungsmehrwert**
Geleistete Anzahlungen		**0170**	**Geleistete Anzahlungen auf immaterielle Vermögensgegenstände**
		0179	**Anzahlungen auf Geschäfts- oder Firmenwert**
			Sachanlagen
Grundstücke, grundstücksgleiche Rechte und Bauten einschließlich der Bauten auf fremden Grundstücken		**0200**	**Grundstücke, grundstücksgleiche Rechte und Bauten einschließlich der Bauten auf fremden Grundstücken**
		0210	Grundstücke und grundstücksgleiche Rechte ohne Bauten
		0215	Unbebaute Grundstücke
		0220	Grundstücksgleiche Rechte (Erbbaurecht, Dauerwohnrecht)
		0225	Grundstücke mit Substanzverzehr
		0229	Grundstücksanteil des häuslichen Arbeitszimmers[13]
		0230	Bauten auf eigenen Grundstücken und grundstücksgleichen Rechten
		0235	Grundstückswerte eigener bebauter Grundstücke
		0240	Geschäftsbauten
		0250	Fabrikbauten
		0260	Andere Bauten
		0270	Garagen

Bilanz-Posten[2]	Programm-verbindung[4]	0 Anlagevermögenskonten	
Grundstücke, grundstücksgleiche Rechte und Bauten einschließlich der Bauten auf fremden Grundstücken		0280	Außenanlagen für Geschäfts-, Fabrik- und andere Bauten
		0285	Hof- und Wegebefestigungen
		0290	Einrichtungen für Geschäfts-, Fabrik- und andere Bauten
		0300	Wohnbauten
		0305	Garagen
		0310	Außenanlagen
		0315	Hof- und Wegebefestigungen
		0320	Einrichtungen für Wohnbauten
		0329	Gebäudeteil des häuslichen Arbeitszimmers[13]
		0330	Bauten auf fremden Grundstücken
		0340	Geschäftsbauten
		0350	Fabrikbauten
		0360	Wohnbauten
		0370	Andere Bauten
		0380	Garagen
		0390	Außenanlagen
		0395	Hof- und Wegebefestigungen
		0398	Einrichtungen für Geschäfts-, Fabrik-, Wohn- und andere Bauten
Technische Anlagen und Maschinen		**0400**	**Technische Anlagen und Maschinen**
		0420	Technische Anlagen
		0440	Maschinen
		0460	Maschinengebundene Werkzeuge
		0470	Betriebsvorrichtungen
Andere Anlagen, Betriebs- und Geschäftsausstattung		**0500**	**Andere Anlagen, Betriebs- und Geschäftsausstattung**
		0510	Andere Anlagen
		0520	Pkw
		0540	Lkw
		0560	Sonstige Transportmittel
		0620	Werkzeuge
		0640	Ladeneinrichtung
		0650	Büroeinrichtung
		0660	Gerüst- und Schalungsmaterial
		0670	Geringwertige Wirtschaftsgüter
		0675	Geringwertige Wirtschaftsgüter größer 150 bis 1.000 Euro (Sammelposten)
		0680	Einbauten in fremde Grundstücke
		0690	Sonstige Betriebs- und Geschäftsausstattung
Geleistete Anzahlungen und Anlagen im Bau		**0700**	**Geleistete Anzahlungen und Anlagen im Bau**
		0705	Anzahlungen auf Grundstücke und grundstücksgleiche Rechte ohne Bauten
		0710	Geschäfts-, Fabrik- und andere Bauten im Bau auf eigenen Grundstücken
		0720	Anzahlungen auf Geschäfts-, Fabrik- und andere Bauten auf eigenen Grundstücken und grundstücksgleichen Rechten
		0725	Wohnbauten im Bau
		0735	Anzahlungen auf Wohnbauten auf eigenen Grundstücken und grundstücksgleichen Rechten
		0740	Geschäfts-, Fabrik- und andere Bauten im Bau auf fremden Grundstücken
		0750	Anzahlungen auf Geschäfts-, Fabrik- und andere Bauten auf fremden Grundstücken
		0755	Wohnbauten im Bau
		0765	Anzahlungen auf Wohnbauten auf fremden Grundstücken
		0770	Technische Anlagen und Maschinen im Bau
		0780	Anzahlungen auf technische Anlagen und Maschinen
		0785	Andere Anlagen, Betriebs- und Geschäftsausstattung im Bau
		0795	Anzahlungen auf andere Anlagen, Betriebs- und Geschäftsausstattung

Bilanz-Posten[2]	Programmverbindung[4]	0 Anlagevermögenskonten
		Finanzanlagen
Anteile an verbundenen Unternehmen		**0800 Anteile an verbundenen Unternehmen** **0809 Anteile an herrschender oder mit Mehrheit beteiligter Gesellschaft**
Ausleihungen an verbundene Unternehmen		**0810 Ausleihungen an verbundene Unternehmen**
Beteiligungen		**0820 Beteiligungen** 0829 Beteiligung einer GmbH & Co. KG an einer Komplementär GmbH 0830 Typisch stille Beteiligungen 0840 Atypisch stille Beteiligungen 0850 Andere Beteiligungen an Kapitalgesellschaften 0860 Andere Beteiligungen an Personengesellschaften
Ausleihungen an Unternehmen, mit denen ein Beteiligungsverhältnis besteht		**0880 Ausleihungen an Unternehmen, mit denen ein Beteiligungsverhältnis besteht**
Wertpapiere des Anlagevermögens		**0900 Wertpapiere des Anlagevermögens** 0910 Wertpapiere mit Gewinnbeteiligungsansprüchen, die dem Teileinkünfteverfahren unterliegen 0920 Festverzinsliche Wertpapiere
Sonstige Ausleihungen		**0930 Sonstige Ausleihungen** 0940 Darlehen 0960 Ausleihungen an Gesellschafter 0970 Ausleihungen an nahe stehende Personen
Genossenschaftsanteile		**0980 Genossenschaftsanteile zum langfristigen Verbleib**
Rückdeckungsansprüche aus Lebensversicherungen		**0990 Rückdeckungsansprüche aus Lebensversicherungen zum langfristigen Verbleib**

Bilanz-Posten[2]	Programmverbindung[4]	1 Umlaufvermögenskonten
		KU 1000-1179 V 1180-1189 M 1190-1199 KU 1200-1486 V 1487 KU 1488-1899
		Vorräte
Roh-, Hilfs- und Betriebsstoffe		**1000-39 Roh-, Hilfs- und Betriebsstoffe (Bestand)**
Unfertige Erzeugnisse, unfertige Leistungen		**1040-49 Unfertige Erzeugnisse, unfertige Leistungen (Bestand)** 1050-79 Unfertige Erzeugnisse 1080-89 Unfertige Leistungen
In Ausführung befindliche Bauaufträge		1090-94 In Ausführung befindliche Bauaufträge
In Arbeit befindliche Aufträge		1095-99 In Arbeit befindliche Aufträge
Fertige Erzeugnisse und Waren		**1100-09 Fertige Erzeugnisse und Waren (Bestand)** **1110-39 Fertige Erzeugnisse (Bestand)** **1140-79 Waren (Bestand)**
Geleistete Anzahlungen		**1180 Geleistete Anzahlungen auf Vorräte** AV 1181 Geleistete Anzahlungen 7 % Vorsteuer R 1182-83 AV 1184 Geleistete Anzahlungen 16 % Vorsteuer AV 1185 Geleistete Anzahlungen 15 % Vorsteuer AV 1186 Geleistete Anzahlungen 19 % Vorsteuer
Erhaltene Anzahlungen auf Bestellungen		1190 Erhaltene Anzahlungen auf Bestellungen (von Vorräten offen abgesetzt)
		Forderungen und sonstige Vermögensgegenstände
Forderungen aus Lieferungen und Leistungen oder *sonstige Verbindlichkeiten*		**S 1200 Forderungen aus Lieferungen und Leistungen** R 1201-06 Forderungen aus Lieferungen und Leistungen F 1210-14 Forderungen aus Lieferungen und Leistungen ohne Kontokorrent F 1215 Forderungen aus Lieferungen und Leistungen zum allgemeinen Umsatzsteuersatz oder eines Kleinunternehmers (EÜR)[13] F 1216 Forderungen aus Lieferungen und Leistungen zum ermäßigten Umsatzsteuersatz (EÜR)[13] F 1217 Forderungen aus steuerfreien oder nicht steuerbaren Lieferungen und Leistungen (EÜR)[13] F 1218 Forderungen aus Lieferungen und Leistungen nach Durchschnittssätzen gemäß § 24 UStG (EÜR)[13] F 1219 Gegenkonto 1215-1218 bei Aufteilung der Forderungen nach Steuersätzen (EÜR)[13] F 1220 Forderungen nach § 11 Abs. 1 Satz 2 EStG für § 4/3 EStG F 1221 Forderungen aus Lieferungen und Leistungen ohne Kontokorrent – Restlaufzeit bis 1 Jahr F 1225 – Restlaufzeit größer 1 Jahr F 1230 Wechsel aus Lieferungen und Leistungen F 1231 – Restlaufzeit bis 1 Jahr F 1232 – Restlaufzeit größer 1 Jahr

Bilanz-Posten[2]	Programmverbindung[4]	1 Umlaufvermögenskonten	
Forderungen aus Lieferungen und Leistungen oder *sonstige Verbindlichkeiten*		F 1235	Wechsel aus Lieferungen und Leistungen, bundesbankfähig
		F 1240	Zweifelhafte Forderungen
		F 1241	– Restlaufzeit bis 1 Jahr
		F 1245	– Restlaufzeit größer 1 Jahr
Forderungen aus Lieferungen und Leistungen H-Saldo		1246	Einzelwertberichtigungen zu Forderungen mit einer Restlaufzeit bis zu 1 Jahr
		1247	Einzelwertberichtigungen zu Forderungen mit einer Restlaufzeit von mehr als 1 Jahr
		1248	Pauschalwertberichtigung zu Forderungen mit einer Restlaufzeit bis zu 1 Jahr
		1249	Pauschalwertberichtigung zu Forderungen mit einer Restlaufzeit von mehr als 1 Jahr
Forderungen aus Lieferungen und Leistungen oder *sonstige Verbindlichkeiten*		F 1250	Forderungen aus Lieferungen und Leistungen gegen Gesellschafter
		F 1251	– Restlaufzeit bis 1 Jahr
		F 1255	– Restlaufzeit größer 1 Jahr
Forderungen aus Lieferungen und Leistungen H-Saldo		1258	Gegenkonto zu sonstigen Vermögensgegenständen bei Buchungen über Debitorenkonto
Forderungen aus Lieferungen und Leistungen H-Saldo oder *sonstige Verbindlichkeiten S-Saldo*		1259	Gegenkonto 1221-1229, 1240-1245,1250-1257, 1270-1279, 1290-1297 bei Aufteilung Debitorenkonto
Forderungen gegen verbundene Unternehmen oder *Verbindlichkeiten gegenüber verbundenen Unternehmen*		**1260**	**Forderungen gegen verbundene Unternehmen**
		1261	– Restlaufzeit bis 1 Jahr
		1265	– Restlaufzeit größer 1 Jahr
		1266	Besitzwechsel gegen verbundene Unternehmen
		1267	– Restlaufzeit bis 1 Jahr
		1268	– Restlaufzeit größer 1 Jahr
		1269	Besitzwechsel gegen verbundene Unternehmen, bundesbankfähig
		F 1270	Forderungen aus Lieferungen und Leistungen gegen verbundene Unternehmen
		F 1271	– Restlaufzeit bis 1 Jahr
		F 1275	– Restlaufzeit größer 1 Jahr
Forderungen gegen verbundene Unternehmen H-Saldo		1276	Wertberichtigungen zu Forderungen mit einer Restlaufzeit bis zu 1 Jahr gegen verbundene Unternehmen
		1277	Wertberichtigungen zu Forderungen mit einer Restlaufzeit von mehr als 1 Jahr gegen verbundene Unternehmen
Forderungen gegen Unternehmen, mit denen ein Beteiligungsverhältnis besteht oder *Verbindlichkeiten gegenüber Unternehmen, mit denen ein Beteiligungsverhältnis besteht*		**1280**	**Forderungen gegen Unternehmen, mit denen ein Beteiligungsverhältnis besteht**
		1281	– Restlaufzeit bis 1 Jahr
		1285	– Restlaufzeit größer 1 Jahr
		1286	Besitzwechsel gegen Unternehmen, mit denen ein Beteiligungsverhältnis besteht
		1287	– Restlaufzeit bis 1 Jahr
		1288	– Restlaufzeit größer 1 Jahr
		1289	Besitzwechsel gegen Unternehmen, mit denen ein Beteiligungsverhältnis besteht, bundesbankfähig
		F 1290	Forderungen aus Lieferungen und Leistungen gegen Unternehmen, mit denen ein Beteiligungsverhältnis besteht
		F 1291	– Restlaufzeit bis 1 Jahr
		F 1295	– Restlaufzeit größer 1 Jahr
Forderungen gegen Unternehmen, mit denen ein Beteiligungsverhältnis besteht H-Saldo		1296	Wertberichtigungen zu Forderungen mit einer Restlaufzeit bis zu 1 Jahr gegen Unternehmen, mit denen ein Beteiligungsverhältnis besteht
		1297	Wertberichtigungen zu Forderungen mit einer Restlaufzeit von mehr als 1 Jahr gegen Unternehmen, mit denen ein Beteiligungsverhältnis besteht
Eingeforderte, noch ausstehende Kapitaleinlagen		**1298**	**Ausstehende Einlagen auf das gezeichnete Kapital, eingefordert (Forderungen, nicht eingeforderte ausstehende Einlagen s. Konto 2910)**
Eingeforderte Nachschüsse		**1299**	**Eingeforderte Nachschüsse (Gegenkonto 2929)**
Sonstige Vermögensgegenstände		**1300**	**Sonstige Vermögensgegenstände**
		1301	– Restlaufzeit bis 1 Jahr
		1305	– Restlaufzeit größer 1 Jahr
		1310	Forderungen gegen Vorstandsmitglieder und Geschäftsführer
		1311	– Restlaufzeit bis 1 Jahr
		1315	– Restlaufzeit größer 1 Jahr
		1320	Forderungen gegen Aufsichtsrats- und Beirats-Mitglieder
		1321	– Restlaufzeit bis 1 Jahr
		1325	– Restlaufzeit größer 1 Jahr
		1330	Forderungen gegen Gesellschafter
		1331	– Restlaufzeit bis 1 Jahr
		1335	– Restlaufzeit größer 1 Jahr
		1340	Forderungen gegen Personal aus Lohn- und Gehaltsabrechnung
		1341	– Restlaufzeit bis 1 Jahr
		1345	– Restlaufzeit größer 1 Jahr
		1350	Kautionen
		1351	– Restlaufzeit bis 1 Jahr
		1355	– Restlaufzeit größer 1 Jahr
		1360	Darlehen
		1361	– Restlaufzeit bis 1 Jahr
		1365	– Restlaufzeit größer 1 Jahr
Sonstige Vermögensgegenstände oder *sonstige Verbindlichkeiten*		1370	Durchlaufende Posten
		1374	Fremdgeld
Sonstige Vermögensgegenstände		1375	Agenturwarenabrechnung
Sonstige Vermögensgegenstände oder *sonstige Verbindlichkeiten*	U	F 1376	Nachträglich abziehbare Vorsteuer, § 15a Abs. 2 UStG
	U	F 1377	Zurückzuzahlende Vorsteuer, § 15a Abs. 2 UStG
Sonstige Vermögensgegenstände		1378	Ansprüche aus Rückdeckungsversicherungen
		1390	GmbH-Anteile zum kurzfristigen Verbleib
		1395	Genossenschaftsanteile zum kurzfristigen Verbleib
Sonstige Vermögensgegenstände oder *sonstige Verbindlichkeiten*	U	F 1396	Nachträglich abziehbare Vorsteuer, § 15a Abs. 1 UStG, bewegliche Wirtschaftsgüter
	U	F 1397	Zurückzuzahlende Vorsteuer, § 15a Abs. 1 UStG, bewegliche Wirtschaftsgüter
	U	F 1398	Nachträglich abziehbare Vorsteuer, § 15a Abs. 1 UStG, unbewegliche Wirtschaftsgüter
	U	F 1399	Zurückzuzahlende Vorsteuer, § 15a Abs. 1 UStG, unbewegliche Wirtschaftsgüter
	U	S 1400	Abziehbare Vorsteuer
	U	S 1401	Abziehbare Vorsteuer 7 %
	U	S 1402	Abziehbare Vorsteuer aus innergemeinschaftlichem Erwerb
	U	S 1403	Abziehbare Vorsteuer aus innergemeinschaftlichem Erwerb 16 %

Bilanz-Posten[2]	Programm-verbindung[4]	1 Umlaufvermögenskonten	
Sonstige Vermögensgegenstände oder *sonstige Verbindlichkeiten*	U	S 1404	Abziehbare Vorsteuer aus innergemeinschaftlichem Erwerb 19 %
	U	S 1405	Abziehbare Vorsteuer 16 %
	U	S 1406	Abziehbare Vorsteuer 19 %
	U	S 1407	Abziehbare Vorsteuer nach § 13b UStG 19 %
	U	S 1408	Abziehbare Vorsteuer nach § 13b UStG
	U	S 1409	Abziehbare Vorsteuer nach § 13b UStG 16 %
		S 1410	Aufzuteilende Vorsteuer
		S 1411	Aufzuteilende Vorsteuer 7 %
		S 1412	Aufzuteilende Vorsteuer aus innergemeinschaftlichem Erwerb
		S 1413	Aufzuteilende Vorsteuer aus innergemeinschaftlichem Erwerb 19 %
		R 1414	
		S 1415	Aufzuteilende Vorsteuer 16 %
		S 1416	Aufzuteilende Vorsteuer 19 %
		S 1417	Aufzuteilende Vorsteuer nach §§ 13a/13b UStG
		S 1418	Aufzuteilende Vorsteuer nach §§ 13a/13b UStG 16 %
		S 1419	Aufzuteilende Vorsteuer nach §§ 13a/13b UStG 19 %
Sonstige Vermögensgegenstände		1420	Umsatzsteuerforderungen
Sonstige Vermögensgegenstände oder *sonstige Verbindlichkeiten*		1421	Umsatzsteuerforderungen laufendes Jahr
Sonstige Vermögensgegenstände		1422	Umsatzsteuerforderungen Vorjahr
		1425	Umsatzsteuerforderungen frühere Jahre
		1427	Forderungen aus entrichteten Verbrauchsteuern
Sonstige Vermögensgegenstände oder *sonstige Verbindlichkeiten*		R 1430	
	U	S 1431	Abziehbare Vorsteuer aus der Auslagerung von Gegenständen aus einem Umsatzsteuerlager
	U	S 1432	Abziehbare Vorsteuer aus innergemeinschaftlichem Erwerb von Neufahrzeugen von Lieferanten ohne USt-Identifikationsnummer
	U	F 1433	Bezahlte Einfuhrumsatzsteuer
		1434	Vorsteuer im Folgejahr abziehbar
Sonstige Vermögensgegenstände		1435	Steuerüberzahlungen
		R 1436	
		1440	Steuererstattungsanspruch gegenüber anderen EG-Ländern
		1450	Körperschaftsteuerrückforderung
		1452	Körperschaftsteuerguthaben nach § 37 KStG - Restlaufzeit bis 1 Jahr
		1453	- Restlaufzeit größer 1 Jahr
		F 1456	Forderungen an das Finanzamt aus abgeführtem Bauabzugsbetrag
Sonstige Vermögensgegenstände oder *sonstige Verbindlichkeiten*		F 1460	Geldtransit
		1480	Gegenkonto Vorsteuer § 4/3 EStG
		1481	Auflösung Vorsteuer aus Vorjahr § 4/3 EStG
		1482	Vorsteuer aus Investitionen § 4/3 EStG
		1483	Gegenkonto für Vorsteuer nach Durchschnittssätzen für § 4 Abs. 3 EStG[13]
	U	F 1484	Vorsteuer nach allgemeinen Durchschnittssätzen UStVA Kz. 63
		F 1485	Verrechnungskonto Gewinnermittlung § 4/3 EStG, ergebniswirksam
		F 1486	Verrechnungskonto Gewinnermittlung § 4/3 EStG, nicht ergebniswirksam
		1487	Wirtschaftsgüter des Umlaufvermögens gemäß § 4 Abs. 3 Satz 4 EStG[13]
		F 1490	Verrechnungskonto Ist-Versteuerung
Sonstige Verbindlichkeiten S-Saldo		F 1495	Verrechnungskonto erhaltene Anzahlungen bei Buchung über Debitorenkonto
Sonstige Vermögensgegenstände oder *sonstige Verbindlichkeiten*		F 1498	Überleitungskonto Kostenstellen
			Wertpapiere
Anteile an verbundenen Unternehmen		**1500**	**Anteile an verbundenen Unternehmen (Umlaufvermögen)**
		1504	**Anteile an herrschender oder mit Mehrheit beteiligter Gesellschaft**
Eigene Anteile		**1505**	**Eigene Anteile**
Sonstige Wertpapiere		**1510**	**Sonstige Wertpapiere**
		1520	Finanzwechsel
		1525	Andere Wertpapiere mit unwesentlichen Wertschwankungen im Sinne Textziffer 18 DRS 2
		1530	Wertpapieranlagen im Rahmen der kurzfristigen Finanzdisposition
			Kassenbestand, Bundesbankguthaben, Guthaben bei Kreditinstituten und Schecks
Kassenbestand, Bundesbankguthaben, Guthaben bei Kreditinstituten und Schecks		**F 1550**	**Schecks**
		F 1600	**Kasse**
		F 1610	Nebenkasse 1
		F 1620	Nebenkasse 2
Kassenbestand, Bundesbankguthaben, Guthaben bei Kreditinstituten und Schecks oder *Verbindlichkeiten gegenüber Kreditinstituten*		**F 1700**	**Postbank**
		F 1710	Postbank 1
		F 1720	Postbank 2
		F 1730	Postbank 3
		F 1780	LZB-Guthaben
		F 1790	Bundesbankguthaben
		F 1800	**Bank**
		F 1810	Bank 1
		F 1820	Bank 2
		F 1830	Bank 3
		F 1840	Bank 4
		F 1850	Bank 5
		1890	Finanzmittelanlagen im Rahmen der kurzfristigen Finanzdisposition
		1895	Verbindlichkeiten gegenüber Kreditinstituten (nicht im Finanzmittelfonds enthalten)
			Abgrenzungsposten
Rechnungsabgrenzungsposten		**1900**	**Aktive Rechnungsabgrenzung**
		1920	Als Aufwand berücksichtigte Zölle und Verbrauchsteuern auf Vorräte
		1930	Als Aufwand berücksichtigte Umsatzsteuer auf Anzahlungen
		1940	Damnum/Disagio
Abgrenzung latenter Steuern		**1950**	**Abgrenzung aktive latente Steuern**

Bilanz-Posten[2]	Programmverbindung[4]	Konto	2 Eigenkapitalkonten/ Fremdkapitalkonten
			KU 2000-2348 V 2349[10] KU 2350-2398 M 2399[10] KU 2400-2999
			Kapital
			Eigenkapital Vollhafter/Einzelunternehmer
		2000 -09	Festkapital
		2010 -19	Variables Kapital
			Fremdkapital Vollhafter
		2020 -29	Gesellschafter-Darlehen[12]
			Eigenkapital Einzelunternehmer
		2030 -49	(zur freien Verfügung)
			Eigenkapital Teilhafter
		2050 -59	Kommandit-Kapital
		2060 -69	Verlustausgleichskonto
			Fremdkapital Teilhafter
		2070 -79	Gesellschafter-Darlehen[12]
			Eigenkapital Teilhafter (keine Abfrage)
		2080 -99	(zur freien Verfügung)
			Privat (Eigenkapital) Vollhafter/Einzelunternehmer
		2100 -29	Privatentnahmen allgemein
		2130 -49	Unentgeltliche Wertabgaben
		2150 -79	Privatsteuern
		2180 -99	Privateinlagen
		2200 -29	Sonderausgaben beschränkt abzugsfähig
		2230 -49	Sonderausgaben unbeschränkt abzugsfähig
		2250 -79	Zuwendungen, Spenden
		2280 -99	Außergewöhnliche Belastungen
		2300 -48	Grundstücksaufwand
		2349	Grundstücksaufwand (Umsatzsteuerschlüssel möglich)[10]
		2350 -98	Grundstücksertrag
		2399	Grundstücksertrag (Umsatzsteuerschlüssel möglich)[10]
			Privat (Fremdkapital) Teilhafter
		2500 -29	Privatentnahmen allgemein
		2530 -49	Unentgeltliche Wertabgaben
		2550 -79	Privatsteuern
		2580 -99	Privateinlagen
		2600 -29	Sonderausgaben beschränkt abzugsfähig
		2630 -49	Sonderausgaben unbeschränkt abzugsfähig
		2650 -79	Zuwendungen, Spenden
		2680 -99	Außergewöhnliche Belastungen
		2700 -49	Grundstücksaufwand
		2750 -99	Grundstücksertrag
			Gezeichnetes Kapital
Gezeichnetes Kapital	K	**2900**	**Gezeichnetes Kapital[17]**
Nicht eingeforderte ausstehende Einlagen		2910	Ausstehende Einlagen auf das gezeichnete Kapital, nicht eingefordert (Passivausweis, von gezeichnetem Kapital offen abgesetzt; eingeforderte ausstehende Einlagen s. Konto 1298)
			Kapitalrücklage
Kapitalrücklage	K	**2920**	**Kapitalrücklage[17]**
	K	2925	Kapitalrücklage durch Ausgabe von Anteilen über Nennbetrag[17]
	K	2926	Kapitalrücklage durch Ausgabe von Schuldverschreibungen für Wandlungsrechte und Optionsrechte zum Erwerb von Anteilen[17]
	K	2927	Kapitalrücklage durch Zuzahlungen gegen Gewährung eines Vorzugs für Anteile[17]
	K	2928	Andere Zuzahlungen in das Eigenkapital[17]
	K	2929	Eingefordertes Nachschusskapital (Gegenkonto 1299)[17]
			Gewinnrücklagen
Gesetzliche Rücklage	K	**2930**	**Gesetzliche Rücklage[17]**
Rücklage für eigene Anteile	K	**2940**	**Rücklage für eigene Anteile[17]**
Satzungsmäßige Rücklagen	K	**2950**	**Satzungsmäßige Rücklagen[17]**
Andere Gewinnrücklagen	K	**2960**	**Andere Gewinnrücklagen[17]**
	K	2962	Eigenkapitalanteil von Wertaufholungen[17]
			Gewinnvortrag/Verlustvortrag vor Verwendung
Gewinnvortrag oder *Verlustvortrag*	K	2970	Gewinnvortrag vor Verwendung[17]
	K	2978	Verlustvortrag vor Verwendung[17]
Vortrag auf neue Rechnung	K	2979	Vortrag auf neue Rechnung (Bilanz)[17]
			Sonderposten mit Rücklageanteil
Sonderposten mit Rücklageanteil		2980	Sonderposten mit Rücklageanteil steuerfreie Rücklagen[6]
		2981	Sonderposten mit Rücklageanteil nach § 6b EStG
		2982	Sonderposten mit Rücklageanteil nach EStR R 6.6
		2989	Sonderposten mit Rücklageanteil nach § 52 Abs. 16 EStG
		2990	Sonderposten mit Rücklageanteil, Sonderabschreibungen[6]
		2993	Sonderposten mit Rücklageanteil nach § 7g Abs. 2 EStG n. F.
		2997	Sonderposten mit Rücklageanteil nach § 7g Abs. 1 EStG a. F./§ 7g Abs. 5 EStG n. F.
		2998	Sonderposten mit Rücklageanteil nach § 7g Abs. 3 und 7 EStG a. F.
Sonderposten für Zuschüsse und Zulagen		2999	Sonderposten für Zuschüsse und Zulagen

Bilanz-Posten[2]	Programmverbindung[4]	3	Fremdkapitalkonten
			KU 3000-3069 KU 3100-3249 M 3250-3299 KU 3300-3899
			Rückstellungen
Rückstellungen für Pensionen und ähnliche Verpflichtungen		**3000**	**Rückstellungen für Pensionen und ähnliche Verpflichtungen**
		3010	Pensionsrückstellungen
		3015	Rückstellungen für pensionsähnliche Verpflichtungen
Steuerrückstellungen		**3020**	**Steuerrückstellungen**
		3030	Gewerbesteuerrückstellung
		3035	Gewerbesteuerrückstellung, § 4 Abs. 5b EStG
		3040	Körperschaftsteuerrückstellung
		3060	Rückstellung für latente Steuern
Sonstige Rückstellungen		**3070**	**Sonstige Rückstellungen**
		3074	Rückstellungen für Personalkosten
		3075	Rückstellungen für unterlassene Aufwendungen für Instandhaltung, Nachholung in den ersten drei Monaten
		3080	Rückstellungen für unterlassene Aufwendungen für Instandhaltung, Nachholung innerhalb des 4. bis 12. Monats
		3085	Rückstellungen für Abraum- und Abfallbeseitigung
		3090	Rückstellungen für Gewährleistungen (Gegenkonto 6790)
		3092	Rückstellungen für drohende Verluste aus schwebenden Geschäften
		3095	Rückstellungen für Abschluss- und Prüfungskosten
		3096	Rückstellungen zur Erfüllung der Aufbewahrungspflichten
		3098	Aufwandsrückstellungen gemäß § 249 Abs. 2 HGB
		3099	Rückstellungen für Umweltschutz
			Verbindlichkeiten
Anleihen		**3100**	**Anleihen,** nicht konvertibel
		3101	– Restlaufzeit bis 1 Jahr
		3105	– Restlaufzeit 1 bis 5 Jahre
		3110	– Restlaufzeit größer 5 Jahre
		3120	Anleihen, konvertibel
		3121	– Restlaufzeit bis 1 Jahr
		3125	– Restlaufzeit 1 bis 5 Jahre
		3130	– Restlaufzeit größer 5 Jahre
Verbindlichkeiten gegenüber Kreditinstituten oder *Kassenbestand, Bundesbankguthaben, Guthaben bei Kreditinstituten und Schecks*		**3150**	**Verbindlichkeiten gegenüber Kreditinstituten**
		3151	– Restlaufzeit bis 1 Jahr
		3160	– Restlaufzeit 1 bis 5 Jahre
		3170	– Restlaufzeit größer 5 Jahre
		3180	Verbindlichkeiten gegenüber Kreditinstituten aus Teilzahlungsverträgen
		3181	– Restlaufzeit bis 1 Jahr
		3190	– Restlaufzeit 1 bis 5 Jahre
		3200	– Restlaufzeit größer 5 Jahre
		3210 -48	(frei, in Bilanz kein Restlaufzeitvermerk)
Verbindlichkeiten gegenüber Kreditinstituten		3249	Gegenkonto 3150-3209 bei Aufteilung der Konten 3210-3248

Bilanz-Posten[2]	Programmverbindung[4]	3	Fremdkapitalkonten
Erhaltene Anzahlungen auf Bestellungen		**3250**	**Erhaltene Anzahlungen auf Bestellungen**
	U	AM 3260	Erhaltene Anzahlungen 7 % USt
		R 3261 -64	
	U	AM 3270	Erhaltene Anzahlungen 16 % USt
	U	AM 3271	Erhaltene Anzahlungen 15 % USt
	U	AM 3272	Erhaltene, versteuerte Anzahlungen 19 % USt (Verbindlichkeiten)
		R 3273 -74	
		3280	Erhaltene Anzahlungen – Restlaufzeit bis 1 Jahr
		3284	– Restlaufzeit 1 bis 5 Jahre
		3285	– Restlaufzeit größer 5 Jahre
Verbindlichkeiten aus Lieferungen und Leistungen oder *sonstige Vermögensgegenstände*		**S 3300**	**Verbindlichkeiten aus Lieferungen und Leistungen**
		R 3301 -03	Verbindlichkeiten aus Lieferungen und Leistungen
		F 3305	Verbindlichkeiten aus Lieferungen und Leistungen zum allgemeinen Umsatzsteuersatz (EÜR)[13]
		F 3306	Verbindlichkeiten aus Lieferungen und Leistungen zum ermäßigten Umsatzsteuersatz (EÜR)[13]
		F 3307	Verbindlichkeiten aus Lieferungen und Leistungen ohne Vorsteuer (EÜR)[13]
		F 3309	Gegenkonto 3305-3307 bei Aufteilung der Verbindlichkeiten nach Steuersätzen (EÜR)[13]
		F 3310 -33	Verbindlichkeiten aus Lieferungen und Leistungen ohne Kontokorrent
		F 3334	Verbindlichkeiten aus Lieferungen und Leistungen für Investitionen für § 4/3 EStG
		F 3335	Verbindlichkeiten aus Lieferungen und Leistungen ohne Kontokorrent – Restlaufzeit bis 1 Jahr
		F 3337	– Restlaufzeit 1 bis 5 Jahre
		F 3338	– Restlaufzeit größer 5 Jahre
		F 3340	Verbindlichkeiten aus Lieferungen und Leistungen gegenüber Gesellschaftern
		F 3341	– Restlaufzeit bis 1 Jahr
		F 3345	– Restlaufzeit 1 bis 5 Jahre
		F 3348	– Restlaufzeit größer 5 Jahre
Verbindlichkeiten aus Lieferungen und Leistungen S-Saldo oder *sonstige Vermögensgegenstände H-Saldo*		3349	Gegenkonto 3335-3348, 3420-3449, 3470-3499 bei Aufteilung Kreditorenkonto
Verbindlichkeiten aus der Annahme gezogener Wechsel und aus der Ausstellung eigener Wechsel		**F 3350**	**Verbindlichkeiten aus der Annahme gezogener Wechsel und aus der Ausstellung eigener Wechsel**
		F 3351	– Restlaufzeit bis 1 Jahr
		F 3380	– Restlaufzeit 1 bis 5 Jahre
		F 3390	– Restlaufzeit größer 5 Jahre
Verbindlichkeiten gegenüber verbundenen Unternehmen oder *Forderungen gegen verbundene Unternehmen*		**F 3400**	**Verbindlichkeiten gegenüber verbundenen Unternehmen**
		3401	– Restlaufzeit bis 1 Jahr
		3405	– Restlaufzeit 1 bis 5 Jahre
		3410	– Restlaufzeit größer 5 Jahre
		F 3420	Verbindlichkeiten aus Lieferungen und Leistungen gegenüber verbundenen Unternehmen
		F 3421	– Restlaufzeit bis 1 Jahr
		F 3425	– Restlaufzeit 1 bis 5 Jahre
		F 3430	– Restlaufzeit größer 5 Jahre

Bilanz-Posten[2)]	Programmverbindung[4)]	Konto	3 Fremdkapitalkonten
Verbindlichkeiten gegenüber Unternehmen, mit denen ein Beteiligungsverhältnis besteht oder *Forderungen gegen Unternehmen, mit denen ein Beteiligungsverhältnis besteht*		**3450**	**Verbindlichkeiten gegenüber Unternehmen, mit denen ein Beteiligungsverhältnis besteht**
		3451	– Restlaufzeit bis 1 Jahr
		3455	– Restlaufzeit 1 bis 5 Jahre
		3460	– Restlaufzeit größer 5 Jahre
		F 3470	Verbindlichkeiten aus Lieferungen und Leistungen gegenüber Unternehmen, mit denen ein Beteiligungsverhältnis besteht
		F 3471	– Restlaufzeit bis 1 Jahr
		F 3475	– Restlaufzeit 1 bis 5 Jahre
		F 3480	– Restlaufzeit größer 5 Jahre
Sonstige Verbindlichkeiten		**3500**	**Sonstige Verbindlichkeiten**
		3501	– Restlaufzeit bis 1 Jahr
		3504	– Restlaufzeit 1 bis 5 Jahre
		3507	– Restlaufzeit größer 5 Jahre
		3509	Sonstige Verbindlichkeiten z. B. nach § 11 Abs. 2 Satz 2 EStG für § 4/3 EStG
		3510	Verbindlichkeiten gegenüber Gesellschaftern
		3511	– Restlaufzeit bis 1 Jahr
		3514	– Restlaufzeit 1 bis 5 Jahre
		3517	– Restlaufzeit größer 5 Jahre
		3519	Verbindlichkeiten gegenüber Gesellschaftern für offene Ausschüttungen
		3520	Darlehen typisch stiller Gesellschafter
		3521	– Restlaufzeit bis 1 Jahr
		3524	– Restlaufzeit 1 bis 5 Jahre
		3527	– Restlaufzeit größer 5 Jahre
		3530	Darlehen atypisch stiller Gesellschafter
		3531	– Restlaufzeit bis 1 Jahr
		3534	– Restlaufzeit 1 bis 5 Jahre
		3537	– Restlaufzeit größer 5 Jahre
		3540	Partiarische Darlehen
		3541	– Restlaufzeit bis 1 Jahr
		3544	– Restlaufzeit 1 bis 5 Jahre
		3547	– Restlaufzeit größer 5 Jahre
		3550	Erhaltene Kautionen
		3551	– Restlaufzeit bis 1 Jahr
		3554	– Restlaufzeit 1 bis 5 Jahre
		3557	– Restlaufzeit größer 5 Jahre
		3560	Darlehen
		3561	– Restlaufzeit bis 1 Jahr
		3564	– Restlaufzeit 1 bis 5 Jahre
		3567	– Restlaufzeit größer 5 Jahre
		3570-98	(frei, in Bilanz kein Restlaufzeitvermerk)
		3599	Gegenkonto 3500-3569 bei Aufteilung der Konten 3570-3598
		3600	Agenturwarenabrechnungen
		3610	Kreditkartenabrechnung
Sonstige Vermögensgegenstände oder *sonstige Verbindlichkeiten*		3620	Gewinnverfügungskonto stille Gesellschafter
		3630	Sonstige Verrechnungskonten (Interimskonto)
Sonstige Vermögensgegenstände H-Saldo		3695	Verrechnungskonto geleistete Anzahlungen bei Buchung über Kreditorenkonto
Sonstige Verbindlichkeiten		3700	Verbindlichkeiten aus Steuern und Abgaben
		3701	– Restlaufzeit bis 1 Jahr
		3710	– Restlaufzeit 1 bis 5 Jahre
		3715	– Restlaufzeit größer 5 Jahre
		3720	Verbindlichkeiten aus Lohn und Gehalt
		3725	Verbindlichkeiten für Einbehaltungen von Arbeitnehmern
		3726	Verbindlichkeiten an das Finanzamt aus abzuführendem Bauabzugsbetrag
Sonstige Verbindlichkeiten oder *sonstige Vermögensgegenstände*		3730	Verbindlichkeiten aus Lohn- und Kirchensteuer
		3740	Verbindlichkeiten im Rahmen der sozialen Sicherheit
		3741	– Restlaufzeit bis 1 Jahr
		3750	– Restlaufzeit 1 bis 5 Jahre
		3755	– Restlaufzeit größer 5 Jahre
Sonstige Verbindlichkeiten		3759	Voraussichtliche Beitragsschuld gegenüber den Sozialversicherungsträgern
		3760	Verbindlichkeiten aus Einbehaltungen (KapESt und SolZ auf KapESt)
		3761	Verbindlichkeiten für Verbrauchsteuern
		3770	Verbindlichkeiten aus Vermögensbildung
		3771	– Restlaufzeit bis 1 Jahr
		3780	– Restlaufzeit 1 bis 5 Jahre
		3785	– Restlaufzeit größer 5 Jahre
Sonstige Verbindlichkeiten oder *sonstige Vermögensgegenstände*		**3790**	**Lohn- und Gehaltsverrechnungskonto**
		3791	Lohn- und Gehaltsverrechnung § 11 Abs. 2 EStG für § 4 Abs. 3 EStG
Sonstige Verbindlichkeiten		3796	Verbindlichkeiten im Rahmen der sozialen Sicherheit (für § 4/3 EStG)
Sonstige Verbindlichkeiten oder *sonstige Vermögensgegenstände*		S 3800	Umsatzsteuer
		S 3801	Umsatzsteuer 7 %
		S 3802	Umsatzsteuer aus innergemeinschaftlichem Erwerb
		S 3803	Umsatzsteuer aus innergemeinschaftlichem Erwerb 16 %
		S 3804	Umsatzsteuer aus innergemeinschaftlichem Erwerb 19 %
		S 3805	Umsatzsteuer 16 %
		S 3806	Umsatzsteuer 19 %
		S 3807	Umsatzsteuer aus im Inland steuerpflichtigen EG-Lieferungen
		S 3808	Umsatzsteuer aus im Inland steuerpflichtigen EG-Lieferungen 19 %
		S 3809	Umsatzsteuer aus innergemeinschaftlichem Erwerb ohne Vorsteuerabzug
Steuerrückstellungen oder *sonstige Vermögensgegenstände*		S 3810	Umsatzsteuer nicht fällig
		S 3811	Umsatzsteuer nicht fällig 7 %
		S 3812	Umsatzsteuer nicht fällig aus im Inland steuerpflichtigen EG-Lieferungen
		S 3813	Umsatzsteuer nicht fällig aus im Inland steuerpflichtigen EG-Lieferungen 16 %
		S 3814	Umsatzsteuer nicht fällig aus im Inland steuerpflichtigen EG-Lieferungen 19 %
		S 3815	Umsatzsteuer nicht fällig 16 %
		S 3816	Umsatzsteuer nicht fällig 19 %
Sonstige Verbindlichkeiten		S 3817	Umsatzsteuer aus im anderen EG-Land steuerpflichtigen Lieferungen
		S 3818	Umsatzsteuer aus im anderen EG-Land steuerpflichtigen sonstigen Leistungen/Werklieferungen
		R 3819	

Bilanz-Posten[2]	Programm-verbindung[4]	Konto	3 Fremdkapitalkonten
Sonstige Verbindlichkeiten oder *sonstige Vermögensgegenstände*	U	F 3820	Umsatzsteuer-Vorauszahlungen
	U	F 3830	Umsatzsteuer-Vorauszahlungen 1/11
		R 3831	
	U	F 3832	Nachsteuer, UStVA Kz. 65
		R 3833	
	U	S 3834	Umsatzsteuer aus innergemeinschaftlichem Erwerb von Neufahrzeugen von Lieferanten ohne Umsatzsteuer-Identifikationsnummer
	U	S 3835	Umsatzsteuer nach § 13b UStG
	U	S 3836	Umsatzsteuer nach § 13b UStG 16 %
	U	S 3837	Umsatzsteuer nach § 13b UStG 19 %
		R 3838	
	U	S 3839	Umsatzsteuer aus der Auslagerung von Gegenständen aus einem Umsatzsteuerlager
		3840	Umsatzsteuer laufendes Jahr
		3841	Umsatzsteuer Vorjahr
		3845	Umsatzsteuer frühere Jahre
		3850	Einfuhrumsatzsteuer aufgeschoben bis...
	U	F 3851	In Rechnung unrichtig oder unberechtigt ausgewiesene Steuerbeträge, UStVA Kz. 69
Sonstige Verbindlichkeiten		3854	Steuerzahlungen an andere EG-Länder
			Rechnungsabgrenzungsposten
Rechnungsabgrenzungsposten		**3900**	**Passive Rechnungsabgrenzung**
Sonstige Passiva oder *sonstige Aktiva*		3950	Abgrenzung unterjährig pauschal gebuchter Abschreibungen für BWA

GuV-Posten[2]	Programm-verbindung[4]	Konto	4 Betriebliche Erträge
			M 4000-4604, KU 4605, M 4606-4618, KU 4619, M 4620-4636, KU 4637-4639, M 4640-4658, KU 4659, M 4660-4678, KU 4679, M 4680-4688, KU 4689-4699, M 4700-4799, KU 4800-4829, M 4830-4839, KU 4840-4843, M 4844-4948, KU 4949
			Umsatzerlöse
Umsatzerlöse		4000 -99	Umsatzerlöse (Zur freien Verfügung)
	U	AM 4100	Steuerfreie Umsätze § 4 Nr. 8 ff. UStG
	U	AM 4105	Steuerfreie Umsätze nach § 4 Nr. 12 UStG (Vermietung und Verpachtung)
	U	AM 4110	Sonstige steuerfreie Umsätze Inland
	U	AM 4120	Steuerfreie Umsätze § 4 Nr. 1a UStG
	U	AM 4125	Steuerfreie innergemeinschaftliche Lieferungen § 4 Nr. 1b UStG
	U	AM 4130	Lieferungen des ersten Abnehmers bei innergemeinschaftlichen Dreiecksgeschäften § 25b Abs. 2 UStG
	U	AM 4135	Steuerfreie innergemeinschaftliche Lieferungen von Neufahrzeugen an Abnehmer ohne Umsatzsteuer-Identifikationsnummer
		R 4138	
	U	AM 4140	Steuerfreie Umsätze Offshore etc.
	U	AM 4150	Sonstige steuerfreie Umsätze (z. B. § 4 Nr. 2-7 UStG)
	U	AM 4160	Steuerfreie Umsätze ohne Vorsteuerabzug zum Gesamtumsatz gehörend
		4180	Erlöse, die mit den Durchschnittssätzen des § 24 UStG versteuert werden[13]
		R 4182 -83	
	U	4185	Erlöse als Kleinunternehmer i. S. d. § 19 Abs. 1 UStG[13]
	U	AM 4186	Erlöse aus Geldspielautomaten 19 % USt
		R 4187 -88	
		4200	Erlöse
	U	AM 4300 -09	Erlöse 7 % USt
	U	AM 4310 -14	Erlöse aus im Inland steuerpflichtigen EG-Lieferungen 7 % USt
	U	AM 4315 -19	Erlöse aus im Inland steuerpflichtigen EG-Lieferungen 19 % USt
		4320 -29	Erlöse aus im anderen EG-Land steuerpflichtigen Lieferungen[3]
	U	AM 4330	Erlöse aus im Inland steuerpflichtigen EG-Lieferungen 16 % USt
		R 4331 -36	
	U	AM 4337	Erlöse aus Leistungen, für die der Leistungsempfänger die Umsatzsteuer nach § 13b UStG schuldet
	U	AM 4338	Erlöse aus im Drittland steuerbaren Leistungen, im Inland nicht steuerbare Umsätze
	U	AM 4339	Erlöse aus im anderen EG-Land steuerbaren Leistungen, im Inland nicht steuerbare Umsätze

GuV-Posten[2]	Programmverbindung[4]	4	Betriebliche Erträge
Umsatzerlöse	U	AM 4340 -49	Erlöse 16 % USt
	U	AM 4400 -09	Erlöse 19 % USt
	U	AM 4410	Erlöse 19 % USt
		R 4411 -49	
		R 4507	
		R 4509	
		4510	Erlöse Abfallverwertung
		4520	Erlöse Leergut
		4560	Provisionsumsätze
		R 4561 -63	
	U	AM 4564	Provisionsumsätze, steuerfrei (§ 4 Nr. 8 ff. UStG)
	U	AM 4565	Provisionsumsätze, steuerfrei (§ 4 Nr. 5 UStG)
	U	AM 4566	Provisionsumsätze 7 % USt
		R 4567	
	U	AM 4568	Provisionsumsätze 16 % USt
	U	AM 4569	Provisionsumsätze 19 % USt
Sonstige betriebliche Erträge		4570	Provision, sonstige Erträge
		R 4571 -73	
	U	AM 4574	Provision, sonstige Erträge steuerfrei (§ 4 Nr. 8 ff. UStG)
	U	AM 4575	Provision, sonstige Erträge steuerfrei (§ 4 Nr. 5 UStG)
	U	AM 4576	Provision, sonstige Erträge 7 % USt
		R 4577 -78	
	U	AM 4579	Provision, sonstige Erträge 19 % USt
			Statistische Konten EÜR[15]
Umsatzerlöse		4580	Statistisches Konto Erlöse zum allgemeinen Umsatzsteuersatz (EÜR)[13][15]
		4581	Statistisches Konto Erlöse zum ermäßigten Umsatzsteuersatz (EÜR)[13][15]
		4582	Statistisches Konto Erlöse steuerfrei und nicht steuerbar (EÜR)[13][15]
		4589	Gegenkonto 4580-4582 bei Aufteilung der Erlöse nach Steuersätzen (EÜR)[13]
		4600	Unentgeltliche Wertabgaben
		4605	Entnahme von Gegenständen ohne USt
		R 4608 -09	
	U	AM 4610 -16	Entnahme durch Unternehmer für Zwecke außerhalb des Unternehmens (Waren) 7 % USt
		R 4617 -18	
		4619	Entnahme durch Unternehmer für Zwecke außerhalb des Unternehmens (Waren) ohne USt
	U	AM 4620 -26	Entnahme durch den Unternehmer für Zwecke außerhalb des Unternehmens (Waren) 19 % USt
		R 4627 -29	
Sonstige betriebliche Erträge	U	AM 4630 -36	Verwendung von Gegenständen für Zwecke außerhalb des Unternehmens 7 % USt
		4637	Verwendung von Gegenständen für Zwecke außerhalb des Unternehmens ohne USt
		4638	Verwendung von Gegenständen für Zwecke außerhalb des Unternehmens ohne USt (Telefon-Nutzung)
		4639	Verwendung von Gegenständen für Zwecke außerhalb des Unternehmens ohne USt (Kfz-Nutzung)
	U	AM 4640 -44	Verwendung von Gegenständen für Zwecke außerhalb des Unternehmens 19 % USt
	U	AM 4645	Verwendung von Gegenständen für Zwecke außerhalb des Unternehmens 19 % USt (Kfz-Nutzung)
	U	AM 4646	Verwendung von Gegenständen für Zwecke außerhalb des Unternehmens 19 % USt (Telefon-Nutzung)
		R 4647 -49	
	U	AM 4650 -56	Unentgeltliche Erbringung einer sonstigen Leistung 7 % USt
		R 4657 -58	
		4659	Unentgeltliche Erbringung einer sonstigen Leistung ohne USt
	U	AM 4660 -66	Unentgeltliche Erbringung einer sonstigen Leistung 19 % USt
		R 4667 -69	
Umsatzerlöse	U	AM 4670 -76	Unentgeltliche Zuwendung von Waren 7 % USt
		R 4677 -78	
		4679	Unentgeltliche Zuwendung von Waren ohne USt
	U	AM 4680 -84	Unentgeltliche Zuwendung von Waren 19 % USt
		R 4685	
Sonstige betriebliche Erträge	U	AM 4686 -87	Unentgeltliche Zuwendung von Gegenständen 19 % USt
		R 4688	
		4689	Unentgeltliche Zuwendung von Gegenständen ohne USt
Umsatzerlöse		4690	Nicht steuerbare Umsätze (Innenumsätze)
		4695	Umsatzsteuervergütungen
		4700	Erlösschmälerungen
	U	AM 4705	Erlösschmälerungen aus steuerfreien Umsätzen § 4 Nr. 1a UStG
	U	AM 4710 -11	Erlösschmälerungen 7 % USt
		R 4712 -19	
	U	AM 4720 -21	Erlösschmälerungen 19 % USt
		R 4722	
	U	AM 4723	Erlösschmälerungen 16 % USt
	U	AM 4724	Erlösschmälerungen aus steuerfreien innergemeinschaftlichen Lieferungen
	U	AM 4725	Erlösschmälerungen aus im Inland steuerpflichtigen EG-Lieferungen 7 % USt
	U	AM 4726	Erlösschmälerungen aus im Inland steuerpflichtigen EG-Lieferungen 19 % USt
		4727	Erlösschmälerungen aus im anderen EG-Land steuerpflichtigen Lieferungen[3]
		R 4728	
	U	AM 4729	Erlösschmälerungen aus im Inland steuerpflichtigen EG-Lieferungen 16 % USt

GuV-Posten[2]	Programmverbindung[4]		4 Betriebliche Erträge
Umsatzerlöse		S 4730	Gewährte Skonti
	U	S/AM 4731	Gewährte Skonti 7 % USt
		R 4732 -34	
	U	S/AM 4735	Gewährte Skonti 16 % USt
	U	S/AM 4736	Gewährte Skonti 19 % USt
		R 4737 -38	
	U	S/AM 4741	Gewährte Skonti aus Leistungen, für die der Leistungsempfänger die Umsatzsteuer nach § 13b UStG schuldet
		R 4742	
	U	S/AM 4743	Gewährte Skonti aus steuerfreien innergemeinschaftlichen Lieferungen § 4 Nr. 1b UStG
		R 4744	
		S 4745	Gewährte Skonti aus im Inland steuerpflichtigen EG-Lieferungen
	U	S/AM 4746	Gewährte Skonti aus im Inland steuerpflichtigen EG-Lieferungen 7 % USt
		R 4747	
	U	S/AM 4748	Gewährte Skonti aus im Inland steuerpflichtigen EG-Lieferungen 19 % USt
	U	S/AM 4749	Gewährte Skonti aus im Inland steuerpflichtigen EG-Lieferungen 16 % USt
	U	AM 4750 -51	Gewährte Boni 7 % USt
		R 4752 -59	
	U	AM 4760 -61	Gewährte Boni 19 % USt
	U	AM 4762 -63	Gewährte Boni 16 % USt
		R 4764 -68	
		4769	Gewährte Boni
		4770	Gewährte Rabatte
	U	AM 4780 -81	Gewährte Rabatte 7 % USt
		R 4782 -89	
	U	AM 4790 -91	Gewährte Rabatte 19 % USt
	U	AM 4792 -93	Gewährte Rabatte 16 % USt
		R 4794 -99	
			Erhöhung oder Verminderung des Bestands an fertigen und unfertigen Erzeugnissen
Erhöhung des Bestands an fertigen und unfertigen Erzeugnissen oder *Verminderung des Bestands an fertigen und unfertigen Erzeugnissen*		4800	Bestandsveränderungen - fertige Erzeugnisse
		4810	Bestandsveränderungen - unfertige Erzeugnisse
		4815	Bestandsveränderungen - unfertige Leistungen
Erhöhung des Bestands in Ausführung befindlicher Bauaufträge oder *Verminderung des Bestands in Ausführung befindlicher Bauaufträge*		4816	Bestandsveränderungen in Ausführung befindliche Bauaufträge
Erhöhung des Bestands in Arbeit befindlicher Aufträge oder *Verminderung des Bestands in Arbeit befindlicher Aufträge*		4818	Bestandsveränderungen in Arbeit befindliche Aufträge

GuV-Posten[2]	Programmverbindung[4]		4 Betriebliche Erträge
			Andere aktivierte Eigenleistungen
Andere aktivierte Eigenleistungen		**4820**	**Andere aktivierte Eigenleistungen**
			Sonstige betriebliche Erträge
Sonstige betriebliche Erträge		4830	Sonstige betriebliche Erträge
	U	AM 4834	Sonstige Erträge betrieblich und regelmäßig 16 % USt
		4835	Sonstige Erträge betrieblich und regelmäßig
	U	AM 4836	Sonstige Erträge betrieblich und regelmäßig 19 % USt
		4837	Sonstige Erträge betriebsfremd und regelmäßig
		4839	Sonstige Erträge unregelmäßig
		4840	Erträge aus Kursdifferenzen
		4843	Erträge aus Bewertung Finanzmittelfonds
	U	AM 4844	Erlöse aus Verkäufen Sachanlagevermögen steuerfrei § 4 Nr. 1a UStG (bei Buchgewinn)
	U	AM 4845	Erlöse aus Verkäufen Sachanlagevermögen 19 % USt (bei Buchgewinn)
		R 4846 -47	
	U	AM 4848	Erlöse aus Verkäufen Sachanlagevermögen steuerfrei § 4 Nr. 1b UStG (bei Buchgewinn)
		4849	Erlöse aus Verkäufen Sachanlagevermögen (bei Buchgewinn)
		4850	Erlöse aus Verkäufen immaterieller Vermögensgegenstände (bei Buchgewinn)
		4851	Erlöse aus Verkäufen Finanzanlagen (bei Buchgewinn)
	G K	4852	Erlöse aus Verkäufen Finanzanlagen § 3 Nr. 40 EStG/§ 8b KStG (inländische Kap.Ges.) (bei Buchgewinn)[9]
		4855	Anlagenabgänge Sachanlagen (Restbuchwert bei Buchgewinn)
		4856	Anlagenabgänge immaterielle Vermögensgegenstände (Restbuchwert bei Buchgewinn)
		4857	Anlagenabgänge Finanzanlagen (Restbuchwert bei Buchgewinn)
	G K	4858	Anlagenabgänge Finanzanlagen §§ 3 Nr. 40, 3c EStG/§ 8b KStG (inländische Kap.Ges.) (Restbuchwert bei Buchgewinn)[9]
		4860	Grundstückserträge
	U	AM 4865	Erlöse aus Verkäufen von Wirtschaftsgütern des Umlaufvermögens 19 % USt für § 4 Abs. 3 Satz 4 EStG[13]
	U	AM 4866	Erlöse aus Verkäufen von Wirtschaftsgütern des Umlaufvermögens, umsatzsteuerfrei § 4 Nr. 8 ff UStG i. V. m. § 4 Abs. 3 Satz 4 EStG[13]
	U G K	AM 4867	Erlöse aus Verkäufen von Wirtschaftsgütern des Umlaufvermögens, umsatzsteuerfrei § 4 Nr. 8 ff. UStG i. V. m. § 4 Abs. 3 Satz 4 EStG, § 3 Nr. 40 EStG/§ 8b KStG (inländische Kap.Ges.)[9][13]
		4869	Erlöse aus Verkäufen von Wirtschaftsgütern des Umlaufvermögens nach § 4 Abs. 3 Satz 4 EStG[13]

GuV-Posten[2]	Programmverbindung[4]	4	Betriebliche Erträge
Sonstige betriebliche Erträge		4900	Erträge aus dem Abgang von Gegenständen des Anlagevermögens
	G K	4901	Erträge aus der Veräußerung von Anteilen an Kapitalgesellschaften § 3 Nr. 40 EStG/§ 8b KStG (inländische Kap.Ges.)[9]
		4905	Erträge aus dem Abgang von Gegenständen des Umlaufvermögens außer Vorräte
	G K	4906	Erträge aus dem Abgang von Gegenständen des Umlaufvermögens (außer Vorräte) § 3 Nr. 40 EStG/§ 8b KStG (inländische Kap.Ges.)[9]
		4910	Erträge aus Zuschreibungen des Sachanlagevermögens
		4911	Erträge aus Zuschreibungen des immateriellen Anlagevermögens
		4912	Erträge aus Zuschreibungen des Finanzanlagevermögens
	G K	4913	Erträge aus Zuschreibungen des Finanzanlagevermögens § 3 Nr. 40 EStG/§ 8b KStG (inländische Kap.Ges.)[9]
	G K	4914	Erträge aus Zuschreibungen des anderen Anlagevermögens § 3 Nr. 40 EStG/§ 8b KStG (inländische Kap.Ges.)[9]
		4915	Erträge aus Zuschreibungen des Umlaufvermögens außer Vorräten
	G K	4916	Erträge aus Zuschreibungen des Umlaufvermögens § 3 Nr. 40 EStG/§ 8b KStG (inländische Kap.Ges.)[9]
		4920	Erträge aus der Herabsetzung der Pauschalwertberichtigung zu Forderungen
		4923	Erträge aus der Herabsetzung der Einzelwertberichtigung zu Forderungen
		4925	Erträge aus abgeschriebenen Forderungen
		4930	Erträge aus der Auflösung von Rückstellungen
		4932	Erträge aus der steuerlich niedrigeren Bewertung von Rückstellungen
		4933	Erträge aus der steuerlich niedrigeren Bewertung von Verbindlichkeiten
		4934	Erträge aus der Auflösung von Sonderposten mit Rücklageanteil (Existenzgründerrücklage)[13]
		4935	Erträge aus der Auflösung von Sonderposten mit Rücklageanteil (steuerfreie Rücklagen)
		4936	Erträge aus der Auflösung von Sonderposten mit Rücklageanteil (Ansparabschreibungen nach § 7g Abs. 3 EStG a. F./ § 7g Abs. 2 EStG n. F.)
		4937	Erträge aus der Auflösung von Sonderposten mit Rücklageanteil (Sonderabschreibungen)
		4939	Erträge aus der Auflösung von Sonderposten mit Rücklageanteil nach § 52 Abs. 16 EStG
Sonstige betriebliche Erträge		4940	Verrechnete sonstige Sachbezüge (keine Waren)
	U	AM 4941	Sachbezüge 7 % USt (Waren)
		R 4942 -44	
	U	AM 4945	Sachbezüge 19 % USt (Waren)
		4946	Verrechnete sonstige Sachbezüge
	U	AM 4947	Verrechnete sonstige Sachbezüge 19 % USt (z. B. Kfz-Gestellung)
		R 4948	
		4949	Verrechnete sonstige Sachbezüge ohne Umsatzsteuer
		4960	Periodenfremde Erträge (soweit nicht außerordentlich)
		4970	Versicherungsentschädigungen
		4975	Investitionszuschüsse (steuerpflichtig)
	G K	4980	Investitionszulagen (steuerfrei)
	G K	4981	Steuerfreie Erträge aus der Auflösung von Sonderposten mit Rücklageanteil[13]
	G K	4982	Sonstige steuerfreie Betriebseinnahmen[13]

GuV-Posten[2]	Programmverbindung[4]	Konto	5 Betriebliche Aufwendungen
			V 5000-5599 V 5700-5859 KU 5860-5899 V 5900-5999
			Material- und Stoffverbrauch
Aufwendungen für Roh-, Hilfs- und Betriebsstoffe und für bezogene Waren		5000-99	Aufwendungen für Roh-, Hilfs- und Betriebsstoffe und für bezogene Waren
			Materialaufwand
		5100	Einkauf von Roh-, Hilfs- und Betriebsstoffen
		5190	Energiestoffe (Fertigung)
		5200	**Wareneingang**
		AV 5300-09	Wareneingang 7 % Vorsteuer
		R 5310-49	
		AV 5400-09	Wareneingang 19 % Vorsteuer
		R 5410-19	
	U	AV 5420-24	Innergemeinschaftlicher Erwerb 7 % Vorsteuer und 7 % Umsatzsteuer
	U	AV 5425-29	Innergemeinschaftlicher Erwerb 19 % Vorsteuer und 19 % Umsatzsteuer
	U	AV 5430	Innergemeinschaftlicher Erwerb ohne Vorsteuerabzug 7 % Umsatzsteuer
		R 5431-34	
	U	AV 5435	Innergemeinschaftlicher Erwerb ohne Vorsteuerabzug und 19 % Umsatzsteuer
		R 5436-39	
	U	AV 5440	Innergemeinschaftlicher Erwerb von Neufahrzeugen von Lieferanten ohne Umsatzsteuer-Identifikationsnummer 19 % Vorsteuer und 19 % Umsatzsteuer
		R 5441-49	
		R 5500-04	
		AV 5505-09	Wareneingang 5,5 % Vorsteuer
		R 5510-39	
		AV 5540-49	Wareneingang 10,7 % Vorsteuer
	U	AV 5550	Steuerfreier innergemeinschaftlicher Erwerb
		5551	Wareneingang im Drittland steuerbar
		5552	Erwerb 1. Abnehmer innerhalb eines Dreiecksgeschäftes
		R 5553-57	
		5558	Wareneingang im anderen EG-Land steuerbar
		5559	Steuerfreie Einfuhren
	U	AV 5560	Waren aus einem Umsatzsteuerlager, § 13a UStG 7 % Vorsteuer und 7 % Umsatzsteuer
		R 5561-64	
	U	AV 5565	Waren aus einem Umsatzsteuerlager, § 13a UStG 19 % Vorsteuer und 19 % Umsatzsteuer
		R 5566-69	

GuV-Posten[2]	Programmverbindung[4]	Konto	5 Betriebliche Aufwendungen
Aufwendungen für Roh-, Hilfs- und Betriebsstoffe und für bezogene Waren		5600-09	Nicht abziehbare Vorsteuer
		5610-19	Nicht abziehbare Vorsteuer 7 %
		R 5650-59	
		5660-69	Nicht abziehbare Vorsteuer 19 %
		5700	Nachlässe
		AV 5710-11	Nachlässe 7 % Vorsteuer
		R 5712-19	
		AV 5720-21	Nachlässe 19 % Vorsteuer
		AV 5722	Nachlässe 16 % Vorsteuer
		AV 5723	Nachlässe 15 % Vorsteuer
	U	AV 5724	Nachlässe aus innergemeinschaftlichem Erwerb 7 % Vorsteuer und 7 % Umsatzsteuer
	U	AV 5725	Nachlässe aus innergemeinschaftlichem Erwerb 19 % Vorsteuer und 19 % Umsatzsteuer
	U	AV 5726	Nachlässe aus innergemeinschaftlichem Erwerb 16 % Vorsteuer und 16 % Umsatzsteuer
	U	AV 5727	Nachlässe aus innergemeinschaftlichem Erwerb 15 % Vorsteuer und 15 % Umsatzsteuer
		R 5728-29	
		S 5730	Erhaltene Skonti
		S/AV 5731	Erhaltene Skonti 7 % Vorsteuer
		R 5732-34	
		S/AV 5735	Erhaltene Skonti 16 % Vorsteuer
		S/AV 5736	Erhaltene Skonti 19 % Vorsteuer
		R 5737-38	
		S 5745	Erhaltene Skonti aus steuerpflichtigem innergemeinschaftlichem Erwerb
	U	S/AV 5746	Erhaltene Skonti aus steuerpflichtigem innergemeinschaftlichem Erwerb 7 % Vorsteuer und 7 % Umsatzsteuer
		R 5747	
	U	S/AV 5748	Erhaltene Skonti aus steuerpflichtigem innergemeinschaftlichem Erwerb 19 % Vorsteuer und 19 % Umsatzsteuer
	U	S/AV 5749	Erhaltene Skonti aus steuerpflichtigem innergemeinschaftlichem Erwerb 16 % Vorsteuer und 16 % Umsatzsteuer
		AV 5750-51	Erhaltene Boni 7 % Vorsteuer
		R 5752-59	
		AV 5760-61	Erhaltene Boni 19 % Vorsteuer
		R 5762-63	
		AV 5764-65	Erhaltene Boni 16 % Vorsteuer
		R 5766-68	
		5769	Erhaltene Boni
		5770	Erhaltene Rabatte
		AV 5780-81	Erhaltene Rabatte 7 % Vorsteuer
		R 5782-89	
		AV 5790-91	Erhaltene Rabatte 19 % Vorsteuer
		R 5792-93	
		AV 5794-95	Erhaltene Rabatte 16 % Vorsteuer
		R 5796-99	

GuV-Posten[2)]	Programmverbindung[4)]		5 Betriebliche Aufwendungen
Aufwendungen für Roh-, Hilfs- und Betriebsstoffe und für bezogene Waren		5800	Bezugsnebenkosten
		5820	Leergut
		5840	Zölle und Einfuhrabgaben
		5860	Verrechnete Stoffkosten (Gegenkonto 5000-99)
		5880	Bestandsveränderungen Roh-, Hilfs- und Betriebsstoffe/Waren
			Aufwendungen für bezogene Leistungen
Aufwendungen für bezogene Leistungen		5900	Fremdleistungen
			Umsätze, für die als Leistungsempfänger die Steuer nach § 13b Abs. 2 UStG geschuldet wird
	U	AV 5910	Bauleistungen eines im Inland ansässigen Unternehmers 7 % Vorsteuer und 7 % Umsatzsteuer
		R 5911 -14	
	U	AV 5915	Leistungen eines im Ausland ansässigen Unternehmers 7 % Vorsteuer und 7 % Umsatzsteuer
		R 5916 -19	
	U	AV 5920 -21	Bauleistungen eines im Inland ansässigen Unternehmers 19 % Vorsteuer und 19 % Umsatzsteuer
		R 5922 -24	
	U	AV 5925 -26	Leistungen eines im Ausland ansässigen Unternehmers 19 % Vorsteuer und 19 % Umsatzsteuer
		R 5927 -29	
	U	AV 5930	Bauleistungen eines im Inland ansässigen Unternehmers ohne Vorsteuer und 7 % Umsatzsteuer
		R 5931 -34	
	U	AV 5935	Leistungen eines im Ausland ansässigen Unternehmers ohne Vorsteuer und 7 % Umsatzsteuer
		R 5936 -39	
	U	AV 5940 -41	Bauleistungen eines im Inland ansässigen Unternehmers ohne Vorsteuer und 19 % Umsatzsteuer
		R 5942 -44	
	U	AV 5945 -46	Leistungen eines im Ausland ansässigen Unternehmers ohne Vorsteuer und 19 % Umsatzsteuer
		R 5947 -49	

GuV-Posten[2)]	Programmverbindung[4)]		5 Betriebliche Aufwendungen
Aufwendungen für bezogene Leistungen		S 5950	Erhaltene Skonti aus Leistungen, für die als Leistungsempfänger die Steuer nach § 13b UStG geschuldet wird
	U	S/AV 5951	Erhaltene Skonti aus Leistungen, für die als Leistungsempfänger die Steuer nach § 13b UStG geschuldet wird 19 % Vorsteuer und 19 % Umsatzsteuer
	U	S/AV 5952	Erhaltene Skonti aus Leistungen, für die als Leistungsempfänger die Steuer nach § 13b UStG geschuldet wird 16 % Vorsteuer und 16 % Umsatzsteuer
		S 5953	Erhaltene Skonti aus Leistungen, für die als Leistungsempfänger die Steuer nach § 13b UStG geschuldet wird ohne Vorsteuer aber mit Umsatzsteuer
	U	S 5954	Erhaltene Skonti aus Leistungen, für die als Leistungsempfänger die Steuer nach § 13b UStG geschuldet wird ohne Vorsteuer, mit 19 % Umsatzsteuer
	U	S 5955	Erhaltene Skonti aus Leistungen, für die als Leistungsempfänger die Steuer nach § 13b UStG geschuldet wird ohne Vorsteuer, mit 16 % Umsatzsteuer
		R 5956 -59	

GuV-Posten[2]	Programmverbindung[4]	6 Betriebliche Aufwendungen
		M 6280-6289 V 6300-6389 V 6450-6859 M 6884-6899 M 6930-6939
		Personalaufwand
Löhne und Gehälter		**6000 Löhne und Gehälter**
		6010 Löhne
		6020 Gehälter
		6024 Geschäftsführergehälter der GmbH-Gesellschafter
	K	6026 Tantiemen
		6027 Geschäftsführergehälter
	G	6028 Vergütungen an angestellte Mitunternehmer § 15 EStG
		6030 Aushilfslöhne
		6039 Pauschale Steuern und Abgaben für Sachzuwendungen und Dienstleistungen an Arbeitnehmer
		6040 Pauschale Steuer für Aushilfen
		6045 Bedienungsgelder
		6050 Ehegattengehalt
		6060 Freiwillige soziale Aufwendungen, lohnsteuerpflichtig
		6069 Pauschale Steuer auf sonstige Bezüge (z. B. Fahrtkostenzuschüsse)
		6070 Krankengeldzuschüsse
		6072 Sachzuwendungen und Dienstleistungen an Arbeitnehmer
		6075 Zuschüsse der Agenturen für Arbeit (Haben)
		6080 Vermögenswirksame Leistungen
		6090 Fahrtkostenerstattung Wohnung/Arbeitsstätte
Soziale Abgaben und Aufwendungen für Altersversorgung und für Unterstützung		**6100 Soziale Abgaben und Aufwendungen für Altersversorgung und für Unterstützung**
		6110 Gesetzliche soziale Aufwendungen
	G	6118 Gesetzliche soziale Aufwendungen für Mitunternehmer § 15 EStG
		6120 Beiträge zur Berufsgenossenschaft
		6130 Freiwillige soziale Aufwendungen, lohnsteuerfrei
		6140 Aufwendungen für Altersversorgung
		6147 Pauschale Steuer auf sonstige Bezüge (z. B. Direktversicherungen)
	G	6148 Aufwendungen für Altersversorgung für Mitunternehmer § 15 EStG
		6150 Versorgungskassen
		6160 Aufwendungen für Unterstützung
		6170 Sonstige soziale Abgaben

GuV-Posten[2]	Programmverbindung[4]	6 Betriebliche Aufwendungen
		Abschreibungen auf immaterielle Vermögensgegenstände des Anlagevermögens und Sachanlagen sowie auf aktivierte Aufwendungen für die Ingangsetzung und Erweiterung des Geschäftsbetriebs
Abschreibungen auf immaterielle Vermögensgegenstände des Anlagevermögens und Sachanlagen sowie auf aktivierte Aufwendungen für die Ingangsetzung und Erweiterung des Geschäftsbetriebs		6200 Abschreibungen auf immaterielle Vermögensgegenstände
		6205 Abschreibungen auf den Geschäfts- oder Firmenwert
		6210 Außerplanmäßige Abschreibungen auf immaterielle Vermögensgegenstände
		6220 Abschreibungen auf Sachanlagen (ohne AfA auf Kfz und Gebäude)
		6221 Abschreibungen auf Gebäude[13]
		6222 Abschreibungen auf Kfz[13]
		6223 Abschreibungen auf Gebäudeteil des häuslichen Arbeitszimmers[13]
		6230 Außerplanmäßige Abschreibungen auf Sachanlagen
		6231 Absetzung für außergewöhnliche technische und wirtschaftliche Abnutzung der Gebäude[13]
		6232 Absetzung für außergewöhnliche technische und wirtschaftliche Abnutzung des Kfz[13]
		6233 Absetzung für außergewöhnliche technische und wirtschaftliche Abnutzung sonstiger Wirtschaftsgüter[13]
		6240 Abschreibungen auf Sachanlagen auf Grund steuerlicher Sondervorschriften
		6241 Sonderabschreibungen nach § 7g Abs. 1 und 2 EStG a. F./ § 7g Abs. 5 EStG n. F. (ohne Kfz)[13]
		6242 Sonderabschreibungen nach § 7g Abs. 1 und 2 EStG a. F./ § 7g Abs. 5 EStG n. F. (für Kfz)[13]
		6243 Kürzung der Anschaffungs- oder Herstellungskosten gemäß § 7g Abs. 2 EStG n. F. (ohne Kfz)[8][13]
		6244 Kürzung der Anschaffungs- oder Herstellungskosten gemäß § 7g Abs. 2 EStG n. F. (für Kfz)[8][13]
		6250 Kaufleasing
		6260 Sofortabschreibungen geringwertiger Wirtschaftsgüter
		6262 Abschreibungen auf aktivierte, geringwertige Wirtschaftsgüter
		6264 Abschreibungen auf den Sammelposten geringwertige Wirtschaftsgüter
		6266 Außerplanmäßige Abschreibungen auf aktivierte, geringwertige Wirtschaftsgüter
		6268 Abschreibungen auf Aufwendungen für die Ingangsetzung und Erweiterung des Geschäftsbetriebs

GuV-Posten[2]	Programmverbindung[4]	6	Betriebliche Aufwendungen
			Abschreibungen auf Vermögensgegenstände des Umlaufvermögens, soweit diese die in der Kapitalgesellschaft üblichen Abschreibungen überschreiten
Abschreibungen auf Vermögensgegenstände des Umlaufvermögens, soweit diese die in der Kapitalgesellschaft üblichen Abschreibungen überschreiten		6270	Abschreibungen auf Vermögensgegenstände des Umlaufvermögens (soweit unüblich hoch)
		6272	Abschreibungen auf Umlaufvermögen, steuerrechtlich bedingt (soweit unüblich hoch)
		6275	Vorwegnahme künftiger Wertschwankungen im Umlaufvermögen (soweit unüblich hoch)
		6280	Forderungsverluste (soweit unüblich hoch)
	U	AM 6281	Forderungsverluste 7 % USt (soweit unüblich hoch)
		R 6282 -84	
	U	AM 6285	Forderungsverluste 16 % USt (soweit unüblich hoch)
	U	AM 6286	Forderungsverluste 19 % USt (soweit unüblich hoch)
	U	AM 6287	Forderungsverluste 15 % USt (soweit unüblich hoch)
		R 6288	
Sonstige betriebliche Aufwendungen			**Sonstige betriebliche Aufwendungen**
		6300	Sonstige betriebliche Aufwendungen
		6303	Fremdleistungen/ Fremdarbeiten
		6304	Sonstige Aufwendungen betrieblich und regelmäßig
		6305	Raumkosten
	G K	6310	Miete (unbewegliche Wirtschaftsgüter)
	G	6314	Vergütungen an Mitunternehmer für die mietweise Überlassung ihrer Wirtschaftsgüter § 15 EStG
	G K	6315	Pacht (unbewegliche Wirtschaftsgüter)
	G K	6316	Leasing (unbewegliche Wirtschaftsgüter)
		6318	Miet- und Pachtnebenkosten (Gewerbesteuerlich nicht zu berücksichtigen)[1]
	G	6319	Vergütungen an Mitunternehmer für die pachtweise Überlassung ihrer Wirtschaftsgüter § 15 EStG
		6320	Heizung
		6325	Gas, Strom, Wasser
		6330	Reinigung
		6335	Instandhaltung betrieblicher Räume
		6340	Abgaben für betrieblich genutzten Grundbesitz
		6345	Sonstige Raumkosten
		6348	Aufwendungen für ein häusliches Arbeitszimmer (abziehbarer Anteil)[13]
	G	6349	Aufwendungen für ein häusliches Arbeitszimmer (nicht abziehbarer Anteil)[13]
		6350	Grundstücksaufwendungen, betrieblich
		6352	Grundstücksaufwendungen, sonstige neutrale
	G K	6390	Zuwendungen, Spenden, steuerlich nicht abziehbar
	G K	6391	Zuwendungen, Spenden für wissenschaftliche und kulturelle Zwecke
	G K	6392	Zuwendungen, Spenden für mildtätige Zwecke
	G K	6393	Zuwendungen, Spenden für kirchliche, religiöse und gemeinnützige Zwecke
	G K	6394	Zuwendungen, Spenden an politische Parteien
Sonstige betriebliche Aufwendungen	G K	6395	Zuwendungen, Spenden an Stiftungen für gemeinnützige Zwecke i. S. d. § 52 Abs. 2 Nr. 1-3 AO
	G K	6396	Zuwendungen, Spenden an Stiftungen für gemeinnützige Zwecke i. S. d. § 52 Abs. 2 Nr. 4 AO
	G K	6397	Zuwendungen, Spenden an Stiftungen für kirchliche, religiöse und gemeinnützige Zwecke
	G K	6398	Zuwendungen, Spenden an Stiftungen für wissenschaftliche, mildtätige, kulturelle Zwecke
		6400	Versicherungen
		6405	Versicherungen für Gebäude
		6410	Netto-Prämie für Rückdeckung künftiger Versorgungsleistungen
		6420	Beiträge
		6430	Sonstige Abgaben
		6436	Steuerlich abzugsfähige Verspätungszuschläge und Zwangsgelder
	G K	6437	Steuerlich nicht abzugsfähige Verspätungszuschläge und Zwangsgelder
		6440	Ausgleichsabgabe i. S. d. Schwerbehindertengesetzes
		6450	Reparaturen und Instandhaltung von Bauten
		6460	Reparaturen und Instandhaltung von technischen Anlagen und Maschinen
		6470	Reparaturen und Instandhaltung von Betriebs- und Geschäftsausstattung
		6485	Reparaturen und Instandhaltung von anderen Anlagen
		6490	Sonstige Reparaturen und Instandhaltung
		6495	Wartungskosten für Hard- und Software
	G K	6498	Mietleasing (bewegliche Wirtschaftsgüter)
		6500	Fahrzeugkosten
		6520	Kfz-Versicherungen
		6530	Laufende Kfz-Betriebskosten
		6540	Kfz-Reparaturen
	G K	6550	Garagenmiete
	G K	6560	Mietleasing Kfz[8]
		6570	Sonstige Kfz-Kosten
		6580	Mautgebühren
		6590	Kfz-Kosten für betrieblich genutzte zum Privatvermögen gehörende Kraftfahrzeuge[13]
		6595	Fremdfahrzeugkosten[13]
		6600	Werbekosten
		6610	Geschenke abzugsfähig
		6611	Zuwendungen an Dritte abzugsfähig
		6612	Pauschale Steuern und Abgaben für Geschenke und Zuwendungen abzugsfähig
	G K	6620	Geschenke nicht abzugsfähig
	G K	6621	Zuwendungen an Dritte nicht abzugsfähig
	G K	6622	Pauschale Steuern und Abgaben für Geschenke und Zuwendungen nicht abzugsfähig
		6625	Geschenke ausschließlich betrieblich genutzt
		6630	Repräsentationskosten
		6640	Bewirtungskosten
		6641	Sonstige eingeschränkt abziehbare Betriebsausgaben (abziehbarer Anteil)[13]
	G K	6642	Sonstige eingeschränkt abziehbare Betriebsausgaben (nicht abziehbarer Anteil)[13]
		6643	Aufmerksamkeiten
	G K	6644	Nicht abzugsfähige Bewirtungskosten
	G K	6645	Nicht abzugsfähige Betriebsausgaben aus Werbe- und Repräsentationskosten

GuV-Posten[2]	Programmverbindung[4]	6	Betriebliche Aufwendungen
Sonstige betriebliche Aufwendungen		6650	Reisekosten Arbeitnehmer
	G K	6652	Reisekosten Arbeitnehmer (nicht abziehbarer Anteil)
		6660	Reisekosten Arbeitnehmer Übernachtungsaufwand
		6663	Reisekosten Arbeitnehmer Fahrtkosten
		6664	Reisekosten Arbeitnehmer Verpflegungsmehraufwand
		R 6665	
		6668	Kilometergelderstattung Arbeitnehmer
		6670	Reisekosten Unternehmer
	G K	6672	Reisekosten Unternehmer (nicht abziehbarer Anteil)
		6673	Reisekosten Unternehmer Fahrtkosten
		6674	Reisekosten Unternehmer Verpflegungsmehraufwand
		6680	Reisekosten Unternehmer Übernachtungsaufwand
		R 6685 -86	
		6688	Fahrten zwischen Wohnung und Betriebsstätte (abziehbarer Anteil)[13]
	G	6689	Fahrten zwischen Wohnung und Betriebsstätte (nicht abziehbarer Anteil)[13]
		6690	Fahrten zwischen Wohnung und Betriebsstätte (Haben)[13]
		6700	Kosten der Warenabgabe
		6710	Verpackungsmaterial
		6740	Ausgangsfrachten
		6760	Transportversicherungen
		6770	Verkaufsprovisionen
		6780	Fremdarbeiten (Vertrieb)
		6790	Aufwand für Gewährleistung
		6800	Porto
		6805	Telefon
		6810	Telefax und Internetkosten
		6815	Bürobedarf
		6820	Zeitschriften, Bücher
		6821	Fortbildungskosten
		6822	Freiwillige Sozialleistungen
	G	6823	Vergütungen an Mitunternehmer § 15 EStG
	G	6824	Haftungsvergütung an Mitunternehmer § 15 EStG
		6825	Rechts- und Beratungskosten
		6827	Abschluss- und Prüfungskosten
		6830	Buchführungskosten
	G K	6835	Mieten für Einrichtungen (bewegliche Wirtschaftsgüter)
	G K	6836	Pacht (bewegliche Wirtschaftsgüter)[1]
	G K	6837	Aufwendungen für die zeitlich befristete Überlassung von Rechten (Lizenzen, Konzessionen)
	G K	6840	Mietleasing (bewegliche Wirtschaftsgüter)
		6845	Werkzeuge und Kleingeräte
		6850	Sonstiger Betriebsbedarf
		6855	Nebenkosten des Geldverkehrs
	G K	6856	Aufwendungen aus Anteilen an Kapitalgesellschaften §§ 3 Nr. 40, 3c EStG/§ 8b KStG (inländische Kap.Ges.)[9][16]
	G	6857	Aufwendungen aus der Veräußerung von Anteilen an Kapitalgesellschaften §§ 3 Nr. 40, 3c EStG/§ 8b KStG (inländische Kap.Ges.)[9]
		6859	Aufwendungen für Abraum- und Abfallbeseitigung
		6860	Nicht abziehbare Vorsteuer
		6865	Nicht abziehbare Vorsteuer 7 %
		6871	Nicht abziehbare Vorsteuer 19 %
	K	6875	Nicht abziehbare Hälfte der Aufsichtsratsvergütungen
		6876	Abziehbare Aufsichtsratsvergütungen

GuV-Posten[2]	Programmverbindung[4]	6	Betriebliche Aufwendungen
Sonstige betriebliche Aufwendungen		6880	Aufwendungen aus Kursdifferenzen
		6883	Aufwendungen aus Bewertung Finanzmittelfonds
	U	AM 6884	Erlöse aus Verkäufen Sachanlagevermögen steuerfrei § 4 Nr. 1a UStG (bei Buchverlust)
	U	AM 6885	Erlöse aus Verkäufen Sachanlagevermögen 19 % USt (bei Buchverlust)
		R 6886 -87	
	U	AM 6888	Erlöse aus Verkäufen Sachanlagevermögen steuerfrei § 4 Nr. 1b UStG (bei Buchverlust)
		6889	Erlöse aus Verkäufen Sachanlagevermögen (bei Buchverlust)
		6890	Erlöse aus Verkäufen immaterieller Vermögensgegenstände (bei Buchverlust)
		6891	Erlöse aus Verkäufen Finanzanlagen (bei Buchverlust)
	G K	6892	Erlöse aus Verkäufen Finanzanlagen § 3 Nr. 40 EStG/§ 8b KStG (inländische Kap.Ges.) (bei Buchverlust)[9]
		6895	Anlagenabgänge Sachanlagen (Restbuchwert bei Buchverlust)
		6896	Anlagenabgänge immaterielle Vermögensgegenstände (Restbuchwert bei Buchverlust)
		6897	Anlagenabgänge Finanzanlagen (Restbuchwert bei Buchverlust)
	G K	6898	Anlagenabgänge Finanzanlagen §§ 3 Nr. 40, 3c EStG/§ 8b KStG (inländische Kap.Ges.) (Restbuchwert bei Buchverlust)[9]
		6900	Verluste aus dem Abgang von Gegenständen des Anlagevermögens
	G K	6903	Verluste aus der Veräußerung von Anteilen an Kapitalgesellschaften §§ 3 Nr. 40, 3c EStG/ § 8b KStG (inländische Kap.Ges.)[9]
		6905	Verluste aus dem Abgang von Gegenständen des Umlaufvermögens außer Vorräte
	G K	6906	Verluste aus dem Abgang von Gegenständen des Umlaufvermögens (außer Vorräte) §§ 3 Nr. 40, 3c EStG/§ 8b KStG (inländische Kap.Ges.)[9]
		6907	Abgang von Wirtschaftsgütern des Umlaufvermögens nach § 4 Abs. 3 Satz 4 EStG[13]
	G K	6908	Abgang von Wirtschaftsgütern des Umlaufvermögens §§ 3 Nr. 40, 3c EStG/§ 8b KStG (inländische Kap.Ges.) nach § 4 Abs. 3 Satz 4 EStG[9][13]
		6910	Abschreibungen auf Umlaufvermögen außer Vorräte und Wertpapieren des UV (übliche Höhe)
		6912	Abschreibungen auf Umlaufvermögen außer Vorräte und Wertpapieren des UV, steuerrechtlich bedingt (übliche Höhe)
		6915	Vorwegnahme künftiger Wertschwankungen im Umlaufvermögen außer Vorräte und Wertpapieren
	G K	6916	Aufwendungen aus der Zuschreibung von steuerlich niedriger bewerteten Verbindlichkeiten
		6917	Aufwendungen aus der Zuschreibung von steuerlich niedriger bewerteten Rückstellungen

GuV-Posten[2)]	Programmverbindung[4)]	6	Betriebliche Aufwendungen
Sonstige betriebliche Aufwendungen		6920	Einstellung in die Pauschalwertberichtigung zu Forderungen
		6923	Einstellung in die Einzelwertberichtigung zu Forderungen
		6925	Einstellungen in Sonderposten mit Rücklageanteil (steuerfreie Rücklagen)
		6926	Einstellungen in Sonderposten mit Rücklageanteil (§ 7g Abs. 2 EStG n. F.)
		6927	Einstellungen in Sonderposten mit Rücklageanteil (Sonderabschreibungen)
		6930	Forderungsverluste (übliche Höhe)
	U	AM 6931	Forderungsverluste 7 % USt (übliche Höhe)
	U	AM 6932	Forderungsverluste aus steuerfreien EG-Lieferungen (übliche Höhe)
	U	AM 6933	Forderungsverluste aus im Inland steuerpflichtigen EG-Lieferungen 7 % USt (übliche Höhe)
	U	AM 6934	Forderungsverluste aus im Inland steuerpflichtigen EG-Lieferungen 16 % USt (übliche Höhe)
	U	AM 6935	Forderungsverluste 16 % USt (übliche Höhe)
	U	AM 6936	Forderungsverluste 19 % USt (übliche Höhe)
	U	AM 6937	Forderungsverluste 15 % USt (übliche Höhe)
	U	AM 6938	Forderungsverluste aus im Inland steuerpflichtigen EG-Lieferungen 19 % USt (übliche Höhe)
	U	AM 6939	Forderungsverluste aus im Inland steuerpflichtigen EG-Lieferungen 15 % USt (übliche Höhe)
		6960	Periodenfremde Aufwendungen soweit nicht außerordentlich
		6967	Sonstige Aufwendungen betriebsfremd und regelmäßig
		6969	Sonstige Aufwendungen unregelmäßig
			Kalkulatorische Kosten
		6970	Kalkulatorischer Unternehmerlohn
		6972	Kalkulatorische Miete/Pacht
		6974	Kalkulatorische Zinsen
		6976	Kalkulatorische Abschreibungen
		6978	Kalkulatorische Wagnisse
		6979	Kalkulatorischer Lohn für unentgeltliche Mitarbeiter
		6980	Verrechneter kalkulatorischer Unternehmerlohn
		6982	Verrechnete kalkulatorische Miete/Pacht
		6984	Verrechnete kalkulatorische Zinsen
		6986	Verrechnete kalkulatorische Abschreibungen
		6988	Verrechnete kalkulatorische Wagnisse
		6989	Verrechneter kalkulatorischer Lohn für unentgeltliche Mitarbeiter
			Kosten bei Anwendung des Umsatzkostenverfahrens
		6990	Herstellungskosten
		6992	Verwaltungskosten
		6994	Vertriebskosten
		6999	Gegenkonto 6990-6998

GuV-Posten[2)]	Programmverbindung[4)]	7	Weitere Erträge und Aufwendungen
			V 7800-7899
			Erträge aus Beteiligungen
Erträge aus Beteiligungen		7000	Erträge aus Beteiligungen
	G K	7005	Laufende Erträge aus Anteilen an Kapitalgesellschaften (Beteiligung) § 3 Nr. 40 EStG/§ 8b KStG (inländische Kap.Ges.)[9)]
	G K	7006	Laufende Erträge aus Anteilen an Kapitalgesellschaften (verbundene Unternehmen) § 3 Nr. 40 EStG/§ 8b KStG (inländische Kap.Ges.)[9)]
	G K	7007	Sonstige gewerbesteuerfreie Gewinne aus Anteilen an einer Kapitalgesellschaft (Kürzung gem. § 9 Nr. 2a GewStG)[8)]
	G K	7008	Gewinnanteile aus Mitunternehmerschaften § 9 GewStG
		7009	Erträge aus Beteiligungen an verbundenen Unternehmen
			Erträge aus anderen Wertpapieren und Ausleihungen des Finanzanlagevermögens
Erträge aus anderen Wertpapieren und Ausleihungen des Finanzanlagevermögens		7010	Erträge aus anderen Wertpapieren und Ausleihungen des Finanzanlagevermögens
	G K	7014	Laufende Erträge aus Anteilen an Kapitalgesellschaften (Finanzanlagevermögen) § 3 Nr. 40 EStG/§ 8b KStG (inländische Kap.Ges.)[9)]
	G K	7015	Laufende Erträge aus Anteilen an Kapitalgesellschaften (verbundene Unternehmen) § 3 Nr. 40 EStG/§ 8b KStG (inländische Kap.Ges.)[9)]
		7019	Erträge aus anderen Wertpapieren und Ausleihungen des Finanzanlagevermögens aus verbundenen Unternehmen
			Sonstige Zinsen und ähnliche Erträge
Sonstige Zinsen und ähnliche Erträge		7100	Sonstige Zinsen und ähnliche Erträge
	K	7102	Steuerfreie Aufzinsung des Körperschaftsteuerguthabens nach § 37 KStG
	G K	7103	Laufende Erträge aus Anteilen an Kapitalgesellschaften (Umlaufvermögen) § 3 Nr. 40 EStG/§ 8b KStG (inländische Kap.Ges.)[9)]
	G K	7104	Laufende Erträge aus Anteilen an Kapitalgesellschaften (verbundene Unternehmen) § 3 Nr. 40 EStG/§ 8b KStG (inländische Kap.Ges.)[9)]
		7105	Zinserträge § 233a AO
	G K	7106	Zinserträge § 233a AO Sonderfall Anlage A KSt
	G K	7107	Zinserträge § 233a AO, § 4 Abs. 5b EStG
		7109	Sonstige Zinsen und ähnliche Erträge aus verbundenen Unternehmen
		7110	Sonstige Zinserträge
		7115	Erträge aus anderen Wertpapieren und Ausleihungen des Umlaufvermögens
		7119	Sonstige Zinserträge aus verbundenen Unternehmen
		7120	Zinsähnliche Erträge
	K	7128	Zinsertrag aus vorzeitiger Rückzahlung des Körperschaftsteuer-Erhöhungsbertrags § 38 KStG
		7129	Zinsähnliche Erträge aus verbundenen Unternehmen
		7130	Diskonterträge
		7139	Diskonterträge aus verbundenen Unternehmen

GuV-Posten[2]	Programmverbindung[4]	7	Weitere Erträge und Aufwendungen
			Erträge aus Verlustübernahme und auf Grund einer Gewinngemeinschaft, eines Gewinn- oder Teilgewinnabführungsvertrags erhaltene Gewinne
Erträge aus Verlustübernahme	K	7190	Erträge aus Verlustübernahme
Auf Grund einer Gewinngemeinschaft, eines Gewinn- oder Teilgewinnabführungsvertrags erhaltene Gewinne		7192	Erhaltene Gewinne auf Grund einer Gewinngemeinschaft
	G K	7194	Erhaltene Gewinne auf Grund eines Gewinn- oder Teilgewinnabführungsvertrags
			Abschreibungen auf Finanzanlagen und auf Wertpapiere des Umlaufvermögens
Abschreibungen auf Finanzanlagen und auf Wertpapiere des Umlaufvermögens		7200	Abschreibungen auf Finanzanlagen
	G K	7204	Abschreibungen auf Finanzanlagen §§ 3 Nr. 40, 3c EStG/§ 8b KStG (inländische Kap.Ges.)[9]
	G K	7208	Abschreibungen auf Grund von Verlustanteilen an Mitunternehmerschaften § 8 GewStG
		7210	Abschreibungen auf Wertpapiere des Umlaufvermögens
	G K	7214	Abschreibungen auf Wertpapiere des Umlaufvermögens §§ 3 Nr. 40, 3c EStG/§ 8b KStG (inländische Kap.Ges.)[9]
		7250	Abschreibungen auf Finanzanlagen auf Grund steuerlicher Sondervorschriften
	G K	7255	Abschreibungen auf Finanzanlagen auf Grund steuerlicher Sondervorschriften §§ 3 Nr. 40, 3c EStG/§ 8b KStG (inländische Kap.Ges.)[9]
		7260	Vorwegnahme künftiger Wertschwankungen bei Wertpapieren des Umlaufvermögens
			Zinsen und ähnliche Aufwendungen
Zinsen und ähnliche Aufwendungen	G K	7300	Zinsen und ähnliche Aufwendungen
		7303	Steuerlich abzugsfähige, andere Nebenleistungen zu Steuern
	G K	7304	Steuerlich nicht abzugsfähige, andere Nebenleistungen zu Steuern
	G K	7305	Zinsaufwendungen § 233a AO betriebliche Steuern
	G K	7306	Zinsaufwendungen §§ 233a bis 237 AO Personensteuern
	K	7307	Zinsen aus Abzinsung des Körperschaftsteuer-Erhöhungsbetrags § 38 KStG
	G K	7308	Zinsaufwendungen § 233a AO, § 4 Abs. 5b EStG[1]
	G K	7309	Zinsen und ähnliche Aufwendungen an verbundene Unternehmen
	G K	7310	Zinsaufwendungen für kurzfristige Verbindlichkeiten
	G	7313	Nicht abzugsfähige Schuldzinsen gemäß § 4 Abs. 4a EStG (Hinzurechnungsbetrag)[13]
	G K	7318	Zinsen auf Kontokorrentkonten
	G K	7319	Zinsaufwendungen für kurzfristige Verbindlichkeiten an verbundene Unternehmen
Zinsen und ähnliche Aufwendungen	G K	7320	Zinsaufwendungen für langfristige Verbindlichkeiten
	G K	7325	Zinsaufwendungen für Gebäude, die zum Betriebsvermögen gehören[13]
	G K	7326	Zinsen zur Finanzierung des Anlagevermögens
	G K	7327	Renten und dauernde Lasten
	G	7328	Zinsaufwendungen an Mitunternehmer für die Hingabe von Kapital § 15 EStG
	G K	7329	Zinsaufwendungen für langfristige Verbindlichkeiten an verbundene Unternehmen
		7330	Zinsähnliche Aufwendungen
		7339	Zinsähnliche Aufwendungen an verbundene Unternehmen
	G K	7340	Diskontaufwendungen
	G K	7349	Diskontaufwendungen an verbundene Unternehmen
	G K	7350	Zinsen und ähnliche Aufwendungen §§ 3 Nr. 40, 3c EStG/ § 8b KStG (inländische Kap.Ges.)[9][16]
	G K	7351	Zinsen und ähnliche Aufwendungen an verbundene Unternehmen §§ 3 Nr. 40, 3c EStG/ § 8b KStG (inländische Kap.Ges.)[9][16]
			Aufwendungen aus Verlustübernahme und auf Grund einer Gewinngemeinschaft, eines Gewinn- oder Teilgewinnabführungsvertrags abgeführte Gewinne
Aufwendungen aus Verlustübernahme	G K	7390	Aufwendungen aus Verlustübernahme
Auf Grund einer Gewinngemeinschaft, eines Gewinn- oder Teilgewinnabführungsvertrags abgeführte Gewinne		7392	Abgeführte Gewinne auf Grund einer Gewinngemeinschaft
	K	7394	Abgeführte Gewinne auf Grund eines Gewinn- oder Teilgewinnabführungsvertrags
	G K	7399	Abgeführte Gewinnanteile an stille Gesellschafter § 8 GewStG
			Außerordentliche Erträge
Außerordentliche Erträge		7400	Außerordentliche Erträge
		7401	Außerordentliche Erträge finanzwirksam
		7450	Außerordentliche Erträge nicht finanzwirksam
			Außerordentliche Aufwendungen
Außerordentliche Aufwendungen		7500	Außerordentliche Aufwendungen
		7501	Außerordentliche Aufwendungen finanzwirksam
		7550	Außerordentliche Aufwendungen nicht finanzwirksam

GuV-Posten[2]	Programmverbindung[4]	7 Weitere Erträge und Aufwendungen	
			Steuern vom Einkommen und Ertrag
Steuern vom Einkommen und Ertrag	K	7600	Körperschaftsteuer
	K	7603	Körperschaftsteuer für Vorjahre
	K	7604	Körperschaftsteuererstattungen für Vorjahre
	K	7605	Körperschaftsteuererstattung für Vorjahre nach § 37 KStG
	K	7606	Körperschaftsteuer-Erhöhungsbetrag § 38 Abs. 5 KStG
	K	7607	Solidaritätszuschlagerstattungen für Vorjahre
	K	7608	Solidaritätszuschlag
	K	7609	Solidaritätszuschlag für Vorjahre
	G K	7610	Gewerbesteuer
	G K	7630	Kapitalertragsteuer 25 %
	G K	7632	Kapitalertragsteuer 20 %
	G K	7633	Anrechenbarer Solidaritätszuschlag auf Kapitalertragsteuer 25 %
	G K	7634	Anrechenbarer Solidaritätszuschlag auf Kapitalertragsteuer 20 %
	G K	7635	Zinsabschlagsteuer
	G K	7638	Anrechenbarer Solidaritätszuschlag auf Zinsabschlagsteuer
	G K	7639	Anzurechnende ausländische Quellensteuer
		7640	Gewerbesteuernachzahlungen Vorjahre
	G K	7641	Gewerbesteuernachzahlungen und Gewerbesteuererstattungen für Vorjahre, § 4 Abs. 5b EStG
		7642	Gewerbesteuererstattungen Vorjahre
	G K	7643	Erträge aus der Auflösung von Gewerbesteuerrückstellungen, § 4 Abs. 5b EStG
		7644	Erträge aus der Auflösung von Gewerbesteuerrückstellungen
	G K	7645	Aufwendungen aus der Zuführung und Auflösung von latenten Steuern[1]
	G K	7649	Erträge aus der Zuführung und Auflösung von latenten Steuern[1]
			Sonstige Steuern
Sonstige Steuern		7650	Sonstige Steuern
		7675	Verbrauchsteuer
		7678	Ökosteuer
		7680	Grundsteuer
		7685	Kfz-Steuer
		7690	Steuernachzahlungen Vorjahre für sonstige Steuern
		7692	Steuererstattungen Vorjahre für sonstige Steuern
		7694	Erträge aus der Auflösung von Rückstellungen für sonstige Steuern
Gewinnvortrag oder *Verlustvortrag*		**7700**	**Gewinnvortrag nach Verwendung**
		7720	**Verlustvortrag nach Verwendung**
Entnahmen aus der Kapitalrücklage		**7730**	**Entnahmen aus der Kapitalrücklage**
			Entnahmen aus Gewinnrücklagen
Entnahmen aus Gewinnrücklagen aus der gesetzlichen Rücklage		**7735**	**Entnahmen aus der gesetzlichen Rücklage**
Entnahmen aus Gewinnrücklagen aus der Rücklage für eigene Anteile		**7740**	**Entnahmen aus der Rücklage für eigene Anteile**
Entnahmen aus Gewinnrücklagen aus satzungsmäßigen Rücklagen		**7745**	**Entnahmen aus satzungsmäßigen Rücklagen**

GuV-Posten[2]	Programmverbindung[4]	7 Weitere Erträge und Aufwendungen	
Entnahmen aus Gewinnrücklagen aus anderen Gewinnrücklagen		**7750**	**Entnahmen aus anderen Gewinnrücklagen**
Erträge aus Kapitalherabsetzung		**7755**	**Erträge aus Kapitalherabsetzung**
Einstellungen in die Kapitalrücklage nach den Vorschriften über die vereinfachte Kapitalherabsetzung		**7760**	**Einstellungen in die Kapitalrücklage nach den Vorschriften über die vereinfachte Kapitalherabsetzung**
			Einstellungen in Gewinnrücklagen
Einstellungen in Gewinnrücklagen in die gesetzliche Rücklage		**7765**	**Einstellungen in die gesetzliche Rücklage**
Einstellungen in Gewinnrücklagen in die Rücklage für eigene Anteile		**7770**	**Einstellungen in die Rücklage für eigene Anteile**
Einstellungen in Gewinnrücklagen in satzungsmäßige Rücklagen		**7775**	**Einstellungen in satzungsmäßige Rücklagen**
Einstellungen in Gewinnrücklagen in andere Gewinnrücklagen		**7780**	**Einstellungen in andere Gewinnrücklagen**
Ausschüttung	K	**7790**	**Vorabausschüttung**
Vortrag auf neue Rechnung		**7795**	**Vortrag auf neue Rechnung (GuV)**
Sonstige betriebliche Aufwendungen		7800 -99	(zur freien Verfügung)
		R 7900	(reserviertes Konto)
		R 7910 -13	
		R 7915	
		R 7920 -23	
		R 7930 -33	
		R 7940 -43	
		R 7945	
		R 7950	
		R 7955	
		R 7960	
		R 7965	
		R 7970	
		R 7975	
		R 7980	
		R 7985	
Sonstige betriebliche Erträge oder *sonstige betriebliche Aufwendungen*		7990	Aufwendungen/Erträge aus Umrechnungsdifferenzen

GuV-Posten[2]	Programmverbindung[4]	8
Sonstige betriebliche Aufwendungen		**8000 -8999**

Bilanz-Posten[2]	Programmverbindung[4]	9 Vortrags-, Kapital- und Statistische Konten	
			KU 9000-9999
			Vortragskonten
		S 9000	Saldenvorträge, Sachkonten
		F 9001 -07	Saldenvorträge, Sachkonten
		S 9008	Saldenvorträge Debitoren
		S 9009	Saldenvorträge Kreditoren
		F 9060	Offene Posten aus 1990
		F 9069	Offene Posten aus 1999
		F 9070	Offene Posten aus 2000
		F 9071	Offene Posten aus 2001
		F 9072	Offene Posten aus 2002
		F 9073	Offene Posten aus 2003
		F 9074	Offene Posten aus 2004
		F 9075	Offene Posten aus 2005
		F 9076	Offene Posten aus 2006
		F 9077	Offene Posten aus 2007
		F 9078	Offene Posten aus 2008
		F 9079	**Offene Posten aus 2009**[1]
		F 9090	**Summenvortragskonto**
		F 9091	Offene Posten aus 1991
		F 9092	Offene Posten aus 1992
		F 9093	Offene Posten aus 1993
		F 9094	Offene Posten aus 1994
		F 9095	Offene Posten aus 1995
		F 9096	Offene Posten aus 1996
		F 9097	Offene Posten aus 1997
		F 9098	Offene Posten aus 1998
			Statistische Konten für Betriebswirtschaftliche Auswertungen (BWA)
		F 9101	Verkaufstage
		F 9102	Anzahl der Barkunden
		F 9103	Beschäftigte Personen
		F 9104	Unbezahlte Personen
		F 9105	Verkaufskräfte
		F 9106	Geschäftsraum m^2
		F 9107	Verkaufsraum m^2
		F 9116	Anzahl Rechnungen
		F 9117	Anzahl Kreditkunden monatlich
		F 9118	Anzahl Kreditkunden aufgelaufen
		9120	Erweiterungsinvestitionen
		F 9130 -31	[7]
		9135	Auftragseingang im Geschäftsjahr
		9140	Auftragsbestand
		F 9190	Gegenkonto für statistische Mengeneinheiten Konten 9101-9107 und Konten 9116-9118
		9199	Gegenkonto zu Konten 9120, 9135-9140
			Statistische Konten für den Kennziffernteil der Bilanz
		F 9200	Beschäftigte Personen
		F 9201 -08	[7]
		F 9209	Gegenkonto zu 9200
		9210	Produktive Löhne
		9219	Gegenkonto zu 9210

Bilanz-Posten[2]	Programmverbindung[4]	9 Vortrags-, Kapital- und Statistische Konten	
			Statistische Konten zur informativen Angabe des gezeichneten Kapitals in anderer Währung
Gezeichnetes Kapital in DM		F 9220	Gezeichnetes Kapital in DM (Art. 42 Abs. 3 S. 1 EGHGB)
Gezeichnetes Kapital in Euro		F 9221	Gezeichnetes Kapital in Euro (Art. 42 Abs. 3 S. 2 EGHGB)
		F 9229	Gegenkonto zu 9220-9221
			Passive Rechnungsabgrenzung
		9230	Baukostenzuschüsse
		9232	Investitionszulagen
		9234	Investitionszuschüsse
		9239	Gegenkonto zu Konten 9230-9238
		9240	Investitionsverbindlichkeiten bei den Leistungsverbindlichkeiten
		9241	Investitionsverbindlichkeiten aus Sachanlagenkäufen bei Leistungsverbindlichkeiten
		9242	Investitionsverbindlichkeiten aus Käufen von immateriellen Vermögensgegenständen bei Leistungsverbindlichkeiten
		9243	Investitionsverbindlichkeiten aus Käufen von Finanzanlagen bei Leistungsverbindlichkeiten
		9244	Gegenkonto zu Konto 9240-43
		9245	Forderungen aus Sachanlagenverkäufen bei sonstigen Vermögensgegenständen
		9246	Forderungen aus Verkäufen immaterieller Vermögensgegenstände bei sonstigen Vermögensgegenständen
		9247	Forderungen aus Verkäufen von Finanzanlagen bei sonstigen Vermögensgegenständen
		9249	Gegenkonto zu Konto 9245-47
			Eigenkapitalersetzende Gesellschafterdarlehen
		9250	Eigenkapitalersetzende Gesellschafterdarlehen
		9255	Ungesicherte Gesellschafterdarlehen mit Restlaufzeit größer 5 Jahre
		9259	Gegenkonto zu 9250 und 9255
			Aufgliederung der Rückstellungen
		9260	Kurzfristige Rückstellungen
		9262	Mittelfristige Rückstellungen
		9264	Langfristige Rückstellungen, außer Pensionen
		9269	Gegenkonto zu Konten 9260-9268

Bilanz-Posten[2)]	Programmverbindung[4)]	Konto	9 Vortrags-, Kapital- und Statistische Konten
			Statistische Konten für in der Bilanz auszuweisende Haftungsverhältnisse
		9270	Gegenkonto zu 9271-9279 (Soll-Buchung)
		9271	Verbindlichkeiten aus der Begebung und Übertragung von Wechseln
		9272	Verbindlichkeiten aus der Begebung und Übertragung von Wechseln gegenüber verbundenen Unternehmen
		9273	Verbindlichkeiten aus Bürgschaften, Wechsel- und Scheckbürgschaften
		9274	Verbindlichkeiten aus Bürgschaften, Wechsel- und Scheckbürgschaften gegenüber verbundenen Unternehmen
		9275	Verbindlichkeiten aus Gewährleistungsverträgen
		9276	Verbindlichkeiten aus Gewährleistungsverträgen gegenüber verbundenen Unternehmen
		9277	Haftung aus der Bestellung von Sicherheiten für fremde Verbindlichkeiten
		9278	Haftung aus der Bestellung von Sicherheiten für fremde Verbindlichkeiten gegenüber verbundenen Unternehmen
		9279	Verpflichtungen aus Treuhandvermögen
			Statistische Konten für die im Anhang anzugebenden sonstigen finanziellen Verpflichtungen
		9280	Gegenkonto zu 9281-9286
		9281	Verpflichtungen aus Miet- und Leasingverträgen
		9282	Verpflichtungen aus Miet- und Leasingverträgen gegenüber verbundenen Unternehmen
		9283	Andere Verpflichtungen gemäß § 285 Nr. 3 HGB
		9284	Andere Verpflichtungen gemäß § 285 Nr. 3 HGB gegenüber verbundenen Unternehmen
		9285	[19)]
		9286	[19)]
			Statistische Konten für § 4 Abs. 3 EStG
		9287	Zinsen bei Buchungen über Debitoren bei § 4 Abs. 3 EStG[13)]
		9288	Mahngebühren bei Buchungen über Debitoren bei § 4 Abs. 3 EStG[13)]
		9289	Gegenkonto zu 9287 und 9288[13)]
		9290	Statistisches Konto steuerfreie Auslagen
		9291	Gegenkonto zu 9290
		9292	Statistisches Konto Fremdgeld
		9293	Gegenkonto zu 9292
Einlagen stiller Gesellschafter	G K	9295	Einlagen stiller Gesellschafter
Steuerrechtlicher Ausgleichsposten		9297	Steuerrechtlicher Ausgleichsposten

Bilanz-Posten[2)]	Programmverbindung[4)]	Konto	9 Vortrags-, Kapital- und Statistische Konten
		F 9300 -20	[7)]
		F 9326 -43	[7)]
		F 9346 -49	[7)]
		F 9357 -60	[7)]
		F 9365 -67	[7)]
		F 9371 -72	[7)]
		F 9399	[7)]
			Privat Teilhafter (für Verrechnung Gesellschafterdarlehen mit Eigenkapitalcharakter - Konto 9840-9849)
		9400 -09	Privatentnahmen allgemein
		9410 -19	Privatsteuern
		9420 -29	Sonderausgaben beschränkt abzugsfähig
		9430 -39	Sonderausgaben unbeschränkt abzugsfähig
		9440 -49	Zuwendungen, Spenden
		9450 -59	Außergewöhnliche Belastungen
		9460 -69	Grundstücksaufwand
		9470 -79	Grundstücksertrag
		9480 -89	Unentgeltliche Wertabgaben
		9490 -99	Privateinlagen
			Statistische Konten für die Kapitalkontenentwicklung
		9500 -09	Anteil für Konto 2000-09 Vollhafter
		9510 -19	Anteil für Konto 2010-19 Vollhafter
		9520 -29	Anteil für Konto 2020-29 Vollhafter[12)]
		9530 -39	Anteil für Konto 9810-19 Vollhafter
		9540 -49	Anteil für Konto 0060-69 Vollhafter
		9550 -59	Anteil für Konto 2050-59 Teilhafter
		9560 -69	Anteil für Konto 2060-69 Teilhafter
		9570 -79	Anteil für Konto 2070-79 Teilhafter[12)]
		9580 -89	Anteil für Konto 9820-29 Vollhafter
		9590 -99	Anteil für Konto 0080-89 Teilhafter
		9600 -09	Name des Gesellschafters Vollhafter
		9610 -19	Tätigkeitsvergütung Vollhafter
		9620 -29	Tantieme Vollhafter
		9630 -39	Darlehensverzinsung Vollhafter
		9640 -49	Gebrauchsüberlassung Vollhafter
		9650 -89	Sonstige Vergütungen Vollhafter
		9690 -99	Restanteil Vollhafter

Bilanz-Posten[2)]	Programmverbindung[4)]	Konto	9 Vortrags-, Kapital- und Statistische Konten
		9700	Name des Gesellschafters
		-09	Teilhafter
		9710	Tätigkeitsvergütung
		-19	Teilhafter
		9720	Tantieme
		-29	Teilhafter
		9730	Darlehensverzinsung
		-39	Teilhafter
		9740	Gebrauchsüberlassung
		-49	Teilhafter
		9750	Sonstige Vergütungen
		-79	Teilhafter
		9780	Anteil für Konto 9840-49
		-89	Teilhafter
		9790	Restanteil
		-99	Teilhafter
		9800	**Lösch- und Korrekturschlüssel**
		9801	**Lösch- und Korrekturschlüssel**
			Kapital Personenhandelsgesellschaft Vollhafter
		9810 -19	Gesellschafter-Darlehen
		9820 -29	Verlust-/Vortragskonto
		9830 -39	Verrechnungskonto für Einzahlungsverpflichtungen
			Kapital Personenhandelsgesellschaft Teilhafter
		9840 -49	Gesellschafter-Darlehen
		9850 -59	Verrechnungskonto für Einzahlungsverpflichtungen
			Einzahlungsverpflichtungen im Bereich der Forderungen
		9860 -69	Einzahlungsverpflichtungen persönlich haftender Gesellschafter
		9870 -79	Einzahlungsverpflichtungen Kommanditisten
			Ausgleichsposten für aktivierte eigene Anteile und Bilanzierungshilfen
		9880	Ausgleichsposten für aktivierte eigene Anteile
		9882	Ausgleichsposten für aktivierte Bilanzierungshilfen
			Nicht durch Vermögenseinlagen gedeckte Entnahmen
		9883	Nicht durch Vermögenseinlagen gedeckte Entnahmen persönlich haftender Gesellschafter
		9884	Nicht durch Vermögenseinlagen gedeckte Entnahmen Kommanditisten
			Verrechnungskonto für nicht durch Vermögenseinlagen gedeckte Entnahmen
		9885	Verrechnungskonto für nicht durch Vermögenseinlagen gedeckte Entnahmen persönlich haftender Gesellschafter
		9886	Verrechnungskonto für nicht durch Vermögenseinlagen gedeckte Entnahmen Kommanditisten
			Steueraufwand der Gesellschafter
		9887	Steueraufwand der Gesellschafter
		9889	Gegenkonto zu 9887
			Statistische Konten für Gewinnzuschlag
		9890	Statistisches Konto für den Gewinnzuschlag nach §§ 6b, 6c und 7g a. F. EStG (Haben)
	G K	9891	Statistisches Konto für den Gewinnzuschlag nach §§ 6b, 6c und 7g a. F. EStG (Soll) - Gegenkonto zu 9890
			Vorsteuer-/Umsatzsteuerkonten zur Korrektur der Forderungen/Verbindlichkeiten (EÜR)
		9893	Umsatzsteuer in den Forderungen zum allgemeinen Umsatzsteuersatz (EÜR)[13)]
		9894	Umsatzsteuer in den Forderungen zum ermäßigten Umsatzsteuersatz (EÜR)[13)]
		9895	Gegenkonto 9893-9894 für die Aufteilung der Umsatzsteuer (EÜR)[13)]
		9896	Vorsteuer in den Verbindlichkeiten zum allgemeinen Umsatzsteuersatz (EÜR)[13)]
		9897	Vorsteuer in den Verbindlichkeiten zum ermäßigten Umsatzsteuersatz (EÜR)[13)]
		9899	Gegenkonto 9896-9897 für die Aufteilung der Vorsteuer (EÜR)[13)]
			Statistische Konten zu § 4 (4a) EStG
		9910	Gegenkonto zur Minderung der Entnahmen § 4 (4a) EStG
		9911	Minderung der Entnahmen § 4 (4a) EStG (Haben)
		9912	Erhöhung der Entnahmen § 4 (4a) EStG
		9913	Gegenkonto zur Erhöhung der Entnahmen § 4 (4a) EStG (Haben)
			Statistische Konten für Kinderbetreuungskosten
	G	9918	Kinderbetreuungskosten (wie Betriebsausgaben steuerlich anzusetzender Betrag)
		9919	Kinderbetreuungskosten - Gegenkonto zu 9918 (Haben)
			Statistische Konten für den außerhalb der Bilanz zu berücksichtigenden Investitionsabzugsbetrag nach § 7g EStG
	G K	9970	Investitionsabzugsbetrag § 7g Abs. 1 EStG, außerbilanziell (Soll)
		9971	Investitionsabzugsbetrag § 7g Abs. 1 EStG, außerbilanziell (Haben) - Gegenkonto zu 9970
	G K	9972	Auflösung Investitionsabzugsbetrag § 7g Abs. 2 EStG, außerbilanziell (Haben)
		9973	Auflösung Investitionsabzugsbetrag § 7g Abs. 2 EStG, außerbilanziell (Soll) - Gegenkonto zu 9972
		9974	Auflösung Investitionsabzugsbetrag § 7g Abs. 2, 3, 4 EStG aus Korrekturen und Rückgängigmachung früherer Veranlagungszeiträume (Haben)[8)]
		9975	Auflösung Investitionsabzugsbetrag § 7g Abs. 2, 3, 4 EStG aus Korrekturen und Rückgängigmachung früherer Veranlagungszeiträume (Soll) - Gegenkonto zu 9974[8)]

Bilanz-Posten[2]	Programm-verbindung[4]	9 Vortrags-, Kapital- und Statistische Konten	Bilanz-Posten[2]	Programm-verbindung[4]	9 Vortrags-, Kapital- und Statistische Konten
		Statistische Konten für die Zinsschranke § 4h EStG/§ 8a KStG			
	G K	9976 Nicht abzugsfähige Zinsaufwendungen gemäß § 4h EStG (Haben)			
		9977 Nicht abzugsfähige Zinsaufwendungen gemäß § 4h EStG (Soll) - Gegenkonto zu 9976			
	G	9978 Abziehbare Zinsaufwendungen aus Vorjahren gemäß § 4h EStG (Soll)			
		9979 Abziehbare Zinsaufwendungen aus Vorjahren gemäß § 4h EStG (Haben) - Gegenkonto zu 9978			
		Statistische Konten für den GuV-Ausweis in „Gutschrift bzw. Belastung auf Verbindlichkeitskonten“ bei den Zuordnungstabellen für PersHG nach KapCoRiLiG			
		9980 Anteil Belastung auf Verbindlichkeitskonten			
		9981 Verrechnungskonto für Anteil Belastung auf Verbindlichkeitskonten			
		9982 Anteil Gutschrift auf Verbindlichkeitskonten			
		9983 Verrechnungskonto für Anteil Gutschrift auf Verbindlichkeitskonten			
		Personenkonten			
Sollsalden: Forderungen aus Lieferungen und Leistungen *Habensalden: Sonstige Verbindlichkeiten*		10000 -69999 = Debitoren			
Habensalden: Verbindlichkeiten aus Lieferungen und Leistungen *Sollsalden: Sonstige Vermögensgegenstände*		70000 -99999 = Kreditoren			

Erläuterungen zu den Kontenfunktionen:
Zusatzfunktionen (über einer Kontenklasse):

KU Keine Errechnung der Umsatzsteuer möglich
V Zusatzfunktion „Vorsteuer"
M Zusatzfunktion „Umsatzsteuer"

Hauptfunktionen (vor einem Konto)

AV Automatische Errechnung der Vorsteuer
AM Automatische Errechnung der Umsatzsteuer
S Sammelkonten
F Konten mit allgemeiner Funktion
R Diese Konten dürfen erst dann bebucht werden, wenn ihnen eine andere Funktion zugeteilt wurde.

Hinweise zu den Konten sind durch Fußnoten gekennzeichnet:

[1] Konto für das Buchungsjahr 2009 neu eingeführt.
[2] Bilanz- und GuV-Posten große Kapitalgesellschaft GuV-Gesamtkostenverfahren Tabelle S4004.
[3] Diese Konten können mit BU-Schlüssel 10 bebucht werden. Das EG-Land und der ausländische Steuersatz werden über das EG-Fenster eingegeben.
[4] Kontenbezogene Kennzeichnung der Programmverbindung in Kanzlei-Rechnungswesen/Bilanz zu Umsatzsteuererklärung (U), Gewerbesteuer (G) und Körperschaftsteuer (K).
Da bei Erstellung des SKR-Formulars die Steuererklärungsformulare noch nicht vorlagen, können sich Abweichungen zwischen den in der Programmverbindung berücksichtigten Konten und den Programmverbindungskennzeichen ergeben.
[5] Programmseitige Reduzierung des vollen Betrags auf die gewerbesteuerlich relevante Höhe.
[6] Die Konten Sonderposten mit Rücklageanteil, steuerfreie Rücklagen und Sonderposten mit Rücklageanteil, Sonderabschreibungen gelten als Hauptkonten für Sachverhalte, die in diesen Kontenbereichen nicht als spezieller Sachverhalt auf Einzelkonten dargestellt sind.
[7] Diese Konten werden für die BWA-Formen 03, 10 und 70 mit statistischen Mengeneinheiten bebucht und wurden mit der Umrechnungssperre, Funktion 18000, belegt.
[8] Kontenbeschriftung in 2009 geändert.
[9] An der Schnittstelle zu GewSt werden die Erträge zu 40 % (VAZ 2009) als steuerfrei und die Aufwendungen zu 40 % (VAZ 2009) als nicht abziehbar behandelt. Bei der Ermittlung des Gewerbeertrags wird das Vorliegen einer Schachtelbeteiligung unterstellt. Hinzurechnungen nach § 8 Nr. 5 GewStG bei Streubesitz sind manuell zu erfassen.
An der Schnittstelle zur KSt werden die Erträge zu 100% als steuerfrei und die Aufwendungen zu 100 % als nicht abziehbar behandelt.
Siehe §§ 3 Nr. 40, 3c EStG, § 8b KStG.
[10] Diese Konten haben ab Buchungsjahr 2005 nicht mehr die Zusatzfunktion KU. Bitte verwenden Sie diese Konten nur noch in Verbindung mit einem Gegenkonto mit Geldkontenfunktion.
[11] Das Konto wird nur noch für Auswertungen mit Vorjahresvergleich benötigt.
[12] Die Konten haben in den Zuordnungstabellen Fremdkapitalcharakter. Bei Ausweis als Eigenkapital bitte die Konten 9810-9819 (Vollhafter/Einzelunternehmer) bzw. 9840-9849 (Teilhafter) verwenden.
[13] Das Konto wurde für die Gewinnermittlung nach § 4 Abs. 3 EStG eingeführt.
Nach § 60 Abs. 4 EStDV ist bei einer Gewinnermittlung nach § 4 Abs. 3 EStG der Steuererklärung ein amtlich vorgeschriebener Vordruck beizufügen, -Einnahmenüberschussrechnung - EÜR-.
[14] frei
[15] Die Konten wurden zur Aufteilung nach Steuersätzen am Jahresende eingerichtet und sollten unterjährig nicht bebucht werden. Bitte beachten Sie die Buchungsregeln im Dok.-Nr. 1012932 der Informations-Datenbank.
[16] Das Konto wird in KSt nur bei Organgesellschaften berücksichtigt.
[17] Das Konto wird in Körperschaftsteuer ausschließlich in die Positionen „Eigen-/Nennkapital zum Schluss des vorangegangenen Wirtschaftsjahres" übernommen.
[18] frei
[19] Konto 9285: statistisches Konto für den oberen Grenzwert, eingerichtet für die Darstellung der ABC-Analyse in den Programmen der Abschlussprüfung.
Konto 9286: statistisches Konto für den unteren Grenzwert, eingerichtet für die Darstellung der ABC-Analyse in den Programmen der Abschlussprüfung.
[20] Das Konto wird ab dem Buchungsjahr 2010 gelöscht.

Bedeutung der Steuerschlüssel:

1 Umsatzsteuerfrei (mit Vorsteuerabzug)
2 Umsatzsteuer 7 %
3 Umsatzsteuer 19 %
4 gesperrt
5 Umsatzsteuer 16 %
6 gesperrt
7 Vorsteuer 16 %
8 Vorsteuer 7 %
9 Vorsteuer 19 %

Bedeutung der Berichtigungsschlüssel:

1 Steuerschlüssel bei Buchungen mit einem EG-Tatbestand ab Buchungsjahr 1993
2 Generalumkehr
3 Generalumkehr bei aufzuteilender Vorsteuer
4 Aufhebung der Automatik
5 Individueller Umsatzsteuer-Schlüssel
6 Generalumkehr bei Buchungen mit einem EG-Tatbestand ab Buchungsjahr 1993
7 Generalumkehr bei individuellem Umsatzsteuer-Schlüssel
8 Generalumkehr bei Aufhebung der Automatik
9 Aufzuteilende Vorsteuer

Bedeutung der Steuerschlüssel bei Buchungen mit einem EG-Tatbestand (6. und 7. Stelle des Gegenkontos):

10	nicht steuerbarer Umsatz in Deutschland (Steuerpflicht im anderen EG-Land)	
11	Umsatzsteuerfrei (mit Vorsteuerabzug)	
12	Umsatzsteuer	7 %
13	Umsatzsteuer	19 %
15	Umsatzsteuer	16 %
17	Umsatzsteuer/ Vorsteuer	16 % 16 %
18	Umsatzsteuer/ Vorsteuer	7 % 7 %
19	Umsatzsteuer/ Vorsteuer	19 % 19 %

Bedeutung der Generalumkehrschlüssel bei Buchungen mit einem EG-Tatbestand (6. und 7. Stelle des Gegenkontos):

60	nicht steuerbarer Umsatz in Deutschland (Steuerpflicht im anderen EG-Land)	
61	Umsatzsteuerfrei (mit Vorsteuerabzug)	
62	Umsatzsteuer	7 %
63	Umsatzsteuer	19 %
65	Umsatzsteuer	16 %
67	Umsatzsteuer/ Vorsteuer	16 % 16 %
68	Umsatzsteuer/ Vorsteuer	7 % 7 %
69	Umsatzsteuer/ Vorsteuer	19 % 19 %

Bedeutung der Steuerschlüssel 91/92/94/95 und 46 (6. und 7. Stelle des Gegenkontos)
Umsatzsteuerschlüssel für die Verbuchung von Umsätzen, für die der Leistungsempfänger die Steuer nach § 13b UStG schuldet.

Beim Leistungsempfänger:

91 7 % Vorsteuer und 7 % Umsatzsteuer
92 ohne Vorsteuer und 7 % Umsatzsteuer
94 19 % Vorsteuer und 19 % Umsatzsteuer
95 ohne Vorsteuer und 19 % Umsatzsteuer

Die Unterscheidung der verschiedenen Sachverhalte nach § 13b UStG erfolgt nach Eingabe des Steuerschlüssels direkt bei der Erfassung des Buchungssatzes.
Hier erfolgt auch die Eingabe, falls Sie ab Buchungsjahr 2007 noch die Steuerrechnung mit 16 % benötigen.

Beim Leistenden:

46 Ausweis Kennzahl 60 der UStVA

Erläuterungen zur Kennzeichnung von Konten für die Programmverbindung zwischen Kanzlei-Rechnungswesen/Bilanz und Steuerprogrammen:

Die Erweiterung des Standardkontenrahmens um zusätzliche Konten und besondere Kennzeichen verbessert weiter die Integration der DATEV-Programme und erleichtert die Arbeit für Anwender von Kanzlei-Rechnungswesen/Bilanz, die gleichzeitig DATEV-Steuerprogramme nutzen. Steuerliche Belange können bereits während des Kontierens stärker berücksichtigt werden.

In der Spalte Programmverbindung werden die Konten gekennzeichnet, die über die Schnittstelle in Kanzlei-Rechnungswesen/Bilanz an das entsprechende Steuerprogramm Umsatzsteuererklärung (U), Gewerbesteuer (G) und Körperschaftsteuer (K) weitergegeben und an entsprechender Stelle der Steuerberechnung zu Grunde gelegt werden.

Die Kennzeichnung „G" und „K" an Standardkonten umfasst für die Weitergabe an Gewerbesteuer und Körperschaftsteuer auch die nachfolgenden Konten bis zum nächsten standardmäßig belegten Konto.

Die Kennzeichnung „U" an Standardkonten stellt die Weitergabe an Umsatzsteuererklärung dar. Kontenbereiche werden nur weitergegeben, wenn sie im Standardkontenrahmen ausgewiesen sind (z. B. AM 4300-09).

Nicht gekennzeichnet sind solche Konten, die lediglich eine rechnerische Hilfsfunktion im steuerlichen Sinne ausüben wie Löhne und Gehälter sowie Umsätze für die Berechnung des zulässigen Spendenabzugs im Rahmen von Gewerbesteuer und Körperschaftsteuer.

Abgebildet wird mit den Kennzeichen die Programmverbindung, nicht der steuerliche Ursprung. Die Gewerbesteuer-Berechnung für Körperschaften ist in das Produkt Körperschaftsteuer integriert. Daher ist an Konten mit gewerbesteuerlichem Merkmal auch ein "K" für diese Programmverbindung zu finden.

Stichwortverzeichnis